高等职业教育“十四五”规划教材

高等职业教育产教融合新形态教材

食品加工技术

宋喜云　袁　彬　任大文　主编

中国农业大学出版社
·北京·

内容简介

本教材由学校教师和企业专家共同编写，是高等职业院校食品检验检测技术专业、食品质量与安全专业、食品智能加工技术专业等“食品加工技术”课程的专用教材。教材按照“工学结合、任务驱动、项目导向”的教学模式要求，依据企业岗位需求，将教材内容划分为果蔬加工、乳制品加工、肉制品加工和焙烤制品加工4个模块、20个学习项目、142个任务、209个活动，为项目教学专用教材。各项目后设置了“习题与思考”“实训项目单”“过程性考核要点”“知识拓展”“企业衔接”等栏目，培养学生自我学习的自觉性，丰富学生的课外知识，有利于对学生综合能力的培养。教材设有丰富的插图，图文并茂，易教易学。教材数字资源为单元自测部分答案和与项目内容相对应的操作视频等内容。体现了知行合一，突出了实践性、应用性和先进性。

图书在版编目(CIP)数据

食品加工技术/宋喜云，袁彬，任大文主编. -- 北京：中国农业大学出版社，2023.8(2024.10重印)

ISBN 978-7-5655-2907-8

Ⅰ.①食… Ⅱ.①宋… ②袁… ③任 Ⅲ.①食品加工—高等职业教育—教材 Ⅳ.①TS205

中国国家版本馆CIP数据核字(2023)第006737号

书　名 食品加工技术

作　者 宋喜云　袁　彬　任大文　主编

策划编辑 康昊婷　　**责任编辑** 田树君

封面设计 郑　川　李尘工作室

出版发行 中国农业大学出版社

社　址 北京市海淀区圆明园西路2号　　**邮政编码** 100193

电　话 发行部 010－62733489，1190　　读者服务部 010-62732336

编辑部 010-62732617，2618　　出　版　部 010-62733440

网　址 http://www.caupress.cn　　**E-mail** cbsszs@cau.edu.cn

经　销 新华书店

印　刷 北京时代华都印刷有限公司

版　次 2023年8月第1版　2024年10月第2次印刷

规　格 185 mm×260 mm　16开本　22.25印张　549千字

定　价 69.00元

编写人员

主　编　宋喜云（潍坊职业学院）

袁　彬（商丘职业技术学院）

任大文（潍坊职业学院）

副主编　丁文慧（潍坊职业学院）

张全军（临沂科技职业学院）

田晓玲（辽宁农业职业技术学院）

周桃英（黄冈职业技术学院）

参　编　沈慧杰（潍坊职业学院）

吕映辉（山东职业学院）

卜令娜（潍坊职业学院）

孙　佳（辽宁农业职业技术学院）

陈明君（山东潍坊紫鸢乳业有限公司）

程　磊（山东正欣食品有限公司）

郑兰霞（山东天元盈康评价技术有限公司）

赵中国（潍坊匠造食品有限公司）

出版说明

为贯彻落实《国家职业教育改革实施方案》(国发〔2019〕4号，又称“职教二十条”)以及《高等职业学校专业教学标准》等相关文件精神，有效推进产教融合、校企合作，建设一批校企“双元”合作开发的高质量教材，经向行业专家咨询及与有关高等职业院校沟通，借鉴与物化高等职业教育食品类专业教育教学改革成果，中国农业大学出版社开展了“高等职业教育产教融合新形态教材”食品类专业系列教材建设工作。

“高等职业教育产教融合新形态教材”食品类专业系列教材建设是食品类专业高技能人才培养的基础性工作，也是促进社会与经济发展的客观需求。近20年来，随着加入世贸组织，我国食品工业得到了持续与快速的发展，食品工业进入产业升级、调整改革的关键时期，食品产业从数量扩张向质量提升转变。原有的高等职业教育食品类专业教材从内容到表现形式，要满足现代食品工业人才培养的需要，就必须改革创新，在实践中不断探索高等职业教育食品类专业新形态教材建设的新路子，才能为高等职业教育食品类专业高技能人才培养奠定坚实的基础、发挥应有的作用。

“高等职业教育产教融合新形态教材”食品类专业系列教材具有如下特点：

1.精心组织编审队伍。在征集和分析相关高等职业院校的申报材料的基础上，充分考虑不同院校的专业优势及教学创新改革进程及成果等，慎重确定每一教材参加编审的骨干人员，并根据教师提供的编写提纲、编写思路与样章等，由“高等职业教育产教融合新形态教材”食品类专业系列教材编审委员会及专家组遴选组建编写团队。同时，邀请高等职业院校、行业及生产企业的专家参与教材建设，审核编写提纲，后期对书稿进行严格审定。教材编写过程中，作者与审稿人员充分沟通，书稿反复修改，从而确保了教材内容的前瞻性、科学性及对一线岗位的适应性。

2.创新编写体例。本次教材建设重点在食品类专业基础课程和专业核心课程。以“项目引领，任务驱动”作为教材的基本框架，以职业岗位确立典型工作任务，以典型工作任务确定岗位能力需求，以能力需求确定学习项目与任务，突出了实践性、企业案例化与职业化，并与项目紧密关联。内容新颖、趣味性强是本系列教材的一大亮点。对专业基础课程，突破了传统的学科编写体例，参考模块式总体思路设计，创立新的编写体例，使教材既精练又实用，有利于提高学生的学习效果与效率。

3.突出职业教育特色。教材编写体现了现代职业教育体系教学改革精神，该新形态系列教材将努力体现课程内容与职业标准对接、教学过程与生产过程对接的要求，反映高等职业教育专业课教学与思想政治理论课教学同向同行、职业技能与职业精神培养高度融合的特点，尤其是“项目引领，任务驱动”式教材，每一任务的活动规程，力求按工作任务的环节以表格任务单或实际案例形式进行编写与训练，突出操作环节与质量要求，促进职业技能培养与职业素养的紧密结合，实现教学与职业岗位的“零距离对接”。

4.新形态信息技术在系列教材中广泛应用。努力对食品类专业教材中的知识点与技能点进行信息化处理，使其表现形式更加多元化，提高智能化水平，突出趣味性与直观性，实现手机终端推送学习，采用微课、视频、动画等展示相关知识、专项实验、任务拓展与测试题答案等内容，充分体现了高等职业教育教材多元化创新的全新特色。

"高等职业教育产教融合新形态教材"食品类专业系列教材基本覆盖了食品智能加工、食品生物技术、食品营养与健康与食品检验检测技术等食品类专业的专业基础课程与专业核心课程。系列教材既充分强调了食品科学的实践性，同时又充分考虑了食品产业与基础理论的有机结合，努力做到每种教材间内容相互补充、相互衔接，构成一个完整的课程体系。系列教材主要作为高等职业教育食品类专业的相关课程教材，也可作为现代食品企业相关技术人员及专业技术工人的培训、参考用书。

"高等职业教育产教融合新形态教材"食品类专业系列教材的顺利出版，是全国近 60 所高职学院及部分食品企业等共同奋斗的结果。编写过程中所做的许多探索，为进一步推进高等职业教育教材建设的改革与创新提供了有益的经验。我们真诚地希望，以此为契机，进一步有效加强与各高等职业院校及食品企业的交流与合作，不断拓展食品类专业新形态教材合作开发的思路，创新教材开发的模式与服务方式。让我们共同努力，为深化高等职业教育食品类专业教育教学改革与人才培养质量的提高，发挥积极的推动作用。

中国农业大学出版社

2022 年 2 月

前　　言

党的二十大报告指出“实施科教兴国战略，强化现代化建设人才支撑”。高等职业院校是高素质技术技能型人才培养的摇篮。本教材以教育部发布的新版职业教育专业目录（2021年）和专业简介为依据，编写过程中充分考虑食品类专业学生专业群人才培养的特点，本教材根据教育部有关高等职业教材建设的文件精神，以高等职业院校食品类专业学生的培养目标为要求，结合企业岗位需求，以食品行业企业技术标准或规范为依据，由高校教师和企业专家共同编写，属于校企共同开发教材；教材将大量的视频、图片等数字化教学资源以二维码形式融于教材中。注重“教学过程的实践性、开放性与职业性”，适合高等职业院校食品检验检测技术、食品质量与安全、食品智能加工技术等专业教学使用。

工艺流程的视频采用二维码形式，在对应的教学内容右侧一一列出，学生通过手机扫描二维码，就可以对照教材内容直接进行数字化教学资源学习，学习更方便，学习效果更好。

教材编写力求语言通俗易懂，全书共配插图 89 幅，图文并茂，在编写风格上力求语言简洁化，充分贴近生产实际。

本教材的计划教学时数为 128。考虑不同学校专业设置和教学侧重点的不同，各学校在使用本教材时，可以根据当地食品产业发展情况选择教学，并适当增加或削减教学时数。

本教材内容实用性和针对性较强。教材的前言、模块一中的项目二红葡萄酒的加工、项目五速冻藕片的加工、模块三中项目十一灌肠的加工、模块四中项目十六海绵蛋糕的加工、项目十七方酥的加工由宋喜云、吕映辉、卜令娜、郑兰霞编写；模块三中的项目十腊肠的加工、项目十二圆火腿的加工、项目十三烤鸡的加工由袁彬、沈慧杰、程磊编写；模块二中项目十五麦乐鸡块的加工、项目七酸乳的加工、项目八干酪的加工由任大文、沈慧杰、田晓玲、陈明君编写。模块一中的项目一糖水黄桃罐头的加工、项目三酸泡菜的加工、项目四果酱的加工、模块二中的项目九鲜奶冰淇淋的加工、模块四中的项目十八广式五仁月饼的加工由丁文慧、周桃英、沈慧杰、程磊编写；模块四中项目十九吐司面包的加工、项目二十泡芙的加工由田晓玲、孙佳编写；模块三中项目十四速冻猪肉丸的加工、项目六消毒乳的加工由张全军、吕映辉、宋喜云、赵中国编写；企业专家陈明君、程磊、郑兰霞、赵中国参与了本书大纲的制定和项目内容编写，并参加了全稿的审核工作。本教材由宋喜云统稿，并对内容进行增加、删减，对插图补充和替换，数字化教学资源由宋喜云、孙佳提供。

本教材得到了内蒙古蒙牛乳业集团股份有限公司母智深院士、山东农业大学牛乐宝教授、河南商丘职业技术学院袁仲教授、大连蒙鑫食品有限公司屈增皇等企业行业专家的指导和支持，在此一并表示感谢！

由于编者水平有限，书中错误或不当之处在所难免，敬请同行专家和广大读者批评指正。

编　者

2023 年 5 月

目　　录

模块一　果蔬加工

模块二 乳制品加工

模块一　果蔬加工

项目一
糖水黄桃罐头的加工

【果蔬罐藏】

18世纪末，尼古拉·阿佩尔偶然发现，密封在玻璃容器里的食品经过适当加热，便不易变质。他从中受到启发，完善加工工艺制作出了罐头。

那么，罐头为什么能长期保存呢？随着微生物的发现，人们了解了罐藏的原理。

将经过一定处理的食品装入罐藏容器中，通过排气、密封、杀菌等工序加工而成的商业无菌的罐装食品。罐内食品与外界环境相隔绝而不被微生物再污染，可在室温下长期保存。

【学习目标】

1. 理解果蔬罐藏的原理；
2. 掌握糖水黄桃罐头加工的工艺要点；
3. 了解糖水黄桃罐头制品质量标准及检验规则。

【项目实施】

制作糖水黄桃罐头的工艺流程如下：

原料选择 → 原料预处理 → 装罐注液 → 排气 → 密封 → 杀菌与冷却 → 成品检验

黄桃罐头加工

任务1　原料选择

活动1　材料与工具的准备

材料：黄桃、白砂糖、柠檬酸、苹果酸。

工具：玻璃罐、罐盖、不锈钢刀、洗瓶机、夹层锅、排气箱、封罐机、杀菌锅、糖度计、温度计等。

活动 2　原料选择

选择组织致密、肉质丰厚、不易变色的黄桃品种，如大久保、玉露、黄露(图 1-1)等，要求成熟度八成左右、横径 55 mm 以上，无机械伤、无病虫害。

图 1-1　黄露

知识储备

在制作前，原料都应经过选择与分级。除去霉烂、病虫害、畸形、成熟度不足或过度成熟、变色等不合格的原料，并剔除杂质。合格的原料，按大小、成熟度、色泽分组，使每组原料品质较一致，便于后续加工操作。果蔬原料的特点如下：

一是季节性。水果和蔬菜的生长、采收等都严格受到季节的制约，不适时的原料不仅价格高而且质量也会受到影响，最终既影响价格成本又难以保证产品质量。

二是地区性。水果和蔬菜的生长受自然条件和生产环境的制约，同一种水果或蔬菜，由于生态环境不同，其生产期、收获期、收获量乃至品质和价格等也都不同。

三是易腐性。水果和蔬菜大部分含水量大，容易腐败变质，受到机械损害的果蔬更容易变质腐烂。

四是复杂性。水果和蔬菜的种类很多，种类和品种不同，其构造、形状、大小、化学组成及加工适应性等也不同，因此，在工艺、设备等方面都较难规范化，必须根据原料特点确定贮藏方法，变更加工工艺。

任务 2　原料预处理

活动 1　原料的清洗

原料的清洗对于减少附着于原料表面的微生物，特别是耐热性芽孢菌，具有十分重要的意义，是罐藏食品加工中必不可少的环节。

随着生产的大型化，利用机械化清洗方式对果蔬原料进行清洗已成为果蔬清洗的发展方向。

原料可通过以下三种方式进行清洗：

一是流水清洗，用流动的清水去除原料表面的微生物与灰尘杂质等；

二是利用 1%浓度的碳酸氢钠溶液对原料表面进行清洗，或用 0.03%～0.05%的高锰酸钾溶液浸泡清洗；

三是利用 1%～2%的食盐溶液对原料表面进行清洗。

知识储备

原料的分选包括原料的选择与分级。原料在投产前须先进行选择，剔除不合格的原料和有虫害、腐烂、霉变等情况的原料，再按原料的大小、色泽和成熟度进行分级。这样既便于后续工序中去皮、热烫等加工操作，又能提高劳动生产率，降低原料消耗，更重要的是可以保证和提高产品的质量。

原料的大小分级多采用分级机，常用的有振动式分级机和滚筒式分级机两种。振动式分级机适合于体积较小、质量较小的果蔬的分级。滚筒式分级机有单级式和多级式两种，所谓单级式就是只分大小两级，而多级式则可分若干等级。滚筒式分级机适合于体积较小的圆形果蔬的分级，如蘑菇、青豆等。色泽和成熟度的分级，目前国内主要用人工来进行。

果蔬原料在加工前必须经过洗涤，以除去其表面附着的尘土、泥沙、部分微生物及可能残留的农药等。洗涤果蔬可采用漂洗法，一般在水槽或水池中用流动水漂洗或喷洗，也可用滚筒式洗涤机清洗，具体的方法视原料的种类、性质等而定。对于杨梅、草莓等浆果类原料应小批淘洗或在水槽中通入压缩空气翻洗，防止机械损伤及在水中浸泡过久而影响色泽和风味。采收前喷洒过农药的果蔬，应先用0.5%～1.0%的稀盐酸泡后再用流动水洗涤。

活动2　原料的去皮

原料的种类不同，去皮的方法也不同，可采用机械、碱液处理、热烫、真空等方法去皮。

黄桃原料可采用碱液去皮法。即将桃子放入90～95 ℃、质量比为3%～5%的氢氧化钠溶液中处理1～2 min，然后迅速捞出放入流动水中冷却，并手搓使表皮脱落，如图1-2所示，再放入0.3%的盐酸溶液中浸泡2～3 min，以中和残碱。

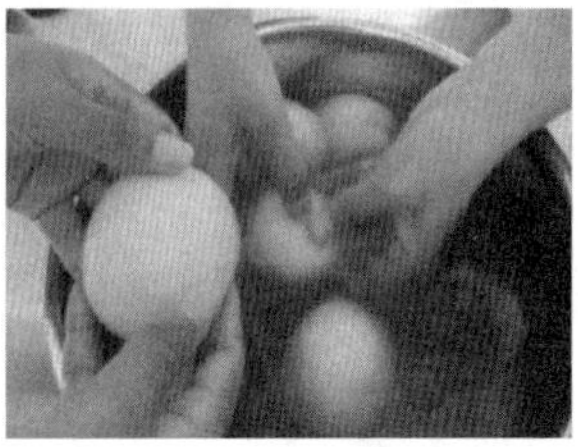

图1-2　碱液处理后手工去皮

知识储备

果蔬种类繁多，其表皮状况也各不相同，有的表皮粗厚、坚硬，不能食用，有的具有不良风味或在加工中容易引起不良后果，这样的果蔬在加工时必须去除表皮。去皮的基本要求是去净表皮而不伤及果肉，同时要求去皮速度快、效率高、成本低。去皮的方法主要有机械去皮、化学去皮、热力去皮和手工去皮。

一是机械去皮。机械去皮一般用去皮机完成。去皮机的种类很多，但原理大致分为两种：一种是用机械作用使原料在刀下转动削去表皮的旋皮机，适用于形状规则并具有一定硬度的果蔬，如苹果、梨、萝卜等；另一种是利用涂有金刚砂、表面粗糙的转筒或滚轴，借助摩擦力的作用擦除表皮的擦皮机，适用于大小不匀、形状不规则的原料，如马铃薯、荸荠等。

机械去皮具有速度快、效率高、省力等优点，但也存在着如下一些缺点：机械设备投入大；表皮不能完全除净，还需人工修整；去除的果皮中带有一些果肉，导致原料消耗较高；皮薄、肉质软的果蔬不适合使用机械去皮。由于存在上述缺陷，因此机械去皮的使用范围并不广泛。

二是化学去皮。通常选用氢氧化钠溶液、氢氧化钾溶液或两者的混合溶液、盐酸处理果蔬，利用酸、碱的腐蚀能力将果蔬表皮或表皮与果肉间的果胶物质腐蚀溶解而去掉表皮。

碱液去皮方便、效率高、成本低、适应性广，故应用广泛。值得注意的是，利用碱液去皮时，要控制好碱液的浓度、温度和作用时间，以防止碱性过强对原料造成损害，以原料的表面无果皮痕迹，皮层下肉质不腐蚀，用水冲洗稍加搅拌或搓擦即可脱皮为原则。

三是热力去皮。即用高压蒸汽或沸水短时间加热，使果蔬表皮受热松软，与内部组织脱离，然后再迅速冷却，除去外皮，如西红柿、杏等。

四是手工去皮。通常是用水果刀等用具，削去外皮。此法去皮简单，但效率低。

活动 3 原料的切分与护色

黄桃原料在去皮后需进行切分，用不锈钢刀沿桃子合缝线切成两半，不要切偏，并挖去果核。切半后立即浸入清水或 1%～2%的食盐溶液中护色。

知识储备

多数果蔬原料经去皮、切分或破碎后暴露于空气中，很快因酶褐变而变色，为保证其原有新鲜的色泽，需要对去皮后的原料进行护色。常用 1%～2%食盐溶液，食盐溶液有短暂抑制或破坏酶活性的作用，且氧气在食盐溶液中的溶解度较小，有利于果蔬的护色。除食盐溶液外，0.1%～0.2%柠檬酸或 5～10 g/kg SO_2 溶液也是较好的护色液。

活动 4 原料的热烫与冷却

将桃块从护色液中捞出，放入 95～100 ℃的热水中热烫 4～8 min，桃块呈现半透明状时捞出，立即用冷水凉透。

知识储备

大部分果蔬原料，装罐前均须经热烫处理。

热烫的主要目的是软化组织，便于装罐，排除原料组织中的空气；破坏酶的活性，稳定色泽，改善风味和组织；脱除部分水分，保护开罐固形物稳定；杀灭部分附着于原料中的微生物。

通常采用连续热烫机以沸水或蒸汽加热的方式热烫。热烫用水需经常更换，保持清洁。此外，对于易变色的原料，需在热烫水中加入适量柠檬酸进行护色。

一般根据原料的种类、大小、工艺要求来确定热烫的温度与时间。

热烫后必须急速冷却，严防冷却缓慢而影响产品质量。热烫后不需漂洗的原料，应即刻捞起分选装罐。需漂洗的原料，则应捞出置于漂洗槽（池）中，按规定漂洗条件进行漂洗。注意漂洗过程须多次换水，防止原料变质。

任务 3 装罐注液

活动 1 空罐的准备

无论是新罐还是旧罐，在使用前都应检查其密封性，并进行彻底的清洗与消毒。玻璃罐与罐盖均需先用清水（或热水）清洗，然后再用洗瓶机清洗，清洗完成后倒置沥干备用。清洗干净的空罐要及时使用，不宜堆放太久，以免受灰尘、杂质的再次污染。

活动 2 罐液的配制

糖水黄桃罐头加注的是糖溶液。配制糖溶液用的水，须符合饮用水标准。根据我国国家标准《桃罐头》（GB/T 13516—2014）中对生产糖水罐头的要求配制，低浓度开罐糖度为 10%～14%，中浓度开罐糖度为 14%～18%，高浓度开罐糖度为 18%～22%，特高浓度开罐糖度为 22%～35%。

活动 3　装罐

处理好的原料应迅速趁热装罐。保证内容物在罐内的一致性，罐内原料的成熟度、色泽、大小、形态应基本一致，搭配合理，排列整齐。每罐装入原料量，应根据产品要求的开罐固形物含量等因素进行调整，确保装罐量符合要求。一般情况下，500 g 玻璃罐果肉装罐量为 310 g。

活动 4　注液

原料装罐完成后，注入 80 ℃以上、25%～30%的热糖水，可在糖水中添加 0.2%～0.3%的柠檬酸，增进风味的同时起到护色的作用。糖溶液加注量要求没过果肉。糖水到罐盖保持 4～8 mm 距离，防止罐内顶隙过大，引起氧化圈，或内容物露出液面变色。

知识储备

注液后，罐内应保留一定的顶隙。顶隙是指罐内内容物表面到罐盖间所留空隙的距离。装罐时为 4～8 mm，封罐后为 3～5 mm。

任务 4　排气

排气是指原料在装罐后密封前除去原料组织内部及罐头顶隙中的大部分空气，起到抑制好氧性细菌和霉菌的生长繁殖的作用，有利于罐头内部形成一定的真空度。

将罐盖放在玻璃罐上（切记不能拧紧），将玻璃罐置于 95～100 ℃热水中，保持罐内中心温度达到 75 ℃以上 15 min 完成排气，排气后趁热密封。

知识储备

排气是将罐内、原料内、容器顶隙部位及溶解在罐液中的空气排出，提高罐内真空度的操作过程。

排气处理直接影响罐制品的质量。如果罐内残留的 O_2 过多，罐头在贮藏期间容易发生腐败变质、品质下降以及罐内壁的腐蚀等不良现象。通过排气不仅可抑制好气性细菌及霉菌的生长发育，防止产品的腐败变质，还可防止或减轻铁罐内壁的氧化腐蚀，减少维生素 C 等营养物质的损失，较好地保持产品的色、香、味，延长罐头的贮藏寿命。另外，排气能够有效防止或减轻加热杀菌时空气膨胀而使铁皮罐头变形和玻璃罐“跳盖”等现象的发生。排气良好的罐头因内压低于外压，罐盖呈内凹状，便于与腐败变质而胀罐的罐头区分，有利于成品检查。

罐头排气应达到一定的真空度。罐制品真空度是指罐外大气压与罐内残留气压的差值，常用罐头真空计来测定，一般要求在 26.7～40 kPa。

任务 5　密封

经排气后，罐头应趁热密封。在实际操作中，为避免烫伤应佩戴隔热手套。拧紧罐盖后应立即将罐头倒置，观察是否漏液，以保证密封良好。

知识储备

密封的目的是使罐内与外界环境隔绝，防止有害微生物再次侵入而引起罐内食品的腐败变质。

罐头密封性的好坏直接影响到罐头保藏期的长短，不论何种包装容器，如果未能获得严格的密封，就不能达到长期保存的目的。因此，罐头生产过程中应严格控制密封的操作，保证罐头密封的效果。

任务6　杀菌与冷却

将密封好的罐头置于沸水浴中15～20 min进行杀菌。杀菌后分段冷却至38 ℃。

知识储备

一、罐制品杀菌的意义

杀死一切对罐内食品具有腐败作用和产毒致病的微生物；破坏酶的活性；具有调煮作用，改进食品质地与风味。

值得注意的是，罐头杀菌和细菌学上灭菌的含义是不同的：罐头杀菌不是杀灭所有微生物，而是杀死导致食品腐败的微生物，即达到“商业无菌”状态。所谓商业无菌，是指罐头食品经过适度热杀菌后，不含有致病性微生物，也不含有在通常温度下能在其中繁殖的非致病性微生物的状态。

二、杀菌对象菌的选择

由于原料的种类、来源、加工方法和加工条件等不同，罐头食品在杀菌前存在不同种类和数量的微生物。生产中不可能也没有必要对所有种类的微生物进行耐热性试验，而是选择最常见的、耐热性最强的、具有代表性的腐败菌或引起食品中毒的微生物作为主要的杀菌对象菌。一般认为，如果热力杀菌足以消灭耐热性最强的腐败菌，则耐热性较低的腐败菌很难残留；芽孢的耐热性比营养体强，若有芽孢菌存在，则应以芽孢菌为主要的杀菌对象。

罐头食品的酸度是选定杀菌对象菌的重要因素。以pH 4.5为界，食品可以分为酸性和低酸性两大类。在pH 4.5以下的酸性或高酸性食品中，将霉菌和酵母菌这类耐热性低的微生物作为主要杀菌对象，在杀菌中比较容易控制和杀灭。而pH 4.5以上的低酸性食品，杀菌的主要对象是那些能够在无氧或微量氧的条件下活动且产生孢子的厌氧性细菌，这类细菌的孢子耐热性强。罐头食品工业上，通常采用能产生毒素的肉毒梭状芽孢杆菌的孢子作为杀菌对象菌。

三、罐制品杀菌工艺条件的确定

杀菌操作是影响罐藏产品质量的关键环节。因此，必须注意以下几点：

杀菌条件必须根据罐藏原料的品种、老嫩、内容物的pH、罐内热的传导方式和快慢、微生物污染程度、罐头杀菌前的初温、杀菌设备的种类等条件而定。

在不影响产品的风味和色泽的前提下，适当降低pH(使内容物偏酸性)，可缩短杀菌时间。

原料新鲜度越高，工艺流程越快（特别是装罐密封后至杀菌），微生物污染越轻。罐内热传导快的产品，杀菌时间可缩短。

对罐液易于对流传热的产品宜采用高温度短时间杀菌。采用连续或连续振动式杀菌机，较间歇静止式杀菌锅杀菌效果快且质量好。

严格执行杀菌工序的操作规程。杀菌过程，必须严格保持温度的准确性，特别是高温短时间杀菌，温度稍有误差则对杀菌强度影响很大。保证升温、降温和杀菌时间的准确是影响产品杀菌效果的主要因素。

罐头杀菌后必须快速冷却，一般以冷却至罐内中心温度至 37 ℃左右为宜，以防止继续受热而影响内容物的色、形、味，并严防嗜热性芽孢菌的发育生长。

冷却方式以在杀菌锅内用压缩空气或水反压降温冷却较好。特别是采用高温短时杀菌及大罐型的产品，反压冷却不仅冷却速度快，且有防止罐盖突角，减少次、废品率的效果。反压冷却，进入杀菌锅的冷却水压头，以稍高于锅内压力即可，不要太高，以免冲力太大造成瘪罐。反压需用的压力，一般以稍高于杀菌式规定的杀菌压力即可。反压降温时间以 5 min 左右为宜，对于某些特殊罐型和品种如盆形罐及汤汁少的玻璃罐装的品种，则降温宜缓慢或分段冷却较好。

目前，用于果蔬类罐头杀菌的设备有立式杀菌锅、卧式杀菌锅、回转式加压杀菌机、静水加压杀菌机等。提高杀菌温度，缩短杀菌时间，对于改善果蔬罐头内容物的颜色、组织和风味、减轻铁罐的腐蚀，均有明显效果。

罐藏制品合理的杀菌工艺条件，是确保罐藏制品质量的关键，而杀菌的工艺条件主要受杀菌的温度与时间的影响。杀菌工艺条件制订的原则是在保证罐藏制品安全性的基础上，尽可能地缩短杀菌时间，以减少热力对食品品质的影响。

杀菌温度的确定以对象菌为依据，一般以对象菌的热力致死温度作为杀菌温度。杀菌时间的确定则受多种因素的影响，在综合考虑的基础上通过计算 F 值来确定。F 值是指在恒定的加热标准温度条件下（121 ℃或 100 ℃），杀灭一定数量的细菌营养体或芽孢所需要的时间（min），也称为杀菌效率值、杀菌致死值或杀菌强度。F 值包括安全杀菌 F 值和实际杀菌条件下的 F 值。安全杀菌 F 值是在瞬间升温和降温的理想条件下估算出来的，安全杀菌 F 值也称为标准 F 值，它被作为判别某一杀菌条件合理性的标准值。它的计算是通过杀菌前罐内食品微生物的检验，选出该种罐头食品常被污染的腐败菌的种类和数量并以对象菌的耐热性参数为依据，用计算方法估算。但在实际生产的杀菌过程都有一个升温和降温过程，在该过程中，只要在致死温度下都有杀菌作用，所以可根据估算的安全杀菌 F 值和罐头内食品的导热情况制定杀菌公式来进行实际试验，并测其杀菌过程中罐头中心温度的变化情况来算出罐头实际杀菌 F 值。有关罐头安全杀菌 F 值的估算和杀菌实际条件下 F 值的计算可参考《罐头工业手册》等有关书籍。要求实际杀菌 F 值应略大于安全杀菌 F 值。如果实际杀菌 F 值小于安全杀菌 F 值，则说明杀菌不足，应适当提高杀菌温度或延长杀菌时间；如果实际杀菌 F 值大于安全杀菌 F 值过多，则说明杀菌过度，应适当降低杀菌温度或缩短杀菌时间，以提高和保证食品品质。

四、影响杀菌效果的主要因素

（一）微生物的种类和数量

不同的微生物耐热性差异很大，嗜热性细菌耐热性较强，芽孢比营养体更耐热。而食品中微生物数量，尤其是芽孢数量越多，在同样致死温度下所需时间越长。

食品中微生物数量的多少取决于原料的新鲜度和杀菌前的污染程度。所以采用的原料要求新鲜清洁，从采收到加工要及时，加工的各工序之间要紧密衔接，不要拖延，尤其装罐以后到杀菌之间不能积压，否则罐内微生物数量将大大增加而影响杀菌效果。另外，工厂要注意卫生管理、用水质量及与食品接触的一切机械设备和器具的清洗和处理，使食品中的微生物减少到最低限度，否则都会影响罐头食品的杀菌效果。

(二)食品的性质和化学成分

微生物的耐热性，在一定程度上与加热时的环境条件有关。食品的性质和化学成分是杀菌时微生物存在的环境条件。因此，食品中含有的酸、糖、蛋白质、脂肪、酶、盐类等都能影响微生物的耐热性。

1. 原料的酸度(pH)

原料的酸度对微生物耐热性的影响很大。大多数产生芽孢的细菌在 pH 中性时耐热性最强，随着食品 pH 的下降，微生物的耐热性逐渐下降，甚至受到抑制，如肉毒杆菌在 pH＜4.5 的食品中生长受到抑制，也不会产生毒素，所以细菌或芽孢在低 pH 的条件下是不耐热处理的，因而在低酸性食品中加酸(如醋酸、乳酸、柠檬酸等，以不改变原有风味为原则)，可以提高杀菌效果。

2. 食品的化学成分

罐头内容物中的糖、盐、淀粉、蛋白质、脂肪及植物杀菌素等对微生物的耐热性有不同程度的影响。如装罐的食品和填充液中的糖浓度越高，杀灭微生物芽孢所需的时间越长，浓度很低时对芽孢耐热性的影响很小。但糖的浓度增加到一定程度时，由于糖造成了高渗透压的环境，糖溶液反而具有抑制微生物生长的作用。2%～4%的低浓度食盐溶液对微生物的耐热性有保护作用，而高浓度食盐溶液则降低微生物的耐热性。食品中的淀粉、蛋白质、脂肪也能增强微生物的耐热性。另外，某些食品含有植物杀菌素，如洋葱、大蒜、辣椒、生姜等，对微生物有抑制或杀菌的作用，如果在罐头食品杀菌前加入适量具有杀菌素的蔬菜或调料，可以降低罐头食品中微生物的污染程度，降低杀菌条件。

酶也是影响食品杀菌效果的成分之一。在罐头食品杀菌过程中，几乎所有的酶在 80～90 ℃的温度下，几分钟就可能被破坏。但是过氧化物酶对高温有较强的抵抗力，因此在检验热处理效果时经常把过氧化物酶作为检验的对象。

3. 传热方式和传热速度

罐头杀菌时，热的传递主要是借助热水或蒸汽为介质，因此杀菌时必须使每个罐头都能直接与介质接触。热量由罐头外表传至罐头中心的速度，对杀菌也有很大影响。影响罐头食品传热速度的因素主要有：

(1)罐头容器的种类和形式。常见的罐藏容器中，蒸煮袋的传热速度最快，马口铁罐的次之，玻璃罐的最慢。罐型越大，则热从罐头外表传至罐头中心最迟加热点所需的时间越长，对于以传导为主要传热方式的罐头更为显著。

(2)食品的种类和装罐状态。流质食品如果汁、清汤类罐头等由于对流作用而传热较快，但糖液、食盐溶液或调味液等传热速度随其浓度增加而降低。块状食品加汤汁的罐头比不加汤汁的罐头传热快。果酱、番茄沙司等半流质食品，随着浓度的升高，其传热方式以传导占优势而传热较慢。糖水水果罐头、清渍类蔬菜罐头由于固体和液体同时存在，加热杀菌时传导和对流传热同时存在，但以对流传热为主，故传热较快。食品块状大小、装罐状态对传热速度也会直接产生影响，块状大的比块状小的传热慢，装罐紧密的传热较慢。总之，各种食品含水量多少、块状大小、装填松紧、汁液多少与浓度、固液体食品比例等都会影响传热速度。

(3)罐内食品的初温。罐头在杀菌前的中心温度(即冷点温度)叫初温。通常罐头的初温越高,初温与杀菌温度之间的温差越小,罐中心加热到杀菌温度所需的时间越短。因此,杀菌前应提高罐内食品初温(如装罐时提高食品和汤汁的温度、排气密封后及时杀菌),这对于不易形成对流和传热较慢的罐头更为重要。

(4)杀菌锅的形式和罐头在杀菌锅中的位置。回转式杀菌比静置式杀菌效果好,时间短。因前者能使罐头在杀菌时进行转动,罐内食品形成机械对流,从而提高传热性能,加快罐内中心温度升高,因而可缩短杀菌时间。

4. 海拔高度

海拔高度影响气压的高低,故能影响水的沸点温度。海拔高,水的沸点低,杀菌时间应相应增加。一般海拔升高 300 m,常压杀菌时间在 30 min 以上的,应延长 2 min。

任务 7　成品检验

冷却后的罐头应擦干罐身,在 25 ℃库房中存放 1 周,经敲罐检验合格后,贴标入库。

活动 1　罐藏制品感官检验

内容物果块大小、色泽一致,糖水较透明,允许有少量果肉碎屑,具有桃子特有的风味,无异味。固形物重不低于 55%,开罐糖水浓度符合国家标准。

知识储备

感官检验包括罐头容器检验和罐头内容物的色泽、组织形态、滋味和气味的检验。

(1)罐头容器检验。检查瓶与盖结合是否紧密牢固,罐形是否正常,有无胀罐;罐体是否清洁及锈蚀;罐盖的凹凸变化情况等。

(2)色泽和组织形态检验。在室温下将罐头打开,然后将内容物倒入白瓷盘中观察色泽、组织、形态是否符合标准。

(3)滋味和气味检验。检验是否具有该产品应有的滋味与气味,并评定其滋味和气味是否符合标准。

活动 2　罐藏制品理化检验

理化检验包括以下几个方面:

(1)真空度的测定。真空度的高低可采用打检法来判断或用罐头真空计检测。打检法是用特制的木棒敲打罐盖或罐底,如发出的声音坚实清脆,则为好罐,混浊声则为差罐。用罐头真空计测定罐头真空度一般要求达到 26.67 kPa 以上。

(2)净重和固形物比例的测定。按 GB 7098—2015 规定方法检验。

(3)固形物的测定。常用折光仪测定可溶性固形物含量。

(4)理化指标符合 GB 7098—2015 中要求。

活动 3　罐藏制品微生物检验

将罐头放入 20～25 ℃的温度中保温放置 5～7 d。如果罐头杀菌不足,由于罐内微生物繁殖产生气体或化学作用产生的气体，使罐内形成正压使罐头一端或两端外凸的胀罐现象。胀罐便于把不合格罐头区别并加以剔出。

罐头食品应符合食品商业无菌要求，按 GB 4789.26 规定方法检验。番茄酱罐头霉菌计数(%视野)≤50，按 GB 4789.15 规定方法检验。

知识拓展

一、果蔬罐头加工中常见的质量问题与控制

(一)罐头的败坏

罐头食品在贮藏期间，仍然发生着各种变化。如果罐头加工过程中操作不当，加上贮藏条件不良，往往会加速质量的变化而使罐头败坏。罐头的败坏分胀罐的败坏和不胀罐的败坏两种。

1. 胀罐的败坏

胀罐是罐头的一端或两端向外凸出。根据其发生的原因，主要有以下几种：

(1)物理性胀罐。罐内食品装量过多，顶隙过小或几乎没有，杀菌时内容物膨胀造成胀罐；排气不足，真空度较低，罐头冷却时降压速度太快，使内压大大超过外压而胀罐；寒冷地区生产的罐头运往热带地区销售或平原生产的罐头运到高山地区销售，由于外界气压的改变也易发生胀罐。

防止措施：①应严格控制装罐量，切勿过多；②注意装罐时，罐头的顶隙大小要适宜，要控制在 4～8 mm；③提高排气时罐内的中心温度，排气要充分，封罐后能形成较高的真空度，即达$(4.0\sim5.0)\times10^4$ Pa；④加压杀菌后的罐头消压速度不能太快，使罐内外的压力较平衡，切勿悬殊。

(2)化学性胀罐。高酸性食品中的有机酸(果酸)与罐头内壁(露铁)起化学反应，放出 H_2，H_2 积累使内压升高而发生胀罐。

防止措施：①防止空罐内壁受机械损伤，以防出现露铁现象；②空罐宜采用涂层完好的抗酸全涂料钢板制罐，以提高对酸的抗腐蚀性能。

(3)细菌性胀罐。由于杀菌不彻底，或罐盖密封不严，细菌重新侵入而分解内容物，产生气体使罐内压力增大而造成胀罐。

防止措施：①对罐藏原料充分清洗或消毒，严格注意加工过程中的卫生管理，防止原料及半成品的污染；②在保证罐头食品质量的前提下，对原料进行充分的热处理(预煮、杀菌等)，以消灭产毒致病的微生物；③在预煮水或糖液中加入适量的有机酸(如柠檬酸等)，降低罐头内容物的 pH，提高杀菌效果；④严格封罐质量，防止密封不严而泄露，冷却水应符合食品卫生要求，经氯化处理的冷却水更为理想；⑤罐头生产过程中，及时抽样保温处理，发现带菌问题，要及时处理。

2. 不胀罐的败坏

不胀罐的败坏主要是细菌的作用和化学作用引起的，通常表现为罐内食品已经败坏，但并不胀罐。如平酸菌在罐内繁殖时不产生气体，但使食品变色变酸；食品中的蛋白质在高温杀菌和贮藏期间分解出硫或硫化氢，与铁皮接触产生黑色的硫化铁、硫化锡等。

防止措施：在预煮水或糖液中加入适量的有机酸(如柠檬酸等)，降低罐头内容物的 pH，

可以抑制平酸菌的生长繁殖；使用抗硫涂料罐作为罐藏容器。

（二）罐壁的腐蚀

1. 罐内壁腐蚀

镀锡薄板的镀锡层其连续性并不是完整无缺，尚有一些露铁点存在，加上空罐制作过程的机械冲击和磨损，使铁皮表面有锡层损伤，造成铁皮与罐头中所含的有机酸、硫及含硫化合物和残存的 O_2 等发生化学反应而引起侵蚀现象。

防止措施：生产过程中加强对原料的清洗、提高排气效果、容器使用抗酸抗硫涂料等可减轻腐蚀问题。

2. 罐外壁锈蚀

当罐头贮藏的环境湿度过高时，罐外壁及玻璃瓶盖易生锈（图 1-3）。

图 1-3　罐外壁锈蚀

防止措施：可通过控制罐头的冷却温度、擦干罐身、涂抹防锈油、控制贮藏环境稳定的温度和较低的相对湿度来避免。

（三）变色和变味

果蔬中的某些化学物质在酶或罐内残留氧的作用下或长期贮温偏高而产生的酶褐变和非酶褐变所致（图 1-4）。罐头内平酸菌（如嗜热性芽孢杆菌）的残存，会使食品变质后呈酸味，不胀罐。橘络及种子的存在，使制品带有苦味。

图 1-4　苹果罐头果块褐变前后对比

防止措施：选用含花青素及单宁低的原料制作罐头。如加工桃罐头时，核窝处的红色素应尽量去净。加工过程中，要注意工序间护色。装罐前根据不同品种的制罐要求，采用适宜的温度和时间进行热烫处理，破坏酶的活性，排除原料组织中的空气。配制的糖水应煮沸，随配随用。加工中，防止果实与铁、铜等金属器具直接接触，要求用具采用不锈钢制品，并注意加工用水要符合饮用水标准 GB 5749—2022 要求。杀菌要充分，以杀灭平酸菌等的微生物，防止制品酸败。橘子罐头，其橘瓣上的橘络及种子必须去净，选用无核橘为原料更为理想。

（四）罐内汁液的混浊和沉淀

罐内汁液产生混浊和沉淀的原因有：

（1）加工用水中钙、镁等金属离子含量过高（水的硬度大）；

（2）原料成熟度过高，热处理过度，罐头内容物软烂；

(3)制品在运销中震荡过剧，而使果肉碎屑散落；
(4)保管中受冻，解冻后内容物组织松散、破碎；
(5)微生物分解罐内食品。
防止措施：
(1)加工用水进行软化处理；
(2)控制温度不能过低；
(3)严格控制加工过程中的杀菌、密封等工艺条件；
(4)保证原料适宜的成熟度。

二、罐藏容器

(一)罐头对包装容器的要求

包装容器对食品的安全卫生和长期保存有着重要的作用，而容器的材料又是关键。罐头食品对包装容器的要求是：无毒、无臭、无味，不与食品起化学反应，耐腐蚀，耐高温高压，密封性好，能适应机械化操作，质量小，容易开启取食等。而实际上完全具备上述条件的材料是几乎没有的。目前国内外普遍使用的罐头容器是马口铁罐和玻璃罐，此外，还有铝罐和复合塑料薄膜蒸煮袋(又称软罐)。

(二)常用的罐头容器

1. 马口铁罐

马口铁罐是由两面镀锡的低碳薄钢板(俗称马口铁)制成。镀锡的方法有热浸法和电镀法两种，故马口铁有热浸铁和电镀铁之分。我国罐头生产中大部分采用电镀铁。对于含酸量较高或含蛋白质、含硫较高的食品，长期与锡层接触会发生腐蚀作用，因而常在与食品接触的锡层表面涂上涂料，经烘干制成涂料铁。涂料的遮盖性好，使罐的抗腐蚀性能显著提高。涂料的种类有抗酸涂料如油树脂和抗硫涂料，如环氧酚醛树脂。

2. 玻璃罐

玻璃罐是用石英砂、纯碱和石灰石等按一定比例配合后在 1 000 ℃以上的高温下熔融冷却成型铸成。主要成分是氧化硅、氧化钠和氧化钙的混合物。质量良好的玻璃罐应透明、无色或略带绿色；罐口圆而平整，底部平坦；罐身平整光滑，厚薄均匀，无严重气泡、裂纹、石屑和条痕。

玻璃罐根据其密封形式的不同，有卷封式、旋转式、抓式和螺纹式等种类。目前使用最多的是旋盖式玻璃罐，有三旋罐、四旋罐和六旋罐等。其罐颈上有 3～6 根螺纹线，罐盖内侧有相应的爪，正好和罐颈上的螺纹吻合。罐盖内注入塑料溶胶并烘烤固化，当罐盖内的爪与罐颈螺纹旋紧时，罐盖衬胶便压紧在罐口密封面上而达到密封。

3. 蒸煮袋

蒸煮袋通常由聚酯(PET)、铝箔(Al)和聚烯烃(PP 或 PE)三层薄膜借助胶黏剂复合而成。有时可用 4～5 层，多者达 9 层。外层为聚酯(12 μm)，聚酯耐高温，有极好的尺寸稳定性和印刷性；中层的铝箔(9 μm)可避光、隔气，隔绝性好，利于食品贮藏；内层采用聚烯烃薄膜(7 μm)，热封性和耐化学性能较好。

蒸煮袋的特点是质轻、封口简便牢固、取食方便；而且传热快，杀菌时间较短；常温下贮藏，质量稳定。

企业衔接

一、整番茄罐头加工

(一)工艺流程

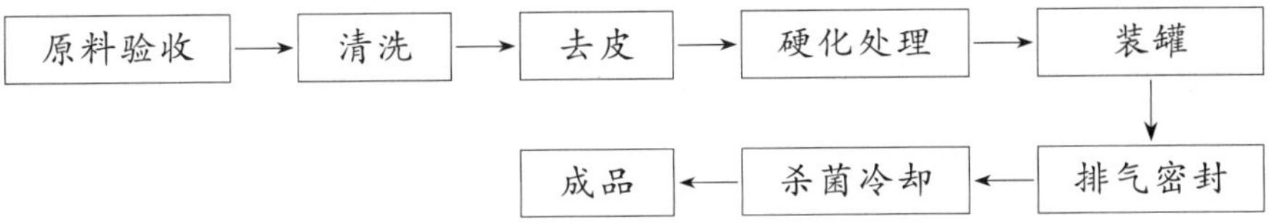

(二)技术要点

1. 原料验收

番茄应新鲜饱满、色红、果形正、风味好、组织较硬,果实最大直径小于 50 mm。适用的品种有穗圆、罗城一号、奇果、扬州红等。

2. 去皮

清水洗净,挖除蒂柄后去皮。番茄去皮的方法有:

(1)热烫去皮。用沸水热烫(95～100 ℃,10～30 s)或用热烫去皮机(蒸汽压力 29.4～58.8 kPa)热烫,然后立即用冷水浸冷或喷淋冷却使之去皮。

(2)真空去皮。番茄先在 96 ℃热水中加热 20～40 s,使果皮与靠近果面的皮下层分离。再将番茄送入真空度为 80～93.3 kPa 的真空室进行适度处理使果皮破裂,最后经温和的机械操作而去除表皮。这一方法具有去皮效率高(可达 98%)、压力利用率高、产品质量好、能量消耗低的特点。

(3)红外线去皮。将番茄暴露于 150～180 ℃高温下受热 4～20 s,再用冷水喷淋或摩擦去除外皮,番茄在高温下表皮细胞受热,细胞内所含水分汽化,果皮开裂而脱离果肉。

3. 硬化处理

用 0.5%氯化钙溶液浸泡 10 min,使组织适度硬化,再以流动水洗果。也可采用在汤汁中加入适量氯化钙来达到使果实硬化的目的。

4. 配汤装罐

马口铁罐的装量不低于净重的 55%,玻璃罐的装量不低于净重的 50%,番茄装罐后,有不加填充液的,而加番茄汁填充,同时添加盐、糖及香料,番茄汁温度不能低于 90 ℃,同时,为增加番茄果肉的硬度,在汤汁中添加 0.03%～0.04%氯化钙。

5. 排气密封

热排气,罐中心温度 75℃以上;抽气密封,真空度 40.0～46.7 kPa。

6. 杀菌冷却

番茄罐头原料的 pH 在 4.3 以下时,一般采用常压杀菌,对于含酸量低的原料,应适量加入柠檬酸于汤汁中,以提高杀菌效果。

二、糖水雪梨罐头加工

（一）工艺流程

原料验收 → 分选 → 摘把去皮 → 切半去籽巢 → 修整 → 洗涤 → 抽空处理 → 热烫 → 冷却 → 分选装罐 → 排气 → 密封 → 杀菌冷却 → 检验 → 包装 → 成品

（二）技术要点

1. 原料

原料的好坏直接影响罐头的质量。糖水雪梨罐头加工选用果形正、果芯小、石细胞少、香味浓郁、鞣质含量低且耐贮藏的品种。

2. 去皮

梨的去皮以机械去皮为多，目前也有用水果去皮剂去皮的。实验室多用手工去皮。去皮后的梨切半，挖去籽巢和蒂把，要使巢窝光滑而又去尽籽巢。

3. 护色

去皮后的梨块不能直接暴露在空气中，应浸入护色液（1%～2%食盐溶液）中。

4. 抽空

梨一般采用湿抽法。根据原料梨的性质和加工要求确定选用抽空液。莱阳梨等鞣质含量低，加工过程中不易变色的梨可以用食盐溶液抽空，操作简单，抽空速度快；加工过程中容易变色的梨，如长把梨以护色液作抽空液为好。护色液的配比为：盐 2%、柠檬酸 0.2%、焦亚硫酸钠 0.02%～0.06%。护色液的温度以 20～30 ℃为宜，若温度过高会加速酶的生化作用，促使水果变色，同时也会使护色液分解产生 SO_2 而腐蚀抽空设备。

5. 热烫

凡用食盐溶液或药液抽空的果肉，抽空后必须经清水热烫。热烫时应沸水下锅，迅速升温。热烫时视果肉块的大小及果的成熟度而定。含酸量低的如莱阳梨可在热烫水中添加适量的柠檬酸（0.15%）。热烫后急速冷却。

6. 调酸

糖水梨罐头的酸度一般要求在 0.1%以上，如果低于这个标准会引起罐头的败坏和风味的不足。一般当原料梨酸度在 0.3%～0.4%范围内时，不必再外加酸，但要调节糖酸比，以增进成品风味。

7. 装罐与注液

使用玻璃瓶按大小、成熟度分开装罐，使每一罐中的果块大小、色泽、形态大致均匀，块数符合要求。每罐装入的水果块质量一般要求果块质量不低于净重的 55%（生装梨为 53%，碎块梨为 65%）。

8. 排气及密封

加热排气，排气温度 95 ℃以上，罐中心温度 75～80 ℃。

9. 杀菌和冷却

杀菌完毕必须立即冷却至 38～40 ℃。杀菌时间过长和不迅速彻底冷却，会使果肉软烂，汁液混浊，色泽、风味恶化。

（三）质量标准

参照行业标准《梨罐头》（QB/T 1379—2014）。

三、GMP与罐头生产安全控制

GMP是英文Good Manufacturing Practice的缩写，中文意为“良好操作规范”。食品GMP为基本指导性文件，包括对食品生产、加工、包装、储存，企业的基础设施、加工设备、人员卫生、培训，仓储与分销、环境与设备的卫生管理、加工过程的控制管理所做出的详细规定。目前，所有GMP法规仍在不断完善，最新版本的GMP被称为通用良好操作规范（current good manufacturing practice，CGMP）。

（一）食品GMP的实质及推行的意义

1. 食品GMP的精神实质

食品GMP的精神实质是：①解决食品生产中的质量和安全卫生问题，要求食品生产企业具有良好的生产设备、合理的生产过程、完善的卫生质量控制系统和严格的检测系统，以确保食品的质量和安全性符合标准；②降低食品生产过程中人为的错误，防止食品在生产过程中遭到污染或品质劣变，建立健全自主性品质保证体系；③一种包括4M管理要素的质量保证制度，即选用规定要求的原料（material）、以合乎标准的厂房设备（machines）、由胜任的人员（man）、按照既定的方法（methods），制造出品质稳定、安全卫生食品的一种质量保证制度。

2. 推行食品GMP的目的和意义

推行食品GMP的目的和意义是：①提高食品卫生安全质量，保障消费者的健康；②为食品生产提供一套可遵循的规范，促使食品生产企业采用新技术、新设备，严格要求食品生产中的原料、辅料和包装材料；③促使食品生产和经营人员形成积极的工作态度，激发对食品质量高度负责的精神，消除生产上的不良习惯；④为食品生产及卫生监督提供有效的监督检查手段；⑤为建立实施危害分析与关键控制点（hazard analysis and critical control point，HACCP）体系或ISO 22000国际食品安全管理体系奠定基础；⑥利于食品的国际贸易。

（二）我国出口食品的GMP法规及主要内容

我国原国家商检局于1995—1996年陆续发布了包括《出口罐头加工企业注册卫生规范》等9个出口食品企业注册卫生规范。此外，2002年国家质检总局颁发了《出口食品生产企业卫生注册登记管理规定》。该法规共包括3个附件，其中附件2《出口食品生产企业卫生要求》围绕“出口食品卫生质量体系的建立”，突出强调了食品生产加工过程中的安全卫生控制，对出口食品生产企业提出了强制性的卫生要求，是我国出口食品生产企业的GMP通用法规。9个专门食品GMP法规和1个GMP通用法规共同构成了我国出口食品的GMP法规体系。

如果罐头出口到美国，还必须遵守美国的3个法规，即《良好操作规范（GMP）》（21 CFR Part 110）、《FDA低酸性罐装食品113法规》（21 CFR Part 113）和《酸化食品114法规》（21 CFR Part 114）；如果罐头出口到日本，则必须符合日本的《食品小六法》。

四、HACCP与罐头生产安全

（一）概念

HACCP是一种食品安全保证体系，由食品的危害分析（hazard analysis，HA）和关键控制点(critical control point,CCP)两部分组成。

HACCP 是以科学性和系统性为基础,识别特定危害,确立控制措施,确保食品安全性。HACCP 是一种评价食品危害和确立控制体系的工具,着重强调对危害的预防,向加工管理因素转移,而不是主要依赖于对最终产品的检验来判断其卫生与安全程度。通过生产过程的危害分析来确定容易发生食品安全问题的环节和关键控制点,建立相应的预防措施,将不合格的产品消灭在生产加工过程之中,减少产品在加工过程终端被拒绝或丢弃的情况,从而降低加工和出口销售不安全产品的风险。

(二)HACCP 的基本内容

HACCP 管理体系是针对食品加工生产的特点,专门总结制定出来的一套科学、系统、规范的管理模式,提出了 HACCP(即危害分析、关键控制点)管理原则。该管理原则主要由以下 7 项基本原理所组成。

原理一:进行危害分析。

原理二:确定关键控制点(CCP)。

原理三:制订关键限值。

原理四:建立监测体系以监测每个关键控制点的控制情况。

原理五:建立当关键控制点失去控制时应采取的纠偏措施。

原理六:建立确认 HACCP 系统有效运行的验证程序。

原理七:建立有关上述原则及其应用的必要程序和记录。

(三)HACCP 对食品安全体系的控制

1. 组建 HACCP 工作小组

HACCP 工作小组应包括负责产品质量控制、生产管理、卫生管理、检验、产品研制、采购、仓储和设备维修等各方面的专业人员,应具备该产品相关专业知识和技能,同时 HACCP 工作组的关键成员(包括组长)必须熟知 HACCP 体系的知识。工作小组主要职责是制订、修改、确认、监督实施及验证 HACCP 计划,负责对企业员工的 HACCP 的培训,负责编制 HACCP 管理体系的各种文件等工作。

2. 产品描述

对产品描述应包括产品名称(说明生产过程类型)、产品原料和主要的成分、产品的理化性质(包括 A_w-pH 等)及杀菌方法、包装方式、销售方式、销售区域、产品的预期用途和消费人群、食用方法、运输、储藏和销售条件、保质期、标签说明等。

3. 绘制和验证产品工艺流程图

HACCP 工作小组应深入生产现场,详细了解产品的生产加工过程,在此基础上绘制产品的生产工艺流程图,制作完成后要现场验证流程图。流程图应充分明确包括产品加工的每一个步骤,以便识别潜在危害。

习题与思考

一、选择题

1. 下列最适合用碱液去皮的果蔬为(　　)。

A. 胡萝卜　　B. 黄桃　　C. 莲藕　　D. 西兰花

2. 根据国家标准,中浓度糖水罐头开罐时糖水的浓度为(　　)。

A. 10%~14%　　B. 14%~18%　　C. 18%~22%　　D. 22%~35%

3. 常用的罐藏容器有(　　)。

A. 陶瓷罐　　B. 马口铁罐　　C. 玻璃罐　　D. 蒸煮袋

4. 罐藏制品需要进行的检验是(　　)。

A. 感官检验　　B. 酸度检验　　C. 理化检验　　D. 微生物检验

5. 番茄去皮的新方法有(　　)。

A. 蒸汽去皮　　B. 碱液去皮　　C. 冷却-加热去皮　　D. 真空去皮

二、简答题

1. 简述罐藏制品加工排气的目的。
2. 简述罐藏制品加工密封的目的。
3. 简述罐藏制品加工杀菌的目的。
4. 罐藏制品加工过程中,护色的方法有哪些?
5. 如何检查罐藏制品真空度是否达到要求?

三、计算题

按照 500 g 玻璃罐果肉装罐量为 310 g,如若生产 1 000 罐黄桃罐头,糖水浓度为 25%,需要__________ kg 黄桃和__________ kg 糖。

习题及答案

实训项目单

编制单位：　　　　编制人：　　　　编制日期：

任务代号		任务名称		实训课时	
课程名称		实训对象		实训时间	
实训目的					
实训步骤及要求	一、任务分析 二、任务计划决策 三、实施准备 四、工艺流程及要点 五、质量评价				

【过程性考核要点】

糖水黄桃罐头的加工			
序号	考核内容	考核标准	参考分值
1	学习与工作态度	态度端正,学习方法多样,课前预习,积极主动,责任心强,按时出勤,按要求着装	5
2	团队协作	服从安排,积极与小组成员合作,共同制订工作计划,共同完成工作任务,团队意识强	10
3	计划制订	有完整的工作方案,时间安排合理,工作步骤正确	10
4	关键技术点	(1)碱液去皮:碱液的配制方法与使用 (2)装罐:糖水配制、装罐速度、美观;净含量是否达到要求;装罐留有顶隙是否符合要求 (3)排气:真空度是否达到要求,打检方法 (4)杀菌冷却:玻璃罐不能炸罐,杀菌温度及时间确定依据 (5)产品质量符合国家标准要求,会查国家标准	50
5	主要机械设备及用具的使用与维护	夹层锅、排气设备、蒸煮等设备的安全规范操作	10
6	卫生保持与清理	保持现场卫生,实训结束后能及时清理卫生	10
7	问题思考	对工作任务完成过程中的问题分析,并提出改进措施	5
8	合计		100

项目二

红葡萄酒的加工

【果酒酿造】

我国酿酒历史悠久，远在 5 000 年前的龙山文化早期，先民已开始了酿酒。酒是人类利用有益微生物经过发酵工艺制造的一类发酵食品。果酒是以新鲜水果或果汁为原料，采用全部或部分发酵法酿制而成的，酒精度体积在 7%～18%的发酵酒。利用不同的水果酿制的口味也不同，我国习惯上对所有果酒都以其果实原料名称来命名，如葡萄酒、山楂酒、苹果酒等。而在国外，多数人认为只有葡萄榨汁发酵产生的溶液才能称为酒（wine）。葡萄酒属于国际性饮料酒，其产量在世界饮料酒中仅次于啤酒，位居第二。因其酒精度低，营养、医疗和经济价值高，所以是世界各国主要发展的饮料酒品种。

果酒由果汁转化成果酒，而且能长期存放，其原理是什么呢？

果酒生产是利用酵母菌将果汁中可发酵性的糖类经过一系列复杂的生物化学变化，最终生成酒精。最重要的是当产生足够浓度的酒精时，能抑制许多腐败菌的生长活动，从而达到长期保存的目的。

【学习目标】

1. 理解果酒酿造的原理；
2. 掌握葡萄酒加工工艺与质量控制要点；
3. 了解果酒质量标准及检验规则。

【项目实施】

红葡萄酒酿造的工艺流程如下：

原料选择 → 原料预处理 → 装罐发酵 → 陈酿 → 调配 → 装瓶杀菌 → 成品

红葡萄酒的加工

任务1　原料选择

活动1　材料与工具的准备

材料:红皮葡萄(玫瑰香、巨峰各半)、白砂糖、柠檬酸、亚硫酸盐、纯净水。

工具:发酵罐或磨口玻璃瓶、抽滤设备、电子秤、天平、剪刀、不锈钢盆、糖度计、温度计、酒精计、纱布、篦子、橡木桶。

活动2　原料的选择

葡萄品种多,选择新鲜,以果皮带色较深的含糖量高(21 g/100 mL以上)的品种。例如山东产地巨峰葡萄含糖量9%～13%,玫瑰香含糖量12%～15%。酸分适中(0.6～1.2 g/100 mL),单宁丰富,果香典型,完全成熟,糖分、色素达到最高为佳。主要品种有赤霞珠、黑品乐、宝石解百纳、品丽珠等。剔除霉变、腐烂果粒。

知识储备

在制作前,原料都应经过选择与分级。除去霉变、腐烂、病虫害、过度成熟、变色等不合格的原料,并剔除杂质。合格的原料,按大小、成熟度、色泽分组,使每组原料品质较一致,便于后续加工操作。

任务2　原料预处理

活动1　原料的清洗

果实加工前必须经过洗涤,去除原料表面的农残与灰尘等,采用流动的清水或机械喷洗。如果采用自然酿造法,清洗时要注意保存果皮表面的果灰,轻轻快速冲洗掉灰尘即可。

活动2　原料的破碎

洗涤后沥水,然后进行除梗、破碎。将果粒压碎使果汁流出,不要伤及种子。其目的是提高酵母菌与果汁的接触。所接触的不锈钢盆等容器要提前用亚硫酸盐(溶液浓度为0.1%)浸泡20 min或高度白酒擦拭等方式进行消毒处理。

在破碎后的葡萄汁液中加入0.01%～0.002%焦亚硫酸钾,搅匀。

知识储备

葡萄浆汁破碎后暴露于空气中,很快会因酶促作用产生褐变和杂菌污染,影响正常的发酵导致酒质下降。因此果酒发酵一般都采用亚硫酸盐强化到果汁中来保护发酵,因为一定范围剂量的亚硫酸盐不影响酵母菌的活力,却能抑制其他杂菌的生长繁殖,有利于护色和后期发酵工艺顺利进行。

活动3　果汁调整

果汁调整主要是将果汁中的糖、酸成分含量进行调整。一般在发酵前将葡萄汁的含糖量提高到 23%，即用折光仪测葡萄汁中可溶性固形物含量，根据测定与标准的差值，计算出果汁加糖量。之后取少量果汁溶解并添加到葡萄汁中，搅拌均匀；同理，添加柠檬酸使酸度调整到 6 g/L，即 pH 3.3～3.5。

知识储备

为了克服原料因品种、环境、栽培管理等造成的糖、酸等成分含量不符合酿酒要求，需要对其进行调整。

当葡萄汁中含糖量低于应生成的酒精量需求，必须加糖提高糖度，发酵后才能达到所需的酒精含量。理论上，加入 17 g/L 蔗糖可使酒度提高 1%，但实际加糖量应略大于此值，但也不能过高。为了抑制细菌的繁殖，保证酵母菌数量的绝对优势和发酵的正常进行，要求葡萄汁有适宜酸度。

通常生产中会添加未成熟的葡萄汁、酒石酸和柠檬酸来提高葡萄汁的酸度，其中以酒石酸为好，其用量最多不超过 1.5 g/L。加酸时应在木质、玻璃容器或瓷器中进行，不要使用金属容器。当然，如果酸度高也可添加碳酸钙来降低葡萄酒的酸度，一般在葡萄汁中添加 0.5 g/L 碳酸钙，可使 pH 降低 0.15。

任务 3　装罐发酵

活动 1　发酵容器的准备

采用发酵罐（图 2-1）、磨口玻璃瓶等作为发酵容器，在使用前都应进行彻底的清洗与消毒。

活动 2　入罐

将调整后的葡萄浆应迅速倾入发酵容器中（图 2-2），所装葡萄浆液占容器容积 80%～85%，以防发酵旺盛期皮渣外溢。如果人工加入酵母菌，接种量为浆液的 1%～3%。若选择干酵母，使用前应在 35～40 ℃含糖量 5%左右的温水中活化 20～30 min。

图 2-1　控温发酵罐

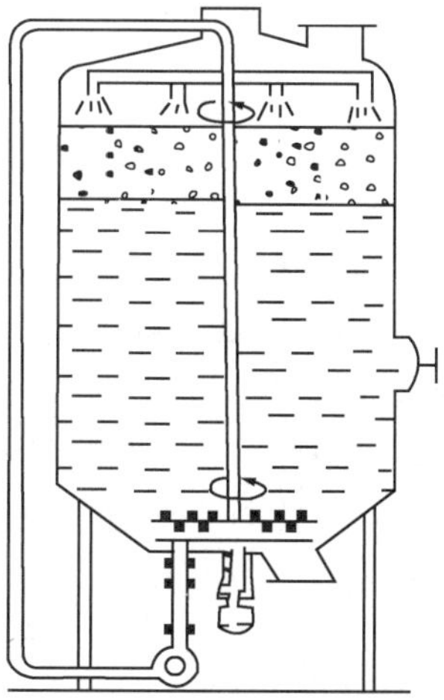

图 2-2　新型密闭式红葡萄酒发酵罐

活动3 主发酵

葡萄酒发酵主要目的是进行酒精发酵、浸提色素物质和芳香物质，最佳发酵温度为22～24 ℃，发酵时间为7～15天。发酵期间的管理主要包括：①观察现象。发酵初期主要是酵母菌繁殖阶段，液面平静。随后有微弱的零星的CO_2气泡产生，随着酵母细胞数量增多，有大量的CO_2逸出，葡萄皮渣被带至酒液表面，形成一层厚厚的“酒帽”（也称酒盖）。此时要及时搅拌将“酒盖”压入葡萄醪中。②发酵温度。用温度计测发酵过程葡萄醪的温度，当品温降到室温标志主发酵结束。③记录发酵时间。折光仪检测酒液残糖量，当测其含糖量降至0.5%左右，“酒盖”开始下沉，品温逐渐下降到室温。及时将酒、渣分离，用胶管虹吸法（用泵抽出）将上清液倒入另一发酵容器中，使新酒与果渣分离。

活动4 后发酵

后发酵酒液装量占发酵容器的95%，控制温度为18～23 ℃放置2～3周。当检测酒液残糖量降为0.1～0.2 g/L时，将酒液倒换于另一个干净容器，除去沉淀，酒液转入陈酿。

知识储备

果酒的酿造是利用有益微生物酵母菌将果汁中可发酵性糖类经酒精发酵作用转化成酒精，同时产生甘油、乙醛、醋酸、乳酸和高级醇等副产物，再经陈酿澄清过程中经过酯化、氧化、沉淀等作用，赋予果酒特殊风味，因此发酵操作是影响果酒产品质量的关键环节。因此，必须注意以下几点：①发酵期间温度和时间的控制。②发酵初期注意空气的供给，以促进酵母的繁殖。③发酵旺盛期是酒精生成阶段，需要控制氧气量，搅拌降温，及时做好控温。

任务4 陈酿

陈酿是将原酒装入橡木桶，装满，严密封口，放置在温度低（10～23 ℃）、相对湿度为85%的地下室或酒窖中，放置半年以上。陈酿期要进行多次换桶，及时清除不溶解的沉淀并添满桶，封严。第一次换桶时间应在当年的12月底到次年元月，第二、三、四次换桶，分别在次年的春、秋、冬季，一般4次换桶就可出厂。

知识储备

陈酿期是酒度和风味形成的关键期。一要及时添桶。由于酒中二氧化碳逸出，酒体蒸发及收缩，造成储酒容器内液面下降，易使酒接触空气，使酵母菌活动，因此应及时加满。可选用同批葡萄酒重新填满容器。二要换桶，也称倒桶，即将酒体从一个容器倒入另一个容器的过程。目的是清除酒脚，释放二氧化碳，吸入一定量氧气加速酒的成熟。三是通风要定期，保持空气新鲜无异味。陈酿使酒清晰透明，醇和芳香。

任务5 调配

为统一标准，需对酒度、糖度、酸度、色泽及香气等指标进行调整。原酒的酒精度若低于产品标准，最好用同品种高度酒调配，也可以加入葡萄蒸馏酒或精制食用酒精调配；糖分不足用精制砂糖调整；酸分不足可加柠檬酸补充；红葡萄酒若色调过浅，可用深色葡萄酒或糖色调配。

知识储备

不同批次生产的葡萄酒，由于原料、工艺等关系，品质不完全一致，为了获得质量稳定的葡萄酒。出厂前需要对酒进行初步尝评和化学分析，然后根据规格要求进行调配，其内容包括酒度、糖分、酸分、色泽、香气等。调配的目的是使同品种酒保持其固有特点，并达到各自的质量标准。调配后的酒有很明显不协调的生味，也容易再产生沉淀，需要储存一段时间，再装瓶出售。

任务6 装瓶与杀菌

装瓶前需要将酒进行一次精滤。再装入洁净干燥酒瓶至适当满，用压盖机封口（或用软木塞塞好，套酒帽），密封后，在 60～70 ℃温度下杀菌 10～15 min，杀菌冷却后对光检验果酒内是否有杂质，装量是否合适，合格后再贴标、装箱。

知识储备

酒精的作用对葡萄酒的质量有重要的影响，它阻止有害微生物在果酒中的繁殖，影响酒贮藏时间的长短。

一般含酒精体积 16％以上的干葡萄酒、含酒精体积 11％和含糖量 45.1 g/L 以上的甜葡萄酒，可以直接装瓶密封，不需要杀菌便能保存不坏。反之，则需要杀菌工艺。

低度原酒的保存，采用二氧化硫保鲜与充氮隔氧保鲜相结合的新工艺，即酒精度 10％～12％（体积分数）的原酒，调整游离二氧化硫达到 30～40 mg/L 或在酒瓶盖与酒液上部空间充以惰性气体氮气，隔绝氧渗入酒中。此时酒的氧化还原程度均较低，有利于保持果酒质量及果香。

任务7 葡萄酒质量标准

果酒的酿造应符合相应产品的国家标准，行业标准或企业标准。要求要符合国家葡萄酒标准 GS 15037—2006 感官指标、国家葡萄酒标准 GB 15037—2006 理化指标；卫生指标应符合 GB 2758—2012 的规定；净含量按国家质量监督检验检疫总局【2005】第 75 号令执行。

知识储备

根据国际葡萄与葡萄酒组织的规定，葡萄酒只能是以整粒或破碎的新鲜葡萄果实或葡萄汁为原料，经完全或部分酒精发酵酿制而成的低度饮料酒，其酒精含量一般不低于 8.5％（体积分数）。

发酵葡萄酒依据含糖量的多少分为干葡萄酒、半干葡萄酒、半甜葡萄酒和甜葡萄酒，种类不同其感官指标及理化指标也有些不同。

知识拓展

一、果酒的分类及特点

（一）果酒的分类

果酒是以果实为原料，经破碎、榨汁、发酵或浸泡等工艺而加工成的各种饮料酒。在果酒中，葡萄酒是最大宗的品种。果酒分类方法有以下 4 种。

1. 按酒的颜色分类

（1）白葡萄酒。用白葡萄或皮红肉白的葡萄，经皮汁分离，取其果汁进行发酵酿制而成的葡萄酒，这类酒的色泽接近无色，浅黄带绿、浅黄等，以突出果香为主。

（2）红葡萄酒。用皮红肉白或皮肉皆红的葡萄，经皮汁混合发酵，分离陈酿而成的葡萄酒。这类酒的色泽呈自然宝石红、紫红、石榴红等，以突出酒香为主。

（3）桃红葡萄酒。用皮红肉白的红葡萄，经皮汁短时期混合发酵达到色泽要求后，进行分离皮渣，继续发酵，陈酿成为桃红葡萄酒。这类酒的色泽呈桃红、玫瑰红或淡红色。

2. 按酒内糖含量分类

（1）干酒。果酒含糖量（以葡萄糖计）低于 4 g/L，品尝不出甜味，只有酸味和清怡爽口的感觉，具有柔和、协调、细腻的果香与酒香。按酒的色泽可分为干白葡萄酒、干红葡萄酒、干桃红葡萄酒。

（2）半干酒。果酒含糖量为 4.1～12.0 g/L，稍有甜感，酒的口味洁净、幽雅，味觉圆润，具有和谐的果香和酒香。按酒的色泽可分为半干白葡萄酒、半干红葡萄酒、半干桃红葡萄酒。欧洲与美洲消费较多。

（3）半甜酒。果酒含糖量为 12.1～45 g/L，具有甘甜、爽顺、舒愉的果香和酒香。按酒的色泽可分为半甜白葡萄酒、半甜红葡萄酒、半甜桃红葡萄酒。日本和美国消费较多。

（4）甜酒。果酒含糖量大于 45.1 g/L，具有甘甜、醇厚适口的酒香与果香。按酒的色泽可分为甜白葡萄酒、甜红葡萄酒、甜桃红葡萄酒。中国及亚洲一些国家甜酒消费较多。

3. 按酿造方法分类

（1）发酵酒。

（2）蒸馏酒。

（3）果露酒。

（4）汽酒。

4. 按二氧化碳含量分类

（1）平静葡萄酒。在 20 ℃时，二氧化碳压力小于 0.05 MPa 的葡萄酒。

（2）起泡葡萄酒。在 20 ℃时，二氧化碳压力大于 0.05 MPa 的葡萄酒。

起泡葡萄酒又分为高泡葡萄酒和低泡葡萄酒。

（二）果酒的特点

果酒相对于其他酒类而言，具有以下独特的优点：

（1）度数低。果酒是以果实为原料，一般酒精含量较低，对人体刺激性小，饮用适量果酒既能提神又不伤身体。

(2)种类多。不同的水果可以酿制不同的果酒，所以丰富的水果种类可以酿制不同类别和口味的果酒，可满足不同消费者的饮酒要求。

(3)营养价值高。果酒汲取了水果中的全部营养，含有多种维生素、有机酸、糖类、芳香酯、氨基酸、矿物质和多酚类物质等营养成分，经常适量饮用，有益于人身体健康。

(4)口感舒畅愉悦。果酒香味细腻、柔和，余味绵长，并且有发酵的酒香、陈酿的醇香。

近年来，随着人们生活水平的提高，消费观念和方式正在改变，果酒以其酒度低、本身特有的色泽芳香及营养、清亮透明的外观日益受到人们的欢迎，有着广阔的发展空间。果酒中以葡萄酒最为典型。以红葡萄酒为例介绍其原理与工艺。

二、果酒加工原理

果酒酿造是微生物推动的一种生物化学过程。它是葡萄糖经过酵母菌作用，生成二磷酸己糖、磷酸甘油醛、丙酮酸、乙醛等许多中间产物，最后生成乙醇、二氧化碳、少量甘油、高级醇和醛类，每一个反应都是在酶的参与下进行的，是一个非常复杂的生化过程。生成的乙醇达到一定浓度时，可抑制杂菌，延长果酒寿命。

(一)发酵的保藏原理

1. 酒精发酵作用

果实酿酒主要是利用酵母菌的作用，将果汁中所含的可发酵性糖类，经过一系列复杂的生物化学变化，最终变成乙醇和二氧化碳，这一过程称为酒精发酵。通常反应式可简写成：

$$\underset{\text{葡萄糖}}{C_6H_{12}O_6} \longrightarrow 2\underset{\text{乙醇}}{CH_3CH_2OH} + 2\underset{\text{二氧化碳}}{CO_2}\uparrow$$

酒精发酵过程相当复杂，在反应过程中，都有不同的酶在起作用，酒精发酵的产物中，除酒精和二氧化碳外，还有其他一些产物，如甘油、琥珀酸、芳香物质等，它们对果酒风味有着重要影响，甘油可使酒味清甜，琥珀酸可使酒味爽口，芳香物质可使酒表现出特殊的香型等。

2. 酒香的形成

果酒香气主要有两种：一是果香，即水果本身具有的香气，这与水果原料的种类有关；二是酒香，是在发酵和陈酿过程中，酒精和果汁中的有机酸在一定条件下反应生成的酯和酒中的醛、醇等融合在一起的香气。酯化反应可用化学反应式表示如下：

$$\underset{\text{有机酸}}{RCOOH} + \underset{\text{乙醇}}{CH_3CH_2OH} \longrightarrow \underset{\text{酯}}{CH_3CH_2COOCR} + \underset{\text{水}}{H_2O}$$

3. 酵母菌的特性

果酒的酒精发酵是依赖酵母菌进行的。用于果酒发酵的酵母菌统称为果酒酵母，属于子囊菌纲、酵母菌属，是一种单细胞微生物，其形状有椭圆形、圆形或长条形，大小为 6～20 μm，主要进行出芽繁殖。

酒精发酵与酵母菌活动有着密切关系。在发酵的不同时期起主要作用的酵母菌也不同，在果酒自然发酵中最先繁殖的是尖头酵母，当酒精产量达到 4%以上时，尖头酵母由于不耐较高浓度的酒精停止了活动，继之而起的是椭圆酵母，它是完成果酒发酵的主要酵母，其活动能力强，产酒精量高。果酒后发酵是由巴氏酵母完成的。酵母菌利用果汁中的糖分及养分，在兼性厌氧的条件下，通过发酵和生物化学反应将糖转化成酒精和二氧化碳，从而达到酒精发酵和完美的色泽萃取，使果汁转变为果酒。

(二)影响果酒发酵的因素

果酒发酵是培养酵母菌进行的繁殖代谢过程。因此与培养基质的糖、环境中的温度、酸度、氧气供给及培养过程代谢的酒精含量、二氧化碳等因素有关。

1. 温度

温度是影响酵母菌繁殖和生存的最重要因素之一。大多数酵母菌的发酵适宜温度在20～30 ℃，22 ℃最适宜，超过 35 ℃发酵活动就会受到抑制。温度除直接影响酵母菌的活动外，也间接影响酒精对酵母菌的抑制作用，增加酒精和挥发性物质的挥发损失，还会影响副产物的产生及嗜热有害微生物的活动。因而，发酵过程中要善于运用发酵温度以控制菌种的生长。

2. 氧气

酵母菌的生长繁殖需要氧气，而酒精发酵是在无氧的条件下进行的。根据这一特性，可在发酵初期，供给酵母菌充足的氧气，促使其大量繁殖新的个体，后期再创造一个适当的缺氧环境，使大量的酵母产生较多酒精，所以果酒发酵在密闭的容器进行。

3. 糖与酒精浓度

果酒酵母的活动需要从糖分中获得能量，酵母菌利用糖转化成酒精。一般 1 L 葡萄原汁中含糖 17 g 时可产生酒精体积 1%。一般葡萄酒的酒精体积为 7%～21%，而葡萄含糖在 9%～21%，因此一般用添加砂糖来补充糖分，使补糖后的发酵醪的含糖量达到 24%，因为糖分过高渗透压增加，酵母的活动能力会受到抑制，对主发酵有一定的影响。也可以分 2～3 次加入砂糖，最好在发酵旺盛时加糖。

4. pH

酵母菌在 pH 2～7 内都可以生长，但以 pH 4～6 时生长最好，发酵能力最高。在这个 pH 范围内，某些细菌也能生长良好，会给发酵的安全性带来威胁。因此，在果酒发酵中最好控制 pH 在 3.3～3.5，此时细菌受到抑制而酵母菌仍能正常发酵。如果 pH 太低，在 3 以下时发酵速度会明显下降。

5. 二氧化硫

葡萄酒酵母比其他微生物有更强的抗二氧化硫能力。10 mg/L 的二氧化硫对酵母菌活力无明显影响，而其他杂菌则被抑制。20～30 mg/L 的二氧化硫延迟发酵进程 6～10 h，50 mg/L 的二氧化硫延迟发酵进程 18～20 h，而其他微生物则完全被杀死，所以在果汁(浆)中添加二氧化硫，可抑制有害微生物的侵害。

6. 压力

压力可以抑制二氧化碳的释放，从而影响酵母菌的活动，抑制酒精发酵，但即使 100 MPa 的高压也不能杀死酵母菌。当二氧化碳含量达到 15 g/L(约 71.71 kPa)时，酵母菌停止生长。这就是充二氧化碳法保存鲜葡萄汁的依据。

三、果酒质量问题及品质控制

(一)果酒常见的质量问题及其防治

一般正常的果酒都是澄清透明、鲜艳，具有各种水果的果香和柔和的酒香，给人洁净舒顺等感觉，反之，则表现为生膜、变色、变味、混浊等质量缺陷。

1. 生膜

生膜又称生花，是果酒表面生长一层灰白色或暗黄色、光滑而又薄的膜，随后逐渐增厚、变硬、膜的表面起皱纹，此膜将酒面全部盖满，振动使膜破碎成小块（颗粒），使混浊，且影响酒的品质。

生膜是由酒花菌类繁殖形成的，主要是葡萄酒醭酵母、汉逊氏酵母、毕赤氏酵母、圆酵母。该菌类在酒度低、空气充足，24～26 ℃时最适宜繁殖。

防治方法如下：

(1)防止酒液表面与空气过多接触；

(2)贮酒容器应经常填满密闭存储；

(3)在酒面上充满一层二氧化碳或二氧化硫气体，以隔绝空气；

(4)要保持周围环境及容器内外的清洁卫生；

(5)在酒液表面上层经常保持一层高浓度酒精；

(6)若已生膜，就用漏斗插入酒中加入同类酒充满贮酒容器，使酒花溢出而除之，不可将酒花冲散，生膜严重时采用过滤法或加入酒精度大于15.0%(体积分数)的葡萄酒，除去酒花后继续保存。

2. 变色

引起果酒变色的主要原因是果酒中含有一定量的铁、铜矿物质元素及酶促褐变。

(1)矿物质元素。

①铁。果酒中铁的含量超过10 mg/L，在有氧条件下会生成蓝色不溶性化合物，果酒产生蓝色混浊，称谓蓝色破败病或者铁破败病。铁与磷酸盐化合则会生成磷酸铁白色沉淀，称为白色败坏。如果氧化铁与单宁结合，则形成青色的鞣酸铁沉淀。

铁混浊的防治措施：避免使用铁器，防止设备或容器中的铁溶入酒中。如果是由于原料富集进入酒中，可在发酵前的果汁中添加明矾、单宁生成不溶性含铁化合物，滤除沉淀物。

②铜。铜元素进入果酒中的途径与铁元素进入果酒的途径相同，铜进入酒液中，生成蓝绿色的含铜化合物，并出现沉淀这种现象，称为铜破败病。进入酒中的铜可用硫化钠去除。

(2)酶促褐变。在果酒生产过程中，果汁或果酒与空气接触过多时，过氧化物酶在有氧的条件下将酚类氧化，形成褐色或棕色物质。

酶促褐变的预防措施：做好果品分选，剔除霉烂果；果汁中添加二氧化硫、维生素C等抗氧化剂；将果汁热处理破坏酶的活性；特别是在后发酵和陈酿过程中，更要注意避免酒液与空气接触。

3. 变味

(1)变酸。醋酸菌发酵将酒精氧化成醋酸，使果酒有刺舌感，不宜饮用。有时在酒液表面生出一层淡灰色薄膜，出现皱纹。此外，乳酸菌也可以导致果酒变酸，酒中出现丝状混浊，酒桶底部产生沉淀，有轻微气体产生，具有酸白菜或酸牛奶味。

防治方法：与防治果酒生膜的方法相同。也可采取加热灭菌(72～80 ℃保持20 min)。容器也要用碱水浸泡，刷洗干净，用硫黄杀菌后方可使用。

(2)霉味。使用长霉或除霉不严格器具，霉烂的原料未能除净等都会使酒产生霉味。

防治方法：对于生霉的器具应彻底清洗除霉；尽可能去除所有霉烂的原料；用活性炭处理有霉味果酒可减轻或去除其中的霉味。

4. 混浊

果酒混浊产生的原因包括生物因素和非生物因素。

生物因素:果酒在发酵完成之后以及澄清后分离不及时,由于酵母菌体的自溶或被腐败性细菌分解而产生混浊;非生物因素:有机酸盐的结晶析出、色素单宁物质析出以及蛋白质沉淀等导致酒液混浊。

防治方法:以上因素均可采用下胶过滤法除去。如果是醋酸菌的繁殖引起混浊,需先巴氏杀菌,再下胶处理。

(二)果酒安全生产控制要点

要酿出好的果酒,首先是有好的原料,其次是有符合工艺要求的酿酒设备,最后是有合理的加工技术。在原料及设备规定的条件下,葡萄酒的质量就取决于酿造葡萄酒的工艺及严格的质量控制。

1. 原料控制

果酒质量的高低和原料有直接的关系。为保证该果酒所特有的香气和风味,在原料选择上要把控以下 3 个因素:

一是该果品选择颜色深,风味浓郁芳香,果香典型。

二是要有适宜的加工成熟度,使该果含有较多的芳香物质;酿制红葡萄酒则葡萄果粒必须充分成熟,酿制干白葡萄酒则不能过熟采收,酿制甜白葡萄酒则应充分成熟,确保含糖量多,香味好。

三是要新鲜,不能用腐烂果,酿造过程应尽量避免芳香物质的挥发,保持好的颜色与透明度。

因此,原料的品种、成熟度和新鲜度对酿成的葡萄酒具有重要影响。不同原料有不同的加工特性,一般红葡萄酒原料要求:色深,含糖量高(21 g/100 mL 以上),酸分适中(0.6～1.2 g/100 mL),单宁丰富,果香典型,完全成熟,糖分、色素达到最高。白葡萄酒原料要求:品种含糖、含酸量较高,有浓郁的香气,出汁率高的充分成熟原料,如霞多丽、白羽、白雅、龙眼、贵人香、雷司令等。

2. 酿造设备与厂房的要求

酿造果酒时各道加工工序要紧凑地联系在一起,防止远距离运输造成的污染和失误。根据生产能力的大小选择合适的果酒加工设备型号与容器,各设备配套一致。凡是和果汁、果浆接触的容器,选用不锈钢或其他耐腐蚀的材料,防止铁、铜或其他金属污染。厂房要易于洗涤、排污,通风换气良好。生产车间光线明亮,空气流通,厂房要符合工艺流程的需要。

3. 生产过程的工艺控制

葡萄原酒发酵是葡萄酒酿造最重要的过程,控制好这个过程,就能使葡萄原料中已存在的形成好果酒的潜在质量,得到充分的发挥和表现。

(1)原料的预处理。不同的原料,其预处理工序不同。预处理工序主要包括原料分选、分级、清洗、破碎、除梗、破碎、压榨等。进厂后的原料应首先进行选别,剔除霉变,腐烂果粒。为酿制不同等级的酒,还应进行分级。

①原料的分选、破碎与除梗。原料在进入生产之前,必须严格挑选和分级,剔除不合格的原料,同时根据成熟度、色泽、大小等进行分级。洗涤后进行破碎、除梗,即将果粒压碎使果汁流出的操作。其目的是增加酵母与果汁的接触,破碎后的原料要立即将果浆与果梗分离。

②二氧化硫处理。在葡萄汁(浆)或酒精中加入二氧化硫,以便发酵顺利进行或利于酒的

贮藏，这种操作称为二氧化硫处理。二氧化硫在果汁中的作用是杀菌、澄清、抗氧化、增酸、溶出色素和单宁物质、还原、改善酒的风味。

SO_2 的添加方式有气体二氧化硫、5%～6%的亚硫酸液体、偏重亚硫酸钾固体等。气体可用管道直接通入，后两者则需溶入水后加入。其添加量应根据葡萄的品种、成熟度、葡萄汁成分、发酵温度、微生物的活力等因素确定。每 1 000 L 好果汁可加入 6%的亚硫酸液体，必须在接种酵母菌的前一天进行。

葡萄汁在自然发酵时通入 SO_2 气体的一般参考添加量见表 2-1。

表 2-1　破碎和发酵时 SO_2 用量

葡萄状况	红葡萄酒/(mg/L)	白葡萄酒/(mg/L)
清洁、无病、酸度偏高(pH 3.0)	40～50	80～120
清洁、无病、酸度适中(pH 3.5)	50～100	100～150
果子破裂、有霉病	100～150	180～220

引自：葛向阳．酿造学．高等教育出版社，2005。

③果汁成分调整。为了克服原料因品种、环境、栽培管理等造成的糖、酸、单宁等成分含量不合酿酒要求，需要对其进行糖度和酸度的调整。若葡萄汁中含糖量低于预期的酒精量，必须加糖提高糖度，发酵后才能达到所需的酒精含量。

糖分调整是由于各种条件变化、葡萄成熟度、生产工艺等使葡萄汁的各种成分达不到工艺要求时，对其糖度和酸度进行的调整。

所用的糖最好是纯度为 98.0%～99.5%的结晶白砂糖。调整糖分要以发酵后的酒精含量作为主要依据。理论上，加入 17 g/L 蔗糖可使酒度提高 1%，但实际加糖量应略大于此值，但也不能过高。具体参考葡萄酒酿制的糖添加量，见表 2-2。

表 2-2　加糖量参考表

葡萄酒类型		蔗糖添加量/(g/L)
白葡萄酒、桃红葡萄酒		17.0
红葡萄酒	带皮发酵	18.0
	葡萄汁发酵	17.5

引自：岳春．食品发酵技术．化学工业出版社，2008。

先将需添加的蔗糖溶解于小部分葡萄汁中，然后加入发酵罐中，加糖后要充分搅拌，使加入的蔗糖完全溶解。添加的时间最好是在发酵的初始阶段，并且一次加完。也可以添加浓缩葡萄汁，先对浓缩汁的含糖量进行分析，然后根据葡萄汁的潜在酒度和葡萄酒的要求酒度，确定浓缩葡萄汁的添加量。添加时要注意浓缩汁的酸度。添加的时间和方法与添加蔗糖相同。

为了抑制细菌的繁殖，保证酵母菌数量的绝对优势和发酵的正常进行，要求葡萄汁有适宜的酸度。一般在发酵前将葡萄汁的酸度调整到 6 g/L，pH 3.3～3.5。可添加未成熟的葡萄压榨汁、酒石酸和柠檬酸来提高葡萄汁酸度，以酒石酸为好，其用量最多不超过 1.5 g/L。加酸时先用葡萄汁将酸溶解，然后缓慢均匀地将其加入葡萄汁中，并搅拌均匀。应在木质、玻璃容器或瓷器中进行，不要使用金属容器。

(2)发酵过程控制。在葡萄酒发酵过程中，要控制好发酵的温度和时间。在发酵时，如果温度太低，发酵困难，是红葡萄酒，则葡萄皮中的单宁色素不能很好地浸渍到酒里，将影响葡萄酒的颜色和口味；温度太高，发酵速度过快，损失部分果香，降低葡萄酒的感官质量。因此，要在不同发酵阶段进行温度和时间控制。

①发酵初期：主要为酵母繁殖阶段，首先注意控制品温在25～30 ℃，一般温度不宜低于20 ℃。注意空气的供给，以促进酵母的繁殖。

②发酵中期：主要为酒精生成阶段。此期温度控制在30 ℃以内，将酒盖压入酒醪中，一般是将发酵醪从桶（罐）底放出，用泵将其喷在酒盖上面，每天1～2次；或用压板将酒盖压在液面下30 cm左右。

③分离与后发酵：主发酵结束及时将酒液用虹吸或泵抽出，分离掉残渣，此工序要防止糖苷类物质单宁融入酒中，造成果酒的涩味。

把控原酒装量占容器容积95%，温度控制在20～21 ℃。

④陈酿：原酒装量占容器容积100%，装发酵栓严密封口，防止外界空气进入。做到及时换桶和填桶。等到酵母、皮渣全部下沉再换桶分离沉淀，以免沉淀与酒接触时间太长影响酒质。一般应放置在温度低（10～25 ℃）、相对湿度为85%的地下室或酒窖中，陈酿酒桶随时检查，及时填满，以免好气性细菌增殖造成果酒病害。

陈酿中要进行多次换桶，及时清除不溶解的沉淀。第一次换桶时间应在当年的12月底到次年元月，第二、三、四次换桶，分别在次年的春、秋、冬季，一般4次换桶就可出厂。换桶用泵抽或虹吸的办法，除第一次换桶外，都应在隔绝空气下进行，以防果酒酸败。

4. 生产过程卫生控制

（1）设备与环境卫生。生产过程中，凡是操作接触到的工具、容器、设备、接头管件等均采用不锈钢材料，防止铁、铜等引起破败病，使用前应进行彻底清洗，并用二氧化硫或甲醛熏蒸消毒处理，采用每升水中加入1 g偏重亚硫酸钾+0.05 g柠檬酸浸泡2 h，再用无菌水冲洗至中性。加工果酒用的水应符合饮用水标准。

加工场所要通风，能冲刷，准备足够的装酒容器，酒罐放置的地方要便于操作，清洗罐上应配有取样控制温度，循环分离等附加设备。

罐要有冷却及加温装置，便于控制酿造不同类型果酒时的发酵温度。红葡萄酒应控制在30 ℃以下发酵，白葡萄酒在20 ℃以下发酵，这两种酒都需要冷却。加工场所的卫生做到每日清洗。

（2）加工环节。

①从葡萄进厂破碎、发酵、贮藏等每个生产环节都要严格执行卫生制度，减少为微生物创造可乘之机，一旦发现病酒应迅速采取措施，防止传染好酒。

②采用人工发酵酿造的果酒，对果汁糖酸调整后，要进行消毒杀菌，再接入人工培养的酵母菌。杀菌温度在60～65 ℃，时间为30 min。

③酒窖要定期熏硫，每年用石灰浆加10%～15%硫酸铜喷刷墙壁，预防病菌产生。

④储酒容器要注意储满，并定时添桶，严谨不满桶贮藏。若无法添满时可采用充二氧化硫、二氧化碳气体的办法，使酒液与空气隔开，或酒液表面添加一层高度酒精，防止感染酒花病及酸败病。

四、果蔬发酵的主要设备

发酵容器一般为发酵与贮藏两用，要求不渗漏、能密闭、不与酒液起化学反应。使用之前必须同盛放容器的场所一样进行严格的清理和消毒处理。

发酵设备要求能控温，易于洗涤、排污，通风换气良好等。发酵容器与发酵设备使用前应进行清洗，用 SO_2 或甲醛熏蒸消毒处理。

（一）发酵桶

发酵桶一般用橡木（柞木）、山毛榉木、栎木或栗木制作。由于木质系多孔物质，可发生气体交换和蒸发现象，酒在桶中轻度氧化的环境中成熟，赋予酒柔细醇厚的滋味，尤其盛装新酒成熟快，酒质好，是酿造高档红葡萄酒和某些特产名酒的传统典型容器。但该类容器造价较高，维修费用大，要求贮酒室建在地下，贮藏管理较麻烦。发酵桶呈圆筒形，上部小，下部大，容量为 3 000～4 000 L 或 10 000～2 000 L，靠桶底 15～40 cm 的桶壁上安装阀门，用以放出酒液。桶底开一排渣阀，上口有开口式与密闭式两种。密闭式桶盖上安装发酵栓。密闭式发酵桶也可制成卧式安放。

（二）发酵池

水泥发酵池造价低，坚固耐用，大小不受限制，能密闭，使用方便。但占地面积大，不易搬迁，池表面易腐蚀，施工不当会出现渗漏，维修费用较高，空池也不宜保管。

（三）专门发酵设备

目前，国内外一些大型企业普遍采用金属材料制成的不锈钢发酵罐，如旋转发酵罐、自动连续循环发酵罐等。发酵罐常用不锈钢和碳钢板制成内层有涂料的圆锥体发酵罐。其占地面积小，可不建厂房，坚固耐用，易搬迁，维修费用低，密封条件好，易清洗，易保管，露天贮酒能起到人工老熟的作用。但造价高。罐内设置升降温装置，罐顶端设有进料口和排气阀等，底端有出料口和排渣阀，单列或数个串联，适于大型酒厂。

五、葡萄酒的质量标准

（一）感官要求

国家标准《葡萄酒》（GB/T 15037—2006）中感官要求见表 2-3。

表 2-3　葡萄酒的感官要求

项目			要求
外观	色泽	白葡萄酒	近似无色、微黄带绿、浅黄、禾秆黄、金黄色
		红葡萄酒	紫红、深红、宝石红、红微带棕色、棕红色
		桃红葡萄酒	桃红、淡玫瑰红、浅红色
	澄清程度		澄清，有光泽，无明显悬浮物（使用软木塞封口的酒允许有少量软木渣，装瓶超过 1 年的葡萄酒允许有少量沉淀）
	起泡程度		起泡葡萄酒注入杯中时，应有细微的串珠状气泡升起，并有一定的持续性
香气与滋味	香气		具有纯正、优雅、怡悦、和谐的果香与酒香，陈酿型的葡萄酒还应具有陈酿香或橡木香
	滋味	干、半干葡萄酒	具有纯正、优雅、爽怡的口味和悦人的果香味，酒体完整
		半甜、甜葡萄酒	具有甘甜醇厚的口味和陈酿的酒香味，酸甜协调，酒体丰满
		起泡葡萄酒	具有优美醇正、和谐悦人的口味和发酵起泡酒的特有香味，有杀口力
典型性			具有标示的葡萄品种及产品类型应有的特征和风格

(二)理化要求

国家标准《葡萄酒》(GB/T 15037—2006)中理化要求见表 2-4。

表 2-4 葡萄酒的理化要求

项目			要求
酒精度[a](20 ℃,体积分数)/%			≥7.0
总糖[d](以葡萄糖计)/(g/L)	平静葡萄酒	干葡萄酒[b]	≤4.0
		半干葡萄酒[c]	4.1~12.0
		半甜葡萄酒	12.1~45.0
		甜葡萄酒	≥45.1
	高泡葡萄酒	天然型高泡葡萄酒	≤12.0(允许差为 3.0)
		绝干型高泡葡萄酒	12.1~17.0(允许差为 3.0)
		干型高泡葡萄酒	17.1~32.0(允许差为 3.0)
		半干型高泡葡萄酒	32.1~50.0
		甜型高泡葡萄酒	≥50.1
干浸出物/(g/L)	白葡萄酒		≥16.0
	桃红葡萄酒		≥17.0
	红葡萄酒		≥18.0
挥发酸(以乙酸计)/(g/L)			≤1.2
柠檬酸/(g/L)	干、半干、半甜葡萄酒		≤1.0
	甜葡萄酒		≤2.0
二氧化碳(20 ℃)/MPa	低泡葡萄酒	<250 mL/瓶	0.05~0.29
		≥250 mL/瓶	0.05~0.34
	高泡葡萄酒	<250 mL/瓶	≥0.30
		≥250 mL/瓶	≥0.35
铁/(mg/L)			≤8.0
铜/(mg/L)			≤1.0
甲醇/(mg/L)	白、桃红葡萄酒		≤250
	红葡萄酒		≤400
苯甲酸或苯甲酸钠(以苯甲酸计)/(mg/L)			≤50
山梨酸或山梨酸钾(以山梨酸计)/(mg/L)			≤200

注:总酸不作要求,以实测值表示(以酒石酸计,g/L)。

[a] 酒精度标签标示值与实测值不得超过±1.0%(体积分数)。

[b] 当总糖与总酸(以酒石酸计)的差值小于或等于 2.0 g/L 时,含糖最高为 9.0 g/L。

[c] 当总糖与总酸(以酒石酸计)的差值小于或等于 2.0 g/L 时,含糖最高为 18.0 g/L。

[d] 低泡葡萄酒总糖的要求同平静葡萄酒。

阅读小知识

怎样喝葡萄酒更有益健康？

喝葡萄酒对健康有益，但长期饮酒且酒后不吃饭，往往会造成慢性营养不良，引起精神及体内器官的严重障碍，这是饮酒的大忌。饮酒要慢，切不可豪饮，一饮而尽。酒精进入胃以后5 min就能在血液中出现，30 min到2 h内血液中的酒精浓度达到顶峰，豪饮会使血中酒精的浓度升高得非常快，这是造成醉酒的原因之一。若慢慢地饮酒，饮酒时间被拉长，体内有充分时间处理酒精，所以就不容易喝醉。

边吃边饮也是一条守则。这会使体内酒精浓度降低，延长吸收时间。饮酒时佐以营养丰富的猪肝对身体比较有益，因为猪肝有提高机体对酒精的解毒能力。此外，含蛋白质丰富的鱼虾、肉、蛋、豆腐等食物也很好，因为蛋白质可减少酒精的吸收。

在中国的餐桌上，尤其到了节日或者朋友聚会的时候，常看到不少人喜欢用白酒、黄酒和葡萄酒变换着喝，以显示酒量超群。实际上，不同种类的酒最忌讳掺和着饮用。自然发酵的葡萄酒和米酒含有杂醇类成分，它有增加乙醛生成量的作用，如果把这类酒和其他种类的酒混合着来饮用，对身体健康极为不利。还有的人常用雪碧之类的饮料来稀释葡萄酒，其实这样做也不好，因为雪碧中的二氧化碳会促进酒精的吸收，更易醉酒。

在节日里，如果饮用葡萄酒过量，餐后可以吃些口味偏甜的水果和点心来解酒，俗话说："酒后吃甜食，酒味会消失"，这是很有道理的，水果中含有大量的果糖和葡萄糖，可以使酒精氧化促进其分解代谢。甜的点心也有类似的作用。

企业衔接

一、苹果酒酿造技术

（一）工艺流程

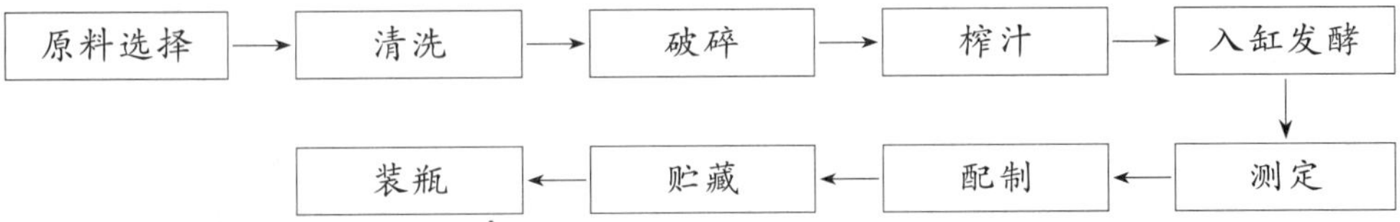

（二）技术要点

（1）原料。在果实充分成熟、含糖量最高时采收。也可利用残次果酿制苹果蒸馏酒。

（2）清洗。用清水漂洗去杂质。

（3）破碎。用机械或手工捣碎，以利榨汁。

（4）榨汁。用压榨机榨汁，也可用木榨或布袋代替。出汁率一般为56%～60%。

（5）入缸。用清水洗净缸的内壁，然后倒入苹果汁，上面留取20%左右的空隙，均匀装满。每100 kg果汁中添加8～10 g焦亚硫酸钾（称双黄氧）以抑制对酵母菌有害的其他杂菌活动。

（6）发酵。一般采用"自然发酵"，即利用附着苹果果皮表面的酵母菌进行发酵。发酵时间依果汁糖度、温度和酵母等情况而异，一般需要4～10天。室温高，液温达28～30 ℃时，发酵时间快，大约几小时后即听到蚕食桑叶似的沙沙声，果汁表面起泡沫，这时酵母菌已将糖变成酒精，同时释放二氧化碳。如果迟迟不出现这样的现象，可能因果汁中酵母菌过少，或温度偏低，应及时添加发酵旺盛的果汁，或转缸，或适当加温。

(7)测定。发酵高峰过后，液温又逐渐下降，声音也沉寂，气泡少，甜味变淡，酒味增加，用糖度计测出糖度接近零度时，证明主发酵阶段基本结束。

(8)配制。苹果果肉含糖量一般不超过15%，因此只能制9度以下果酒，而普通果酒只有在酒度达7%～21%才容易保藏。所以现在大多在主发酵结束时立即加食用酒精，将酒度调至7%～21%及以上。

(9)贮藏。将果酒转入小口酒坛中，密闭贮藏。

(10)装瓶。将贮藏后的酒液过滤后，装入经消毒的玻璃瓶中，在70 ℃热水中杀菌10～15 min。

(三)质量标准

色泽：金黄色，清亮透明，无明显悬浮物，无沉淀。

香气：具有苹果的果香和浓郁的苹果酒香。

风味：酸甜爽口，醇和浓郁。

酒精度：16%以下(20 ℃，体积分数)。

总糖：60 g/L。

总酸：3.5～5.5 g/L。

挥发酸：0.7 g/L。

二、果醋酿造技术

果醋是采用醋酸发酵技术酿造而成的果汁发酵饮料，它含有丰富的有机酸、氨基酸、维生素，有良好的营养、保健作用，风味芳香。此外醋酸具有醒脑、提神、消除疲劳、生津止渴、增进食欲等作用。

果醋发酵，如以含糖果品为原料，需经过两个阶段进行，先为酒精发酵阶段，然后为醋酸发酵阶段，利用醋酸菌将酒精氧化为醋酸。如以果酒为原料则只进行醋酸发酵。

(一)果醋发酵理论

1. 醋酸发酵微生物

醋酸菌大量存在于空气中，种类繁多，对乙醇的氧化速度有快有慢，醋化能力有强有弱，性能各异。果醋生产为了提高产量和质量，避免杂菌污染，采用人工接种的方式进行发酵。用于生产食醋的细菌有纹膜醋酸杆菌、白膜醋酸杆菌和许氏醋酸杆菌等。目前采用较多的是恶臭醋杆菌混浊变种、巴氏醋酸菌巴氏亚种及中科院微生物研究所提供的醋酸杆菌As7015。醋酸菌为椭圆形或短杆状，革兰阴性，无鞭毛，不能运动，产醋力6%左右，并伴有乙酸乙酯生成，增进醋的芳香，缩短陈酿期，但它能进一步氧化醋酸。

醋酸菌的繁殖和醋化与下列环境条件有关：

(1)酒精浓度

果酒中的酒精浓度在14%(体积分数)以下时，醋化作用能正常进行，并能使酒精全部转化为醋酸，但当酒精超过14%时，醋酸菌不能忍受，繁殖迟缓，生成物以乙醛居多，醋酸产量甚少。

(2)溶解氧。果酒中的溶解氧越多，醋化作用越完全。理论上100 L纯酒精被氧化成醋酸需要 38.0 m^3 纯氧，相当于空气量 183.9 m^3。实践上供给的空气量还须超过理论数 15%～20%才能醋化完全。反之，缺乏空气，醋酸菌则被迫停止繁殖。

(3)二氧化硫。果酒中的二氧化硫对醋酸菌的繁殖有抑制作用。若二氧化硫含量过多，则不适宜醋酸发酵。解除其二氧化硫才能进行醋酸发酵。

(4)温度。温度在 10 ℃以下，醋化作用进行困难。20～32 ℃为醋酸菌繁殖最适宜温度，30～35 ℃醋化作用最快，达 40 ℃时停止活动。

(5)酸度。果酒的酸度对醋酸菌的发育也有妨碍。醋化时，醋酸量逐渐增加，活动也逐渐减弱。当酸度达某限度时，其活动完全停止，一般能忍受 8%～10%的醋酸菌的浓度。

(6)太阳光线。光线对醋酸菌发育有害。各种光带的有害作用相比较，以白色光为最烈，其次顺序是紫色光、青色光、蓝色光、绿色光、黄色光及棕黄色光，红色光危害最弱，与黑暗处醋化时所得的产率相同。

2. 醋酸发酵的生物化学变化

醋酸菌在充分供给氧的情况下生长繁殖，并把基质中的乙醇氧化为醋酸，这是一个生物氧化过程。

首先，乙醇被氧化成乙醛：

$$CH_3CH_2OH + \frac{1}{2}O_2 \longrightarrow CH_3CHO + H_2O$$

然后，乙醛吸收一分子水成水化乙醛：

$$CH_3CHO + H_2O \longrightarrow CH_3CH(OH)_2$$

最后，水化乙醛再氧化成醋酸：

$$CH_3CH(OH)_2 + \frac{1}{2}O_2 \longrightarrow CH_3COOH + H_2O$$

理论上 100 g 纯酒精可生成 130.4 g 醋酸，而实际生产率较低，一般只能达理论数的 85%左右。其原因是醋化时酒精的挥发损失，特别是在空气流通和温度较高的环境下损失更多。此外，醋酸发酵过程中，除生成醋酸外，还生成二乙氧基乙烷、高级脂肪酸、琥珀酸等。这些酸类与酒精作用在陈酿时产生酯类，赋予果醋芳香味。所以果醋也如果酒，经陈酿后品质变佳。

有些醋酸菌在醋化时将酒精完全氧化成醋酸后，为了维持其生命活动，能进一步将醋酸氧化成二氧化碳和水：

$$CH_3COOH + 2O_2 \longrightarrow 2CO_2 + 2H_2O$$

故当醋酸发酵完成后，一般常用加热杀菌或加食盐阻止其继续氧化。

(二)果醋酿造工艺

1. 醋母制备

优良的醋酸菌种，可以从优良的醋酸或生醋(未消毒的醋)中采种繁殖，亦可用纯种培养的菌种。

醋酸菌种扩大培养步骤如下：

(1)固体培养。取浓度为 1.4%的豆芽汁 100 mL、葡萄糖 3 g、酵母膏 1 g、碳酸钙 1 g、琼脂 2～2.5 g，混合，加热熔化，分装于干热灭菌的试管中，每管装量 4～5 mL，在 9.80×10^4 Pa 的压力下杀菌 15～20 min，取出，趁未凝固前加入 50%(体积分数)的酒精 0.6 mL，制成斜面，冷却后，在无菌操作下接种优良醋醅中的醋酸菌种，26～28 ℃恒温下培养 2～3 天即成。

(2)液体扩大培养。取浓度为 1%的豆芽汁 15 mL、食醋 25 mL、水 55 mL、酵母膏 1 g 及酒精 3.5 mL 配制而成。要求醋酸含量为 1%～1.5%，醋酸与酒精的总量不超过 5.5%。装盛于 500～1 000 mL 三角瓶中。酒精最好于接种前加入。接入固体培养的醋酸菌种 1 支。26～28 ℃恒温下培养 2～3 天即成。在培养过程中，每日定时摇瓶 1 次或用摇床培养，充分供给空气及促使菌膜下沉繁殖。

培养成熟的液体醋母，即可转入扩大 20～25 倍的准备醋酸发酵的酒波中培养，以制成醋母供生产使用，一般醋母质量为总酸(以醋酸计)的 1.5%～1.8%，革兰氏染色阴性，无杂菌，形态正常。上述各级培养基也可直接用果酒配制。

2. 果醋酿制的方法

果醋酿制的方法分液体酿制法和固体酿制法两种。

(1)液体酿制法。液体酿制法是以果酒或果汁为原料。酿制果醋的原料酒，必须是酒精发酵完全、澄清的。优良的果醋仍由优良的果酒而得，但质量较差或已酸败的果酒亦适宜酿醋。

液体酿制法工艺流程如下：

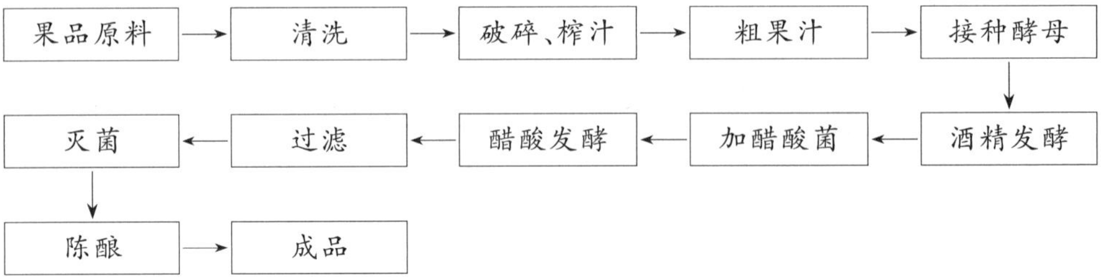

将酒精度调整为 7%～8%(体积分数)的果酒装入醋化器中，为容积的 1/3～1/2，接种醋母液 5%左右。醋化器为一浅木盆(搪瓷盆或耐酸水泥池均可)，高 20～30 cm，大小不定，盆面用纱窗遮盖，盆周壁近顶端处设有许多小孔以利通气并防醋蝇、醋鳗等侵入。酒液深度约为木桶高度的一半，液面浮以格子板，以防止菌膜下沉。在醋化期中，控制室温 30～35 ℃，24 h 后发酵液面上有醋酸菌的菌膜形成，每天搅拌 1～2 次，约经 10 天即可醋化完成。取出大部分果醋，留下菌膜及少量醋液在盆内，再补加果酒，继续醋化。

(2)固体酿制法。固体酿制法以果品或残次果品、果皮、果心等为原料，同时加入适量的麸皮。其工艺流程如下：

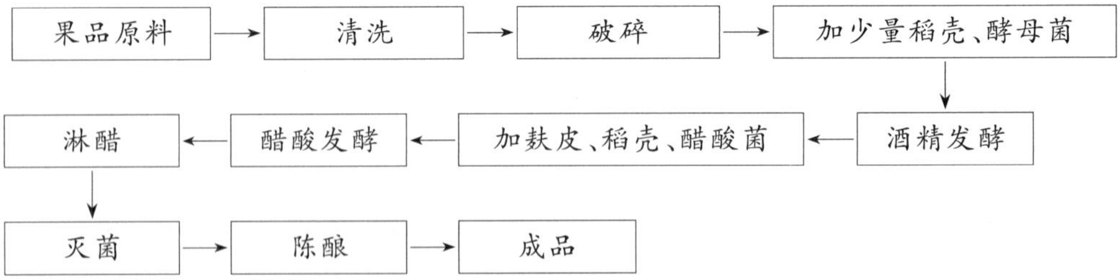

①酒精发酵。取果品洗净、破碎后，加入酵母液 3%～5%，进入酒精发酵，在发酵过程中每日搅拌 3～4 次，经 5～7 天发酵完成。

②制醋坯。将酒精发酵完成的果品，加入麸皮或谷壳、米糠等，为原料量的 50%～60%，作为疏松剂，再加培养的醋母液 10%～20%(亦可用未经消毒的优良的生醋接种)，充分搅拌均匀，装入醋化缸中，稍加覆盖，使其进行醋酸发酵，醋化期中，控制温度在 30～35 ℃。若温度升高至 37～38 ℃，则将缸中醋坯取出翻抖散热。若温度适当，每日定时翻拌 1～2 次，充分供

给空气，促进醋化。经 10～15 天，醋化旺盛期将过，随即加入 2%～3%食盐溶液，搅拌均匀，即成醋坯。将此醋坯压紧，加盖封严，待其陈酿后熟，经 5～6 天后即可淋醋。

③淋醋。将后熟的醋坯放在淋醋器中。淋醋器用一底部凿有小孔的瓦缸或桶，距缸底 6～10 cm 处放置滤纸板，铺上滤布。从上面徐徐淋入约与醋坯等量的冷却沸水，泡 4 h 后，醋液从缸底小孔流出，这次淋出的醋称为头醋。头醋淋完以后，再加入开水，再淋，即二醋。二醋含醋酸很低，供淋头醋用。

习题与思考

一、填空题

1. 影响发酵的主要因素是________、________、________、________和________。

2. 果酒主发酵期间最佳发酵温度为________，最高不要超过________。

3. 在果酒发酵不同时期，果酒酵母主要有以下 3 类：________、________和________。

4. 果汁在________作用下，将糖转化成________和________。

二、名词解释

果酒　酒精发酵

三、判断题

1. 对于果酒酿造而言，主要利用的有益微生物是果酒酵母。（　）
2. 葡萄酒酵母比其他微生物有更强的抗二氧化硫能力。（　）
3. 果酒在陈酿期一定装满封严，及时换桶除酒脚，环境在阴凉、通风、清洁的地下室进行。（　）
4. 红葡萄酒发酵前葡萄汁中一般要求 SO_2 含量达到 30～100 mg/L，SO_2 添加不能过量。（　）
5. 主发酵结束后，及时进行酒渣分离，防止酵母菌自溶引起果酒的混浊。（　）

四、简答题

1. 果酒的优点有哪些？
2. 影响果酒发酵的因素有哪些？
3. 果汁是怎样转变成果酒的？

习题及答案

实训项目单

编制单位：　　　　　　　　编制人：　　　　　　　　编制日期：

<table>
<tr><td>任务代号</td><td></td><td>任务名称</td><td></td><td>实训课时</td><td></td></tr>
<tr><td>课程名称</td><td></td><td>实训对象</td><td></td><td>实训时间</td><td></td></tr>
<tr><td>实训目的</td><td colspan="5"></td></tr>
<tr><td>实训步骤
及要求</td><td colspan="5">一、任务分析

二、任务计划决策

三、实施准备

四、工艺流程及要点

五、质量评价</td></tr>
</table>

【过程性考核要点】

<table>
<tr><td colspan="4">红葡萄酒的加工</td></tr>
<tr><td>序号</td><td>考核内容</td><td>考核标准</td><td>参考
分值</td></tr>
<tr><td>1</td><td>学习与工作态度</td><td>课前预习，积极主动，责任心强，按时出勤，按要求着装</td><td>5</td></tr>
<tr><td>2</td><td>团队协作</td><td>服从安排，积极与小组成员合作，共同制订工作计划，共同完成工作任务，团队意识强</td><td>5</td></tr>
<tr><td>3</td><td>工作计划制订</td><td>有完整的工作方案，时间安排合理，工作步骤正确</td><td>10</td></tr>
<tr><td>4</td><td>原辅料的选择与预处理</td><td>葡萄品种选择正确，辅料质量优、齐全，用量准确，并能进行正确的预处理</td><td>5</td></tr>
<tr><td>5</td><td>关键技术点</td><td>(1)葡萄破碎程度
(2)葡萄浆液调配(糖度标准、酸度标准)
(3)发酵容器及用具消毒
(4)葡萄浆液倾装入发酵容器的量，加入亚硫酸盐的量
(5)发酵管理(现象观察与检测记录)，主发酵的温度、时间控制
(6)陈酿是否封严、装满</td><td>50</td></tr>
<tr><td>6</td><td>主要机械设备及用具的使用与维护</td><td>规范使用糖度计、温度计、打浆机、发酵设备、陈酿设备等</td><td>10</td></tr>
<tr><td>7</td><td>卫生保持与清理</td><td>保持场卫生，实训结束后能及时清理场所卫生</td><td>10</td></tr>
<tr><td>8</td><td>问题思考</td><td>反思工作完成过程中的问题，并进行分析、改进</td><td>5</td></tr>
<tr><td>9</td><td colspan="2">合计</td><td>100</td></tr>
</table>

项目三

酸泡菜的加工

【果蔬腌制】

蔬菜腌制技术在我国有悠久的历史，是蔬菜贮藏的一种方法。但随着人们生活水平的提高，对健康养生的追求，低盐、低糖、增酸、快捷的食品加工模式颇受消费者关注。而泡菜是发酵性蔬菜加工产品的代表。

那么，低盐泡菜为什么能长期保存呢？随着微生物的发现，人们了解了发酵性蔬菜的原理。

将经过一定处理的蔬菜装入容器中，通过利用低浓度的盐分，在腌制过程中经过微生物的发酵及蛋白质的分解等一系列生物化学作用，通过发酵产生的乳酸与加入的食盐及调味料等一起抑制有害微生物的活动及防腐的目的，同时改善品质，增加风味。通过人为创造有益微生物生长环境等。使得食品与外界环境相隔绝，在室温下有一定的保存期。

【学习目标】

1. 掌握腌制加工原料的要求及处理；
2. 掌握腌制食品的基本原理及技术要点；
3. 能够独立完成泡菜的制作；
4. 能够解决腌制加工中常见的质量问题。

【项目实施】

泡菜加工工艺流程如下：

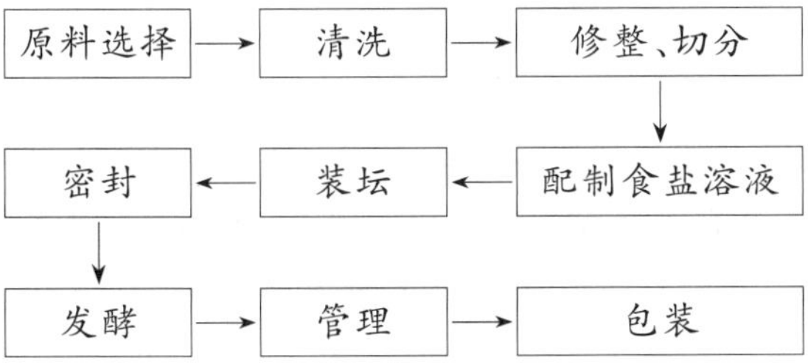

韩式泡菜的加工

任务 1　原料选择

活动 1　材料与工具的准备

材料：甘蓝、食盐、尖红辣椒、大蒜、鲜姜、花椒、八角、香叶、丁香、草果、白酒等。

工具：泡菜坛、瓷坛、不锈钢刀、砧板、盆、铝锅、台秤等。

活动 2　原料选择

选择新鲜，脆嫩，组织致密，泡后成品不易变软，汁液不混浊的菜种，腐烂变质的不宜用。如甘蓝（图 3-1）、萝卜、芹菜、大白菜等，要求成熟度为八九成，无机械伤、无病虫害。

图 3-1　甘蓝

知识储备

一、腌渍原理

让食盐或糖渗入食品组织内，降低其水分活度，提高其渗透压，或通过微生物的正常发酵降低食品的 pH，从而抑制腐败菌的生长，防止食品腐败变质，获得更好的品质，并延长食品保质期的加工方法统称为食品腌渍。腌渍是人类最早采用的一种行之有效的食品保藏方法。用该法加工的制品统称为腌渍食品，其中加盐腌制的过程称为腌渍，加糖腌制的过程称为糖渍。

腌渍品之所以有较长的保质期，是因为食品在腌渍过程中，无论是采用食盐还是糖进行腌渍，食盐或糖都会使食品组织内部的水渗出，而自身扩散到食品组织内，从而降低了食品组织内的水分活性，提高了渗透压。正是在高渗透压的作用下，加上调味料、酸及其他组分的杀（抑）菌作用，微生物的正常生理活动受到抑制。

二、腌制品分类

蔬菜腌制品加工方法各异，种类品种繁多。根据所用原料、腌制过程、发酵程度和成品状态的不同，可分为两大类，即发酵性腌制品和非发酵性腌制品。

（一）发酵性腌制品

发酵性腌制品的特点是腌渍时食盐的用量较低，在腌渍过程中有显著的乳酸发酵现象，利用发酵所产生的乳酸、添加的食盐和香辛料等所起到的综合作用进行防腐，来保藏蔬菜并增进其风味。这类产品一般都具有较明显的酸味。根据腌渍方法和成品状态不同又分为湿态发酵腌渍品和半干态发酵腌渍品两种。

1. 湿态发酵腌渍品

用低浓度的食盐溶液浸泡蔬菜或用清水发酵白菜而制成的一类带酸味的蔬菜腌渍品，如泡菜、酸白菜等。

2. 半干态发酵腌渍品

先将菜体风干或人工脱去部分水分，然后再进行盐腌，让其自然发酵后熟而成的一类蔬菜腌渍品，如榨菜等。

（二）非发酵性腌制品

非发酵性腌制品的特点是腌制时食盐用量较高，使乳酸发酵完全受到抑制或只能极轻微地进行。其间加入香辛料，主要利用较高浓度的食盐、食糖及其他调味品等所起的综合作用进行防腐，来保藏和增进其风味。依其所含配料的不同、水分的多少及风味的不同又分为咸菜、酱菜及糖醋菜三种。

1. 咸菜类

咸菜是一种腌制方法比较简单、大众化的蔬菜腌制品。其只进行盐腌，利用较高浓度的盐液来保藏蔬菜，并通过腌制来改进风味，在腌制过程中有时也伴随着轻微发酵，同时配以调味品和香辛料，其制品风味鲜美可口，如咸大头菜、腌雪里蕻等。

2. 酱菜类

酱菜是把经过盐腌的蔬菜浸入酱内酱渍而成的。经盐腌后的半成品咸坯，在酱渍过程中吸附了酱料浓厚的鲜美滋味、特有色泽和大量营养物质，其制品具有鲜、香、甜、脆的特点，如酱乳黄瓜、酱萝卜干、什锦酱菜等。

3. 糖醋菜类

蔬菜经过盐腌后，再入糖醋液中浸渍而成。其制品酸甜可口，并利用糖、醋的防腐作用来增强保藏效果，如糖醋大蒜等。

在生产前，原料都应经过选择。除去霉烂、病虫害、成熟度不足或过度成熟、变色等不合格的原料。合格的原料扒去外围老叶，使每组原料品质较一致，便于后续加工操作。例如，萝卜，以组织致密、脆嫩、含水量较少的品种为宜。原料收后，除净泥土，削去茎盘、细根。根形较小，呈圆球形的品种，可以整个腌制，大根型的品种还应切分。选好的原料须除去须根、老叶，根据需要切成块、片、条、颗粒等形状。

任务 2 清洗

用流动的水反复冲洗，洗去蔬菜表面的泥沙污物和农药残留。随着生产的大型化，利用机械化清洗方式对果蔬原料进行清洗已成为果蔬清洗的发展方向。

清洗甘蓝时需注意：

用流动水冲洗甘蓝表面即可，无须破坏其完整性；为了减少原料的农残，也可利用 1%～2%浓度的食盐溶液先浸泡 5 min，再用流动水冲洗原料表面。

任务 3 修整、切分

修整即剔除粗皮、老筋、须根及腐烂斑点等。对块型过大的原料应适当切分，沥干明水备用。

将甘蓝切分成规格为 3 cm×3 cm×3 cm 的丁状，立即浸泡在预先配制好的 0.05%氯化钙溶液中，菜与氯化钙溶液的比例为 1∶1，浸泡时间 10～20 mim，进行硬化处理。硬化结束后，用清水冲洗表面，沥水至表面无水滴落为止。

任务 4 配制食盐溶液

食盐溶液浓度为 6%～8%为宜。

一般选用井水、泉水等饮用水来配制食盐溶液，硬度较高的水能够更好的保持原料的硬度。如果水质硬度较低，可加入0.05%的氯化钙或添加一定量的保脆剂。

在食盐溶液配制时，可添加适量的白酒、黄酒、甜醪糟、红糖及干红辣椒等，或添加其他香料以增加风味。

为缩短泡制时间，一些地方常加入3%～5%的陈泡菜水，可加速乳酸发酵。

知识储备

食盐是蔬菜腌制的重要辅料，除具有调味作用外，更重要的是具有防腐贮藏的作用。其具体体现在以下方面。

一、食盐溶液对微生物细胞的脱水作用

食盐的主要成分为氯化钠，在溶液中完全解离为钠离子和氯离子，其质点数比同浓度的非电解质溶液要高很多，以至于食盐溶液具有很高的渗透压。1%的食盐溶液就可以产生约0.62 MPa的渗透压，是同浓度砂糖溶液的10倍、葡萄糖溶液的5倍。蔬菜腌制时用盐量为4%～15%，能产生2.48～9.3 MPa的渗透压力，而通常大多数微生物细胞能耐受的渗透压只有0.35～1.69 MPa，食盐溶液的渗透压远远超过微生物细胞的渗透压，使微生物细胞水分外渗而脱水，导致细胞质壁分离，最后发生生理干燥而死亡，从而有效地控制微生物的活动，达到防腐作用。

二、食盐对微生物的生理毒害作用

食盐溶液中的一些离子，如钠离子、镁离子、钾离子和氯离子等，在高浓度时能对微生物发生毒害作用。钠离子能和细胞原生质的阴离子结合产生毒害作用，而且这种作用随着溶液pH的下降而加强。例如，酵母在中性食盐溶液中，盐液的浓度要达到20%时才会受到抑制，但在酸性溶液中时，浓度为14%就能抑制酵母的活动。另外，还有人认为食盐对微生物的毒害作用可能来自氯离子，因为食盐溶液中的氯离子会和细胞原生质结合，从而促使细胞死亡。

三、食盐对酶活力的影响

食品中溶于水的大分子营养物质，必须先在微生物分泌的酶作用下，降解成小分子物质之后才能被利用。有些不溶于水的物质，更需要先经微生物酶的作用，转变为可溶性的小分子物质。不过微生物分泌出来的酶的活性与所处环境的离子强度有关，而食盐会改变环境的离子强度，再加上Na^+和Cl^-可分别与酶蛋白的活性基团相结合，因此，食盐可使酶失去其催化活力。例如，变形菌(proteobacteria)处在浓度为3%的食盐溶液中时就会失去分解血清的能力。

四、抗氧化作用

氧气在水中具有一定的溶解度，与纯水相比，食盐溶液中的含氧量较低，这就减少了蔬菜中的氧气含量而形成缺氧环境，从而减少氧化作用和抑制好气性微生物的活动，降低微生物的破坏作用。

五、降低水分活度作用

食盐溶于水后，其中的Na^+与水发生水合作用，减少了溶液中的自由水分的含量，使水分活度

降低。食盐溶液的浓度越高，水分活度越低，微生物就不易得到其生长活动所需的水分而被抑制。

酸菜、泡菜等发酵性腌制品在腌制过程中产生乳酸，糖醋菜腌制时添加醋酸，都会使叶绿素变成脱镁叶绿素而使绿色变成黄绿色或灰绿色。发酵性腌制品（泡菜、酸菜）其绿色无法保存。对于非发酵性腌制品（咸菜）采用适当的措施保绿还是有可能的。如在腌制前将绿色蔬菜用微碱性（pH 7.8～8.3）水浸泡 1 h 左右，换水 2～3 次，再用盐腌，即可达到保绿的目的。因为叶绿素在碱性溶液中生成叶绿酸盐因而绿色被固定。

另外，腌制品在腌制和贮藏过程中，若处理不当，会使组织失去脆性，这是由于蔬菜中的果胶酶使果胶物质水解的缘故。为此蔬菜腌渍时应对原料进行硬化保脆处理，保脆关键是控制好腌制蔬菜的成熟度，腌制过程中注意密封，防止霉菌污染，用硬水或用加钙盐的水溶液处理，其用量为原料总重量的 0.05%～0.1%，在蒜薹腌制时使用 0.1%的氯化钙或碳酸钠（苏打）处理，对于蒜薹的保绿有明显效果。

任务 5　装坛、密封

活动 1　泡菜坛的准备

制作泡菜的主要容器是泡菜坛。泡菜坛以陶土为原料，两面上釉烧制而成，坛形两头小，中间大，也可以是玻璃制成的。

泡菜坛使用前要进行仔细检查，一看坛是否漏气，有无沙眼或裂纹，可将坛倒扣水中检查；二观察坛沿的水封性能；三是听敲击声，为钢音（声音清脆）则质量好，若为空响、嘶哑音及破音，则坛子不能使用。

选好后，将坛子洗净，加沸水烫 5～10min，也可用少量白酒消毒，沥干明水，待用。

活动 2　制作香料袋

按需要的水量加入食盐溶解，配制 6%～8%盐水；将菜重 3%尖红辣椒、5%生姜、2%大蒜、0.1%八角、0.05%花椒、0.08%胡椒、适量香叶等用纱布包好制成香料袋。

活动 3　装坛

预处理好的原料应迅速装入坛内，方法是将原料层层压实，当放到坛内的一半时，加入香料袋，再继续放入原料至离坛口 6～8 cm，用竹片将原料卡住，注入配制的食盐溶液，使原料被泡菜水淹没，切忌原料漏出液面。食盐溶液注入量距离坛口 3～5 cm，在泡菜坛口之外槽加入清水或 20%的食盐溶液，并扣上碗形盖密封（图 3-2）。

图 3-2　泡菜坛及原辅料

任务 6　发酵

将装坛、密封后的泡菜置于阴凉处发酵。夏季一般 5～7 天，冬季一般 12～16 天，春秋季介于两者之间。

知识储备

微生物用于食品生产在我国已有数千年的历史，并已成为现代食品工业不可少的一部分——发酵工业。如柠檬酸、氨基酸类等工业发酵；酒类、酱菜、酱油等调味料生产；干酪、乳酸饮料等的生产都是利用微生物发酵及其代谢产物为人类服务的。微生物菌体(细胞)具有高营养特性和生物活性，既可作为食品成分，也是一种重要的食品辅料。经发酵的含乙醇或乳酸等有机酸的发酵产品，例如酒和酸牛乳不仅有利于贮藏，还给人类带来了新的风味食品。食品发酵既是一种生产方法，也是一种重要的贮藏技术，还具有改善食品营养成分和风味的作用。

人类在几千年前就会酿造酒类、生产调味品以及面包，但对微生物的作用原理并未有足够认识。随着现代微生物及生物技术的发展，人们才认识到其中微生物的存在和它们扮演的角色、所起的作用，这就是微生物的发酵。

一、发酵概念及应用

“发酵”(fermentation)原来指的是轻度发泡或沸腾状态，一千多年前用来表示酿酒的过程，当时人们对其反应原理并不了解，仅知道发泡是糖转化时形成气体的缘故。经盖·吕萨克的研究，人们才清楚：发酵是糖转化成乙醇和二氧化碳的过程。究竟发酵是由微生物引起的生物过程还是纯粹的化学反应过程，曾是化学家和微生物学家激烈争论的问题。法国科学家巴斯德经研究，终于分离到了许多引起发酵的微生物，并证实酒精发酵是由酵母菌引起的。巴斯德还研究了氧气对酵母菌的发育和酒精发酵的影响，并发现乳酸发酵、醋酸发酵和丁酸发酵是由不同的微生物所引起的。1857 年，巴斯德首次发现了乳酸菌，1863 年又发现了醋酸菌。

以往人们认为发酵为缺氧条件下糖类的分解。从分子反应角度，如果电子供体是有机化合物，而最终电子受体也是有机化合物的生物氧化过程称为发酵作用。随着科学技术的发展，发酵的定义还在进一步发展和充实，人们把借助微生物在有氧和无氧条件下的生命活动来制备微生物细胞本身，或直接代谢产物或次级代谢产物的过程都称为发酵。因此，发酵不仅仅是指微生物对糖类的作用，还包括微生物和酶对糖、蛋白质、脂肪等营养物质的作用。

微生物发酵在食品中的应用主要有 3 种方式。

1. 利用微生物发酵生产发酵食品

人类在生产实践中，最早学会利用自然界中的有益微生物，借助微生物的活动来生产多种传统食品和饮料，包括酿酒、酿醋、制酱、泡菜、酸奶、干酪、面包和各种调味品，通常称为发酵食品。这类食品发酵，微生物利用与转化的物质尤为复杂，可以将糖类、蛋白质、脂肪等营养物质适当转化(降解)。其最主要的特点是产生特有的风味和代谢物，而且微生物细胞也通常成为食品的成分之一。

2. 利用微生物的代谢产物

有些早期的发酵食品，如制酱、泡菜、酸奶、面包等都涉及微生物的代谢活动，但真正利用微生物代谢产物的传统发酵技术是指酒精、丙酮、丁醇和甘油发酵。随着对微生物代谢途径和代谢调控研究的不断深入，人们已经能够通过人工方法突破微生物自我调控机制，使微生物能够按照人们的要求大量积累某些代谢产物或中间代谢产物，从而能生产多种发酵产品，如氨基酸、核苷酸、有机酸、酶制剂、维生素及各种抗生素类等。现代生物技术的发展，使微生物发酵产物的品种和发酵产量有重大的飞跃。

3. 利用微生物菌体细胞及其活性

微生物菌体是含蛋白质等营养素较高的食物资源。食用菌为人类提供丰富多彩的食用原料，微生物单细胞蛋白的生产可为人类提供大量的蛋白资源，已在饲料工业和医药工业发挥其作用。面包酵母、啤酒酵母、乳酸菌发酵制剂等活性细胞的生产和供给，有效地促进和保证发酵工业和其他食品工业的稳定发展。随着人们对微生物的认识与研究不断加深，微生物菌体细胞的利用已不再停留在其营养成分上，而重视其活细胞对人体健康的贡献。乳酸菌、双歧杆菌等肠内益生菌对人体健康的研究成果，带来了益生菌与益生元产业的快速发展就是一个典型的例子。

二、食品发酵的类型及机制

发酵微生物(菌)作用对象大部分为糖类及其衍生物，代谢产物有乙醇、有机酸和二氧化碳。在控制合适的条件下，不少发酵菌的发酵作用对食品加工与贮藏的贡献，主要得益于发酵菌代谢所产生的风味物质，以及乙醇和有机酸的抑菌作用。但某些发酵菌污染食品，也会引起食品变质。

由于微生物种类繁多，可以在不同条件下对不同物质或对基本相同的物质进行不同的发酵，不同微生物对不同物质发酵时可以得到不同的产物，不同的微生物对同一种物质进行发酵，或同一种微生物在不同条件下进行发酵都可得到不同的产物，这些都取决于微生物本身的代谢特点和发酵条件。

在蔬菜腌制过程中，由微生物引起的正常发酵作用主要是乳酸发酵作用。此外，也伴随有轻度的酒精发酵和醋酸发酵。这些发酵作用的主要产物为乳酸、酒精和醋酸，不但能抑制有害微生物的活动而起到防腐作用，还能使腌制的蔬菜具有酸味和香气。

1. 乳酸发酵

乳酸菌在泡菜中的发酵是主要的、优良的。乳酸发酵时，乳酸菌将蔬菜中的糖分分解转化为乳酸、乙醇及二氧化碳等产物。乳酸菌广泛分布于空气、水及蔬菜的表面，只要条件适宜，即可自然完成发酵。发酵过程的总反应式如下：

$$\underset{\text{糖}}{C_6H_{12}O_6} \longrightarrow \underset{\text{乳酸}}{2CH_3CHOHCOOH}$$

乳酸发酵能否正常进行直接关系到发酵性腌制品的成败及品质的优劣。因此，应注意控制以下因素：

(1)食盐浓度。乳酸发酵需要在低盐下进行，3%～5%的食盐溶液的浓度最为适宜乳酸发酵。浓度过高，乳酸菌被抑制，发酵过程受阻。

(2)温度。乳酸菌生长的最适温度为26～30 ℃。在此温度范围内，发酵过程速度快、产酸量高。但此温度也利于腐败菌的繁殖。因此，发酵温度通常控制在15～20 ℃，使乳酸发酵更安全。

(3)pH。微生物的生长繁殖均需在一定的pH条件下完成。乳酸菌较耐酸，在pH=3的条件下仍可发育，而腐败菌、大肠杆菌等抗酸力弱，在pH=3时不能生长。霉菌和酵母虽抗酸，但缺氧时不能生长。因此，发酵前加入少量酸卤水，发酵时注意密封，可减少腌制品的腐败和变质。

(4)空气。乳酸发酵需要嫌气条件才能正常进行，这种条件能抑制霉菌等好气性腐败菌的活动，也能防止原料中维生素C的氧化。所以在腌制时，务必要压实密封。除此之外，还应注意食盐溶液淹没原料以隔绝空气。

(5)含糖量。乳酸发酵需要分解蔬菜原料中的糖分变成乳酸。1 g糖经过乳酸发酵可生成0.5～0.8 g的乳酸。一般发酵性腌制品中含乳酸应为0.7%～1.5%，蔬菜原料中的含糖量常为1%～3%，基本可满足发酵的要求。有时为了促使发酵作用，发酵前可加入少量糖。

2. 乙醇发酵

在蔬菜腌制过程中，同时伴有微弱的乙醇发酵作用。乙醇发酵是指酵母菌将蔬菜中的糖分分解生成酒精和二氧化碳的过程。其反应式如下：

$$\underset{\text{糖}}{C_6H_{12}O_6} \longrightarrow \underset{\text{乙醇}}{2CH_3CH_2OH} + 2CO_2\uparrow$$

轻微的乙醇发酵(一般产乙醇量为0.5%～0.7%)对乳酸发酵并无影响，且生成的少量乙醇可与酸作用形成酯，使制品带有香气。

3. 醋酸发酵

在蔬菜腌制过程中也有微量的醋酸形成，极少量的醋酸不但无损产品品质，反而有益于产品质量。醋酸发酵是指醋酸菌将乙醇氧化生成醋酸的过程。其反应式如下：

$$\underset{\text{乙醇}}{2CH_3CH_2OH} + O_2 \longrightarrow \underset{\text{醋酸}}{2CH_3COOH} + H_2O$$

除醋酸菌外，大肠杆菌等细菌的活动，也能将糖转化成醋酸和乳酸。极少量的醋酸生成对腌制品品质并无不利影响，但含量过多则会影响质量。醋酸菌是好氧菌，需要有氧气才能活动，因此可通过密封等方式抑制醋酸菌的活动，防止过量的醋酸产生。

4. 有害的发酵及腐败作用

在腌制过程中，若出现下述有害的发酵和腐败作用，会降低制品品质，甚至不能食用。

(1)丁酸发酵。由专性厌氧细菌丁酸菌引起，可将糖和乳酸发酵成丁酸、CO_2及氢气。丁酸有不良气味，无保藏作用。

(2)不良的乳酸发酵。由乳酸杆菌分解糖形成有臭味的甲烷气体。

(3)细菌的腐败作用。腐败菌分解蛋白质及其他含氮物质，产生吲哚、甲基吲哚、硫化氢及胺等恶臭甚至有毒物质成分。

(4)有害的酵母作用。这些由好气性酵母菌引起的分解作用会使制品表面长膜生花。另一些酵母菌会分解氨基酸成醇，同时放出臭气。

(5)好氧的旋生霉菌腐败。旋生霉菌多好氧且耐盐，不易除去，使制品品质下降。同时这类微生物还能分泌果胶酶类使产品失去脆性，甚至变软腐烂。

5. 蛋白质的分解作用

蔬菜中除含有糖分外，还含有一定量的蛋白质和氨基酸，在腌制和后熟过程中，蛋白质在蛋白质水解酶或微生物的作用下逐渐分解为氨基酸。其水解作用的反应式可概括如下：

$$\text{蛋白质} \rightarrow \text{多肽} \rightarrow RCH(NH_2)COOH\text{(氨基酸)}$$

蛋白质的这一变化对蔬菜腌制品色、香、味的形成起着重要的作用。

(1)色泽的形成。蔬菜腌制品尤其是腌咸菜类，在后熟过程中发生色泽变化，制品颜色逐渐转为黄褐色至黑褐色，其成因如下：

①酶褐变引起的色泽变化。酪氨酸在酪氨酸酶或微生物的作用下，可氧化生成黑色素，这是腌制品在腌制和后熟过程中色泽变化的主要原因。

②非酶褐变引起的色泽变化。蛋白质水解生成的氨基酸能与还原糖作用发生非酶褐变形成黑色物质。

③叶绿素被破坏。叶绿素腌制过程中尤其是在酸性介质中会发生脱镁而呈现黄褐色，使腌制品色泽改变。

④外加有色物质。蔬菜在腌制过程中添加的酱油、红糖、黄酒等有色辅料使腌制品颜色加深。

(2)香气的形成。蔬菜在腌制过程中形成香气的途径如下：

①酯化反应。原料中本身所含及发酵过程中所产生的有机酸、氨基酸，与发酵中形成的醇类发生酯化反应，产生乳酸乙酯、乙酸乙酯、氨基丙酸乙酯、琥珀酸乙酯等芳香酯类物质。其反应式如下：

$$\underset{\text{乳酸}}{CH_3CHOHCOOH} + CH_3CH_2OH \longrightarrow \underset{\text{乳酸乙酯}}{CH_3CHOHCOOCH_2CH_3} + H_2O$$

$$\underset{\text{氨基丙酸}}{CH_3CH(NH_2)COOH} + CH_3CH_2OH \longrightarrow \underset{\text{氨基丙酸乙酯}}{CH_3CH(NH_2)COOCH_2CH_3} + H_2O$$

②芥子苷类香气。十字花科蔬菜常含有芥子苷，尤其是芥菜类含黑芥子苷(硫代葡萄糖苷)较多，使芥菜类常具刺鼻的苦辣味。而芥菜类是腌制品的主要原料，当原料在腌制时搓揉或挤压使细胞破裂，硫代葡萄糖苷在硫代葡萄糖酶的作用下水解，苦味生味消失，生成异硫氰酸酯类、腈类和二甲基三硫等芳香物质，称为“菜香”，为腌咸菜的主体香。

③烯醛类芳香物质。

④丁二酮的生成。乳酸发酵过程除生成乳酸外，还生成具有芳香味的丁二酮，使制品具有香气。

⑤外加辅料香气。蔬菜在腌制过程中，常加入一些香料和芳香调味品，如花椒、八角等，赋予产品香气。

(3)鲜味的形成。发酵过程中鲜味的形成主要有以下原因：

①蛋白质水解所生成的各种氨基酸都具有一定的鲜味，如谷氨酸、天门冬氨酸等。

②谷氨酸与食盐作用生成谷氨酸钠，即味精。

③微量的乳酸及甘氨酸、丙氨酸、丝氨酸和苏氨酸等甜味氨基酸对鲜味的丰富也大有帮助。由此可见，蔬菜腌制品鲜味的形成是多种呈味物质综合的结果。

6. 脆度的变化

腌制品脆度的变化主要受两方面因素的影响：一是细胞的膨压；二是细胞中果胶成分的含量。一般腌制后制品脆度有所降低，如有必要也可采取保脆措施。

任务7　管理

蔬菜在泡制过程中的管理要做到经常检查。一是保持泡菜坛子的水槽卫生清洁，用清洁的饮用水或20%的食盐溶液放入坛槽3～4 cm深；二是泡制过程中切记远离油脂；三是放在干净阳光不宜照射到的环境中;四是成品管理,由于不断取食和新原料的加入,食盐浓度会下降,应根据口味,注意添盐,坛内水面若出现白花,先将白花除去,再添些白酒即可;捞菜的用具要固定,勿使油脂混入。

知识储备

泡菜若管理不当,会败坏变质,因此必须注意以下几点:

一是水槽的清洁卫生。泡菜在发酵后期易造成坛内的部分真空,使坛沿水槽倒灌入坛内,虽然槽内为清洁水,但长时暴露于空间,易感染杂菌甚至蚊蝇滋生;如果被带入坛内,一方面可增加杂菌,另一方面也会减低食盐溶液浓度。水槽内以加入食盐溶液为好。使用清洁的饮用水,应注意经常更换,在发酵期中注意每天轻揭盖1～2次,以防坛沿水的倒灌。

二是经常检查。由于生产中某些环节放松,泡菜也会产生劣变,如食盐溶液变质,杂菌大量繁殖,外观可以发现连续性急促的气泡,开坛时甚至热气冲出,食盐溶液混浊变黑,起旋生花长膜乃至生蛆,有时食盐溶液还出现明显胀缩,产品质量极差。这些现象的产生主要是微生物的污染、食盐溶液浓度、pH及气温等条件的不稳定造成的。发生以上情况时可采用的补救措施包括:变质较轻的,取出食盐溶液过滤沉淀,洗净坛内壁,只使用滤清部分,再配入新食盐溶液,还可加入白酒、调味料及香料,变质严重的,完全废除。

泡菜成品也会产生咸而不酸或酸而不咸,主要是食盐浓度不宜造成的,前者用盐过多,抑制了乳酸菌活动,后者用盐太少,乳酸累积过多。产品咸而发苦,主要是由于盐中含镁,最好选用精制盐。

三是远离油脂。泡菜中切忌带入油脂,以防杂菌感染。如果带代入油脂,杂菌分解油脂易产生臭味。

四是成品管理。在保存中一般一种材料装一个坛,不混装。在表面加酒,坛沿槽经常注满清水。

任务8 成品质量标准

外观清洁卫生、色泽美观、香气浓郁、质地清脆、组织细嫩、咸酸甜辣适度;含盐量为2%～4%,含酸量(以乳酸计)为0.4%～0.8%。

知识储备

一、泡菜制作中常见问题

在泡菜制作过程中常出现腐烂败坏的现象。所谓腐烂败坏指变质、变味、变色、分解等不良变化的总称。发生的败坏主要有生物败坏、物理性败坏和化学性败坏。

1. 生物败坏

生物败坏是由有害微生物生长繁殖所引起。有害微生物主要指好气性菌和耐盐菌,由于空气的存在造成腌制菜败坏,败坏的现象有生花、酸败、发酵、软化、腐臭、变色等。严重时不能食用,会给人体健康造成危害。

2. 物理性败坏

物理性败坏主要是由光线和温度不当引起的。光照导致腌制菜物质分解，引起变色、变味和抗坏血酸的损失。

3. 化学性败坏

化学性败坏主要是各种化学反应引起的变化，如氧化、还原、分解、化合反应都会使腌制菜质量发生不同程度的败坏。

二、控制措施

1. 加强原料管理

选用新鲜的蔬菜作为原料。注重原料质量，严防腐败变质；蔬菜在腌制前经过清洗、晾晒可减少亚硝酸盐的含量，腌制用水需符合饮用水卫生要求。

2. 加强卫生措施

在蔬菜腌制过程中，要严防有害微生物生长；食盐加入量应充足；腌制时蔬菜原料要浸没于水下；在腌制过程中，取食时应防止油滴混入制品中。如果发生有害微生物侵染，把腌菜用清水洗净，放在阳光下曝晒数小时，而后继续腌制，这样做在减少有害微生物的同时也有利于分解和破坏亚硝酸盐。

3. 注意全程管控

定期或不定期检查温度、坛盖密封及卫生情况，发现问题及时处理。贮藏腌菜应特别注意环境卫生，需避光、置于阴凉处贮藏。

知识拓展

泡菜，古称菹(zū)，是指为了利于长时间存放而经过发酵的蔬菜。按照惯例，纤维素含量丰富的蔬菜或水果都可制成泡菜，如卷心菜、大白菜、胡萝卜、白萝卜、大蒜、青葱、小黄瓜等。蔬菜在经过腌渍及调味后具有特殊风味。泡菜是一种独特而具有悠久历史的大众化乳酸发酵制品，它具有清淡爽口、开胃理气的特点，多年来深受我国居民的喜爱。

在我国古代蔬菜收获旺季时，人们会将一部分蔬菜贮藏起来以便在收获淡季时食用，于是人们在实践中利用盐将蔬菜通过渍或腌的方式贮藏起来，这就是蔬菜的盐渍。盐渍菜是泡菜的雏形，是我国最传统的生物发酵制品。

企业衔接

一、辣白菜的加工

(一)工艺流程

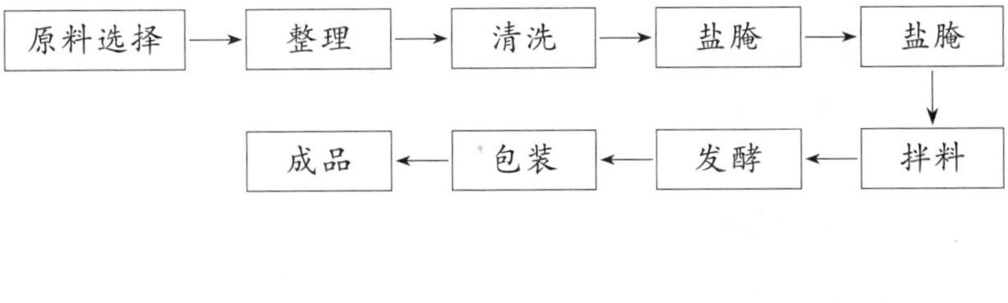

(二)操作要点

1. 原料选择

选择菜叶鲜嫩、菜帮洁白、无病虫害的大白菜为原料。

2. 整理

先把白菜去帮、去黄叶、洗净、切分，大棵菜纵切成四半，小菜切成两半。

3. 清洗

用流动的水反复冲洗，洗去蔬菜表面的泥沙污物和农药残留。

4. 盐腌

将已切分好的白菜放入5%的食盐溶液中(食盐溶液最好事先煮沸，晾凉以后使用)，浸泡1 h后捞出，在白菜叶上撒适量盐，腌制3 h，去掉白菜中的部分水分。然后在食盐溶液中洗净，沥水备用。

5. 拌料

按以下比例配料：白菜100%、辣椒面5%、韭菜5%、大蒜4%、大葱2%、生姜1%、胡萝卜5%、苹果4%、白糖2%、精盐1%。

先将胡萝卜、韭菜、大葱洗好，切成5 cm长细丝；姜和蒜捣成泥；苹果去皮后榨成汁备用。

拌料顺序：将辣椒粉用少量凉开水冲泡，放入胡萝卜丝，再将其他料放入，搅拌成糊状备用。将拌好的拌料一层一层地抹在白菜上。

6. 发酵

将抹好料的白菜放入洗净的缸中、装满、封口。在4 ℃环境下发酵1周后即可取食。发酵时间的长短依据季节不同而不同，夏季发酵时间短，冬季发酵时间长。

7. 包装

可采用真空小包装进行分装或采用内衬带有PE袋的纸箱进行包装。

二、酸菜的加工

(一)工艺流程

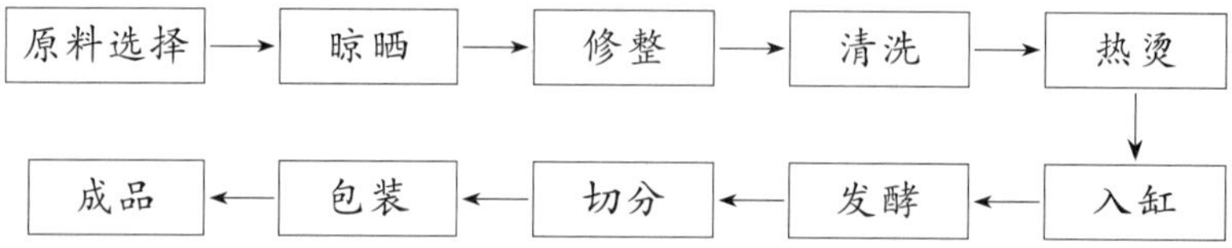

(二)操作要点

1. 原料选择

选择高帮、心大、无病虫害的白菜为原料。

2. 晾晒

白菜收获后要在通风处晾晒2～3天，让水分蒸发一些，见外面的帮子发软即可。

3. 修整、清洗

晾晒好的白菜要去掉外面的老帮子和菜根，一般要去掉1～2层，并把叶子切掉一些，用清水洗净。

4. 热烫

洗净后，用手捏住叶梢，把菜梗先伸进锅内沸水，再徐徐把叶梢全部放入锅内烫漂2 min

左右。当菜柔软透明,菜梗变成乳白色,随即捞入冷水中冷却。

5. 入缸

缸刷洗干净,热烫消毒,擦干后,把白菜紧密地摆进去,加盐少许。最后用一些老帮子盖住最上面的白菜,压上石头,用保鲜膜封闭缸口1天。

6. 加水、发酵

次日打开缸口加满清水,漫过菜10 cm为度,再封好缸口。放在阴凉的地方自然发酵一个月后就可取食。

7. 切分、包装

用切菜机将菜切成细丝,真空包装后销售。

三、酱菜制品加工

(一)工艺流程

原料选择及预处理 → 盐腌 → 脱盐 → 酱渍 → 包装 → 成品

(二)操作要点

1. 原料选择及预处理

选择组织致密,质地脆嫩,含纤维少,无病虫害的新鲜蔬菜。不同的蔬菜种类有不同的规格要求。例如,供腌制酱萝卜的原料,以组织致密、脆嫩、含水量较少的品种为宜。原料收后,除净泥土,削去茎盘、细根。根形较小,呈圆球形的品种,可以整个腌制,大根型的品种还应切分。供腌制酱黄瓜的原料用瓜条匀直,颜色深绿、无籽带刺的嫩瓜作原料。选好的原料须除去须根、老叶,根据需要切成块、片、条、颗粒等形状。

2. 盐腌

食盐浓度控制在15%~20%,腌透,一般需20~30天。对含水量大的蔬菜可采用干腌法。3~5天要倒缸,腌好的菜坯表面柔软透亮,富有韧性,内部质地脆嫩,切开后内外颜色一致。

3. 脱盐

脱除腌制品的多余盐量,析出部分盐分以利于吸收酱液。用浸泡法脱盐,每天换水1次,浸泡时间根据气候条件决定,一般夏季1~2天,冬季2~3天。浸泡过程中,要注意不要浸泡过度,使腌制品脱盐过度,必须保留部分盐分,一般在2%以下,以防止微生物侵入,降低质量。脱盐后要挤干水分,或采用阳光晒干除去原料内含的部分水。

4. 酱渍

酱渍的方法有两种:直接入缸酱渍和装袋入缸酱渍。一般蔬菜较小或切得较碎,如八宝菜可采取装袋入缸酱渍。此外,均可采用直接入缸酱渍。采用装袋酱渍时,注意不可装得太满,以免影响酱汁渗入,或造成变质现象。酱是制造酱菜的主要辅助原料,用酱量的多少,直接影响酱菜的质量。用酱量过少,影响产品的风味和颜色,用酱量过多,造成浪费。通常500 g原料用酱油250 g或原酱300 g,最多不超过500 g。使用各种辅料(糖、醋、辣椒等)的数量,应根据酱制的品种的口味习惯或客户要求而定。要求经3次浸酱。第一缸浸酱7天,倒入第二缸,再浸 7 天，再倒入第三缸，再浸 7 天即成，共计 21～30 天。最后一缸酱须使用新酱，第一次和第二次浸酱可使用 1～3 次的泛酱。在酱渍过程中，每天须打耙几次。打耙不仅能使酱品吸收酱液，着色均匀，提高酱渍速度，还可以避免因温度过高出现变质现象。

打耙方法，即用酱耙在缸内上下翻动，使酱与酱制品均匀混合。用酱种类很多，有黄酱、面酱、酱油等。如果采用酱油酱制的，酱油一定要用火烧开，晾凉后加入，否则酱菜在酱制过程中，容易发生生花和发霉现象。

5. 成品

把酱缸放到低温下保藏，也可将酱菜进行包装，包装一般采用瓷罐、四旋口玻璃瓶和塑料袋。包装容器需进行清洗和灭菌才能使用。

(三)酱制品的质量标准

1. 感官指标

组织形态：外观整齐，保脆处理的腌制品，质地应脆嫩，削切便利。

色泽：颜色鲜艳，里外均有酱色，并有光泽。保色的腌制品酱制后，应保持原来的颜色。

滋味和气味：原料的表皮和内部滋味一致，具有酱香味和清香气味。用黄酱腌制的产品应咸味适宜，并有氨基酸的鲜味及原料的本味。甜面酱腌制的成品，味道鲜美，甜咸适口，并能保持原料的本味。如有酸味、苦味或其他的异味均为不合格，也就是说腌制过程不合理，应注意和加强腌制措施。

2. 理化指标

砷(以 As 计)≤0.5 mg/kg；铅(以 Pb 计)≤1 mg/kg；食品添加剂、亚硝酸盐添加量符合《食品安全国家标准　食品添加剂使用标准》(GB 2760—2014)规定。

3. 微生物指标

大肠菌群：散装≤90 MPN/100 g；瓶(袋)装≤30 MPN/100 g；

致病菌(系指肠道致病菌)：不得检出。

四、糖醋菜类(以糖醋大蒜为例)

(一)工艺流程

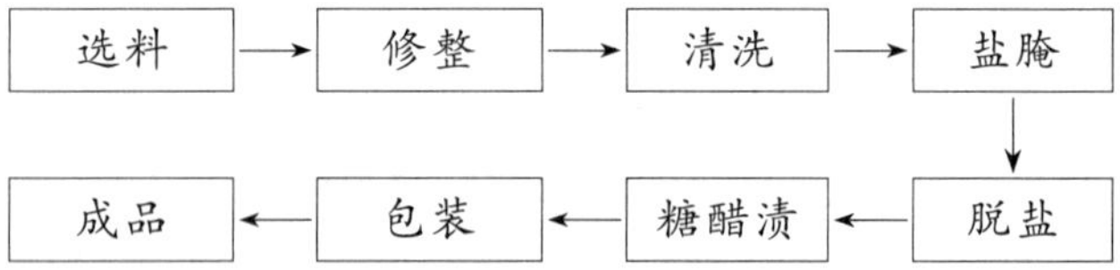

(二)操作要点

1. 选料、修整

选鳞茎整齐、肥大、皮色洁白、肉质鲜嫩的大蒜头为原料。先切去根和叶，留假茎长 2 cm，剥去包在外面的粗老蒜皮，洗净沥干水分。

2. 盐腌

以蒜头重量为 100%计算，则食盐添加量为 10%。摆放时每放一层蒜，撒一层盐，每天倒缸一次，以使腌盐均匀。腌制 15 天左右，捞出用水冲去蒜皮，晾干备用。

3. 糖醋渍

以晒过的干咸蒜头量为 100%计算，则食醋的添加量为 70%、红糖添加量为 32%。

糖醋渍时，先将食醋加热到 80 ℃后将红糖加入其中使其溶解，再加五香粉、山柰、八角等少许，煮沸、晾凉备用。

将盐腌好的蒜装入坛内，无须过满，以离坛口 3～4 cm 为宜，倒入冷糖醋液，封坛，经约 1 个月即可成熟。

习题与思考

一、填空题

1. 泡菜泡制期间依据乳酸积累量多少将发酵过程分为________、________、________3 个阶段，在________是泡菜食用最佳期。

2. 泡菜发酵期间适宜发酵温度为________，乳酸菌适宜发酵温度为________。

3. 根据所用原料、腌制过程、发酵程度和成品状态的不同分为两大类，即________和________；泡菜、酸菜产品属于________。

4. 泡菜是利用________的发酵作用，将蔬菜中含有________转化成________。

5. 蔬菜腌制的原理是利用________的高渗透、________的发酵及________的分解等一系列生物化学作用，达到抑制有害微生物的活动。

6. 在蔬菜腌制过程中，由微生物引起的正常发酵作用主要是________，此外，也伴随有轻度的________和________。这些发酵作用的主要产物如乳酸、酒精和醋酸，不但能抑制有害微生物的活动而起到防腐作用，还能使制品产生酸味和香气。

二、名词解释

乳酸发酵　酒精发酵　醋酸发酵

三、判断题

1. 对于泡菜而言，主要利用的有益微生物是乳酸菌。（　）

2. 乳酸发酵需要在低盐下进行，3%～5%的食盐溶液浓度最适宜乳酸发酵。（　）

3. 乳酸菌较耐酸，在 pH＝3 的条件下仍可发育，这也是泡菜贮藏的因素之一。（　）

4. 在腌制时，务必要压实密封，还应注意食盐溶液腌没原料以隔绝空气。（　）

5. 醋酸菌是好气性菌，需要有氧气才能活动，因此可通过密封等抑制醋酸产生。（　）

四、简答题

1. 影响乳酸发酵的因素有哪些？

2. 蔬菜如何保脆？

3. 简述泡菜坛的要求。

习题及答案

实训项目单

编制单位： 编制人： 编制日期：

任务代号		任务名称		实训课时	
课程名称		实训对象		实训时间	
实训目的					
实训步骤及要求	一、任务分析 二、任务计划决策 三、实施准备 四、工艺流程及要点 五、质量评价				

【过程性考核要点】

酸泡菜的加工			
序号	考核内容	考核标准	参考分值
1	学习与工作态度	课前预习，有预习报告，责任心强，按时出勤，按要求着装	5
2	团队协作	服从安排，积极与小组成员合作，共同制订工作计划和完成工作任务，团队意识强	10
3	工作计划制订	有完整的工作方案，时间安排合理，工作步骤正确	10
4	原辅料的选择与预处理	选择原辅料要符合加工标准、齐全，用量准确，并能进行正确的预处理	5
5	关键技术点	(1)菜的硬化处理。硬化剂的称量与配制 (2)泡菜配方。根据当地情况自行设计，改进风味 (3)泡菜容器及用具消毒 (4)食盐溶液的配制。计算正确、菜水比例合适 (5)发酵管理(环境要求阴凉通风、洁净，坛沿槽水质、水量符合要求) (6)质量标准	50
6	卫生保持与清理	保持场所卫生，实训结束后能及时清理场所卫生	10
7	问题思考	反思工作完成过程中的问题，并进行分析、改进	10
8	合计		100

项目四

果酱的加工

【水果糖渍】

果脯蜜饯制品是当下人们所喜爱的零食，也是水果加工产业的重要产品。糖渍过程是食品原料排水吸糖的过程，糖液中糖分通过扩散作用进入组织细胞间隙，高浓度的糖液会形成较高的渗透压，微生物在高渗透环境中发生生理干燥直至质壁分离，因而生命活动受到抑制。高浓度的糖溶液使水分活度大大降低，导致可被微生物利用的水分大为减少。此外，由于氧在糖液中的溶解度降低，也使微生物的活动受阻。

糖渍方法有蜜制（冷制）和煮制（热制）两种。蜜制适用于皮薄多汁、质地柔软的原料；煮制适用于质地紧密、耐煮性强的原料。

糖渍制品包括果酱类与蜜饯类两种。

【学习目标】

1. 掌握糖渍加工基本原理并完成典型果酱制品的加工；
2. 了解打浆机、夹层锅、排气箱、封罐机、杀菌锅、糖度计等仪器的使用及维护；
3. 能够独立判定果酱浓缩的终点。

【项目实施】

果酱加工工艺流程如下：

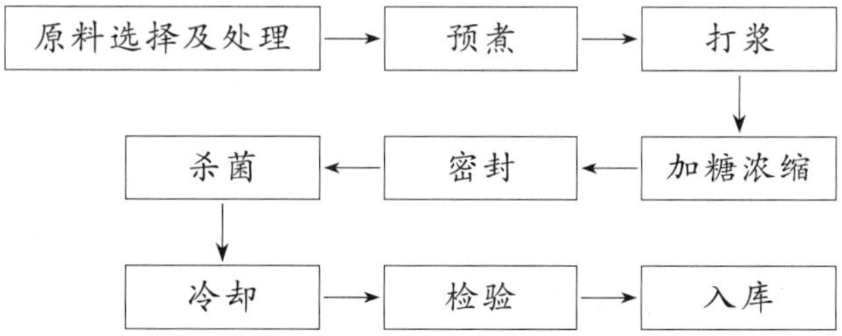

山楂酱的加工

任务1　原料选择及处理

制作果酱的原料要求成熟度高，含果胶1%左右，含有机酸1%以上。筛选合格的原料经清洗、去皮（部分原料）、去核（部分原料）后进行适当切分。

知识储备

一、果酱类制品

果酱类制品的特点是不保持果蔬原来的形态，一般为高糖高酸食品，包括果酱、果泥、果冻、果丹皮、果糕。

1. 果酱

果酱制品呈稠状，也可以带有果肉碎块，如杏酱、草莓酱等。

2. 果泥

果泥制品呈糊状，是经筛滤后的果浆加糖制成的稠度较大且质地细腻均匀的半固态制品。如制成具有一定稠度，且质地均匀一致的酱体，则通常称为沙司。

3. 果冻

果冻是果汁加糖浓缩，冷却后呈半透明的凝胶状制品。如果在制果冻的原料中加入少量的橙皮条(或橘皮条)浓缩，冷却后这些条片较均匀地分散在果浆中的制品称为马茉兰。

4. 果丹皮

果丹皮是将果泥加糖浓缩后，刮片烘干制成的柔软薄片。

5. 果糕

果糕是将果实煮烂后，除去粗硬部分，将果肉与糖、酸、蛋白质等混合，调成糊状，倒入容器中冷却成型或经烘干制成松软而多孔的制品，如山楂糕等。

二、蜜饯类制品

蜜饯类制品的特点是保持制品一定的形状，一般为高糖食品，通常将成品含水量在20%以上的称为蜜饯；成品含水量在20%以下的称为果脯。

1. 干态蜜饯(果脯)

果脯在糖制后，再进行晾干或烘干的制品，如苹果脯、桃脯等。

2. 糖衣蜜饯(返砂蜜饯)

在制作干态蜜饯时，在它的表面醮敷上一层透明胶膜或干燥结晶的糖衣制品，如橘饼、冬瓜糖等。

3. 糖渍蜜饯

糖制后不再烘干或晾干，成品表面附一层浓糖汁，成半干性制品，或将糖制品直接存在浓糖液中，如蜜李、糖青梅等。

4. 加料蜜饯(凉果)

加料蜜饯又称甘草制品，是果品以盐腌制坯，再经脱盐、料液(含甘草)浸渍后晾晒而成。制品表面干燥，酸、咸、香、甘几种味俱全，如话梅等。

原料的清洗对于减少附着于原料表面的微生物，特别是耐热性芽孢菌，具有十分重要的意义，是罐藏食品加工中必不可少的环节。

原料可通过以下3种方式进行清洗：

一是流水清洗，用流动的清水去除原料表面的微生物与灰尘等；

二是利用1%浓度的碳酸氢钠溶液对原料表面进行清洗；

三是利用1%～2%浓度的食盐对原料表面进行清洗。

任务 2　预煮

活动 1　预煮的目的

预煮的目的是防止褐变；软化果肉组织，便于打浆及利于糖液渗透；促使果肉组织中果胶溶出，利于凝胶的形成；缩短浓缩时间；排除原料组织中的气体，以得到无气泡的酱体等。

活动 2　预煮的操作

预煮操作可采用加水煮制或不加水蒸制，一般肉质较坚实的原料需添加果肉质量 10%～20%的水(浆果不加水)后加热煮沸 10～20 min，使原料充分软化，果胶溶出。

任务 3　打浆

原料经预煮充分软化后，利用打浆机破碎。为防止酸败，打浆后应尽快进行后续操作，不得积压。打浆机筛孔径为 0.8～1.0 mm。

任务 4　加糖浓缩

加糖量应为原料质量的 50%～100%。

煮制时要不断搅拌，使果肉与糖充分混合，并防止焦化。煮制浓缩时间的长短对产品质量影响很大，一般选择大火短时间浓缩以保证产品质量。

接近浓缩终点时，用柠檬酸调节酱体 pH 至 3.1，此时凝胶强度最好。

知识储备

一、浓缩终点的判断

加糖浓缩是果酱制作中比较重要的环节，而浓缩终点的判断是关键。

(一)浓缩终点判断的方法

1. 折光仪测定法

当可溶性固形物达 66%～69%时即为浓缩终点。

2. 温度测定法

当溶液温度达 103～105 ℃时熬煮结束。

3. 挂片法

挂片法是生产上常用的一种简便方法。用搅拌木片从锅中挑起浆液少许，横置，若浆液呈现片状脱落，即为浓缩终点。

(二)浓缩设备

根据浓缩所使用的设备，浓缩可分为常压浓缩和减压浓缩。

1. 常压浓缩

常压浓缩的主要设备是带搅拌器的夹层锅。工作时通过调节蒸汽压力控制加热温度。为缩短浓缩时间，保持制品良好的色、香、味和胶凝力，每锅下料量以控制出成品 50～60 kg 为宜，浓缩时间以 30～60 min 为好。时间过长，影响果酱的色、香、味和胶凝力；时间太短，会因转化糖不足而在贮藏期发生蔗糖结晶现象。浓缩过程要注意不断搅拌，防止锅底焦化，出现大量气泡时，可洒入少量冷水，防止汁液外溢损失。常压浓缩的主要缺点是温度高，水分蒸发慢，芳香物质和维生素 C 损失严重，制品色泽差。因此生产优质果酱，宜选用减压浓缩法。

2. 减压浓缩

减压浓缩又称真空浓缩，有单效、双效浓缩装置之分。单效浓缩装置是一个带搅拌器的夹层锅，配有真空装置。工作时先抽真空，开启进料阀，使物料被吸入锅中，达到容量要求后，开启蒸汽阀和搅拌器进行浓缩。浓缩时锅内真空度为 0.085～0.095 MPa，温度为 50～60 ℃。浓缩过程中，若泡沫上升剧烈，可开启空气阀，破坏真空抑制泡沫上升，待正常后再关闭。浓缩过程应保持物料超过加热面，防止煮焦。当浓缩接近终点时，关闭真空泵，开启空气阀，在搅拌下果酱加热升温至 90～95 ℃，然后迅速关闭空气阀出锅。

二、果酱加工中常见的糖类

1. 白砂糖

白砂糖主要由蔗糖构成，为粒状晶体，根据晶粒大小可分为粗砂、中砂和细砂 3 种。

2. 饴糖

饴糖又称麦芽糖浆，用谷物作原料，经淀粉酶或大麦芽的作用，淀粉水解为糊精、麦芽糖及少量葡萄糖得到的产品。饴糖色泽淡黄而透明，能代替部分白砂糖使用，可起到防止晶析的作用。饴糖的甜度为蔗糖的 50%左右。

3. 淀粉糖浆

淀粉糖浆又称葡精糖浆。它是由淀粉加酸或酶水解制成的，主要成分为葡萄糖、麦芽糖、果糖和糊精，甜度是蔗糖的 50%～80%，也可起到防止晶析的作用。

4. 果葡糖浆

果葡糖浆是将淀粉经酶法水解制成葡萄糖，用异构酶将葡萄糖异构化制成含果糖和葡萄糖的糖浆，甜度是蔗糖的 80%～100%。

5. 蜂蜜

蜂蜜的主要成分是果糖和葡萄糖，两者占总量的 66%～77%，甜度与蔗糖相近，由于其价格昂贵，只在特种制品中使用。

三、糖的特性与应用

果蔬糖制加工中所用的糖主要是砂糖，其特性与加工条件控制和制品品质密切相关。

1. 糖的溶解度与晶析

当糖制品中液态部分的糖在某一温度下浓度达到饱和时，即可呈现结晶现象，称为晶析，也称返砂。一般来讲，返砂降低了糖的保藏作用，有损于制品的品质和外观。但果脯蜜饯加工也有利用这一性质，适当地控制过饱和率，给有些干态蜜饯上糖衣，如冬瓜条、糖核桃仁等。

在糖制加工中，为防止返砂，常加入部分饴糖、蜂蜜或淀粉糖浆。也可在糖制过程中促使蔗糖转化，防止制品结晶。

2. 蔗糖的转化

蔗糖适当的转化可以提高砂糖溶液的饱和度，增加制品含糖数量，防止返砂。溶液中转化糖含量达30%～40%时即不会返砂。蔗糖的转化还可增加渗透压，减少水分活度，提高制品的保藏性，增加风味与甜度。但一定要防止过度转化而增加制品的吸湿性，致回潮变软，甚至返砂。糖液中有机酸含量0.3%～0.5%时，足以使糖部分转化。

3. 糖的吸湿性

糖制品吸湿以后，降低了糖浓度和渗透压，因而削弱了糖的贮藏作用，引起制品的败坏变质。

糖的吸湿性各不相同，以果糖的吸湿性最强，其次是葡萄糖和蔗糖。各种结晶糖吸水达15%以后，便开始失去结晶状而成为液态。纯结晶蔗糖的吸湿性很弱，商品砂糖因含有少量灰分等非糖杂质，因而吸湿性增强。当砂糖中灰分含量低于0.02%、空气相对湿度低于60%，砂糖呈不潮解的结晶状。

利用果糖、葡萄糖吸湿性强的特点，糖制品中含有适量的转化糖有利于防止制品返砂；但量过高又会使制品吸湿回软，造成霉烂变质。

4. 糖的甜度

糖的甜度影响着糖制品的甜味和风味，糖的甜度随糖液浓度和温度的不同而变化。糖浓度增加，甜味增加，增加的程度因糖的种类而异。糖液浓度为10%时，蔗糖和转化糖等甜；浓度小于10%时，蔗糖甜于转化糖；浓度大于10%时，则相反。50 ℃条件下，糖液浓度为5%或10%时，果糖与蔗糖等甜；等于50 ℃时，果糖甜于蔗糖；高于50 ℃时，结果相反。

5. 糖液的沸点温度

糖液的沸点温度随糖液浓度的增加而升高，随海拔高度的增加而降低。此外，浓度相同、种类不同的糖液，沸点也不相同。通常在糖制果蔬过程中，需利用糖液沸点温度的高低，掌握糖制品所含的可溶性固形物的含量，判断煮制浓缩的终点，以控制时间的长短。

由于果蔬在糖制过程中，蔗糖部分被转化，加之果蔬所含的可溶性固形物也较复杂，其溶液的沸点并不能完全代表制品中的含糖量，只大致表示可溶性固形物的多少。因此，在生产之前要做必要的实验。

四、糖在腌渍中的作用

（一）糖溶液的防腐机制

食糖是糖渍食品的主要原料，也是蔬菜和肉类腌制时经常使用的一种调味品。我国食精品种有原糖、白砂糖、赤砂糖和绵白糖。腌渍食品多使用白砂糖，其作用主要有以下几个方面。

1. 产生高渗透压

蔗糖在水中的溶解度很大，25 ℃时饱和溶液的浓度可达67.5%，该溶液的渗透压很高，足以使微生物脱水，严重地抑制微生物的生长繁殖，这是蔗糖溶液能够防腐的主要原理。

2. 降低水分活度

蔗糖作为砂糖中主要成分（含量在99%以上），是一种亲水性化合物。蔗糖分子中含有许多羟基和氧桥，它们都可以和水分子形成氢键，从而降低溶液中自由水的量，水分活度也因此而降低。例如，浓度为67.5%的饱和蔗糖溶液，水分活度可降到0.85以下，这样在糖渍食品时，可使入侵的微生物得不到足够的自由水分，其正常生理活动受到抑制。

3. 使溶液中氧气浓度降低

与盐溶液类似，氧气同样难溶于高浓度糖溶液中，这不仅可防止维生素C的氧化，还可抑制有害的好气性微生物的活动和繁殖，对腌渍后的糖制品的防腐具有一定的辅助作用。

（二）不同微生物对糖溶液的耐受力

糖的种类和浓度决定其加速或抑制微生物生长的作用。浓度为1%～10%的蔗糖溶液会促进某些微生物的生长，浓度达到50%时则阻止大多数细菌的生长，而要抑制酵母和霉菌的生长，则其浓度要达到65%～85%，浓度升高抑制作用加强。一般为了达到保藏食品的目的，糖液的浓度至少为65%～75%，以72%～75%最适宜。对糖的种类来说，在同样百分浓度下葡萄糖、果糖溶液的抑菌效果要比乳糖、蔗糖的好。这是因为葡萄糖和果糖是单糖，相对分子质量为180；蔗糖和乳糖是双糖，相对分子质量为342，所以在同样的浓度时，葡萄糖和果糖溶液的质量摩尔浓度就要比蔗糖和乳糖的高，故其渗透压也高，对微生物的抑制作用也相应加强。例如，抑制食品中葡萄球菌需要的葡萄糖浓度为40%～50%，而蔗糖则为60%～70%。

（三）砂糖质量与腌渍食品的关系

在《食品安全国家标准　食糖》(GB 13104—2014)中规定了原糖、白砂糖、绵白糖和赤砂糖的卫生指标，主要有：

总砷(以As计)<0.5 mg/kg；

铅(Pb)<0.5 mg/kg；

二氧化硫(以SO_2计)：原糖≤20 mg/kg，白砂糖≤30 mg/kg，绵白糖≤15 mg/kg，赤砂糖≤70 mg/kg。

任务5　密封

果酱应趁热密封，一般装罐密封温度在85 ℃以上，并保持4～8 mm的顶隙。

知识储备

密封的目的是使罐内与外界环境隔绝，防止有害微生物再次侵入而引起罐内食品的腐败变质。

密封性的好坏直接影响到产品贮藏期的长短。不论何种包装容器，如果未能获得严格的密封，就不能达到长期保存的目的。因此，果酱生产过程中应严格控制密封的操作，保证密封的效果。

任务6　杀菌、冷却

一般采用的杀菌温度为90 ℃，维持杀菌时间30 min。杀菌结束要迅速冷却降温，最大限度地保留食品中的营养成分。

知识储备

果泥与果酱的不同之处在于原料预煮后进行两次打浆、过筛，除去果皮、种子等，使质地均匀细腻。而后加糖浓缩，原料与加糖量之比为 1∶(0.5～0.8)。浓缩的终点温度为 105～106 ℃，可溶性固形物为 65%～68%。有的为了增进果泥的风味，可以添加不超过 0.1%的香料，如肉桂、丁香等。其他生产工艺与果酱相同。

知识拓展

一、蜜饯类加工工艺流程

原料选择 ⟶ 预处理 ⟶ 糖制 ⟶

- 装罐 ⟶ 密封 ⟶ 杀菌 ⟶ 湿态蜜饯
- 干燥 ⟶ 整形 ⟶ 包装 ⟶ 干态蜜饯
- 干燥 ⟶ 上糖衣 ⟶ 包装 ⟶ 糖衣蜜饯
- 蜜制 ⟶ 加配料 ⟶ 干燥 ⟶ 凉果

二、蜜饯类加工工艺要点

(一)原料选择

选择硬实的、新鲜的、无病虫害的果蔬为原料，成熟期采收的果实最适宜。

(二)预处理

预处理包括原料的清洗、去皮、扎眼、划缝、切分、去心、去核等操作。

(三)硬化与保脆

为了使原料在糖煮过程中保持完整的形状，对于质地较疏松、含水量较高的果蔬，如草莓、番茄等，在糖煮前将原料浸入溶有硬化剂的溶液中，以增加原料的耐煮性，保持块形不变。常用的硬化剂有石灰、明矾、亚硫酸氢钙、氯化钙等。一般含果酸物质较多的原料用 0.2%～0.5%石灰溶液浸渍。含纤维素较多的原料用 0.5%左右亚硫酸氢钙溶液浸渍为宜。浸泡时间应视原料种类、切分程度而定，通常为 10～11 h，以原料的中心部位浸透为止。浸泡后立即用清水漂洗干净。

(四)盐腌

在凉果制作中，需要将原料腌成盐胚，脱除原料中的部分水分，使果肉组织更加致密，改变组织渗透性，以利于糖分渗入。用盐量为 10%～20%。腌渍时间为 7～20 天。腌好后，再晒干保存。

(五)护色与染色

为了使糖制品色泽明亮，常在糖煮之前进行硫处理，即可防止制品氧化变色，又能促进原料对糖液的渗透。方法是用 0.1%～0.2%的硫黄熏蒸处理或用 0.1%～0.2%的亚硫酸溶液浸泡 10～30 min。硫处理后的果实，在糖煮前应充分漂洗，去除残硫。某些蜜饯类和作为配色用的制品(红绿丝、红云片等)常需人工染色。常用的色素有天然色素和人工色素两大类。天然色素有姜黄素、胡萝卜素和叶绿素。由于天然色素的着色力差，在实际生产中多用人工色素。染色的方法是将原料浸于色素液中或将色素溶于稀糖液中在糖煮的同时完成染色。为了增加染色效果，常用1%～2%的明矾溶液作为媒染剂。

（六）预煮

为便于渗糖，先将果实放入沸水中或1%的食盐溶液中热烫数分钟，捞起后立即放在冷水中冷却。

（七）糖制

糖制包括蜜制和煮制两种方法。

1. 蜜制

蜜制是指在室温下用糖液进行浸渍，使制品达到要求的糖度。此方法适用于含水量高、不耐煮制的原料，如葡萄、草莓蜜饯及多数凉果等。特点在于分次加糖，不用加热就能很好地保存产品的色泽、风味、营养价值和应有的形态。蜜制的方法是将原料进行必要的去皮、切分、去核、热烫等预处理，用原料组织质量的30%的干砂糖腌渍12～14 h，再补20%干砂糖腌渍24 h，又补10%的干砂糖腌渍5天左右，最后将原料移出沥干即可。凉果类也常采用蜜制法，但与一般蜜饯所不同的是，原料采用果坯制取，腌渍时除加干砂糖外，还加以酸、咸、香等多种辅料。

2. 煮制

煮制也称糖煮法，该法加工迅速，但由于加热，其色、香、味及营养物质有所损失。此法适用于果肉组织较致密、比较耐煮的原料。糖煮可分一次煮成法、多次煮成法、快速煮成法和减压煮成法等。

(1)一次煮成法。适用于含水量较低、细胞间隙较大、组织结构疏松、易渗糖的原料，如苹果脯、蜜枣等。其方法是：先配好40%的糖液入锅，将预处理好的原料放入糖液中，并加热使糖液沸腾，加热过程中不断搅拌，以防止锅中的糖液焦化。然后分次加糖，直至煮到糖浓度增高至60%～65%时停火。分次加糖的目的是保持果实内外糖液浓度差异不致过大，以使糖均匀地渗透到果肉中去，这样煮制的果脯才显得透明饱满。此法加热时间长，容易煮烂，又易引起失水，使产品干缩。为缩短加热时间，可先将原料浸渍在糖溶液中，然后在锅中煮到应有的糖度为止。

(2)多次煮成法。此法适用于含水量较高，细胞壁厚，组织结构较致密，不易渗糖的原料，如桃、杏、梨等。多次煮成法可分4～5次进行。其方法是：先将处理后的原料置于30%～40%的沸糖液中，煮沸2～3 min，使果肉转软，然后连同糖液一起倒入缸中浸渍8～12 h；以后每次煮制时均增加10%糖度，煮沸2～3 min，再连同糖液浸渍8～12 h，如此反复4～5次，最后一次是把糖液浓度增加到20%，待含糖量达到成品要求时，便可沥干糖液，整形后即为成品。

(3)快速煮成法。将原料在糖液中交替进行加热糖煮和冷糖浸渍，使果蔬内部水气压迅速消除，糖分快速渗入，而达到平衡。处理方法是：将原料装入网袋中，先在30%的糖液中煮4～8 min取出，立即浸入等浓度的15 ℃糖液中冷却。然后提高糖液浓度，重复此操作4～5次，即可完成煮制过程。

(4)减压煮成法。又称真空煮制法。原料在真空和较低温度下煮沸，因组织中不存在大量空气，糖分能迅速渗入果蔬组织中达到平衡。此法温度低，时间短，制品色、香、味都比常压煮制好。其方法是：将处理好的原料先投入盛有25%稀糖液的真空锅中，在真空度为83.545 kPa，温度为55～70 ℃下热处理4～6 min，消压，糖渍一段时间，然后提高糖液浓度至

40%，再在真空条件下控制 4～6 min，消压，糖渍。重复 3～4 次，每次提高糖浓度 10%～15%，产品最终糖液浓度在 60%以上为止。

(八)干燥、上糖衣

1. 干燥(干态蜜饯)

经糖煮制后，沥去多余糖液，然后铺于竹屉上送入烘房，烘烤温度掌握在 50～60 ℃，也可采用晒干的方法，成品要求糖分含量 72%，水分含量不超过 18%～20%，外表不皱缩，不结晶，质地紧密而不粗糙。

2. 上糖衣(糖衣蜜饯)

制糖衣蜜饯时，可在干燥后用过饱和糖液浸泡一下取出冷却，使糖液在制品表面上凝结成一层晶亮的糖衣薄膜，使制品不黏结，不返砂，增强保藏性。上糖衣用的过饱和糖液，常以三份蔗糖、一份淀粉糖浆和两份水配合而成，将混合浆液加热至 113～114.5 ℃，然后冷却到 93 ℃即可使用。然后将干燥的蜜饯浸入上述糖液中约 1 min，立即取出于 50 ℃下晾干即成。另外也可将干燥的蜜饯浸于 1.5%的食用明胶和 5%的蔗糖溶液中，温度保持 90 ℃，并在 35 ℃下干燥，也能形成一层透明的胶质薄膜，此外还可以将 80 kg 蔗糖和 20 kg 水煮沸至 118～120 ℃趁热淋到干态蜜饯中，迅速翻拌，冷却后能在蜜饯表面形成一层致密的白色糖层，有的蜜饯也可直接撒拌糖粉而成，此种蜜饯称为晶糖蜜饯。

3. 加辅料(凉果)

凉果制品在糖渍过程中还需加甜、酸、咸、香等风味物质，除糖和少量食盐外，还用甘草、桂花、陈皮、厚朴、玫瑰、丁香、豆蔻、肉桂、茴香等进行适当调配，形成各种特殊风味的凉果，最后干燥，除去部分水分即为成品。

(九)整形与包装

干态蜜饯在干燥过程中常出现收缩变形，甚至破碎，因此干燥后需加以整形，使之外观一致，便于包装。整形可在干燥过程中进行，许多产品也在干燥后进行。整形过程中同时要剔除果块上遗留的疤痕、残皮、虫蛀品及其他杂质。整形后将制品堆放在干燥的环境下，回软 1 周左右，使果实内外水分均匀一致。回软后可进行分级包装。干态蜜饯的包装以防潮防霉为主，一般可先用塑料薄膜食品袋包装，也可采用纸盒或透明硬质塑料盒包装，然后装箱。

带汁蜜饯以罐头包装为宜。将蜜饯制品进行挑选，取完整的个体进行装罐，然后加入清晰透明的糖液，也可将原糖液过滤后加入。装罐后密封，于 90 ℃下巴氏杀菌 20～40 min，取出冷却。

(十)贮藏

成品的可溶性固形物应达到 68%，糖分不低于 60%，保存温度一般不超过 20 ℃。对于不进行消毒的制品，可溶性固形物含量应达到 70%～75%，糖分不低于 65%，在 10～15 ℃及以下保存。

三、糖制品生产主要问题及解决办法

糖制后的果蔬制品，尤其是蜜饯类，由于采用的原料和品种不同，或加工操作方法不当，可能会出现返砂、流汤、煮烂、皱缩、褐变等质量问题。

(一)返砂和流汤

返砂即糖制品在贮藏期间成品表面有糖结晶析出的现象，使其口感变粗，外观质量下降，保质期缩短。流汤即蜜饯类产品在包装、贮藏、销售过程中吸潮，出现表面发黏的现象。

返砂的主要原因是制品中的蔗糖含量过高而转化糖不足引起的。相反，如制品中转化糖含量过高又会引起流汤。一般成品中转化糖含量占总糖量的50%以下时，都会出现不同程度的返砂现象。转化糖越少，返砂越严重。当成品中转化糖含量占总糖量达70%，又易引起流汤。当成品中转化糖含量占总糖量的比例在50%～70%时，既不返砂也不流汤。

（二）煮烂和皱缩

煮烂和皱缩是果脯生产中常出现的问题。例如，煮制蜜枣时，由于划皮太深、划纹相互交错、成熟度太高等，煮制后易开裂破损。苹果脯的软烂除与果实品种有关外，成熟度也是重要影响因素，过生、过熟都比较容易煮烂。防止煮烂措施包括：预处理要适度，可采取硬化措施；选用成熟度适当、耐煮性强的果实为原料；糖制时应延长浸糖时间，缩短煮制时间；降低煮制温度，最好采用真空渗糖或多次煮制方法。

皱缩产生的主要原因是：果实吸糖量不够；糖液没有很好地渗到果蔬组织中去。防止皱缩措施是糖制过程中掌握分次加糖，开始煮制时糖液浓度不宜过高，使糖液浓度逐渐提高，延长浸渍时间。

（三）成品褐变

褐变包括非酶褐变和酶促褐变。非酶褐变包括羰氨反应和焦糖化反应，另外，还有少量维生素C的热褐变。这些反应主要发生在糖制品的煮制和烘烤过程中，尤其是在高温条件下煮制和烘烤最易发生，致使成品色泽加深。酶褐变主要是果蔬组织中酚类物质在多酚氧化酶的作用下氧化褐变，一般发生在加热糖制前。防止褐变除了前面提到的熏硫处理外，热烫处理也是防止变色的一个重要措施。但如果热烫的温度达不到要求，酶的活性没有被破坏，甚至还能起促进变色的作用。在用多次浸煮法加工时，第一次热烫，必须注意要使果实中心温度达到热糖液的温度，否则也会引起变色。煮制果脯蜜饯时颜色变深的另一个原因是糖与果实中氨基酸作用，产生黑褐色素（美拉德反应）。糖煮的时间越长，温度越高，转化糖越多，越能加速这种褐变。因此在达到糖煮目的的前提下，应尽可能缩短煮糖时间。

非酶褐变不仅在糖煮时产生，在干燥过程中也能继续变化，特别是烘房内温度高，通风不良，干燥时间长时，成品的颜色较暗。这时需要改进烘房设备才行。

（四）微生物败坏

糖制品由于吸糖量不足还会长霉菌和发酵产生酒精味，一般情况下，控制成品中总糖含量达68%以上，并降低含水量，就可以防止微生物败坏。

企业衔接

一、番茄酱加工工艺

番茄酱是番茄的浓缩制品，根据制品浓缩程度的不同，所含可溶性固形物（按折光计）分别为12%、20%、22%、28%等几种规格，其中又以22%～24%和28%～30%为多，国外还有可溶性固形物量大于35%的高浓度番茄酱。

(一)工艺流程

原料选择 → 洗果 → 选果 → 破碎 → 预热 → 打浆 → 浓缩 → 加热 → 装罐 → 密封 → 杀菌冷却 → 成品

(二)技术要点

1. 原料选择

生产番茄酱应选用皮薄、肉厚、籽少、番茄红素含量高、色泽大红、固形物含量高、风味好、无霉烂的新鲜番茄。番茄红素含量高,可以保证番茄酱的良好色泽。番茄酱的色泽是评定产品等级与衡量产品质量的重要指标。可溶性固形物含量高,可以提高产品的得率,降低原料的消耗;可以缩短浓缩时间,既节约燃料,又能提高生产率和设备利用率。

2. 洗果、选果

原料番茄必须充分洗净,多采用浮洗机。先将番茄均匀倒入进料槽进行预洗,去除杂质;再由输送带送入浮洗机经鼓风洗涤将番茄表面彻底洗净。

洗净后的番茄升运至滚筒选果台上,由专人进行检验,剔除霉烂、病虫害及未熟的青绿色的番茄,修除成熟度稍低的番茄蒂把部位的绿色部分,这些绿色部分和蒂把的存在会使制品产生棕褐色"杂质"。

3. 破碎与预热

将洗净并经挑选的番茄均匀地送入破碎机进行破碎去籽,破碎去籽后的果肉浆汁立即进行预热处理,以破坏果胶酶的活性,更多地保存果胶,保证产品的黏稠度,防止制成品产生汁液分离现象;预热处理还可以使破碎的果肉软化,原料中的原果胶受热分解成果胶,不仅使果肉易与果皮分离,有利于打浆,而且增加了果胶含量;果肉浆汁经预热处理,排除果实组织间及浆汁中的空气,有利于维生素的保存,并可避免在加热浓缩时产生气泡。

果肉浆汁一般须在 90～95 ℃下加热 8～10 min,加热后的浆温控制在 80～85 ℃。果肉浆汁的预热处理一定要及时,升温要迅速。预热设备最好是管式或螺旋式预热器,也可以用夹层锅,只是效果差一些。

4. 打浆

将预热后的果肉浆汁迅速送入打浆机中,打成均匀的番茄浆。目前普遍使用的打浆机为三道连续打浆机,其筛板的孔径:第一道为 1 mm,第二道为 0.8 mm,第三道为 0.4～0.6 mm。通过三道打浆,果肉浆汁被打成均匀的浆体,通过管道送入贮浆桶以备浓缩。果皮、籽及粗纤维等杂质在筛筒的另一端排出。播出残渣的干湿度以在手掌中捏紧无汁水下滴,放松后手掌上有汁水为宜。若渣过湿,影响出浆率;若渣过干,影响制品的风味和形态。一般残渣量为 3%～4%。

5. 浓缩

打浆机出来的浆体一般含水量很高,可溶性固形物含量较低,还必须进行浓缩,以蒸发一部分水分,使制成品达到规定的浓度。制成品的风味也随着其浓度的提高而增加。番茄酱浓缩采用真空浓缩。

6. 加热与装罐

真空浓缩好的酱送入加热器中加热至 92～95 ℃后立即装罐密封。密封时酱体的温度不能低于 85 ℃，以保证产品的真空度。密封后的罐头立即进行杀菌、冷却。

几种罐型的参考装罐量及杀菌条件。1 000 g 以上的大包装杀菌时只能起到表面杀菌的作用，因此应十分注意装罐前的预热、及时密封和立即杀菌。

二、果脯蜜饯加工工艺

（一）工艺流程

原料选择→清洗→去皮→切分→硬化处理→漂洗→加糖煮制→

- 包装→密封→杀菌→湿态蜜饯
- 烘晒→冷却→上糖衣→糖衣蜜饯
- 烘晒→整形包装→干态蜜饯（果脯）

（二）技术要点

1. 原料与处理

不同的蜜饯制品对原料的要求和处理不尽相同，目的是便于糖煮和提高产品品质。

（1）原料的选择、清洗、去皮和切分。选择大小和成熟度一致的新鲜原料，剔除霉烂变质、生虫的次果，按不同制品的要求进行去皮、去核、切分等处理，以利于糖煮时糖液的渗入。

（2）硬化处理。原料的硬化处理是为了提高果肉的硬度，增加耐煮性，防止软烂。常用的硬化剂有氢氧化钙、氯化钙、明矾、亚硫酸氢钙、葡萄糖酸钙等稀溶液。其原理是上述物质中的金属离子能与果蔬中的果胶物质生成不溶性的果胶酸盐类，使果肉组织致密坚实，耐煮制。

硬化剂使用时要防止过量以免引起部分纤维素的钙化，导致制品质地粗糙。在糖煮前应加以漂洗，除去剩余的硬化剂。

（3）硫化处理。为了使糖制品色泽明亮，常在糖煮之前进行硫化处理，既可防止制品氧化变色，又能促进原料对糖液的渗透。方法是用 0.1%～0.2%的硫黄熏蒸处理或用 0.1%～0.15%的亚硫酸溶液浸泡处理数分钟。

经硫化处理的原料在糖煮前应充分漂洗，以除去剩余的亚硫酸溶液，防止过量腐蚀金属。

（4）染色。某些蜜饯类和作为配色用的制品（如青红丝、红云片等），常需人工染色，以增进制品的感官品质。染色的方法是将原料浸于色素液中着色，或将色素溶于稀糖液中，在糖煮的同时完成染色。为增加染色效果，常用明矾作为媒染剂。

（5）果坯腌制。为避免新鲜原料腐烂变质，常将其腌渍为果坯保存，以延长其加工时间。腌渍程度以果实呈半透明为度，取出晒制成干坯或仍作水坯保存。原料经腌制后，所含成分会发生很大变化，所以只适用于少数蜜饯，如凉果等。

果坯的腌制过程为腌渍、曝晒、回软和复晒。

2. 加糖煮制

加糖煮制是蜜饯加工的主要工序，作用是使糖分更好地渗透到果实里。煮制时间的长短、加糖的浓度和次数应以果实的种类、品种而异。煮制技术的好坏直接影响产品的品质和产量。

煮制分常压煮制和真空煮制两种方法。常压煮制又有一次和多次煮成之分。

（1）一次煮成法。将处理过的原料入锅后经一次煮成成品。苹果脯、蜜枣等均采用一次煮成法。煮制时，先配好 40%～50%的糖液于锅中，将处理好的果实倒入，加大火使糖液沸腾，果实水分逐渐排出，糖液浓度稀释，然后逐渐分次加入砂糖，使糖液浓度缓慢增高至 65%以上为止。

（2）多次煮成法。将预处理过的原料经过多次糖煮和浸渍后才成为产品。此法适用于果蔬组织柔软或含水量多、易煮烂的原料，如桃、杏、梨等。将处理过的原料投入30%～40%的沸糖液中，热烫2～5 min，然后连同糖液倒入缸中浸渍10余小时，使糖液缓慢渗入果肉中。再将糖液浓度提高到50%～60%，沸煮几分钟至十几分钟，连同糖液进行第二次浸渍。如需要可将果实捞出烘烤除去部分水分后进行第三次煮制，直到果实透明。

这种方法的缺点是加工周期过长。为改变此缺点，可使用速煮法和连续扩散法，不过此两者仍属于多次煮成法。

(3)速煮法。此法是将果实在糖液中交替加热与冷却，使果实内部水蒸气产生的压力迅速消除，加速糖液渗透。操作时将原料放在稀糖液中热煮数分钟，随即捞出放入15 ℃左右的糖液中，然后提高糖液浓度。重复此操作4～5次，即可完成煮制过程。

(4)连续扩散法。用浓度由低到高的几种糖液，对一组扩散器内的果实连续进行多次浸渍以逐渐提高糖浓度的方法即为连续扩散法。操作时先将果实密封在真空扩散器内，排除果肉组织内的空气，而后加入95 ℃的热糖液。待糖分扩散渗透后，将糖液顺序转入另一扩散器内，再在原来的扩散器内加入较高浓度的热糖液。如此连续进行几次，果实即可达到所要求的糖液浓度。此法采用真空处理，煮制效果较好，又因采用一组扩散器，能够实现连续化操作。

(5)真空煮制法。其原理是利用在真空条件下，降低果实内部的压力，然后减压，借放入空气时果实内外压力之差，促进糖液渗入果肉。这种煮制和渗糖方法所需温度低、渗糖快，能较好地保持果实的色香味和维生素C等营养物质不被破坏。

一般真空煮制时，真空度控制在83.5 kPa或更高，温度为55～70 ℃。

真空煮制果脯蜜饯的工艺流程如下：

原料处理→25%糖液抽空→浸渍→40%糖液抽空→浸渍60%～70%糖液抽空→浸渍→烘干→成品

3. 烘烤与上糖衣

蜜饯制品需要在糖煮以后烘烤。将果实从澄清的糖液中捞出，沥干糖液，铺散在竹箅或烘盘中，送入50～60 ℃的烘房内烘干。烘房内温度不宜过高，以防糖分结块或焦化。烘干后的果脯蜜饯应保持完整和饱满状态，不皱缩、不结晶、质地致密柔软，水分含量18%～20%。

如制糖衣果脯蜜饯，可在干燥后上一层糖衣。

4. 整理与包装

蜜饯在干燥过程中往往由于收缩而变形，甚至破裂，干燥后需加以整理(形)。例如，蜜枣、柿饼等形体扁平的制品，在干燥后期需压扁，使外观整齐一致，也便于包装。

蜜饯包装以防潮防霉为主。液态果脯以罐头食品包装为宜，经20～25 min、90 ℃杀菌即可，成品可溶性固形物含量应达68%，糖分不低于60%，亚硫酸残留量低于0.1%。

对于不杀菌的蜜饯制品，其可溶性固形物含量应达70%～75%，糖分不低于65%，使用纸板箱包装也可。真空或充气包装更有利于制品保存和品质保持。

三、果丹皮加工工艺

(一)工艺流程

原料选择及处理→预煮→打浆→加糖浓缩→刮片→烘烤→揭皮→整形、包装

(二)技术要点

1. 原料选择及处理

通常选用食糖、酸、果胶物质丰富的鲜果为原料。也可用加工的下脚料,如果皮、果实碎块等。

2. 软化、打浆及浓缩

原料处理后加入重量的 1/10 的白砂糖及果实重量的 1/3 的水,加热煮至软烂,利用打浆机打碎成浆。将打浆过滤得到的果浆进行适当浓缩,浓缩至黏稠状备用。

3. 刮片

将果浆在钢化玻璃板上用模具及刮板刮制成均匀一致、厚度为 3～4 mm 的酱膜。要求四边整齐,不流散。

4. 烘烤

将刮片后的玻璃板置烘房内,65～70 ℃下烘烤 8 h。烘烤过程中要随时排潮,促进制品中的水分散失。当烘至刮片不粘手、韧而不干硬时即可结束烘烤。

5. 揭皮

烘烤结束后趁热用铲刀将果丹皮的四周铲起,然后将整块果丹皮从玻璃板上揭起,置适宜散热处冷却。

6. 切分、包装

揭皮完成后即可进行切分整形,随后进行包装得到果丹皮成品。

四、果冻加工工艺

(一)工艺流程

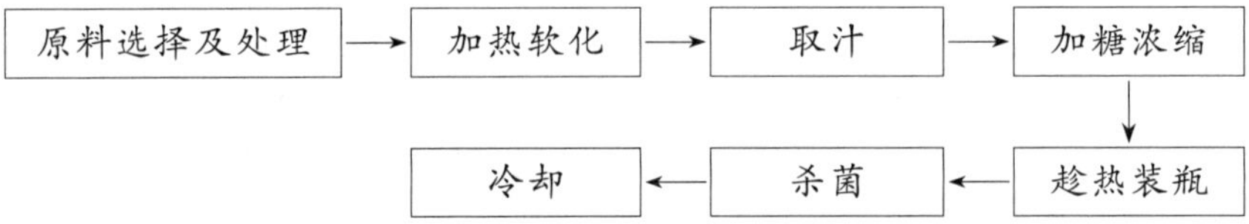

(二)技术要点

1. 原料选择及处理

要求原料具有良好的色、香、味,成熟度适中,果胶含量高,出汁率高。剔除霉烂、病虫害果。清洗干净。

2. 预煮

加水量为原料重量的 1～3 倍,煮沸 20～60 min,使果肉软化便于取汁。

3. 取汁

果蔬原料加热软化后,用压榨机压榨取汁或浸提取汁。对于汁液丰富的浆果类果实压榨前不用加水,直接取汁,而对肉质较坚硬致密的果实如山楂、胡萝卜等软化时,加适量的水,浸提取汁。压榨后的果渣为了使可溶性物质和果胶更多地溶出,应再加一定量的水软化,再进行一次压榨取汁。

4. 加糖浓缩

在添加配料之前,需对所得到的果浆和果汁进行 pH 和果胶含量测定。形成果糕、果冻凝胶适宜的 pH 为 3～3.5,果胶含量为 0.5%～1.0%。如果含量不足,可适当加入果胶或柠檬酸进行调整。一般果浆(或果汁)与糖的比例是1∶(0.6～0.8)。煮制浓缩时水分不断地蒸发,糖浓度逐渐提高,应不断搅拌防止焦煳。当可溶性固形物含量达65%以上,沸点温度达103～105 ℃,用搅拌桨从锅中挑起少许浆液呈片状脱落时即可停止煮制。

5. 趁热装瓶

趁热罐装,酱体温度85 ℃以上。

6. 杀菌、冷却

杀菌同果酱、果泥操作。冷却成型后即为果冻。

五、果糕加工工艺

(一)工艺流程

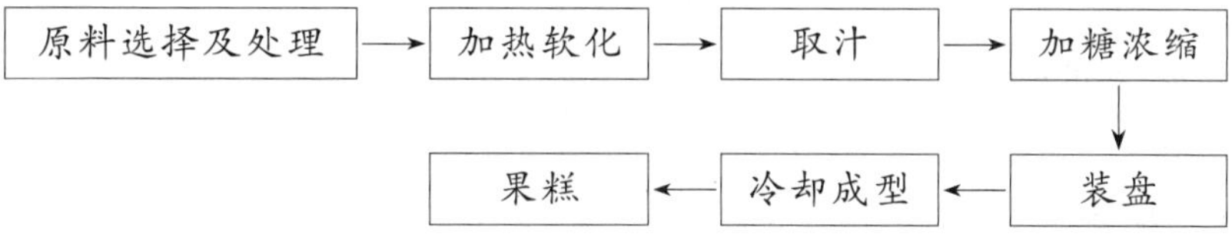

(二)技术要点

1. 原料选择及处理

选择含果胶及酸量多,芳香味浓,成熟度适宜的果蔬为原料。对于含果胶及酸量少的果蔬,需外加果胶及酸,或与富含该种成分的其他果蔬混制。生产时,首先剔除霉烂变质、病虫害严重的不合格果,经过清洗、去皮(或不去皮)、切分、去核(心)等处理。去皮、切分后的原料若需护色,应进行护色处理,并尽快进行加热软化。

2. 加热软化

加热软化时,依原料种类加水或不加水,多汁的果蔬可不加水,肉质致密的果实如山楂、苹果等则需加果实重量1～3倍的水。软化时间依原料种类而异,一般在20～60 min不等,以煮后便于打浆为准。若加热时间过久,果胶分解,不利于制品形成凝胶状态。

3. 打浆

制作果糕时,软化后的果实应用打浆机打浆过筛。

4. 加糖浓缩

一般果浆与糖的比例是1∶(0.8～1)。煮制浓缩时水分不断地蒸发,糖浓度逐渐提高,应不断搅拌防止焦煳。当可溶性固形物含量达65%以上,即可停止煮制。

5. 冷却成型

将达到终点的黏稠浆液倒入容器冷却后即成为果糕。

六、苹果脯的加工工艺

(一)工艺流程

苹果脯制作工艺流程如下:

原料预处理→去皮、切分、去籽巢→硫化处理与硬化→糖煮→糖渍→烘干→整理包装

(二)技术要点

1. 原料选择

选用果形圆整、果心小、肉质疏松和成熟度适宜的原料,如红玉、国光及槟子、沙果等。

2. 硫化与硬化

将果块放入 0.1%的氯化钙和 0.2%～0.3%的亚硫酸氢钠混合液中浸泡 4～8 h,固液比为(1.2～1.3)∶1。

3. 糖煮

40%的糖液 25 kg,加热煮沸,倒入果块 30 kg,旺火煮沸后添加上次浸渍后剩余糖液 5 kg,煮沸。如此重复 3 次,30～40 min,以后每隔 5 min 加糖 1 次。前两次分别加砂糖 5 kg,第三、第四次加入 5.5 kg,第五次加入 6 kg,第六次加入 7 kg,各煮 20 min。果块透明即可出锅。

4. 糖渍

趁热起锅,将果块连同糖液倒入缸中浸渍 24～28 h。

5. 烘干

于 60～66 ℃下烘烤 24 h。

6. 整理包装

烘干后用手捏成扁圆形,剔除黑点、斑疤等再包装。

7. 成品规格

成品含水量为 18%～20%,含糖量为 65%～70%。

七、山楂蜜饯的加工工艺

(一)工艺流程

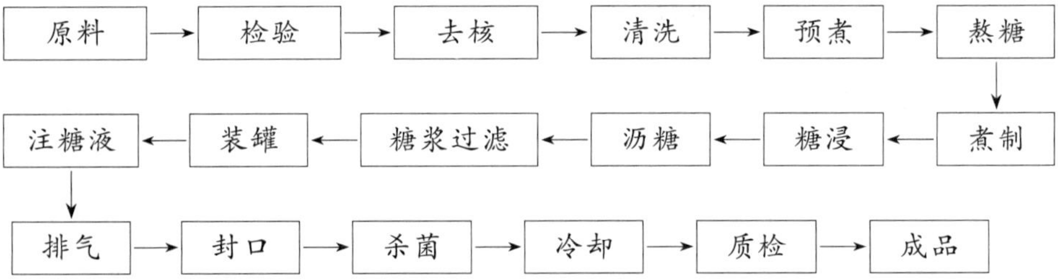

(二)技术要点

1. 原料

以大小均匀、含果胶多、个大质坚不软者为宜。要求为成熟后的手摘果,无虫、病、伤、烂。剔除畸形果、斑疤果。清洗前去核,要求去核彻底,但不准捅破(保持外形完整美观)。

2. 预煮

将原料在微沸水中烫 3 min,使果实软而不烂,随即可以去皮(去皮蜜饯为高档产品,一般可不去皮)。

3. 煮制

把整理好的果加到锅中,糖液必须淹没果面,煮 10 min 后陆续加糖使糖液浓度达到 60%可出锅(糖液以 60 kg 白砂糖加 40 kg 水煮沸约 20 min 成比例称取操作)。

4. 糖浸

将果连同糖液一起倒入盆中,浸糖 24 h,使糖渗进果肉呈半透明状。

5. 沥糖

可用 20%～30%热糖水涮一下果表面的糖浆,以利于烘烤成脯。对罐装品可省去此步骤。

6. 装罐

按 45%～50%固形物重装罐后加注浓糖液（糖液配制：先把浸果糖液加热至沸，测出含糖量后用十字交叉法配成 65%糖液，趁热注入罐内）。

7. 排气

在 95～98 ℃条件下排气 15 min，使罐内维持在 75 ℃进行封口，封严罐口并进行杀菌。

8. 杀菌

杀菌温度 95 ℃，保持 20 min，杀菌后分段冷却到(40±2)℃。

9. 质检

利用灯光质检，重新整理内容物不合格的罐，对混有蚊蝇、头发等异物的要倒掉，对封口不严、漏气进水罐一律检出。

(三)质量标准

山楂蜜饯成品块形完整、不黏结，色泽暗红且半透明，酸甜适口。

习题与思考

一、选择题

1. 糖制后的果蔬制品，如果采用的原料和品种不同，以及加工操作方法不当，可能会出现(　　)现象。

A. 皱缩　　B. 煮烂　　C. 返砂　　D. 褐变

2. 浓缩终点的判断方法有(　　)。

A. 折光仪测定　　B. 温度计测定　　C. 滴定法测定　　D. 挂片法

3. 常压浓缩的主要缺点有(　　)。

A. 温度低　　B. 温度高

C. 水分蒸发慢　　D. 维生素 C 损失严重

4. 为了使原料在糖煮过程中保持完整的形状，那么在糖煮前将原料浸入溶有硬化剂的溶液中，常用的硬化剂有(　　)。

A. 石灰　　B. 明矾　　C. 亚硫酸氢钙　　D. 氯化钙

5. 糖煮可分为(　　)。

A. 减压渗透法　　B. 一次煮成法　　C. 多次煮成法　　D. 快速煮成法

6. 清洗干净的草莓用(　　)破碎。

A. 不锈钢刀　　B. 打浆机　　C. 磨浆机　　D. 研磨机

二、填空题

1. 蜜饯和果脯两者之间的判断标准主要是根据＿＿＿＿＿决定的。

2. 当果酱加糖浓缩时，接近浓缩的终点时需要用＿＿＿＿＿将酱体的 pH 调到 3.1。

3. 果酱浓缩方法有＿＿＿＿＿和＿＿＿＿＿。

4. 常压浓缩的主要设备是＿＿＿＿＿。

5. 减压浓缩又称为＿＿＿＿＿。

6. 果酱一般装罐温度保持在＿＿＿＿＿以上。

7. 加工果丹皮的原料通常选用＿＿＿＿＿、＿＿＿＿＿、＿＿＿＿＿丰富的鲜果。

8. 在果冻添加配料之前，需要对所得到的果浆和果汁进行__________和__________测定。

9. 如果果胶含量不足，可自动加入__________或__________进行调整。

三、名词解释

硬化　返砂

四、简答题

1. 判断果酱浓缩终点的方法有哪些？
2. 糖制时为什么要分次加糖？

习题及答案

实训项目单

编制单位：　　　　　　编制人：　　　　　　编制日期：

<table>
<tr><td>任务代号</td><td></td><td>任务名称</td><td></td><td>实训课时</td><td></td></tr>
<tr><td>课程名称</td><td></td><td>实训对象</td><td></td><td>实训时间</td><td></td></tr>
<tr><td>实训目的</td><td colspan="5"></td></tr>
<tr><td>实训步骤
及要求</td><td colspan="5">一、任务分析

二、任务计划决策

三、实施准备

四、工艺流程及要点

五、质量评价</td></tr>
</table>

【过程性考核要点】

果酱的加工			
序号	考核内容	考核标准	参考分值
1	学习与工作态度	课前预习积极主动，有预习报告，按时出勤，按要求着装	5
2	团队协作	服从安排，积极与小组成员合作，共同制订工作计划和完成工作任务，团队意识强	10
3	工作计划制订	有完整的工作方案，时间安排合理，工作步骤正确	10
4	关键技术点	(1)热烫程度 (2)打浆细度 (3)浓缩过程：是否全程搅拌，加糖是否分次；浓缩终点判断方法是否恰当 (4)装罐：玻璃罐口密封线是否完好，是否热装罐(80 ℃以上)，趁热密封 (5)果酱类质量标准	50
5	主要机械设备及仪器的使用与维护	规范使用打浆机、浓缩设备、糖度计、高温温度计、杀菌设备等	10
6	卫生保持与清理	保持场地卫生，实训结束后及时清理卫生并归位	10
7	问题思考	开动脑筋，积极思考，提出问题，并对工作任务完成过程中的问题进行分析、改进	5
8	合计		100

项目五

速冻藕片的加工

【果蔬速冻】

速冻是近代食品工业中发展迅速的一种新技术，在食品保存方法中占重要地位。20 世纪 20 年代，美国、新西兰等国开始研究速冻蔬菜，20 世纪 30 年代开始有商业销售；我国福州市于 1972 年首先进行速冻蔬菜出口，20 世纪 80 年代开始在国内市场出现速冻蔬菜。果蔬速冻以迅速结晶的理论为基础，将果蔬原料于 −35 ℃下，在 30 min 或更少的时间内，使果蔬组织进行均匀冻结，然后在 −20～−18 ℃的低温条件下保藏，抑制微生物和酶的活性。因此，果蔬速冻比其他方法更能保持食品的新鲜色泽、风味和营养成分。

【学习目标】

1. 理解果蔬速冻的原理；
2. 掌握藕片速冻加工的工艺要点；
3. 了解速冻藕片制品的质量标准。

【项目实施】

制作速冻莲藕片的工艺流程如下：

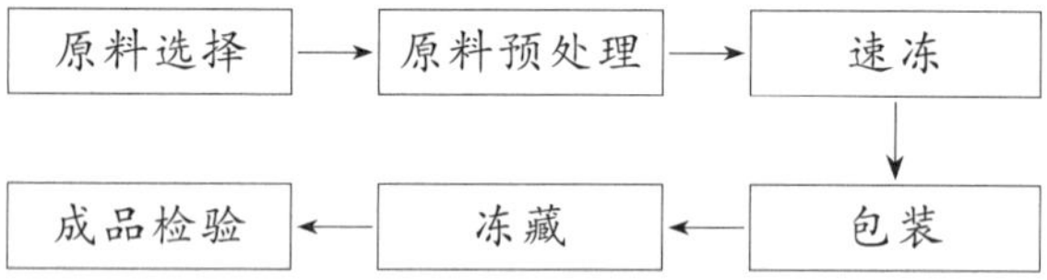

速冻藕片的加工

任务 1　原料选择

活动 1　材料与工具的准备

材料：莲藕、焦亚硫酸钠、柠檬酸、氯化钠。

工具：不锈钢刀、夹层锅、多用切菜机、冷却池、离心式沥水机、冻干机、冰柜、封口机。

活动 2　原料选择

选择以白色鲜藕为宜，不用紫色藕。所选藕必须无腐烂变质。孔中无严重锈斑，藕节完整。择藕后按藕径大小进行分级。

知识储备

在投产前，原料都应经过选择与分级。除去霉烂、病虫害、畸形、成熟度不足或过熟、变色等不合格的原料，并剔除杂质。合格的原料，按大小、成熟度、色泽分组，使每组原料品质较一致，便于后续加工操作。

任务 2　原料预处理

活动 1　原料的清洗

采用高压水冲洗莲藕表面的泥沙及残留物，然后投入至不锈钢池中用流动水进一步清洗。

活动 2　原料的去皮

用不锈钢刀去除藕节，用不锈钢刀片或竹刀片刨去表皮，除净机械伤和斑点等，再用清水冲洗干净，立即浸入质量分数为 1.5% 的柠檬酸溶液中护色。也可以利用 0.2%～0.4% 的 SO_2 溶液或 2% 食盐溶液对原料表面进行护色。

活动 3　切片

用不锈钢刀将藕切成约 1.0 cm 的薄片（图 5-1，注意均匀一致，形态完整），然后及时投入护色液中。护色液采用 0.004% 的焦亚硫酸钠、1.5% 的柠檬酸、1% 的氯化钠三者混合液。如果在护色液中加入 0.03% 的钾明矾，浸泡 10 min 还能起保脆和硬化的作用。

图 5-1　莲藕切片

知识储备

鲜藕的含水量约为 78%，切片后如置于空气中则极易褐变，主要是酶促褐变、维生素 C 的氧化褐变、无色花色素的变色等，故需及时将去皮藕片浸泡于护色液中。一般选用焦亚硫酸钠、柠檬酸、氯化钠等作为莲藕护色剂。可以单独使用，也可以混合使用。钾明矾、碳酸钙或氯化钙能够缓解速冻以后的果蔬引起脆性明显减弱的现象，因此将原料浸泡在 0.5%～1% 的碳酸钙或氯化钙溶液中浸泡 10～20 min，能起到较好的保脆和硬化效果，最后再以流动的清水漂洗 2～3 次。

活动 4　烫漂与冷却

将藕片放入 98 ℃ 水中 25～40 s，适当翻动，使其受热均匀。另外，在烫漂液中需加入 0.8‰～1‰的柠檬酸，以防藕片变色。烫漂后，必须在短时间内快速冷却，使温度降至 0～5 ℃。

知识储备

烫漂的作用是破坏多酚氧化酶的活性，杀灭藕片表面的微生物，排除蔬菜组织内的空气，以保持藕片的色泽和营养成分，防止在冷藏和速冻过程中产品发生褐变及质变。热烫程序要严格掌握，若漂烫过度会使莲藕发生变软、变色等现象，失去应有的脆性，影响产品品质。另外，在烫漂液中需加入柠檬酸，以防藕片变色，且在烫漂过程中，热烫的水每隔 0.5 h 应添加原总量 1/10 的柠檬酸以维持酸的质量分数，维持护色效果。

掌握好烫漂的温度和时间，如果热烫时间不足，则在蔬菜中残存酶的活性，在冷藏过程中，还会发生酶促褐变，引起变色，降低冻品的风味；若热烫时间过长，蔬菜组织脆性变低，风味变淡，并损失部分可溶性营养物质。因此，烫漂的水要经常更新，烫漂温度和时间应根据不同蔬菜品种、大小、成熟度、含酶种类和工艺要求等条件综合确定。烫漂的方法有热水烫漂和蒸汽烫漂两种，烫漂用水应符合生活饮用水标准，水温多为 80～100 ℃，生产中常用水温 93～96 ℃，蒸汽烫漂温度 100 ℃或 100 ℃以上，压力 100 kPa 以上。

藕片烫漂后的余热将加速藕片中可溶性成分的变化，使藕片的色泽变暗，同时也为微生物的生长繁殖提供了条件。故烫漂后，必须在短时间内快速冷却。在此工艺中应采取两次降温法，在第一个冷却池，用自来水冷却.使藕片起到遇冷收缩的缓冲作用；第二次冷却采用 0 ℃左右的冷却水，使其彻底冷却以达到应有的品质。

烫漂效果的检验，一般是检查过氧化氢酶的活性，看其在烫漂后仍残留多少，来判断烫漂是否适当，具体方法用 1.5%的愈创木酚酒精液和 2%的双氧水等量混合后，将烫后蔬菜试样切片浸入其中，如果在 2 min 不变色，即表示过氧化物酶已被破坏，否则易出现褐变。

近年来，烫漂方法正在向快速、节能、操作控制方便的方向发展，主要新方法有微波烫漂、高温瞬时蒸汽烫漂等。不管采用哪种烫漂方法，蔬菜外观品质没有显著性差别，但维生素 C 保持率、能耗和失水率等方面存在差异。

任务 3　速冻

活动 1　沥干

藕片表面的水分过多，冻结时容易成块不利于包装，影响产品外观，还易与设备冻结在一起，影响正常生产，故应采用离心机进行沥水 8～10 s，将藕片表面的水沥干。

活动 2　速冻

藕片经冷却沥水后应立即送入速冻装置，采用流化冷冻法将藕片铺放在带有网眼的盘子上摆一薄层，厚度在 2.5～12.5 cm。将冷却空气以足够的速度由网眼的下部垂直向上强烈吹送藕片。空气流速至少在 375 m/min，冷风温度为－34 ℃，当产品中心温度降至－18 ℃以下时，结束冻结。

知识储备

藕片中水的冻结主要包括两个过程，即降温和结晶。水由原来的温度降到冰点时开始变态，由液态变为固态，即结冰。结冰包括两个过程，即晶核的形成和晶体的成长。在冻结过程中，最大冰晶生成温度为－5～－1 ℃，在此温度范围内，原料的组织损伤最为严重，为使冰晶体损伤减小到最低程度，可采用迅速冻结法，即 30 min 内通过最大冰晶生成带，约 80%的水分冻结成冰，冰晶体颗粒小而均匀地分布在细胞组织内，对组织结构不会造成机械损伤，最大限度地保持冻结食品的质量和可逆性。

果蔬产品的快速冻结，采用的速冻温度为－35～－30 ℃以下的低温进行冻结，时间在 30 分钟以内，当产品中心温度降至－18 ℃，冻结结束。

一般食品的冰点低于纯水的冰点。纯水的结冰温度称之为水的冰点(O ℃)，而食品中的水呈一种溶液状态，它的冰点比纯水低，一般植物性食品其冰点通常在 0～－3.8 ℃之间，藕片的冰点为－1.8 ℃。

速冻后的产品体积会增大，在 0 ℃下纯水由液态变成固态，其体积增加约 9%，这是因为液态水分子的排列结构比固态冰的结构要紧密些。这种体积膨大和造成的机械应力常会引起藕片冻结后出现裂口等不良现象。

冻结果蔬的最大伤害是组织的破坏，这主要是冰晶体形成后体积膨胀，而蔬菜中的固体成分收缩，产生局部压力，致使果蔬组织细胞壁破裂而破坏其组织结构；以及细胞脱水使蛋白质和胶体结构产生不可逆变性；解冻生成的水分不能与蛋白质结合恢复原状，使汁液流失，营养丢失。为使冰晶体对果蔬品质影响减少到最小程度，可采用快速冻结。

任务 4　包装

在－8 ℃的低温环境下进行包装，防止因包装温度过高而使藕片表面结霜。包装过程中应剔除机械损伤及其他劣质品。包装规格为净重 500 g/袋，增重 1%～20%，采用封口机进行严密封口。在包装前 1 h，包装间应开紫外线灯灭菌，所有包装用具、工作人员定时消毒，以防污染。

知识储备

计量：利用电子秤按规格书标准称量。一般称量数为 100 g、150 g、500 g、1 000 g、5 000 g。

封口：利用封口机封口，封口的时间和温度调整在规定的范围内；双手提起分袋的产品，用手抹平包装袋，挤出包装袋内的气体，将两层包装袋对齐后封口，要求封线在距离包装袋边缘 0.5～0.6 cm 处，各种标志准确清晰。

包装：包装可以有效地控制速冻果蔬在长期储藏过程中发生的冰晶升华，即水分由固体的冰蒸发而造成产品干燥；防止产品长期储藏接触空气而氧化变色；便于运输和销售；防止污染，保持产品卫生。

任务 5　冻藏

将检验合格的速冻藕片迅速放入冷藏库中冷藏，冷藏温度为－25～－18 ℃，保质期达

12～18 个月。

知识储备

冻藏期间要求冻藏温度要稳定，少波动，防止重结晶现象造成品质下降。

一般在冷冻食品工业上常采用的储藏温度在−18 ℃。在这样的低温下，也不是完全稳定的，理化变化仍然继续进行，但进行的速度因储藏的温度和产品的特性而定。一般来讲，微生物在这种低温条件下是不能生长活动的，嗜冷性细菌在−10 ℃下生长停止，致病或使食品败坏的微生物在 3 ℃下就不能活动。因此，冷冻产品在冷藏期间的败坏是理化方面的。

速冻藕片在冷藏期间的质量，达到 3 个月以上时藕片质量影响很大，而在−25～−18 ℃条件下贮藏的速冻莲藕片在营养成分、硬度、色泽等品质指标明显较好。

任务 6　成品检验

活动 1　速冻制品感官检验

藕片形态完整，呈自然圆形或椭圆形；色泽呈乳白色或灰白色，不带锈斑锈孔，整体色泽一致，无明显异色；具有本品应有的风味，无异味；冻结良好，产品中心温度达到−18 ℃以下，无杂质。

知识储备

感官检验包括包装容器检验和罐头内容物的色泽、组织形态、滋味和气味的检验。

速冻莲藕可保持莲藕原有的品质风味和营养成分，且不受季节和地域的限制，是一种较好的保鲜方法。

冷冻产品在冷藏中会出现冰的升华作用，使产品表面变色，在冷藏中需采取防止产品失水的措施，如在产品表面保持一层冰晶层，采用不透水蒸气的包装材料都是有效的办法。

活动 2　速冻制品微生物检验

要求细菌总数不大于 1×10^5 个/g，大肠杆菌、金黄色葡萄球菌不得被检出。速冻水果和蔬菜生产管理符合 GB/T 31273—2014。

知识储备

目前对于速冻莲藕的储藏方式，一般采用−18 ℃冻藏库贮藏。在此条件下，微生物不能生长，如一些嗜冷性细菌在−10 ℃下停止生长，使食品腐败的微生物在 3 ℃以下，就不能活动。

由于冻结方式采用快速冻结，也就是在 30 min 或更短时间内，物料迅速通过−5～−1 ℃的冰晶生成带，将原料中心温度继续降到−18 ℃以下，使果蔬细胞组织内的自由水和结合水同时形成大量的、分布均匀的细小冰晶体，使细胞内外的压力保持均衡。

果蔬产品的快速冻结，要求速冻温度为－35～－30 ℃，当产品中心温度降至－18 ℃时，结束冻结，要迅速贮藏在－18 ℃的冷藏库。贮藏期间温度要保持恒定、少波动，以保证产品质地及质量。

知识拓展

一、果蔬速冻的方法

速冻食品的方法较多，按照物料是否与制冷剂或载冷剂接触，分为直接冻结和间接冻结两种。直接冻结又分为浸渍冻结法和喷淋式冻结法；间接冻结又分为静止空气冻结法、送风冻结法。

（一）直接冻结方法

1. 浸渍冻结法

将物料直接浸渍在温度很低的液体载冷剂中而达到冻结。常用载冷剂有丙二醇、丙三醇、氯化钠、氯化钙等。此法只适用于包装食品。

2. 喷淋式冻结法

液氮喷淋超低温冻结法是最低温的冻结方法，其优点为设备简单，操作方便，冻结效果好，比较适合小块物料。对于较大型物块，外层快速冻结后，则可能因内部再冻结而膨胀，产生龟裂，故本法对含水量较多的物体不太适用。

（二）间接冻结方法

1. 静止空气冻结法

空气作为冻结介质，将原料放入低温（－35～－25 ℃）库房中，利用空气自然对流冷却、冻结。由于空气导热性能差，空气与其接触的物体之间的“放热系数小”，因此冻结速度慢，时间长约 10 h。但优点是设备简单，成本低，对食品无害，机械化较容易，是使用最早应用最广泛的方式。小型冷库、冰箱即为此类。

2. 送风冻结法

送风冻结法是利用低温空气在鼓风机推动下形成一定速度的气流，对食品进行冻结的方法。

送风冻结装置中冷风平行或垂直吹向食品，增大风速使原料表面放热系数提高，冻结速度快，送风会增加产品干耗。但加快冻结，表面冰层又可减少干耗，此方法目前在果蔬速冻加工中使用较多。常用设备有带式连续速冻装置，螺旋带式连续冻结装置，隧道式冻结装置、悬浮式（流化床）装置等。

二、水果的速冻加工技术

水果中含有各种维生素和矿物质，特别是维生素 C 和碱性矿物质，速冻保藏一些价格高或有特殊风味的水果，可在淡季调节市场或争取外销，有较高的经济价值。速冻水果可做果酱、果脯的原料和酸奶、派等的配料。速冻水果的质量取决于原料的性质和速冻工艺。水果的速冻加工工艺流程如下：

采收预冷 → 清洗 → 分级 → 去皮、切分、除核 → 护色 → 冷却沥水 → 预冷 → 速冻 → 检查包装 → 冷藏

(一)原料采收

水果的种类很多，通常适合于速冻的有苹果、桃、杏、梨、草莓、樱桃、荔枝和菠萝等。果实应在最适的采收成熟度(一般在八九成熟或者说鲜食成熟阶段)采收。因为水果速冻后原有的色、香、味得不到提高，采收太早，水果的色、香、味和营养价值都不理想。采收成熟度太高，则果实太软不利于加工，易碎、易流汁。因此，速冻水果原料的状况与速冻产品的质量有密切的关系，优质的原料才能加工出高品质的速冻产品。

(二)预冷

最大限度地保持水果原料的新鲜程度和原有品质，就必须在采收以后的最短时间内，在水果原料产地用人工方法将其冷却到规定温度，使水果维持其正常的生命活动，把呼吸作用和蒸发作用降低到最低水平。有些冷冻厂为了提高速冻水果产品质量，已把预冷作为水果采收后加工的第一道工序。但还有些速冻厂没有条件或重视不够预冷这道工序，冷冻产品质量受到了影响。

(三)清洗

水果在生长成熟期间以及产后的贮运中，经常会受到自然环境的污染，杂物的混入、病虫害的侵袭、农药的残留、容器的清洁等，使水果必须经过清洁、除杂、减少微生物的污染。对草莓等浆果类原料洗涤时，要防止机械损伤及在水中浸泡过久，以免营养流失、色泽和风味受到影响。

(四)分级

为了保证产品的质量和标准，减少损耗，适于包装，原料需进行质量、大小、重量分级，同时剔除不合格部分。

(五)去皮、切分、除核

水果除浆果类不需要去皮，樱桃类小型果实不需去皮，大多数是要去皮的。果实去皮的方法有机械去皮(如苹果)、热力去皮(如桃)和化学去皮(如橘子)等。

(1)机械去皮。多数加工厂用机械去皮，去皮后再按规格要求进行切分并除核，对除核则采取冲击穿刺的机械装置进行。

(2)热力去皮。一般用高压蒸汽或开水短时间加热，使果实表皮突然受热松软与内部组织脱离，然后迅速冷却去皮，如桃、杏子等。

(3)化学去皮。在3%～10%的氢氧化钠溶液(60～90 ℃)中浸1～5 min，立即取出，用水冲洗，并摩擦或刷去表皮，用流水冲洗，再将去皮的水果在2%柠檬酸溶液中浸数分钟，以中和残留的碱液，最后用清水冲洗干净。橘子、桃子等适合用此方法。

(六)护色处理

水果去皮、切分后与空气接触，颜色容易褐变，为了抑制这一变化，一般采用烫漂或添加剂结合的方法进行处理，烫漂和加添加剂结合的方法效果较好。具体方法是：水果去皮立即用0.1%～0.2%的维生素C水溶液或0.2%柠檬酸或1%的食盐浸泡，切分后立即烫漂(水中最

好加柠檬酸或维生素C)。

(1)烫漂。烫漂方法和检验方法如前面的藕片速冻加工技术所讲,一般烫漂温度和时间由果块的大小而定,烫漂温度一般都在85～95 ℃,常以水果中的过氧化物酶活性刚好全部破坏为度。生产中应先小试,根据不同原料特点和产品的规格要求确定温度和时间,并在实际生产时定时抽查,确保酶的活性降到最低,以免冻藏和解冻过程中出现褐变。

(2)加糖处理。水果加糖后由于渗透压的作用,水果中的水分会部分析出,可降低冻结点,可减轻冻结时形成的冰晶破坏水果的组织,同时由于糖水包住了水果能起到隔绝空气的作用。减少氧化作用,削弱氧化酶的活性,有助于保持水果的色香味和维生素C含量。糖水浓度为10%～50%,用量配比是:水果∶糖水＝2∶1。水果中加入糖水后,应先在0 ℃的库房中存放8～10 h,使糖水渗入水果,再将其速冻。冷冻草莓可加砂糖处理,草莓砂糖的质量比为(4∶1)～(7∶3)。

(3)添加维生素C。添加维生素C主要是对在去皮、切分、除核后褐变特别敏感的水果而言。如将桃的薄片浸渍糖液中,经速冻后在冻藏期间会屡次颜色变褐,致使产品质量下降。但如果将桃的薄片浸渍在含有0.1%的维生素C的糖液中,取出速冻,于－18 ℃以下冷藏两年也不变色。

(4)二氧化硫处理。采用二氧化硫浸泡水果也能防止褐变。处理方法是水果去皮、切分后,立即投入浓度为50 mg/kg的二氧化硫溶液中浸渍2～5 min,控制褐变较有效。用此方法要注意:处理过的水果组织所含二氧化硫量应限制在20 mg/kg以内,二氧化硫含量过高会引起一定程度的果胶水解,同时,平均黏度也要下降,结果导致水果变软。此方法在一些国家禁止使用。

(5)柠檬酸和苹果酸处理。柠檬酸和苹果酸是水果中天然存在的两种有机酸,它们具有抑制酶活力的作用。水果中氧化酶的活性可用降低pH的方法而使其受到抑制。因此,提高水果酸度也可以防止褐变,特别是柠檬酸在果蔬加工中经常用到,柠檬酸能降低产品的pH而控制其氧化。在速冻果品的填充液中加入0.5%的柠檬酸就能起到保护色泽的作用。在去皮、切分、除核后,将水果浸渍在0.2%的柠檬酸溶液中也能起到较好的护色作用。

(七)速冻

冻结速度对水果的品质影响很大。水果的速冻在国内外多采用流化床速冻装置来进行,用该装置速冻的水果品种有苹果、桃、樱桃、草莓、菠萝和荔枝等。在冻结时,根据水果在流化床传送带上悬浮状态的不同,又分为全流化、半流化和不流化3种形式。通常流化床内空气温度为－35～－30 ℃,冷气流速度为4～6 m/s。对全硫化水果,如樱桃,装料层高30～40 mm,冻结时间3～6 min。对半硫化水果,如荔枝,装料层高80～120 mm,冻结时间9～20 min。对不硫化水果,如桃,装料层高200 mm,冻结时间25～30 min。

(八)包装

包装分冻前包装和冻后包装。一般蔬菜多采用先速冻后包装的形式,即冻后包装,以保证蔬菜的冻结速度,而果品可采用动前包装。需要注意的是,包装车间应保持低温,在短时间内完成包装,并及时入库冻藏。

(1)速冻食品包装的作用。速冻果蔬的包装可以有效地控制产品在冻藏中因升华而引起的表面失水干耗,防止氧化变色和污染,便于产品的运输和销售。

(2)速冻食品包装的要求。内包装要求耐低温、透气性低、不透水、无异味、无毒性等。铝箔、玻璃纸、纸和 PVC、PE、PP、PET 等塑料材料可作为内包装。包装形式有袋、托盘、杯、盒、桶。可采用普通包装、充氮包装、抽真空包装等，以 0.06～0.08 mm 厚的聚乙烯薄膜袋使用较多，充氮和抽真空包装效果好。外包装多采用用表面有防潮层的纸箱，标签或纸箱上印有品名、规格、重量、生产日期、储存条件、贮藏期限、批号和生产厂家。

(3)包装注意事项。在包装前，所有包装材料需在－10 ℃以下低温间预冷；人工封袋时应注意排除空气，若不排除空气，在冻藏中将会加大蔬菜干耗和氧化的程度，包装内的蔬菜要摆放整齐紧密，尽量减少空隙，以免水蒸气在包装空间中移动，并在包装材料的内侧面凝霜，使透明的塑料膜变得白浊，其中的冻结蔬菜的表面就会变得粗糙，而完全失去光泽并变得干燥；包装必须保证在－5 ℃以下低温环境中进行，温度在－4～－1 ℃以上时，速冻蔬菜会发生重结晶现象，将大大降低蔬菜的品质；再包装前 1 h，包装间应开紫外线灯灭菌，所有包装用器具、工作人员的工作服、帽子、鞋、手均要定时消毒；工作场地及工作人员，必须严格执行食品卫生标准，非操作人员不得随便进入，以防止污染；装箱后整箱进行复磅，用封口条封箱。

(九)冻藏

包装后速冻果蔬立即送入－18 ℃或更低温度下冻藏，以保持其冻结状态。冻藏过程中要保持冻藏温度的稳定，防止发生重结晶，一般尽量控制波动幅度不超过 1 ℃。大批产品进出库时，一昼夜升温应控制在 4 ℃以内。码垛时一定要注意高度限制，太高会造成塌垛现象，压坏冷冻产品；同时避免与其他有异味的食品混藏。一般速冻产品的冻藏期一般可达到 10～12 个月，甚至两年。

(十)解冻

解冻就是讲冷冻食品的温度回升到所指定的温度，使其内部的冰结晶融化成水，水分逐渐被细胞吸收，并保证尽可能恢复到冻结前的状态，获得最大限度的可逆性。解冻是冻结的逆过程，也需要快速。解冻时间尽可能短、解冻终温尽可能低、解冻食品表面和中心部分的温差尽可能小、卫生条件好才能有利于恢复到冻结前的状态。但是不可能完全恢复到冻结前的状态，这主要是因为解冻的方法不同和解冻过程中要发生物理、化学变化，食品由于冰结晶对纤维细胞组织构造的损伤，使它们保持水分的能力减弱及蛋白质物理性质的变化，必然要产生汁液的流失。温度升高和冰结晶融化成水，能使微生物和酶的活动能力趋于活化。因此，冷冻果蔬解冻后，立即食用或加工使用，尽量不冷藏或冻藏，避免产品氧化褐变、流汁、营养损失，甚至受微生物影响腐败变质。

目前，冷冻食品的解冻方法有外部加热法和内部加热法两类。

(1)外部加热法。外部加热法是由温度较高的物质向冷冻食品表面传送热量，热量由表面逐渐向中心传送。常用的该类方法有以下几种：

①空气解冻法，通常采用 25～40 ℃空气和蒸汽混合介质解冻。

②水(或食盐溶液)解冻法，一般采用 15～20 ℃的水介质浸渍解冻。

③水蒸气凝结解冻法。

④热金属面接触解冻法。

(2)内部加热法。内部加热法是即在高频或微波场中使冻结晶各个部位同时受热。常用的内部加热解冻方法如下：

①低频电流(50～60 Hz/s)加热解冻法。该方法比空气和水解冻的速度快 2～3 倍，耗电少，费用低，其缺点是内部解冻不均，只适合薄片表面解冻。

②高频电流(1～50 MHz/s)加热解冻法。其解冻时间短,食品表面和内部同时受热。

③微波加热法,超声波、远红外辐射法等。这类方法解冻速度快,能较好地保持食品的色泽和营养,但成本较高。

通常,低温缓慢解冻比高温快速解冻流失液少。但蔬菜在热水中快速解冻,比自然缓慢解冻流失汁液少。

速冻水果供鲜食或用作深加工原料时,不宜采用加热法解冻,采用低温全解冻方法较好。速冻蔬菜在解冻食用时,可直接烹饪,烹饪的火力要猛,加热要均匀,蒸煮时间要短,常温下不可久放。

三、冷冻对果蔬的影响

果品、蔬菜在冷冻过程中,其组织结构及内部成分仍然会发生一系列物理化学变化,影响产品质量。影响产品质量的程度依据果蔬的种类、成熟度、加工技术及冷冻方法的不同而不同。

(一)冷冻对果蔬组织结构的影响

一般来说,冷冻引起果蔬细胞细胞膜发生变化,即细胞膜透性增加,膨压降低或消失,细胞膜或细胞壁对离子和分子的透性增大,造成一定的细胞损伤。值得注意的是,缓冻和速冻对果蔬组织结构的影响也是不同的。另外,果蔬在冷冻时,通常体积膨胀,密度下降 4%～6%,所以在包装时,容器内需要留有一定空间。

在缓冻条件下,晶核主要是在细胞间隙中形成,数量少。在缓冻过程中,细胞内水分不断外移,随着晶核不断增大,原生质体中无机盐浓度不断上升。最后,细胞失水,造成质壁分离。伴随着原生质的浓缩,其中的无机盐可达到足以使蛋白质沉淀的浓度,使蛋白质发生变性或不可逆的凝固,造成细胞死亡,组织解体,质地软化,解冻后流汁严重。在速冻条件下,由于细胞内外的水分同时形成晶核,晶体小,且数量多,分布均匀,对果蔬细胞膜和细胞壁不会造成挤压,所以组织结构破坏不多,解冻后仍可复原。保持细胞膜结构的完整对维持细胞内静压是非常重要的,可以有效防止流汁和组织软化。

果蔬冷冻保藏的目的是要尽可能地保持其新鲜原料的特性。但在冻结和解冻期间,产品的质地、外观与新鲜果蔬比较,还是有差异的。其组织的溃解、软化、流汁等程度因产品的种类和状况不同而有所不同。例如食用大黄,其果肉组织中的细胞虽有坚硬的细胞壁,但冷冻时组织中形成的冰晶体使细胞发生质壁分离,靠近冰晶体的许多细胞被扭曲和溃烂,使细胞内汁液流入细胞间隙中,解冻后汁液流失。又如芦笋在一定的温度下冻结,解冻后很难恢复到原来的新鲜度。

一般认为,冷冻造成的果蔬组织破坏并引起软化流汁的现象,不是由于低温的直接影响,而是由于冰晶形成所造成的机械损伤,由于细胞间隙结冰而引起细胞脱水,原生质破坏,发生质壁分离,破坏了原生质的胶体性质,由于失水而增加了盐类的浓度,使蛋白质由原生质中盐析出来而造成细胞死亡,从而失去对新鲜特性的控制能力。据试验观察可知,果蔬在干冰中速冻,解冻时的流汁现象比在−18 ℃的空气中冷冻要少得多。

(二)冷冻对果蔬化学变化的影响

果蔬原料在降温、冻结、冻藏和解冻期间都会发生色泽、风味和质地的变化,因而影响产品的质量。通常在−7 ℃的冻藏温度下,多数微生物可停止生命活动,但原料内部的化学变化并没有停止，甚至在商业性的冷藏温度（－18 ℃）下仍然发生化学变化。在速冻温度及－18 ℃以下的冻藏温度条件下，化学物质变化速度较慢。在冻结和冻藏期间常发生影响产品质量的化学变化有不良气味的产生、色素的降解、酶促褐变以及维生素的自发氧化等。

不良气味的产生是因为在冻结和冻藏期间，果蔬组织中积累的羰基化合物和乙醇等物质产生的挥发性异味，或是含类脂物质较多的果蔬，由于氧化作用而产生异味。试验表明，豌豆、四季豆和甜玉米在冷冻贮藏期间发生了类脂化合物的变化，它们的游离脂肪酸含量显著增加。

色泽的变化包括以下两个方面：一方面是果蔬本身色素的分解，如叶绿素转化为脱镁叶绿素，果蔬由绿色变为灰绿色，既影响外观又降低其商品价值；另一方面是酶的影响，特别是解冻后褐变更为严重，这是由于果蔬组织中的酚类物质（绿原酸、儿茶酚、儿茶素等）在氧化酶和多酚氧化酶的作用下发生氧化反应。这种反应速度很快，使产品变色变味，影响严重。防止酶促褐变的有效措施有：酶的热钝化；添加抑制剂，如二氧化硫和抗坏血酸；排出氧气或用适当的包装密封；排除包装顶隙中的空气等。

冷冻保藏对果蔬的营养成分也有一定的影响。冷冻本身对营养成分有保护作用，温度越低，保护程度越高。但由于原料在冷冻前的一系列处理，如洗涤、去皮、切分、破碎等工序使原料破坏，暴露于空气中，使与空气的接触面积大大增加，维生素 C 因氧化、水溶而失去营养价值。这种化学变化在冻藏中仍然进行，但速度缓慢得多。因而，冷冻前的热处理（抑制酶的活性）及加入抗坏血酸等措施都有保护营养物质的作用。维生素 B_1 对热敏感，易受热损失，但在冷藏中损失很少。维生素 B_2 在冷冻前的处理过程中有所降低，但在冷冻贮藏中损失不多。冷冻果蔬中维生素 C 常有很大程度的损失。只有在低温并不供给氧气的状况下，维生素 C 才比较稳定。

（三）冷冻对果蔬中酶活性的影响

冷冻产品的色泽、风味变化很多，均是在酶的作用下进行的。酶的活性受温度的影响很大，同时也受 pH 和基质的影响。酶或酶系统的活性在高温 93.3 ℃左右被破坏，而温度降至－73.3 ℃时还有部分活性存在，食品冷冻对酶的活性只是起到抑制作用，使其活性降低。温度越低，时间越长，酶蛋白失活程度越重。

酶活性虽然在冷冻冷藏中显著下降，但是并不说明酶完全失活。在长期冷藏中，酶的作用仍可使果蔬变质。当果蔬解冻后，随着温度的升高，仍保持活性的酶将重新活跃起来，加速果蔬的变质。因此，速冻果蔬在解冻后应迅速食用或使用。

研究表明，酶在过冷状况下，其活性常被激发。例如，果蔬冻结时，当温度降至－5～－1 ℃时，有时会呈现催化反应速度比高温时快的现象。原因是在这个温度区间，果蔬中的水分有 80%变成了冰，而未冻结溶液的基质浓度和酶浓度都相应增加的结果。因此，快速通过这个冰晶带不但能减少冰晶对果蔬的机械损伤，同时也能减少酶对果蔬的催化作用。由水分的冻结率可以看出，在－18 ℃以上的温度中，还有不少未冻结水分存在，这就为酶的活动提供了条件，因而可引起冻藏产品败坏。一般认为冻藏温度不高于－18 ℃，商业上一般采用－18 ℃作为冻藏温度，对多数食品在数周至数月内是安全可行的，也有些国家采用更低的冻藏温度。

因此，在速冻以前常采用一些辅助措施破坏或抑制酶的活性，如冷冻以前采用的漂烫处理、浸渍液中添加抗坏血酸或柠檬酸以及预处理中采用硫处理等。

果蔬原料中加入糖浆对冷冻产品的风味、色泽也有良好的保护作用。糖浆涂布在果蔬表面既能阻止其与空气接触，减少氧化机会，也有利于保护果蔬中挥发性酯类香气的散失，对酸性果实可增加其甜味。冷冻加工中常将抗坏血酸和柠檬酸溶于糖浆中以提高其保护效果。经 SO_2 处理后的果蔬，如果再加用糖浆，对风味的保持亦有良好的作用。

将上面提出的处理方法与真空处理相结合，则能取得更好的效果。具体做法是将果蔬原料浸渍在这类化学溶液或糖液中，装入容器内，在真空条件下排除组织内的空气，待解除真空后，化学溶液或糖液就很快地渗入组织中，取代原来由空气所占据的空间，以阻止空气通路，从而起到更有效的保护作用。

(四)冷冻对微生物的影响

任何微生物的生长、繁殖及活动都有一定的温度范围，超过或低于这个温度，微生物的生长及活动就逐渐抑制或被杀死。大多数微生物在低于 0 ℃的温度条件下其生长活动就可被抑制，温度越低对微生物的抑制作用越强。冷冻果蔬中微生物的影响主要有两个方面：一方面是造成产品质量劣变或全部腐烂；另一方面是产生有害物质，危机人体健康。

低温导致微生物活力减弱的原因是：一方面在较低温度下微生物酶活性下降，当温度降至 −25～−20 ℃时，微生物细胞内所有酶反应几乎完全停止；另一方面，微生物细胞内原生质黏度增加，胶体吸水性下降，蛋白质发生不可逆凝固变性，同时冰晶体的形成还会使细胞遭受机械性破坏。因而冷冻可以抑制或杀死微生物。

食品冻结时缓冻将导致大量微生物死亡，而速冻则相反。因为缓冻时食品温度长时间处于 −18～−12 ℃，易形成少量大粒冰晶体，对细胞产生机械破坏作用，对微生物影响较大。而在速冻条件下，食品在对细胞威胁较大的温度范围内停留时间甚短，温度迅速下降到 −18 ℃下，对微生物影响相对较小。

果蔬原料在冷冻前，其条件适宜于微生物的生长繁殖，所以易被杂菌感染，而且原料从准备处理到冷冻之前拖的时间越长，感染越重。如原料热处理后降温不够充分就包装冷冻，那么包装材料会阻碍热的传导，使冷却变得缓慢，尤其是包装中心温度下降更慢，在此期间仍会有微生物活动引起败坏作用发生。因而最好是在包装之前将产品冷却到接近冰点温度，然后再进行包装冷冻，这样才较为安全。

致病菌在果蔬速冻时随着温度降低其存活率迅速下降，但冻藏中低温的杀伤效应则很慢。如果冷冻和解冻重复进行，对细菌的营养体具有更高的杀伤力，但对果蔬的品质也有很大的破坏作用。试验证明，芽孢霉菌能在 −2 ℃生长，某些嗜冷性细菌能在 −20～−10 ℃的范围内生存。因此果蔬冻藏温度一般要求不超过 −10 ℃，为安全起见，速冻果蔬的冻藏通常采用 −18 ℃或更低一些的温度。

关于冷冻食品的冻藏对于某些产毒素致病菌，如肉毒杆菌、伤寒菌、霍乱菌以及其他致病菌的影响，曾进行过很多的研究。一般认为，有的霉菌、酵母菌和细菌在冷冻食品中能生存数年之久，伤寒杆菌在冰淇淋中能活到 2 年以上，肉毒杆菌在冻藏中至少可以存活 1 年以上，其毒素活性也可保持 1 年以上，但这种杆菌在冻藏条件下是不会产生毒素的。冷冻可以杀死许多微生物，但不是所有的微生物，某些微生物的活动只是受到抑制。冷冻在保存果蔬的同时也能保护不少微生物。冷冻果蔬一旦解冻后，在温度、湿度的条件下，残存的微生物重新复苏，活动加剧，很快造成果蔬腐烂变质，因此应尽快食用。

四、速冻果蔬生产中常见质量问题及控制措施

果蔬产品在采收后、速冻加工过程、冻藏过程、解冻过程都会发生一些影响产品质量的变化。果蔬采收后依然是生命体，还有呼吸作用，呼吸作用会消耗营养物质，还会发生一些生物

化学反应导致果蔬的颜色、味道、组织状态变化。因此，果蔬收采后要及时预冷，使其呼吸作用和生化反应降到最低程度。

（一）变色

变色是果蔬速冻加工过程中最常见的质量问题。酶在低温下，不能完全抑制，在低温下果蔬的颜色也会发生变化，只是比常温下变得更慢而已。要防止颜色变化，在速冻前应做好护色处理。

控制措施：一是参见蔬菜烫漂及果品护色处理；二是冻结方法要选择速冻，以免冻结和解冻过程中发生褐变反应；三是解冻时需要快速。

（二）重结晶

在冻藏过程中，由于冻藏温度的波动，引起速冻产品反复解冻和再冻结，造成组织细胞内的冰晶体体积增大，以至于破坏速冻产品的组织结构，产生更严重的机械损伤。重结晶的程度，直接取决于单位时间内冻藏温度波动的幅度和次数，波动幅度越大，次数越多，重结晶的程度就越深。

控制措施：采用深温冻结方式，提高产品的冻结率，减少液相残留水分；控制冻藏温度，避免温度波动，尤其是避免－18 ℃以上的温度变动。

（三）干耗

速冻产品在冷却冻结和冻藏过程中，随热量带走的同时，部分水分同时被带走，从而会造成干耗发生。通常空气流速越快，干耗就越大，冻藏时间越长，干耗问题就越严重。干耗主要是表面冰晶直接升华所造成的。

控制措施：对速冻产品采用严密包装，保持冻藏库温与冻品品温的一致性，有时也可以通过上冰衣来降低或避免干耗对产品品质的影响。

（四）龟裂

由于水变成冰的过程体积增大 9%左右，使含水量大的果蔬冻结时体积膨胀，产生冻结膨胀压，膨胀压过大就会导致果蔬产品龟裂。龟裂的产生往往是冻结不均匀，速度过快造成的。

控制措施：一是在大量生产前先做实验确定冻结速度，以免冻结速度过快造成龟裂。二是对于物料块大，含水量高的果蔬，尽量不用液氮喷淋冻结速冻器，以免外层快速冻结后则可能因内部再冻结而膨胀产生龟裂。

（五）汁液流失

冷冻速度慢，会造成果蔬组织受机械损伤，解冻时融化的水不能重新被细胞吸收，引起汁液的流失，组织变软，口感风味严重受损，营养流失严重。冷冻和贮藏过程中碰压使产品变形而损伤组织，特别是储藏过程中出现塌垛现象，则产品组织形态受损严重，解冻后出现严重流汁现象。

控制措施：一是确保冻结方式为速冻；二是确保速冻原料完好、无组织损伤；三是冷冻、贮藏过程中注意避免碰压使组织损伤。

速冻果蔬产品除在采收、预处理、速冻加工、贮藏过程需要把好质量关，解冻过程也不可忽视，一定要做到快速，低温卫生，合理选用解冻方法，否则会造成产品质量下降。

企业衔接

一、速冻果蔬产品加工实例

(一)速冻青椒

1. 工艺流程

原料 → 挑选 → 清洗 → 杀菌 → 漂选 → 切头、尾 → 切丝 → 浸泡 → 沥水 → 复挑选 → 称重 → 装袋 → 装盘 → 冷冻 → 封口包装 → 贮藏

2. 技术要点

(1)原料要求。青椒果肉鲜嫩肥厚,质地脆嫩,皮呈鲜绿色,有光泽,无机械损伤、病虫害、异色斑点、老化等。

(2)清洗。用流动清水将青椒表面清洗干净。

(3)杀菌。将清洗后的青椒投入 0.005%～0.01%次氯酸钠溶液中杀菌,时间为 60 s,每次投入的青椒与次氯酸钠溶液的质量比为 1∶7。

(4)切丝。用切丝机将青椒切成宽 5 mm 的细丝。

(5)浸泡。由于青椒速冻后食用时会产生异味,因而在速冻前要进行浸泡处理。300 L 的浸泡液可处理 125 kg 的青椒丝,浸泡时间为 30 min,每隔 10 min 搅拌一次,然后取出青椒丝。浸泡液要提前配制,配制方法如下:

①品质改良剂 A 的配方:偏磷酸钠 15%、明矾 20%、柠檬酸 10%、维生素 C 3%、富马酸 10%、乳酸钙 10%、乳糖 32%。

②试剂 B 的配方:碳酸钠 50%、异抗坏血酸钠 50%。

③将品质改良剂 A 配成浓度为 50%的水溶液。

④在不锈钢水池中加水 150 L,边搅拌边加入品质改良剂 A 溶液 600 g,再加入试剂 B 溶液 3 kg,待完全溶解后加入余下的 150 L 水。

⑤静置 3 min 后再充分搅拌,待用。

(6)称量、装袋。称取质量为 500 g 的青椒丝,装入塑料袋中,增量为 2%,要求内容物距袋边 3 cm 以下。然后袋口折叠放入铝盘中轻轻拍平。

(7)冷冻。装盘后放在冻结间进行冻结,冻结间温度在－35 ℃以下,使冻品中心温度在－18 ℃以下。

(8)异物探测。通过金属探测仪,确保产品中不存在金属异物。

3. 质量标准

(1)色泽。呈青椒本身的鲜绿色,色泽一致。

(2)风味。具有青椒特有的气味,味甜,无异味。

(3)组织形态。新鲜,食之无纤维感,形态完整,果肉肥厚,无腐烂、蒂梗、虫斑、籽等。

(4)规格。长度为 3.5～7 cm、宽度为(5±1) mm 的丝状。

(5)卫生要求。符合食品卫生的要求。

(6)袋尺寸。尺寸为 20.5 cm×15.5 cm×8.0 cm。

(7)细菌指标。细菌总数小于 3×10^{6} 个/g;大肠菌群呈阴性。

(二)速冻蘑菇

1. 工艺流程

原料 → 挑选、分级 → 清洗 → 烫漂 → 冷却 → 速冻 → 封口包装 → 贮藏

2. 操作要点

(1)原料要求。选择菌盖完整,色泽洁白,有弹性,菌柄长度不超过 15 mm,菌盖直径不超过 30 mm 的不开伞的蘑菇。

(2)挑选与分级。按蘑菇菌盖大小分成 3 级,分别为 40 mm 以上、30～40 mm、30 mm 以下。

(3)清洗。用清水清洗 2～3 次,以洗去泥沙污物。

(4)烫漂。在 100 ℃沸水中烫漂 3～5 min。

(5)冷却。热烫后迅速将蘑菇投入冷水中,冷却至 10 ℃以下。

(6)速冻。将不同规格的蘑菇分别速冻。采用－35 ℃的单体快速冻结为宜。为保持蘑菇颜色洁白,切片蘑菇要求在 3～5 min 内使其中心温度达到－23 ℃以下;整菇要求在 20 min 内达到－23 ℃。

(7)包装。采用蒸煮袋真空包装。

(8)冻藏。一般在－18 ℃以下的温度下贮藏。

(三)速冻西兰花

1. 工艺流程

原料 → 去叶 → 清洗 → 切花球 → 驱虫 → 热烫 → 冷却 → 沥水 → 冻结 → 包装 → 贮藏

2. 技术要点

(1)原料要求。新鲜幼嫩,花球呈鲜绿色,结实紧密,无散蕾现象,花茎长度小于 10 cm,整株高度在 15 cm 以内。

(2)去叶、清洗。将青花菜的叶子用刀除去,并削净表面霉点和异色部分,用刀要小心,避免损伤花球,然后放入清水中洗净。

(3)切花球。用刀将小花球逐个切下,先外后里,切成的花球规模为球径 5～7 cm,花柄 4～5 cm,总长度控制在 10 cm 以内。对于柄粗于 1.5 cm 的用刀切开,切开的深度在 1.5 cm 左右,以利于热烫。

(4)热烫。放于沸水(98±1) ℃中烫漂 50～60 s,沸水中加入 0.1%的柠檬酸,小花球热烫要均匀。

(5)冷却、沥水。可以将原料置平面载体上晾干,水分要去除干净,以防止冻结成块。自然冷却至 10 ℃以下。

(6)冻结。采用快速冻结法。快速冻结是保证绿色蔬菜原有色、香味的重要条件。冻结温度在−35 ℃以下,至冻品中心温度在−18 ℃以下。

(7)包装、冻藏。用聚乙烯塑料袋包装,每袋0.25～0.5 kg。然后装入纸箱中,每箱20 kg。在−18 ℃温度下贮藏。

3. 质量标准

(1)色泽。呈青花菜的鲜绿色,色泽一致。

(2)风味。具有青花菜特有的气味和滋味,无异味。

(3)组织形态。新鲜,食之无粗纤维感,球形完整,无斑点、腐烂等。

二、速冻果蔬的营销

速冻果蔬在营销过程中需要冷藏链。所谓冷藏链是指易腐食品在生产、贮藏、运输、销售、直到销售前的各个环节中始终处于规定的低温环境下,以保证食品质量,减少食品损耗的一项系统工程。冷藏链是以冷藏技术为基础,以制冷技术为手段,在低温条件下的物流环节。因此,要求把所涉及的生产、运输、销售、经济性和技术性等各种问题集中考虑,协调相互间的关系。

(一)食品冷藏链的分类

1. 按食品从加工到消费所经过的时间顺序分类

食品冷藏链由冷冻加工、冷冻贮藏、冷冻运输、冷冻销售4个环节构成。

(1)冷冻加工。包括果品蔬菜的预冷与速冻,主要涉及冷却与冻结装置。

(2)冷冻贮藏。包括果蔬速冻食品及其他冷冻食品的冷藏和冻藏,也包括果蔬的气调贮藏。主要涉及各类冷藏库、冷藏柜、冻结柜及家用冰箱等。

(3)冷冻运输。包括速冻果蔬等冷冻食品的中、长途运输及短途送货等。主要涉及铁路冷藏车、冷藏汽车、冷藏船、冷藏集装箱等低温运输工具。在运输过程中,温度的波动是引起食品质量下降的主要原因之一。因此,运输工具必须具有良好的性能,要保持规定的低温,切忌大的温度波动,长距离运输尤其如此。

(4)冷冻销售。包括速冻果蔬等冷冻食品的批发及零售等,由生产厂家、批发商和零售商共同完成。早期,冷冻食品的销售主要由零售商的冷冻车及零售商店承担,近年来,城市中超级市场的大量涌现,已使其成为冷冻食品的主要销售渠道。超市中的冷藏陈列柜,兼有冷藏和销售的功能,是食品冷藏链的主要组成部分之一。

2. 按冷藏链中各个环节的装置分类

食品冷藏链中的装置可分为固定的装置和流动的装置两大类型。

(1)固定的装置。包括冷藏库、冷藏柜、家用冰箱、超市冷藏陈列柜等。冷藏库主要完成食品的收集、加工、贮藏及分配;冷藏柜和冷藏陈列柜主要供机关、团体食堂及食品零售用;家用冰箱主要为冷冻食品的家庭供应所用。

(2)流动的装置。包括铁路冷藏车、冷藏汽车、冷藏车和冷藏集装箱等。

(二)食品冷藏链的要求

冷藏链中的各个环节都起着非常重要的作用,是不容忽视的。温度是冷冻食品冷藏链中最重要的控制因素。温度的控制有3方面:一是冻结前的温度,特别是烫漂后冻结前的温度,要求控制在10 ℃以下,以防止微生物生长,也有利于提高冻结速度。二是冻结温度,要求在－30 ℃以下，越低越好。三是贮运和销售温度，要求在－18 ℃或更低，温度波动要求控制在 2 ℃以内。

同时，要保证冷藏链中食品的质量，对食品本身也有要求：

(1)食品应该是完好的，最重要的是新鲜度，如果食品已开始变质，低温也不能使其恢复到初始状态。

(2)食品应在生产、收获后不做停留或只做极短停留后就予以冷冻。

(三)速冻果蔬的营销环节

速冻果蔬在营销过程中也要处于冷的环境中，以保证产品的品质。速冻果蔬在运输和市场零售期间，应当保持其接近于冷藏的温度，使产品保持原始的冻结状态而不解冻。就是短途运输也应使用保温车，使产品在中途不致解冻，不能因时间短就忽视这个问题，因为到达目的地后还要贮藏多久是难以预料的。

速冻果蔬在零售部门的处理，不能与普通食品一样看待，销售速冻果蔬的商店必须具备冷冻食品贮藏库或冰箱设施，使产品维持在冻藏温度下安全贮藏。

阅读小知识

预制菜将成为未来市场双循环的一匹黑马

“预制菜”是一种针对宴席菜，酒饭店特色菜在制菜过程中繁杂等特点；食品企业星级大厨通过食品工业手法对各类菜品原料进行专业分析，针对食材的不同特点运用不同的制作方法有针对性的研发，用现代标准化通过中央厨房集中生产；科学包装；采用急速冷冻技术，－18 ℃保鲜贮藏，以便及时保障菜品的新鲜度和原味。

山东省是我国首个农业总产值过万亿的省份，作为全国知名的“菜篮子”“米袋子”“肉案子”，蔬菜、肉、蛋、奶总产量均为全国第一。这为预制菜的原料供应提供了优质可靠的保障。同时，食品加工业作为山东经济社会发展的支柱性产业，产值连续 28 年位居全国第一位。山东龙大肉食、维尔康、金锣、惠发、得利斯等名优品牌众多。山东潍坊诸城市作为全国食品工业强市，也是省高端食品安全示范基地、省肉制品优质产品生产基地，低温肉制品、速冻调理食品市场占有率全国同行业第一。如山东潍坊诸城市的惠发食品有限公司作为国内最大速冻预制食品生产基地，已经完成预制菜研发过千种。如今山东潍坊市，已经把预制菜产业，上升到现代农业与战略性支柱产业的高度，要把潍坊打造成全省乃至全国集研发、生产、交易、产业服务为一体的预制菜产业发展基地。

预制菜产业一头连着农业农村与农民，一头连着工业城市与市民。通过食品供应链、智慧分拣中心、智能仓储中心、U4 中央厨房等平台，优选全国各地绿色生态农产品以及当地的新鲜果蔬，利用先进的标准化生产工艺，加工出即食、即热、即烹、即配等预制产品，为电商、酒店、企业、机关、学校提供安全、标准、物美价廉的食材，进而有效连接产业链、价值链、供应链，打造“农业基地＋加工物流＋中央厨房＋智慧餐饮”全产业链利益共同体，带动农民共同富裕，促进农业农村现代化进程。

倡导“好客山东欢迎您，世界爱上山东味”发展理念，让消费者形成“好吃预制菜，就选山东产”的品质认同。持续深化食品工厂规范化行动，健全食品安全诚信自律制度，促进食品生产企业由量的扩张向以“安全、营养、健康”为导向的质的提升转型，持续发挥山东预制菜引领作用和产业高质量发展，为开创新时代社会主义现代化强省建设新局面贡献力量。

习题与思考

一、填空题

1. 影响果蔬冻结的速度一般与________、________、________和________有关，在实际生产过程中要综合考虑。

2. 食品速冻常用的方法有________、________、________和________；速冻对应设备有________、________、________和________。

3. 速冻原料中水的冻结主要包括两个过程，即________和________；结冰包括两个过程，即________和________；晶核是冰晶体形成和增长的基础，结冰必须先有晶核。

4. 一般在冷冻食品工业上常采用的储藏温度在________，冻藏期间要求冻藏温度要稳定，少________，防止重结晶现象造成品质下降。

二、名词解释

快速冻结　缓慢冻结

三、判断题

1. 藕片的冷冻温度为－34 ℃，时间在 30 min 之内。（　）
2. 速冻果蔬当中心温度降至－18 ℃时，标志结束冻结。（　）
3. 一般食品的冰点低于纯水的冰点，纯水的结冰温度称之为水的冰点。（　）
4. 速冻后的产品体积会增大，体积增加约 9%，引起冻结后出现裂口等不良现象。（　）
5. 速冻产品在冻藏期间温度要稳定，少波动，防止重结晶现象造成品质下降。（　）

四、简答题

1. 简述速冻的原理。
2. 原料烫漂的温度和时间会对速冻产品产生怎样的影响？
3. 简述果蔬速冻产品常见的质量问题及解决措施。

习题及答案

实训项目单

编制单位：　　　　　　　　编制人：　　　　　　　　编制日期：

任务代号		任务名称		实训课时	
课程名称		实训对象		实训时间	
实训目的					
实训步骤及要求	一、任务分析 二、任务计划决策 三、实施准备 四、工艺流程及要点 五、质量评价				

【过程性考核要点】

速冻藕片的加工			
序号	考核内容	考核标准	参考分值
1	学习与工作态度	态度端正，学习方法多样，课前预习，积极主动，责任心强，按时出勤，按要求着装	5
2	团队协作	服从安排，积极与小组成员合作，共同制订工作计划和完成工作任务，团队意识强	10
3	计划制订	有完整的工作方案，时间安排合理，工作步骤正确	10
4	关键技术点	(1)藕片护色方法 (2)烫漂：温度与时间的把控 (3)速冻：速冻过程与装载量、风速、温度是否符合快速冻结要求 (4)冷藏：温度是否达到要求(最终－18 ℃) (5)产品质量符合(国标)要求	50
5	主要仪器设备及用具的使用与维护	速冻设备、超低温冰箱等设备的安全规范操作	10
6	卫生保持与清理	保持现场卫生，实训结束后及时清理卫生、归位	10
7	问题思考	对工作任务完成过程中的问题进行分析并提出改进措施	5
8	合计		100

模块二　乳制品加工

项目六

消毒乳的加工

【消毒乳的发展史】

19 世纪中期微生物学奠基人法国的路易・巴斯德(Louis Pasteur)先生为解决葡萄酒异常发酵问题时发现加热可以杀死有害的微生物,稍后发现这种方法也适用于生产安全的“消毒牛奶”,这种工艺技术被称为巴氏杀菌法。

巴斯德创立的杀菌条件是 63 ℃,保持 30 min,既可保证杀灭奶中所有的致病菌以保证饮用安全,又能够最大限度地保留牛奶的固有风味和感官,牛奶的保存期在冷链保护下,延长到了数十个小时。20 世纪 40 年代随着科技的进步,72 ℃/15 s 的连续式巴氏消毒杀菌工艺趋向成熟并得到普遍认同。为了加以区别,巴斯德当年提出的杀菌工艺被称为“低温长时巴氏杀菌(LTLT)法”,而新工艺则被称为“高温短时巴氏杀菌(HTST)法”。随着进一步研究,20 世纪中期,超高温瞬间灭菌(UHT)技术的成熟而进入了商业应用,牛奶常温长时间保藏得以实现。

【学习目标】

1. 熟悉原料乳验收标准及方法;
2. 掌握消毒乳的加工流程及技术要点;
3. 能够独立操作储奶槽、过滤设备、高压均质机、杀菌设备、灌装机等设备。

【项目实施】

消毒乳加工工艺流程如下:

原料乳验收 → 过滤与净化 → 标准化 → 预热与均质 → 杀菌 → 冷却 → 灌装 → 检验 → 冷藏

任务 1　原料乳验收

原料乳的质量将直接影响到产品质量的好坏,原料乳验收严格按照《食品安全国家标准 生乳》(GB 19301—2010)执行。原料乳验收中主要包括 3 个方面,即感官指标、理化指标及微生物指标。

活动 1　感官检验

检验方法:取适量生乳置于 50 mL 烧杯中,在自然光下观察色泽和组织状态,闻其气味,用温开水漱口,品尝滋味。

要求:原料乳呈乳白色或微黄色;具有乳固有的香味,无异味;呈均匀一致液体,无凝块、无沉淀、无正常视力可见异物。

原料乳感官检验

活动 2　理化检验

理化检验主要包括密度、冰点、酸度、酒精试验、蛋白质、脂肪、非脂乳固体的测定。

一、原料乳中酸度的测定

(一)原理

以酚酞为指示液,用 0.100 0 mol/L 氢氧化钠标准溶液滴定 100 g 试样至终点所消耗的氢氧化钠溶液体积,经计算确定试样的酸度。

(二)试剂与材料

(1)中性乙醇-乙醚混合液:取等体积的乙醇、乙醚混合后加 3 滴酚酞指示液,以氢氧化钠溶液(4 g/L)滴至为红色。

(2)氢氧化钠标准溶液:0.100 0 mol/L。

(3)酚酞指示液:称取 0.5 g 酚酞溶于 75 mL 体积分数为 95%的乙醇中,并加入 20 mL 水,然后滴加氢氧化钠溶液至微粉色,再加水定容至 100 mL。

(4)天平:感量为 1 mg。

(5)滴定管:分刻度为 0.1 mL。

(6)电位滴定仪。

(三)分析步骤

称取 10 g(精确为 0.001 g)已混匀的试样,置于 150 mL 锥形瓶中,加 20 mL 新煮沸冷却至室温的水,混匀,用氢氧化钠标准溶液电位滴定至 pH 8.3 为终点;于溶解混匀后的试样中加入 2 滴酚酞指示液,混匀后用氢氧化钠标准溶液滴定至微红色,并在 30 s 内不褪色,记录消耗的氢氧化钠标准滴定溶液体积,代入公式进行计算。

试样中酸度数值以(°T)表示,按下式计算:

$$X=\frac{c_2 \times V_2 \times 100}{m_2 \times 0.1}$$

式中:X 为试样的酸度(°T);c_2 为氢氧化钠标准溶液的摩尔浓度(mol/L);V_2 为滴定时消耗氢氧化钠标准溶液的体积(mL);m_2 为试样的质量(g);0.1 为酸度理论定义氢氧化钠的摩尔浓度(mol/L)。

酸度数值以在重复性条件下获得的两次独立测定结果的算术平均值表示,结果保留三位有效数字。

原料乳酸度检验

酸乳的生产对原料乳的要求较高,要求酸度 18°T 以下。

二、原料乳中脂肪的测定

(一)原理

在乳中加入硫酸破坏乳胶质性和覆盖在脂肪球上的蛋白质外膜,离心分离脂肪后测量其体积。

(二)试剂与材料

(1)硫酸(H_2SO_4):分析纯。

(2)异戊醇($C_5H_{12}O$):分析纯。

(3)乳脂离心机。

(4)盖勃氏乳脂计:最小刻度值为 0.1%。

(5)10.75 mL 单标乳吸管。

(三)分析步骤

于盖勃氏乳脂计中加入 10 mL 硫酸,沿管壁小心准确加入 10.75 mL 样品,注意避免样品与硫酸混合。加入 1 mL 异戊醇后塞上橡皮塞,使瓶口向下,同时用布包裹以防冲出,用力振摇使其呈均匀棕色液体,静置数分钟(瓶口向下),置于 65~70 ℃水浴中 5 min,取出后置于乳脂离心机中以 1 100 r/min 的转速离心 5 min,再置于 65~70 ℃水浴中保温 5 min(注意水浴水面应高于乳脂计脂肪层),取出,立即读数,即为脂肪的百分数。

三、原料乳中非脂乳固体的测定

(一)原理

先分别测定出乳及乳制品中的总固体含量、脂肪含量(如添加了蔗糖等非乳成分含量,也应扣除),再用总固体减去脂肪和蔗糖等非乳成分含量,即为非脂乳固体。

(二)试剂和材料

除非另有规定,本方法所用试剂均为分析纯,水为 GB/T 6682—2008 规定的三级水。

(1)平底皿盒:高为 20~25 mm,直径为 50~70 mm 的带盖不锈钢或铝皿盒,或玻璃称量皿。

(2)短玻璃棒:适合于皿盒的直径,可斜放在皿盒内,不影响盖盖。

(3)石英砂或海砂:可通过 500 μm 孔径的筛子,不能通过 180 μm 孔径的筛子,并通过下列适用性测试:将约 20 g 的海砂同短玻璃棒一起放于皿盒中,然后敞盖在(100±2) ℃的干燥箱中至少烘 2 h。把皿盒盖盖后放入干燥器中冷却至室温后称量,精确至 0.1 mg。用 5 mL 水将海砂润湿,用短玻璃棒混合海砂和水,将其再次放入干燥箱中干燥 4 h。把皿盒盖盖后放入干燥器中冷却至室温后称量,精确至 0.1 mg。两次称量的差不应超过 0.5 mg。如果两次称量的质量差超过了 0.5 mg,则需对海砂进行下面的处理后,才能使用:将海砂在体积分数为 25%的盐酸溶液中浸泡 3 天,经常搅拌,尽可能地倾出上清液,用水洗涤海砂,直到中性。在 160 ℃条件下加热海砂 4 h。然后重复进行适用性测试。

(三)仪器和设备

(1)天平:感量为 0.1 mg。

(2)干燥箱。

(3)水浴锅。

(四)分析步骤

1. 总固体的测定

在平底皿盒中加入20 g石英砂或海砂，在(100±2) ℃的干燥箱中干燥2 h，于干燥器冷却0.5 h，称量，并反复干燥至恒重。称取5.0 g(精确至0.0001 g)试样于恒重的皿盒内，置水浴上蒸干，擦去皿盒外的水渍，于(100±2) ℃干燥箱中干燥3 h，取出放入干燥器中冷却0.5 h，称量，再于(100±2) ℃干燥箱中干燥1 h，取出冷却后称量，直至前后两次质量相差不超过1.0 mg。试样中总固体的含量按下式计算：

$$X=\frac{m_1-m_2}{m}\times 100$$

式中：X为试样中总固体的含量(g/100 g)；m_1为皿盒、海砂加试样干燥后质量(g)；m_2为皿盒、海砂的质量(g)；m为试样的质量(g)。

2. 脂肪的测定

按GB/T 32782—2016中规定的方法测定。

3. 蔗糖的测定

按GB 5413.5—2010中规定的方法测定。

(五)分析结果的表述

试样中非脂乳固体的含量按下式计算：

$$X_{NFT}=X-X_1-X_2$$

式中：X_{NFT}为试样中非脂乳固体的含量(g/100 g)；X为试样中总固体的含量(g/100 g)；X_1为试样中脂肪的含量(g/100 g)；X_2为试样中蔗糖的含量(g/100 g)。

X_{NFT}以重复性条件下获得的两次独立测定结果的算术平均值表示，结果保留三位有效数字。

四、原料乳中蛋白质的测定

(一)原理

食品中的蛋白质在催化加热条件下被分解，产生的氨与硫酸结合生成硫酸铵。碱化蒸馏使氨游离，用硼酸吸收后以硫酸或盐酸标准滴定溶液滴定，根据酸的消耗量计算氮含量，再乘以换算系数，即为蛋白质的含量。

(二)试剂

除非另有说明，本方法所用试剂均为分析纯，水为GB/T 6682—2008规定的三级水。

(1)硫酸铜($CuSO_4\cdot 5H_2O$)。

(2)硫酸钾(K_2SO_4)。

(3)硫酸(H_2SO_4)。

(4)硼酸(H_3BO_3)。

(5)甲基红指示剂($C_{15}H_{15}N_3O_2$)。

(6)溴甲酚绿指示剂($C_{21}H_{14}Br_4O_5S$)。

(7)亚甲基蓝指示剂($C_{16}H_{18}ClN_3S\cdot 3H_2O$)。

(8)氢氧化钠($NaOH$)。

(9)95%乙醇(C_2H_5OH)。

(三)试剂配制

(1)硼酸溶液(20 g/L):称取 0.1 g 硼酸,加水溶解后并稀释至 1 000 mL。

(2)氢氧化钠溶液(400 g/L):称取 40 g 氢氧化钠加水溶解后,放冷,并稀释至 100 mL。

(3)硫酸标准滴定溶液$\left[c\left(\frac{1}{2}H_2SO_4\right)=0.050\ 0\ \text{mol/L}\right]$或盐酸标准滴定溶液[$c$(HCl)= 0.050 0 mol/L]。

(4)甲基红乙醇溶液(1 g/L):称取 0.1 g 甲基红,溶于 95%乙醇,用 95%乙醇稀释至 100 mL。

(5)亚甲基蓝乙醇溶液(1 g/L):称取 0.1 g 亚甲基蓝,溶于 95%乙醇,用 95%乙醇稀释至 100 mL。

(6)溴甲酚绿乙醇溶液(1 g/L):称取 0.1 g 溴甲酚绿,溶于 95%乙醇,用 95%乙醇稀释至 100 mL。

(7)A 混合指示液:2 份甲基红乙醇溶液与 1 份亚甲基蓝乙醇溶液临用时混合。

(8)B 混合指示液:1 份甲基红乙醇溶液与 5 份溴甲酚绿乙醇溶液临用时混合。

(四)仪器和设备

(1)天平:感量为 1 mg。

(2)自动凯氏定氮仪。

(五)分析步骤

称取充分混匀的固体试样 0.2～2 g、半固体试样 2～5 g 或液体试样 10～25 g(相当于 30～40 mg 氮),精确至 0.001 g,至消化管中,再加入 0.4 g 硫酸铜、6 g 硫酸钾及 20 mL 硫酸于消化炉进行消化。当消化炉温度达到 420 ℃之后,继续消化 1 h,此时消化管中的液体呈绿色透明状,取出冷却后加入 50 mL 水,于自动凯氏定氮仪(使用前加入氢氧化钠溶液、盐酸或硫酸标准溶液以及含有混合指示剂 A 或 B 的硼酸溶液)上实现自动加液、蒸馏、滴定和记录滴定数据的过程。

(六)分析结果的表述

试样中蛋白质的含量按下式计算:

$$X=\frac{(V_1-V_2)\times c\times 0.014\ 0}{m\times V_3/100}\times F\times 100$$

式中:X 为试样中蛋白质的含量(g/100 g);V_1 为试液消耗硫酸或盐酸标准滴定液的体积(mL);V_2 为试剂空白消耗硫酸或盐酸标准滴定液的体积(mL);c 为硫酸或盐酸标准滴定溶液的浓度(mol/L);0.014 0 为 1.0 mL 硫酸[$c(12H_2SO_4)=1.000$ mol/L]或盐酸[c(HCl)= 1.000 mol/L]标准滴定溶液相当的氮的质量(g);m 为试样的质量(g);V_3 为吸取消化液的体积(mL);F 为氮换算为蛋白质的系数;100 为换算系数。

当蛋白质含量不低于 1 g/100 g 时,结果保留三位有效数字;当蛋白质含量低于 1 g/100 g 时,结果保留两位有效数字。

注意:当只检测氮含量时,不需要乘以氮换算为蛋白质的系数 F。

(七)精密度

试样中蛋白质的含量在重复条件下获得的两次独立测定结果的绝对差值不得超过算术平

均值的 10%。

五、原料乳中相对密度的测定

(一)原理

使用密度计检测试样,根据读数经查表可得相对密度的结果。

(二)仪器和设备

(1)密度计:20 ℃/4 ℃。

(2)玻璃圆筒或 200～250 mL 量筒:圆筒高度应大于密度计的长度,其直径大小应使在沉入密度计时其周边和圆筒内壁的距离不小于 5 mm。

(三)分析步骤

取混匀并调节温度为 10～25 ℃的试样,小心倒入玻璃圆筒内,勿使其产生泡沫并测量试样温度。小心将密度计放入试样中到相当刻度 30°处,然后让其自然浮动,但不能与筒内壁接触。静置 2～3 min,眼睛平视生乳液面的高度,读取数值。根据试样的温度和密度计读数查表换算成 20 ℃时的乳密度值。

(四)分析结果的表述

相对密度(ρ_4^{20})与密度计刻度关系式如下式:

$$\rho_4^{20} = \frac{X}{1\,000} + 1.000$$

式中:ρ_4^{20} 为样品的相对密度;X 为密度计读数。

当用 20 ℃/4 ℃密度计,温度在 20 ℃时,将读数代入式中,相对密度即可直接计算。

六、原料乳中抗生素检测

如图 6-1 所示,取 10 mL 奶样于试管中,在电炉上加热煮沸后,冷却至 42 ℃,加入 1 mL 经接种后的乳酸菌菌种,然后置于 42 ℃的培养箱中发酵,1 h 后观察。如果奶样已发酵,证明无抗生素;反之则为异常乳。

原料乳密度检测

图 6-1 抗生素检测

七、原料乳中碱的检测

取奶样 2 mL 于试管中,使试管倾斜,沿管壁小心加入 0.04%溴百香酚蓝溶液 0.6 mL,然后缓慢转动 3～5 次,静置 2 min,观察界面颜色变化,根据表 6-1 进行判定。

表 6-1　不同碱含量原料乳判定结果

环层颜色	含碱量	结论判定
黄色	无碱	合格
黄绿色	含碱 0.03%	异常乳
淡绿色	含碱 0.05%	异常乳
绿色	含碱≥1%	严重异常乳

活动 3　微生物检验

检验方法:微生物限量按照《食品安全国家标准　食品微生物学检验　菌落总数测定》(GB 4789.2—2022)执行。原料乳中微生物限量为菌落总数≤2×10^6 CFU/g(mL)。

此外,原料乳中不应含有抗生素等乳酸菌生长抑制因子。

知识储备

乳的介绍

乳是哺乳动物分娩后从乳腺分泌的一种白色稍带微黄的不透明液体。它含有幼儿生长发育所需要的全部营养成分,是哺乳动物降生后最适于消化吸收的全价食物。乳分为初乳、常乳和末乳 3 类,加工乳制品的乳主要是常乳。

根据乳的来源不同,分别有牛乳、羊乳、马乳等。

一、乳成分

乳是复杂的胶体体系,主要成分是水、脂肪、蛋白质、乳糖、无机盐、维生素、酶类、色素、气体及其他微量成分。乳中除去水和气体之外的物质称为全乳固体,包括脂肪和非脂乳固体。乳中的主要成分受乳牛的品种、个体、地区、泌乳期、饲料、畜龄、季节、环境、温度及健康状况等因素的影响而有差异,其中脂肪变化最大,蛋白质次之,乳糖及灰分含量很少变化。

1. 水分

水是乳的主要成分之一,占 87%～89%。乳中的水分可分为游离水、结合水和结晶水,是乳中各种营养成分的分散剂,其中结合水占 2%～3%,以氢键和蛋白质的亲水基或与乳糖及某些盐类结合存在。由于结合水和结晶水的存在,乳粉生产中经常保留 3%左右的水分。

2. 乳脂肪

乳脂肪是乳的主要成分之一,占 2.5%～6.0%。乳脂肪不溶于水,呈微细的球状分散在乳浆中,形成乳浊液。

(1)化学组成。脂肪球的组成成分有磷脂、脂溶性维生素及胆固醇。磷脂是极性分子,有亲水基团和疏水基团,连接水相与脂相,故常温下呈乳浊液。脂肪球通常直径为 0.1～20 μm,平均为 2～5 μm,相对密度为 0.93,故牛乳静置后,乳脂肪球逐渐上浮到表面一层,形成稀奶油层。加工中可通过均质处理使脂肪球的平均直径小于 1 μm,而呈均匀稳定的分散状态。

乳脂肪不同于其他动物脂肪,它含有 20 种以上的脂肪酸,且低级脂肪酸含量高达 14%。而其中水溶性脂肪酸达 8%左右,其他动物脂肪只含有 1%。正是由于这些挥发性脂肪酸熔点低(熔点为 28.4～33.3 ℃),室温下呈液态、易挥发等特点,才赋予乳脂肪以特有的香味和柔软的质地，而且易于消化吸收。

(2)化学性质。乳脂肪受光、氧、热、金属(铜、铁)作用而氧化，从而产生脂肪氧化味。乳脂肪易在解酯酶及微生物作用下发生水解，使酸度升高，产生低级脂肪酸可导致牛乳产生不愉快的刺激性气味，即所谓的脂肪分解味。

3. 乳蛋白

(1)乳蛋白含量为2.9%～5.0%，含有人体所需要的8种氨基酸，其构成比例适当，是人类食品中优质蛋白的极好来源。

牛乳中含有3种主要的蛋白质，其中酪蛋白含量最高，占总蛋白量的80%～83%。白蛋白占总蛋白量的13%，球蛋白占总蛋白量的4%。

(2)酪蛋白。在温度20 ℃时调节脱脂乳的pH至4.6时沉淀的一类蛋白质称为酪蛋白。酪蛋白是一种典型的含磷蛋白。以酪蛋白酸钙和磷酸三钙的复合体存在形式，酪蛋白的比重为1.25～1.31。在酸或皱胃酶(凝乳酶)的作用下发生凝固。工业上生产干酪素、干酪及酸乳制品就是利用此原理。

$$\text{酪蛋白酸钙}+Ca(PO_4)_2+4HCl \longrightarrow \text{酪蛋白}\downarrow +Ca(H_2PO_4)_2+2CaCl_2$$
$$\text{酪蛋白酸钙}+\text{皱胃酶} \longrightarrow \text{副酪蛋白钙}\downarrow +\text{糖肽}+\text{皱胃酶}$$

(3)乳清蛋白质。乳清蛋白质是指除去酪蛋白沉淀之后剩下的蛋白质，占18%～20%。乳清蛋白质有两类：一类是对热不稳定(煮沸20 min，pH 4.6～4.7)凝固的蛋白质，包括乳白蛋白和免疫球蛋白；另一类是对热稳定的蛋白胨和蛋白肽。

4. 乳糖

乳糖是哺乳动物乳汁中所特有的产物，含量是3.6%～5.5%。

牛乳中99.8%的碳水化合物为乳糖。还有极少量的葡萄糖、果糖、半乳糖。乳糖甜味比蔗糖弱，甜度是蔗糖的1/6。乳糖易吸潮，常使奶粉结块变质。乳糖在人体胃中不被消化吸收，可直达肠道并被肠道内的乳糖酶分解成葡萄糖和半乳糖，从而实现吸收，半乳糖是脑和神经糖脂质的重要组分。婴儿的肠液中通常都含有乳糖酶，但是，一部分人随着年龄的增长，消化道内缺乏乳糖酶，不能分解和利用乳糖，饮用牛乳后会出现呕吐、腹胀、腹泻等不适应症，称为乳糖不耐症。

在乳品加工中，常利用乳糖酶将乳糖分解，或利用乳酸菌将糖转化为乳酸，以预防乳糖不耐症的发生。

5. 乳中的无机盐

无机盐含量为0.6%～0.9%，主要有P、Ca、Mg、Na、S、K等，此外还含有一些微量元素如I、Cu、Mn、Zn等，人体必需的22种无机物在牛乳中都含有。在乳品加工中，牛乳中盐类的含量对热稳定性起着重要作用。

6. 乳中维生素

牛乳中含有所有已知的维生素，特别是维生素B_2甚为丰富，维生素D含量不多。其包括脂溶性维生素和水溶性维生素两种。乳在加工中维生素往往受到一定程度的损失。发酵法生产酸乳，由于微生物的生物合成，能使一些维生素的含量增高。

7. 乳中的酶

乳中存在多种酶类，其来源有3条途径，即乳腺分泌、白细胞的崩解而生成和挤乳后由于微生物代谢生成。与乳品生产有密切关系的主要为水解酶和氧化还原酶类。

(1)过氧化氢酶。在牛乳中过氧化氢酶主要来自白细胞的细胞成分，特别在初乳、乳房炎乳中含量多，可作为乳房炎乳的检验手段之一。过氧化氢酶经过 75 ℃，20 min 加热，则 100% 钝化。

(2)脂酶。主要来源于微生物的污染。它能分解乳脂肪，产生甘油和脂肪酸(游离脂肪酸有焦臭味或哈败味)。所以在奶油生产中，采用 80～85 ℃的高温或超高温处理，以钝化此酶。

(3)还原酶。还原酶来源于落入乳中微生物的代谢产物，还原酶的量与微生物污染的程度成正比。还原酶实验是用来判断原料乳新鲜程度的一种实验。新鲜乳加入亚甲基蓝(美蓝)后染成蓝色，如乳中污染有大量微生物，则产生的还原酶能使颜色逐渐变淡，直至无色。通过颜色变化速度，可以间接地判断出鲜乳中的细菌数。还原酶实验见表 6-2。

表 6-2　还原酶实验

亚甲基蓝褪色时间	微生物数量	原料乳质量
>5.5 h	≤50 万	良好
2～5 h	50 万～400 万	中等
20 min～2 h	400 万～2 000 万	不好
20 min 以内	≥2 000 万	很坏

8. 乳中的其他成分

乳中尚有少量的有机酸和气体等。乳中有机酸主要是柠檬酸，含量为 0.07%～0.4%，平均为 0.18%。鲜牛乳中的气体以 CO_2 为最多，氮气次之，氧气最少。牛乳刚挤出时气体约占 7 mL/100 mL 因为乳中有气体，在贮藏运输过程中，二氧化碳由于溢出，而导致乳中气体减少。

二、乳的性质

为了辨明牛乳加工中所产生的变化和检查牛乳及其制品的质量，必须了解乳的化学性质和物理性质。乳的物理性质包括色泽、气味、比重、冰点、酸度、电导率、表面张力、黏度等。认识乳物理性质的意义：一是辨别质量必要因素；二是辨别加工中所发生的变化和掺假。

1. 乳的主要物理性质

(1)乳的相对密度与比重。乳的密度是指乳在 20 ℃时的质量与同容积水在 4 ℃时的质量之比。乳的相对密度又叫比重，是指乳在 15 ℃时的质量与同温同体积水的质量之比。

正常乳的比重为 1.028～1.032 g/mL，平均值为 1.030 g/mL。

乳的比重与密度的换算关系：比重＝密度＋0.002。

测乳比重用乳稠计，其方法：在 20 ℃下，将牛乳倾入大量筒，搅拌均匀，勿出现泡沫，然后将乳稠计放入，在刻度 30 处将手松开，稳定时读数。

计算方法：例如，25 ℃时所测比重为 1.029，则原料乳的比重在标准温度时应为多少？

$$1.029+(25-15)\times 0.0002=1.031$$

乳中加水会使比重下降，据试验，乳中每加水 10%，比重下降 0.003；乳的比重是随温度变化而变化，在 10～25 ℃范围内，每变化 1 ℃，密度相差 0.0002。乳比重可以作为判断乳掺假的依据之一。

(2)乳的 pH 与酸度。正常乳 pH 为 6.5～6.7，人乳 pH 为 7～7.6。

正常乳的酸度为 16～18°T。

①自然酸度(固有酸度)。刚挤出的鲜乳是偏酸的,这是由乳中的成分决定的,主要是由乳中蛋白质、柠檬酸盐、磷酸盐、二氧化碳等酸性物质造成的,这种酸度称为固有酸度。新鲜乳的自然酸度为16～18°T。

②发酵酸度。乳存放时由于外界微生物的活动,使乳糖分解产生乳酸,导致乳的酸度逐渐升高,这因发酵产酸而升高的酸度叫发酵酸度。

③总酸。发酵酸度与自然酸度之和称为总酸,也是通常我们所指的酸度。

牛乳的酸度是反映牛乳新鲜度和热稳性的重要指标。乳的酸度与乳的凝固温度的关系见表6-3。

表6-3 乳的酸度与乳的凝固温度的关系

乳的酸度/°T	凝固条件
18	煮沸时不凝固
20	煮沸时不凝固
26	煮沸时能凝固
28	煮沸时凝固
30	加热至77 ℃凝固
40	加热至63 ℃凝固
50	加热至40 ℃凝固
60	22 ℃时自行凝固

乳品工业中酸度通常用滴定酸度来表示,我国滴定酸度以吉尔涅尔度(°T)或乳酸度(%)来表示。

①吉尔涅尔度(°T)。取10 mL牛乳用20 mL蒸馏水稀释,加入酚酞指示剂,以0.1 mol/L氢氧化钠标准溶液滴定,到滴定终点时所消耗氢氧化钠毫升数乘以10,即为中和100 mL牛乳所需0.1 mol/L氢氧化钠的毫升数,消耗1 mL为1°T。正常乳的酸度为16～18°T。

②乳酸度(%)。按上述方法滴定后,按下式换算:

乳酸度=0.1 mol/L氢氧化钠毫升数×0.009×100%/乳重(供试乳体积×乳比重)

正常乳酸度为0.15%～0.18%。

(3)乳的冰点。牛乳的冰点一般为−0.565～0.525 ℃,平均为−0.540 ℃。冰点每升高0.054 ℃,则掺入10%的水分,由此可计算加水量。

(4)沸点。牛乳的沸点在1 atm下为100.55 ℃。当浓缩为原体积一半时,沸点上升为101.05 ℃。

任务2 过滤与净化

活动1 原料乳的过滤

先对过滤器具进行清洗灭菌,过滤用的滤网可选用较粗的人造纤维纱布或多层滤布。在乳品企业,过滤是在运输乳的乳槽车上安装一个不锈钢金属丝制的过滤网并在网上加多层滤布先进行粗滤,然后再输送至双联过滤器进一步过滤。

活动 2　原料乳的净化

经过数次过滤后的原料乳稳速流入离心净乳机，依靠电动驱动、碟片高速旋转，牛乳在离心力作用下，依据乳与杂质密度大小不同而使乳得到净化，除去乳中的极微小的细菌细胞、机械杂质等。

知识储备

一、过滤净化的目的

验收合格的原料乳需要立即进行过滤、净化。其目的除去乳中杂质，并减少微生物数量。

二、过滤净化的方法

过滤方法很多，一般采用过滤净化或离心净化的方法。

任务 3　标准化

活动 1　原料准备

通过检测和计算乳中成分含量，根据不同产品的要求，调整原料乳中脂肪与无脂干物质之间的比例。原料乳标准化所用的原料包括水、全脂奶粉、脱脂乳粉（乳）、新鲜稀奶油和乳清浓缩蛋白等。

活动 2　标准化

根据生产需要，如果原料乳脂肪含量低，要加入稀奶油；若乳脂含量高，则可加脱脂乳。

生产上采用方块图解法进行标准化的计算，其原理是设原料乳的含脂率 $p\%$，脱脂乳或稀奶油的含脂率为 $q\%$，按比例混合后，混入的脂肪含量为 $r\%$，原料乳的数量为 x，脱脂乳或稀奶油的数量为 y 时，对脂肪进行物料衡算，则形成下列关系：

$$Px+qy=r(x+y) \quad \text{则} \quad x(p-r)=y(r-q)$$

式中 $q<r$ 或 $P>r$，表示需要添加脱脂乳；如果 $q>r$ 或 $P<r$，则表明应添加稀奶油。

【例】 有 1 000 kg 含脂率为 3.6%的原料乳，要求标准化乳中脂肪含量 3.1%。①若稀奶油乳的脂肪含量为 40%，则应提取稀奶油多少千克？②若脱脂乳脂肪含量为 0.2%，则应添加脱脂乳多少千克？

解：按关系式 $x(p-r)=y(r-q)$ 得① $y=-13.6$（负号表示提取）即需要提取脂肪含量为 40%的稀奶油 13.6 kg。得② $y=172.4$(kg)；需要添加脂肪含量为 0.2%的脱脂乳 172.4 kg。

原料乳经标准化后，脂肪含量≥3.1%，蛋白质含量≥2.9%，非脂乳固体含量≥8.1%。

知识储备

根据不同产品的要求，原料如需进行标准化，标准化计算的方法是物料衡算。标准化方法有预标准、后标准化和直接标准化。

任务4 预热与均质

活动1 预热

标准化后的乳先输送热至板式热交换器，升温至 65～70 ℃进行预热处理。

活动2 均质

达到预热温度的乳通过泵输送入高压均质机，调整高压均质机的均质压力在 18～20 MPa，高压均质阀的窄缝会产生机械力，脂肪球通过巨大的剪切、空穴运动使乳脂肪球变形、伸长和破碎（图 6-2、图 6-3）。根据需要也可采用再均质一次，第二段均质压力为 34.3 MPa，均质后的脂肪球直径控制在 2 μm 以下，乳脂肪的表面积增大，浮力下降，乳可长时间保持不分层；同时，利于消化吸收。

图 6-2 高压均质机

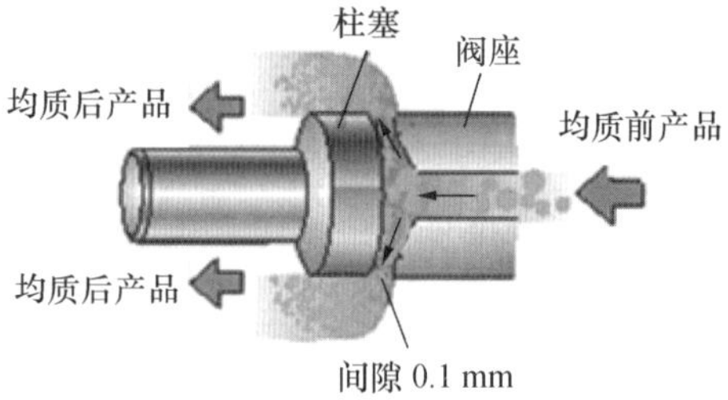

图 6-3 乳通过均质阀

任务5 杀菌

杀菌是一项关键的生产工序，杀菌的温度和持续时间是关系到成品质量和保存期的重要因素。若采用超高温瞬时消毒法（UHT），则牛乳通过管道进入环形管式加热器控制加热温度 130～150 ℃，维持 0.5～4 s，即达到商业无菌。

高温短时巴氏杀菌（HTST）则控制杀菌温度为 72～75 ℃，维持 15～20 s 或 80～85 ℃、10～15 s。如果巴氏杀菌太强烈，牛奶会有蒸煮味和焦煳味。

如图 6-4 所示，原料乳首先经过验收、标准化、巴氏预杀菌等过程。巴氏预杀菌后的乳（一般为 4 ℃左右），由平衡槽经离心泵进入管式热交换器的预热段 3a，使牛奶加热到约 75 ℃后进入非无菌均质机，均质后的牛乳进入加热段 3c，在这里牛乳被加热到灭菌温度（通常为 137 ℃），在保温管中保持 4 s，然后进入热回收冷却层 3d，在这里牛乳被冰水冷却至灌装温度，冷却后的牛乳直接进入无菌灌装机，或先进无菌缸后，再进入无菌灌装机。若牛乳的温度低于设定值，则牛乳就沿着启动冷却段 3e 返回平衡槽。加热循环热水的流程是这样的：热水经平衡槽、离心泵进入预热段 3a 和热回收冷却层 3d，由蒸汽喷射阀注入蒸汽，调节至灭菌所需要的加热介质温度后进入加热段 3c，热水温度通常高于产品温度 1～3 ℃，之后热水经中间冷却段 3b 冷却放回平衡槽。

在此过程中，牛乳温度变化如下：4 ℃牛乳→预热至 75 ℃→均质 75 ℃→加热至 137 ℃→

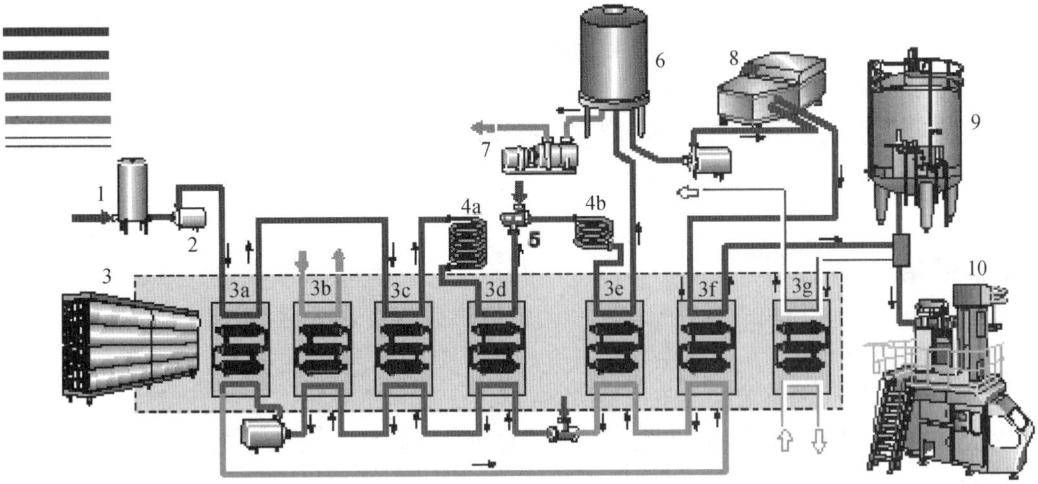

图 6-4　管式热交换器间接 UHT 系统

1—平衡槽；2—离心泵；3—管式热交换器；3a—预热段；3b—中间冷却段；3c—加热段；3d—热回收冷却层；3e—启动冷却段；3f—加段热；3g—热回收冷却层；4—非无菌均质机；4a—保温管；4b—保温管；5—保温管；6—无菌缸；7—蒸汽喷射阀；8—均质机；9—无菌保温缸；10—无菌灌装机

137 ℃下保温 4 s→冰水冷却至 20 ℃。

知识储备

一、杀菌和灭菌的方式

1. 低温长时间杀菌法(LTLT)

低温长时间巴氏杀菌即在 62～65 ℃下保持 30 min 以达到巴氏杀菌的目的，此法现在生产中已很少使用。

2. 高温短时间杀菌法(HTST)

把牛乳加热到 72～75 ℃持续 15～20 s 或 80～85 ℃持续 10～15 s 后再冷却。这是目前企业普遍采用的比较好的鲜奶杀菌方法，它既能保全鲜奶中的营养成分，又能杀死牛乳中的有害菌，保证产品鲜美纯正。

3. 超高温瞬时灭菌法(UHT)

超高温瞬时灭菌是指将原料奶连续流动状态下通过热交换器而快速加热到 135～150 ℃，保持 0.5～4 s 以达到商业无菌的方法。由于受热时间短，产品风味、性状和营养价值等均未受到明显破坏，与巴氏杀菌乳差别不大。

二、巴氏杀菌的目的

1. 杀死引起人类疾病的所有微生物。如果杀菌后牛乳中仍有病原菌存在，其原因是热处理没有达到要求，或者是该产品被二次污染了。

2. 尽可能多地破坏牛乳中含有的能影响产品味道和保存期的微生物和酶类，以保证产品质量。

任务6 冷却

杀菌后的牛乳应尽快冷却至4℃,冷却速度越快越好。

知识储备

杀菌结束牛乳应尽快冷却,原因是牛乳中的磷酸酶对热敏感,不耐热,易钝化(63 ℃/20 min即可钝化)。但同时,牛乳中含有不耐高温的抑制因子和活化因子,抑制因子在60 ℃,30 min或72 ℃,15 s的杀菌条件下不被破坏,所以能抑制磷酸酶恢复活力;而在82～130 ℃加热时,抑制因子被破坏,活化因子在82～130 ℃加热时能存活,因而能激活已钝化的磷酸酶,所以巴氏杀菌乳在杀菌灌装后应立即置于4 ℃下冷藏。

任务7 灌装、冷藏

灌装环境、材料及设备要符合卫生要求,避免产生二次污染,同时,灌装时要控制产品升温,灌装结束,及时送入冷库作销售前的暂存,冷库温度一般为4～6 ℃。

包装材料目前多采用复合塑纸袋、纸盒、聚乙烯塑料杯、软包装等。包装后便于保存、分送和销售。

任务8 检验

出厂前按NY/T939－2016《巴氏杀菌乳和UHT灭菌乳中复原乳的鉴定》和GB 25190—2010《食品安全国家标准　灭菌乳》对产品进行检验,各项指标检验合格,填写检验报告,确保出厂产品全部合格。

任务9 贮藏、分销

巴氏杀菌乳的产品特点决定其在贮藏和分销过程中必须保持冷链的连续性,尤其是出厂转运过程和产品的货架贮藏过程是冷链的两个最薄弱环节,除温度外,还应注意避光,避免产品强烈震荡,远离具有强烈气味的物品。

知识拓展

杀菌操作关键点

一、设备灭菌——无菌状态

在投料之前,先用水代替物料进入热交换器。水直接进入均质机、加热段、保温段、冷却段,此过程保持超高温状态,继续输送至灌装机,从灌装机返回,流回平衡槽,如此循环保持回水温度不低于 130 ℃，时间 30 min 左右。杀菌完毕后，放空灭菌水，进入物料，开启冷却阀，投入正常生产流程。

二、生产操作——保持无菌状态

生产中应准确设定均质机转速，保持要求的牛乳流量；注意稳定蒸汽压力使其不低于 0.6 MPa。进汽量按加热段灭菌乳温度自动控制；从灭菌输送至灌装机的管道上装有无菌取样器，生产条件正常时定时取样检测乳是否无菌。

三、乳灭菌——保证乳无菌

在生产中，由控制盘严密监视灭菌温度。当温度低于设定值时，立即启动分流阀，牛乳返回进料槽，将其放空并用水顶替，重新进行设备灭菌及重新安排生产操作。这样保证送往灌装机的牛乳为无菌。超高温灭菌为高度自动化操作，由总控制柜统一控制生产流程、物料流量、灭菌温度及冷却温度等。操作人员只需操作控制按钮即可控制。

四、中间清洗与最后清洗

在大规模生产中，一定时间后，传热面上可能产生薄层沉淀，影响传热的正常进行。这时，可在无菌条件下进行 30 min 的中间清洗，然后继续生产，中间不用停车。生产完毕，用清洗液进行循环流动 CIP 清洗。中间清洗与最后清洗均由控制盘内的程序板控制。

五、停车

生产完毕及清洗完毕后即可停车，全部生产设备由控制盘统一停车，同时注意停供蒸汽、冷却水及压缩空气。

企业衔接

一、巴氏消毒乳加工

(一)工艺流程

巴氏杀菌是通过热处理尽可能地将来自于牛乳中的病原性微生物的危害降至最低，同时保证制品中化学、物理和感官的变化最小。

一般巴氏消毒乳的生产工艺流程如下：

原料乳验收 → 过滤与净化 → 标准化 → 预热与均质 → 巴氏杀菌 → 冷却 → 灌装 → 检验 → 冷藏

(二)操作要点

1. 原料乳验收

原料乳验收是生产环节中的第一步。原料乳的质量将直接影响到产品质量的好坏，所以必须严格控制原料乳的质量。优质的乳源是生产出优质产品的前提条件，企业应建立原料乳验收的标准，并严格按标准执行。原料乳验收中应做的项目有酒精实验、酸度测定、脂肪测定、蛋白质测定、抗生素检测、菌落总数检测及掺假检测等。

2. 过滤与净化

过滤与净化的目的是除去乳中的尘埃、杂质。原料乳经验收称量后必须进行过滤或净化。

3. 标准化

根据原料乳验收数据计算并标准化，使鲜牛乳理化指标符合国家标准。根据所需巴氏杀菌乳成品的质量要求，需对每批原料乳进行标准化，以保证每批成品质量基本一致。食品添加剂和调味辅料必须符合国家卫生标准要求。原料乳标准化所用的原料包括水、全脂奶粉、脱脂乳粉、无水黄油、新鲜稀奶油和乳清浓缩蛋白等，它们可以单独使用或配合使用。此工序可能存在的危害因素有配料时不慎混入物理性危害物质、操作过程中员工及设备等带来的微生物污染等。在标准化过程中，必须避免细菌、致病菌、杂物和异物的污染，以及管道上的酸碱残留。乳脂肪的标准化方法有以下 3 种：

(1)预标准化。预标准化主要是指乳在杀菌之前把全脂乳分离成稀奶油和脱脂乳。如果标准化乳脂率高于原料乳，则需将稀奶油按计算比例与原料乳在罐中混合以达到要求的含脂率。如果标准化乳脂率低于原料乳，则需将脱脂乳按计算比例与原料乳在罐中混合，以达到要求的含脂率。

(2)后标准化。后标准化在杀菌之后进行，方法同上，但该法的二次污染可能性大。

(3)直接标准化。这是一种快速、稳定、精确，与分离机联合运作，单位时间内能大量地处理乳的现代化方法。一般操作是将牛乳加热到 55～65 ℃后，按预先设定好的脂肪含量分离出脱脂乳和稀奶油，并根据最终产品的脂肪含量，由设备自动控制回流到脱脂乳中的稀奶油流量。

4. 均质

均质是杀菌乳生产中的重要工艺，采用板式热交换器将预热温度升至 65～70 ℃，均质压力调至 16～18 MPa。通过均质可减小乳中的脂肪球直径，防止脂肪上浮，便于牛奶中营养成分的吸收。均质工序可能存在的危害因素有均质机清洗不彻底造成的微生物污染、均质机清洗剂的残留、均质机泄露造成的机油污染等。

5. 巴氏杀菌

巴氏杀菌的温度和持续时间是关系到牛奶的质量和保存期的重要因素，必须准确掌握。加热形式很多，一般牛奶高温短时巴氏杀菌的温度通常为 75 ℃，持续 15～20 s，或 80～85 ℃，持续 10～15 s。如果巴氏杀菌太强烈，牛奶会有蒸煮味和焦煳味。

6. 冷却

杀菌后的牛乳应尽快冷却至 4 ℃，冷却速度越快越好。其原因是牛乳中的磷酸酶对热敏感，不耐热，易钝化(63 ℃/20 min 即可钝化)。

7. 灌装、封盖及冷藏

生产好的消毒乳为方便运输、分类和零售，保证产品质量，要及时进行灌装。以前我国乳品厂采用的灌装容器主要是玻璃瓶和塑料瓶。目前已发展为采用塑料夹层纸、铝箔夹层纸和塑料杯等进行包装。灌装后的消毒乳，送入冷库做销售前的暂存，冷库温度一般为 4～6 ℃。

(三)巴氏杀菌全脂奶生产线

现以巴氏杀菌乳的加工工艺为例介绍整个生产过程。典型的巴氏杀菌全脂奶生产线包括一台净乳机、巴氏杀菌器、缓冲罐和包装机(图 6-5)。

在杀菌过程中，原料乳先通过平衡槽，经物料泵送至板式热交换器，预热后，通过流量控制

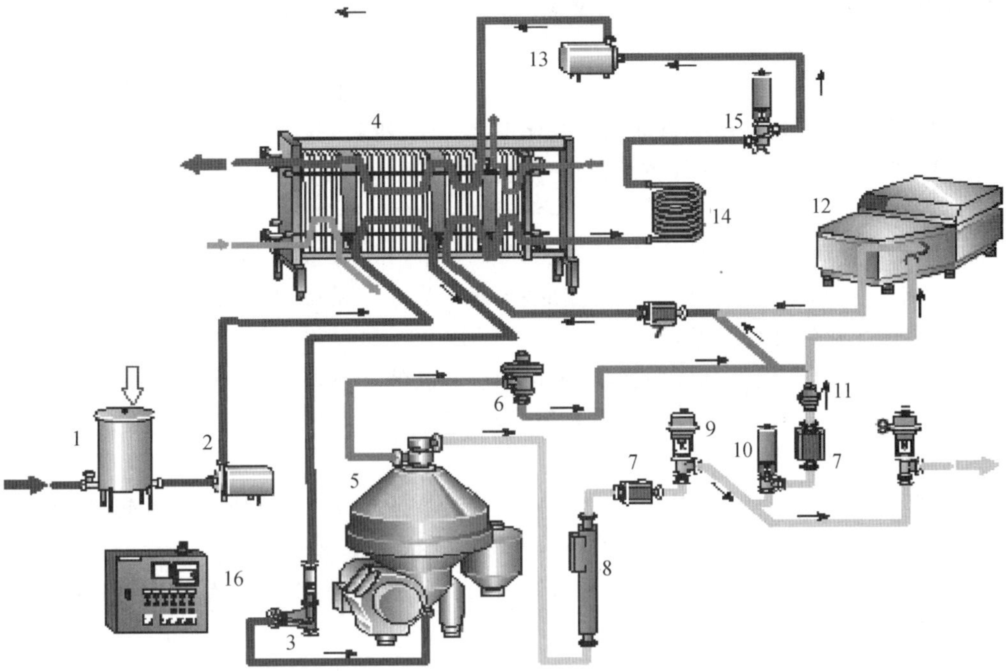

图 6-5　巴氏杀菌全脂奶生产线

1—平衡槽；2—物料泵；3—流量控制器；4—板式热交换器；5—离心机；6—恒压阀；7—流量传感器；
8—密度传感器；9—调节阀；10—逆止阀；11—检测阀；12—均质机；13—升压泵；
14—保温管；15—回流阀；16—控制面板

器至离心机，以生产脱脂乳和稀奶油。其中稀奶油的脂肪含量可通过流量传感器、密度传感器、调节阀确定和保持稳定，为了保证均质效果的条件下节省投资和能源，仅使稀奶油的去向有两个分支，一是通过逆止阀和检测阀与均质机相连，以确保巴氏杀菌乳的脂肪含量；二是多余的稀奶油进入稀奶油处理线。为了达到部分均质所能得到的良好效果，稀奶油的含脂率不能高于 10%，所以，一方面要精确地计算均质机的工作能力，另一方面应使脱脂乳混入稀奶油进入均质机，并保证流速稳定。随后均质的稀奶油与多余的脱脂乳混合，使物料的脂肪含量稳定在 3%，送至板式热交换器和保温管进行杀菌，通过回流阀和升压泵使杀菌后的巴氏乳在杀菌机内保持正压。升压泵可以把产品的压力提高到一定程度，这样可以避免由于杀菌机的渗漏，导致未经处理的奶或冷却介质污染杀菌后的巴氏杀菌乳。

当杀菌温度低于设定值时，温度传感器将指示回流阀，使物料回到平衡槽。巴氏杀菌后，杀菌乳继续通过杀菌机热交换段，与流入的未经处理的乳进行热交换，而本身被降温，然后继续到达冷却段，用冷水和冰水冷却，冷却后先通过缓冲罐，再进行灌装。

二、再制乳和花色乳加工

（一）再制乳的加工

所谓再制乳就是把几种乳制品，主要是脱脂乳粉和无水黄油，经加工制成液态乳的过程。其成分与鲜乳相似，也可以强化各种营养成分。再制乳的生产克服了自然乳业生产的季节性，保证了淡季乳与乳制品的供应，并可调剂缺乳地区对鲜乳的供应。

1. 原料

(1)脱脂乳粉和无水黄油。脱脂乳粉和无水黄油是再制乳的主要原料，其质量的好坏对成品质量有很大影响，必须严格控制质量，贮藏期通常不超过12个月。

(2)水。水是再制乳的溶剂，水质的好坏直接影响再制乳的质量。金属离子(如Ca^{2+}、Mg^{2+})高时，会影响蛋白质胶体的稳定性，故应使用软化水质。

(3)添加剂。再制乳常用的添加剂有乳化剂、水溶性胶类、盐类、风味料和着色剂。

①乳化剂起稳定脂肪的作用，常用的有磷脂，添加量为0.1%。

②水溶性胶类可以改进产品外观、质地和风味，形成黏性溶液，兼备黏结剂、增稠稳定剂、填充剂和防止结晶脱水的作用。常用的主要有阿拉伯树胶、果胶、琼脂、海酸盐及半人工合成的水解胶体等。乳品工业中常用的是海藻酸盐，用量为0.3%～0.5%。

③盐类，如氯化钙和柠檬酸钠等，起稳定蛋白质的作用。

④风味料是天然和人工合成的香精，能增加再制乳的乳香味。

⑤着色剂，常用的有胡萝卜素、安那妥等，能赋予制品良好的颜色。

2. 加工方法

(1)全部均质法。先将脱脂奶粉和水按比例混合成脱脂奶，再添加无水黄油、乳化剂和芳香物等，充分混合后全部通过均质，再消毒杀菌冷却而成。

(2)部分均质法。先将脱脂奶粉与水按比例混合成脱脂奶，然后取部分脱脂奶，在其中加入所需的全部无黄油，混成高脂奶。将高脂奶进行均质，再与其余的脱脂奶混合，经消毒、冷却而制成。

(3)稀释法。先用脱脂奶粉、无水黄油等混合制成炼乳，用杀菌水稀释而成。

(二)花色乳的加工

1. 原料

制作花色乳的原料包括：

(1)咖啡。咖啡浸出液的提取可用产品重0.5%～2%的咖啡粒，用90 ℃的热水(咖啡粒的12～20倍)浸提制取。

(2)可可和巧克力。可可豆制成的粉末，稍加脱脂的称为可可粉，不进行脱脂的称为巧克力粉。巧克力含脂率50%以上，不容易分散在水中。可可粉的含脂率通常为10%～25%，在水中比较容易分散。故生产乳饮料时一般采用可可粉，用量为1%～1.5%。

(3)甜味料。通常用蔗糖(4%～8%)，也可用饴糖或转化糖液。

(4)稳定剂。常用的有海藻酸钠、CMC、明胶等，使用量为0.05%～0.2%。此外，也有使用变性淀粉、胶质混合物的。

(5)果汁。各种水果果汁。

(6)酸味剂。如柠檬酸、果酸、酒石酸、乳酸等。

(7)香精。根据产品需要确定香精类型。

2. 配方及工艺

(1)咖啡奶。把咖啡浸出液和蔗糖与脱脂乳混合，经均质、杀菌而制成。

①咖啡奶的配方：全脂乳40 kg，脱脂乳20 kg，蔗糖8 kg，焦糖0.3 kg，咖啡浸出液(咖啡粒为原料的0.5%～2%)30 kg，香料0.1 kg，稳定剂0.05%～0.2%，水1.6 kg。

②加工要点：将稳定剂与少许糖混合后溶于水，与咖啡液充分混合添加到乳等料液中，经过滤、预热、均质、杀菌、冷却后包装。

(2)巧克力奶或可可奶。

①巧克力奶的配方：全脂乳80 kg，脱脂奶粉2.5 kg，蔗糖6.5 kg，可可(巧克力板)1.5 kg

(可可奶使用可可粉),稳定剂 0.02 kg,色素 0.01 kg,水 9.47 kg。

②可可奶的加工要点:将 0.2 份的稳定剂与 5 倍的蔗糖混合,然后将 1 份可可粉与剩余的 4 份蔗糖混合,在此混合物中,边搅拌边徐徐加入 4 份脱脂乳,搅拌至组织均匀光滑为止。然后加热到 66 ℃,并加入稳定剂与蔗糖的混合物均质,在 82～88 ℃温度下加热 15 min 杀菌,冷却到 10 ℃以下进行灌装。

(3)果汁牛奶及果味牛奶。果汁牛奶是以牛奶和水果汁为主要原料;果味牛奶是以牛奶为原料加酸味剂调制而成的花色奶。其共同特点是产品呈酸性,因此生产的技术关键是乳蛋白质在酸性条件下的稳定性,需要适当的配制方法、选择适当的稳定剂并进行完全均质。

三、消毒乳加工过程中的主要危害及其控制措施

(一)原料乳验收

1. 原料乳中存在的危害因素

原料乳中存在的生物性危害因素主要是挤乳及运输过程中的细菌污染以及饲料中霉菌的有毒代谢物。病牛用的抗生素、饲料中残留农药、重金属和放射性核素等是原料乳中化学性危害的主要来源。物理性危害因素主要有杂草、牛(羊)毛、乳块、泥块等。

2. 控制措施

(1)加强对乳源的卫生管理。为防止人畜共患传染病对产品的污染,乳牛应定期预防接种及检疫,发现病牛及时隔离饲养,用具等须严格分开。

(2)做好挤乳过程各环节的卫生工作,是减少细菌对生乳污染的关键。挤乳前应做好充分准备工作,保持乳畜清洁和挤乳环境的卫生。挤乳的容器、用具应严格执行消毒卫生要求。每次开始挤出的第一、第二把乳应废弃,以防乳头部细菌污染乳汁。此外,产犊前 15 天的胎乳、产犊后 7 天的初乳、应用抗生素期间和停药后 5 天内的乳汁、患乳房炎的乳汁等应废弃,不得供食用。挤出的乳,应立即进行净化处理并及时冷却。

(3)贮乳容器应经清洗消毒后才能使用。乳在贮藏和运输过程中均应保持低温(6 ℃以下),运送乳应有专用冷藏车辆。从乳挤出后到加工前所经历的时间不得超过 24 h。

(4)原料乳经验收合格方可投入生产,验收程序按感官指标、酸度、密度及相对密度、新鲜度、微生物检验、抗生素残留等项目进行。

(5)使用双联过滤网可以去除物理性污染物。

(二)净乳、贮乳、标准化、均质

1. 潜在的危害因素

(1)生物性危害因素。不卫生的设备、管道、容器中含有的细菌对原料、半成品造成污染;贮乳容器保温性能不良,导致乳腐败变质。

(2)化学性危害因素。不适当的清洗造成设备、管道中洗消剂残留。

(3)物理性危害因素。不适当的净乳工艺造成杂草、乳块、泥土等杂物残留;均质机泄漏造成机油混入乳中。

2. 控制措施

(1)严格执行 SSOP,通过既定 CIP 程序对管道、设备进行清洗、消毒。净乳机要定期拆洗、消毒。

(2)过滤器或净乳机应定时排渣。过滤器应及时更换过滤袋,防止因堵塞而导致滤袋失去

过滤效果。净乳机如无自动排渣装置,在连续使用时低温乳(4～8 ℃)经 8 h、高温乳经 4 h 应换洗 1 次。

(3)为保证连续生产,工厂必须有一定数量的原料乳贮藏量,一般为生产能力的 50%～100%。贮乳容器要有良好的绝热层或冷却夹套,原料乳温度的上升在 24 h 内不超过 1 ℃为宜。

(4)均质温度控制在 60～68 ℃,均质压力为 15～22 MPa,均质后应紧接杀(灭)菌工序。

(5)加强对设备的维修保养,防止因机械故障造成的产品污染。

(三)杀(灭)菌、冷却

热杀菌不但可以杀灭乳中的致病菌、杂菌,还可破坏或抑制乳中的酶的活性。常用的杀菌方法有巴氏消毒法(62～65 ℃持续 30 min,72～75 ℃持续 15～16 s 或 80～85 ℃持续 10～15 s)和超高温瞬间灭菌法(130～150 ℃持续 2～5 s)。

1. 潜在危害因素

(1)生物性危害因素。不当的杀菌工艺可造成乳中残留的或在前工序中,污染的致病菌或芽孢存活、繁殖及其产毒、产酶和代谢产物的污染;不适当的冷却工艺和冷却温度造成残留的微生物大量繁殖。

(2)物理性危害因素。杀菌器渗漏污染产品;产品与冷却介质之间的对流造成污染(采用片式加热器)。

2. 控制措施

(1)严格控制杀菌工序的温度和时间,以彻底杀灭致病菌和多数繁殖型微生物。无论使用何种杀菌方法,杀菌设备都应备有自动温度记录和计时装置,要有专人随时检查。

(2)采用低温长时间杀菌法(62～65 ℃,持续 30 min)时应注意,搅拌过程中要尽量避免产生大量泡沫而影响杀菌效果。

(3)杀菌后的乳要尽快冷却到 4～6 ℃。

(4)定期对设备进行维护保养。采用高温短时杀菌法和超高温瞬间杀菌法应检查热交换器片和密封胶垫有无裂隙,防止发生渗漏现象。

(5)采用片式加热器要控制好灭菌乳管道与冷却介质管道之间的压力,防止产品与冷却介质之间的对流造成污染。

(四)灌装

1. 潜在危害因素

灌装工艺中最主要的危害因素是微生物污染,包括生产环境中的微生物、人员不卫生的操作带入的微生物污染和包装机不适当的清洗、消毒造成的细菌残留。使用不合格的包装材料可能带来物理性和化学性污染。

2. 控制措施

(1)灌装间应有空气净化设备,空气净化设备应定期清洗、消毒,及时更换滤件,防止设备污染或老化造成净化能力下降。

(2)灌装间工作人员必须保持良好的个人卫生,严格按规程操作。

(3)包装机的灭菌温度和时间应严格控制,宜采用带有温度和时间自动记录装置的包装机,连续记录灭菌的温度和时间。

(4)所使用的包装材料应对产品无毒无害,不与产品发生任何反应。

(五)各种设备、管道和容器的清洗、消毒

清洁卫生的设备是生产优质产品的基本前提。凡与乳制品直接接触的工具、容器及机械设备在生产结束后应彻底清洗消毒。杀菌工序所用设备、管路、阀门、贮罐、滤布等器具生产前还应彻底清洗消毒。

1. 潜在危害因素

不适当的清洗、消毒可造成设备、管道和容器中细菌和洗消剂残留,以及金属物、碎玻璃等异物残留。

2. 控制措施

(1)严格按照已建立的SSOP进行清洗、消毒。人工清洗或设备自动清洗如CIP清洗、刷瓶机等,一般均应包括冷清水预冲洗、洗涤剂清洗、清水喷射冲洗、蒸汽喷射消毒或杀菌药消毒等步骤。清洗过程中,应严格控制洗消剂的浓度和浸泡时间、蒸汽的消毒时间和清水的冲洗时间。

(2)避免使用金属材料如钢丝绒清洗设备和工器具,防止金属物污染产品。

(3)超高温瞬间灭菌乳所使用的包材采用双氧水消毒时,应控制双氧水的浓度、接触时间和温度,防止细菌残留或双氧水污染残留。

(4)回收旧瓶要剔除污染严重、不易洗净、瓶口不平和破损的空瓶。经彻底清洗和消毒后,在使用前还应有一道验瓶工序,防止破损、带有碎玻璃或其他异物的玻璃瓶进入灌装工序。

(六)成品贮藏

因为巴氏杀菌不能有效地杀灭芽孢菌,所以其贮藏期短且需冷藏。因此,生产的瓶装巴氏杀菌乳应尽快送到2~6 ℃的冷库中贮藏,贮藏时间不宜超过24 h。

习题与思考

一、选择题

1. 消毒乳按照杀菌方法分类,可分为(　　)。

A. 低温杀菌乳　　B. 高温短时杀菌乳
C. 超高温杀菌乳　　D. 灭菌牛乳

2. 原料乳验收主要有(　　)。

A. 感官指标　　B. 理化指标　　C. 微生物指标　　D. 兽药残留

3. 有1 000 kg含脂率为3.6%的原料乳,要求标准化乳中脂肪含量为3.1%。若稀奶油乳的脂肪含量为30%,则应提取稀奶油(　　)kg。

A. 18.6　　B. 18.7　　C. 13.6　　D. 13.7

4. 有1 000 kg含脂率为3.7%的原料乳,要求标准化乳中脂肪含量为3.1%。若脱脂乳脂肪含量为0.3%,则应添加脱脂乳(　　)kg。

A. 214.3　　B. 214.4　　C. 172.3　　D. 172.2

5. 正常牛乳的含氮化合物95%是蛋白质,蛋白质在牛乳中的正常含量是(　　)。

A. 1.0%~1.5%　　B. 30%~35%　　C. 11%~13%　　D. 3.0%~3.5%

6. 在原料乳收购时,要检测其酸度,常用的方法是(　　)。

A. 68%酒精和原料乳等量混合　　B. 0.1 mol/L的氢氧化钠滴定
C. 用电导率测定仪测定　　D. 用比重计或密度计测定

二、判断题

1. 离心净乳不同于过滤除杂，前者除去质量大的物质，后者分离质量较小的不溶物。（　）

2. 超高温灭菌乳也叫常温奶，是牛奶经过超高温瞬时灭菌处理，完全破坏其中可生长的微生物和芽孢。（　）

3. 巴氏杀菌奶需要冷链运输和冷藏。（　）

4. 使用离心净乳机去除乳中极微细杂质。（　）

三、名词解释

超高温瞬时杀菌法　原料乳标准化

四、简答题

1. 均质的目的是什么？需要利用什么设备？

2. 原料乳验收的标准是什么？

习题及答案

实训项目单

编制单位：　　　　　　编制人：　　　　　　编制日期：

任务代号		任务名称		实训课时	
课程名称		实训对象		实训时间	
实训目的					
实训步骤及要求	一、任务分析 二、任务计划决策 三、实施准备 四、工艺流程及要点 五、质量评价				

【过程性考核要点】

消毒乳的加工			
序号	考核内容	考核标准	参考分值
1	学习与工作态度	课前预习，积极主动，责任心强，按时出勤，按要求着装	5
2	团队协作	服从安排，积极与小组成员合作，共同制订工作计划和完成工作任务，团队意识强	10
3	计划制订	有完整的工作方案，时间安排合理，工作步骤正确	10
4	关键技术点	(1)原料乳验收标准：感官检验、理化检验、微生物检验的指标 (2)过滤的方法选择 (3)标准化：全脂消毒乳、脱脂乳的要求与脱脂技术 (4)预热与均质：温度与均质压力是否达到要求 (5)杀菌：杀菌方法的选择 (6)产品质量符合要求	50
5	主要仪器设备及用具的使用与维护	乳稠计、过滤设备、均质设备、杀菌等设备的安全规范操作	10
6	卫生保持与清理	保持现场卫生，实训结束后及时清理卫生、归位	10
7	问题思考	对工作任务完成过程中的问题进行分析，并提出改进措施	5
8	合计		100

项目七

酸乳的加工

【酸乳的发展史】

酸乳是一个历史悠久的产品。据专家考证，酸乳与伊斯兰教紧密相关，其发明者是古代土耳其伊斯兰教圣徒。酸奶被古代伊斯兰教徒叫作约古特(Yoghurt)，是供奉天主、天使及星月的圣洁乳品。古老的产品随着技术的不断进步而被赋予新的内容，特别是采用益生菌作为发酵剂，使酸乳成为深受消费者欢迎的具有保健功能的产品。

早在20世纪初，诺贝尔生理学与医学奖获得者、俄国著名科学家梅奇尼科夫就注意到：经常食用酸乳的巴尔干国家的居民寿命较长，提出了“酸乳长寿说”。酸乳中的乳糖由于乳酸菌的作用，变成乳酸，有乳糖不耐受的人食用酸乳会减轻反应。经科学家验证，酸乳还有其他一些功能，有减轻便秘、增强机体免疫力、降低血清胆固醇等作用。

【学习目标】

1. 熟悉酸乳发酵剂的性状、保存方法及发酵剂活力；
2. 掌握凝固型酸乳加工工艺流程、操作要点及质量标准；
3. 掌握搅拌型酸乳加工原辅材料选择、加工技术质量问题分析与解决方法。

【项目实施】

酸乳加工工艺流程：

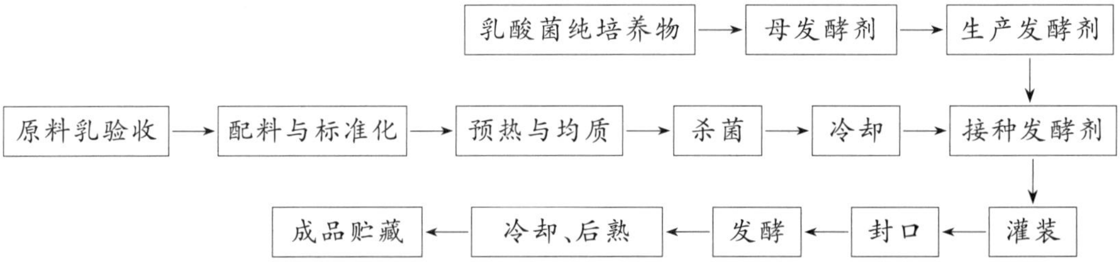

酸乳的加工

任务 1　原料乳检验

原料乳检验按照《食品安全国家标准　生乳》(GB 19301—2010)执行。

活动 1　感官检验

材料:50 mL 烧杯。

检验方法:取适量生乳置于 50 mL 烧杯中,在自然光下观察色泽和组织状态,闻其气味,用温开水漱口,品尝滋味。

要求:原料乳呈乳白色或微黄色;具有乳固有的香味,无异味;呈均匀一致液体,无凝块、无沉淀、无正常视力可见异物。

活动 2　理化检验

理化检测项目及方法同消毒乳。用于生产酸奶的原料乳必须是高质量的,要求酸度在 18 T 以下,不得含有抗生素和其他杀菌剂残留。

活动 3　微生物检验

微生物限量按照《食品安全国家标准　食品微生物学检验　菌落总数测定》(GB 4789.2—2022)执行。

此外,原料乳中不应含有抗生素等乳酸菌生长抑制因子。

知识储备

一、发酵乳定义

依据 GB 19302—2010《食品安全国家标准 发酵乳》规定。

二、发酵乳(fermented milk)

发酵乳:是以生牛(羊)乳或乳粉为原料,经杀菌、发酵后制成的 pH 降低的产品。

酸乳(yoghur):是以生牛(羊)乳或乳粉为原料,经杀菌、接种嗜热链球菌和保加利亚乳杆菌(德氏乳杆菌保加利亚亚种)发酵制成的产品。

三、风味发酵乳(flavored fermented milk)

以 80%以上生牛(羊)乳或乳粉为原料,添加其他原料,经杀菌、发酵后 pH 降低,发酵前或后添加或不添加食品添加剂、营养强化剂、果蔬、谷物等制成的产品。

风味酸乳(flavored yoghurt):以 80%以上生牛(羊)乳或乳粉为原料,添加其他原料,经杀菌、接种嗜热链球菌和保加利亚乳杆菌(德氏乳杆菌保加利亚亚种)发酵前或后添加或不添加食品添加剂、营养强化剂、果蔬、谷物等制成的产品。

四、酸乳的分类

根据不同的分类原则(如成品的组织状态、口味等)可有不同的分类,以下是常用的分类。

(1)按成品的组织状态分类,可分为凝固型酸乳、搅拌型酸乳。

(2)按成品口味分类,可分为天然纯酸乳、调味酸乳、果味酸乳、复合型或营养型健康酸乳、疗效酸乳等。

(3)按发酵后的加工工艺分类,可分为浓缩酸乳、冷冻酸乳、充气酸乳等。

(4)按原料中脂肪含量分类,可分为全脂酸乳、部分脱脂酸乳、脱脂酸乳等。

五、酸乳的营养价值和保健功能

(一)营养价值

酸奶不仅具有原料乳本身的营养价值,而且具有原料乳不具备的营养价值,主要体现在以下几个方面。

1. 具有极好生理价值的蛋白质

在发酵过程中,乳酸菌发酵产生蛋白质水解酶,使原料乳中部分蛋白质水解,变性凝固成为微粒子,并相互连接成豆腐状的组织结构。这种由乳酸菌作用产生的酪蛋白粒子小于乳蛋白在胃酸作用下产生的粒子,更易于被人体消化吸收。

另外,发酵乳中还含有相当于牛乳4倍以上的人体必需氨基酸及各种多肽。这是由于发酵过程中,乳酸菌的体蛋白酶把乳蛋白逐步分解为多肽和各种氨基酸。近年来,对这些多肽类的生物活性进行了广泛研究,发现这些多肽具有抗菌、抗高血压、促进新陈代谢、强化钙吸收等多种生理功能。

2. 含有更多易于吸收的矿物质元素

发酵乳含有丰富的、易吸收的Ca、K、Mg、Zn、Fe等矿物质元素。这些矿物质元素是构成机体的重要成分。在发酵乳加工过程中,乳酸将原料乳中的Ca、P、Fe等矿物质元素转化为易于人体吸收的可溶性乳酸钙,大大提高了Ca、P、Fe等矿物质元素的吸收利用率。

3. 维生素

酸乳中含有大量的B族维生素和少量的其他脂溶性维生素。在酸乳发酵过程中,乳酸菌还可产生多种人体营养所需的乳酸,其他有机酸、氨基酸、B族维生素及酶类等。

(二)保健功能

酸乳的保健功能表现在以下几个方面。

1. 缓解乳糖不耐症

乳糖不耐症,又称乳糖消化不良或乳糖吸收不良,是指人体内不产生分解乳糖的乳糖酶。由于乳糖不耐症患者肠道中不能分泌分解乳糖的酶而使乳糖消化、吸收被人体所用,乳糖则在肠道中由细菌分解变成乳酸,肠道分泌出大量的碱性消化液来中和乳酸,从而破坏肠道的碱性环境,导致腹痛、腹泻、痉挛等症状。

乳酸菌生长消耗原料乳中的部分乳糖,起到缓解乳糖不耐症的效果。

2. 调节肠道的微生态,抑制有害微生物的生长,降低肠道疾病发生率

健康人体肠道中微生物的种类、数量保持在相对稳定水平,它们彼此协调,形成微生态体系。然而这些自然繁殖的乳酸菌的数目会随着人年龄的增长、胃肠分泌的变化、疾病及抗生素的使用等原因而逐渐下降,引起体内菌群失调,此时应进行人为补充调整。

一些乳酸菌达到肠道时仍具有一定活性并在肠道内定植,和肠道内的有害菌争夺营养物质,对其产生竞争性抑制,形成一个不利于有害菌生长的环境。另外,乳酸菌合成产物中的短

链脂肪酸也可抑制有害菌的生长,或由此降低肠道环境的 pH,对志贺氏菌、沙门氏菌、大肠杆菌等致病菌产生拮抗作用,阻止其生长繁殖,从而控制体内的内毒素,减少腹泻等疾病的发生。

3. 降低胆固醇、预防心血管疾病

研究表明,酸乳能降低血液中胆固醇的含量,一般来说可以降低胆固醇含量达 1%～25%。这是由于乳酸菌可在肠道内吸附、繁殖,从而干扰了小肠壁对胆固醇的吸收,也有人认为是微生物细胞吸收了胆固醇,通过微生物代谢将胆固醇转化为胆酸及胆汁酸而排出体外。

4. 具有防衰老的作用

衰老的原因很多,一般认为是由于自由基的过量产生及诱导的氧化反应使生物膜受损,酶反应活性降低,细胞功能受到损害而导致的。自由基活性越强,细胞损伤得就越厉害,机体衰老得就越快。酸乳中含有的 SOD 及其他类抗氧化物质,可消除自由基,阻止机体老化。因此,酸乳制品作为老年人食品就更具有实际意义。

5. 具有抑癌防癌的作用

肠道中的有害菌产生的酚类、吲哚、亚硝酸、亚硝胺等物质具有强致癌性。乳酸菌在肠道中的作用可调整肠内菌群,抑制有害菌过量生长、降低有害物质的浓度、减少癌变发生率。

实验证明,食用酸乳后乳酸菌可产生抗诱变化合物活性物质,具有抑制癌变的作用。

原料乳在检验合格后,在生产前还要进行一系列的预处理过程。预处理主要指对收纳的原料乳进行过滤、冷却、贮藏等操作过程。使用 120 目滤网对原料乳进行过滤,过滤后应立即用板式换热器进行冷却至温度为 2～6 ℃,如果温度高于 6 ℃,需重新回冷。

任务 2 标准化

一是直接加混原料组分。在原料乳中直接加混全脂或脱脂乳粉或强化原料乳中某一乳的组分来达到原料乳标准化的目的。

二是浓缩原料乳。乳品加工的重要工艺之一,包括蒸发浓缩、反渗透浓缩和超滤浓缩。

三是复原乳。以脱脂乳粉、全脂乳粉、无水奶油为原料,根据所需原料乳的化学组成,用水来配制成标准原料乳。原料乳经标准化后,脂肪含量≥3.1%,蛋白质含量≥2.9%,非脂乳固体含量≥8.1%。

知识储备

根据不同产品的要求,原料如需进行标准化,标准化的目的是在食品法规允许的范围内,根据所需酸乳成品的质量特征要求,对原料乳的成分进行完善,使其不足的得以校正,以保证最终各批成品质量稳定一致。

任务 3 配料

风味酸乳配料混合在 10℃以下,混料水合时间≥30min,一般控制在 1.5～3h。配料结束,应立即对料液指标进行检验,如果指标不符合要求应返回重新配料。

知识储备

添加配料的目的是保证混合料中固态组成成分充分分散和水合，配料时须考虑混合料液的温度与时间。充分利用搅拌、混合时间与温度的配合达到上述目的。如混合时间过长则会造成混合料中脂肪上浮，也会使过多空气进入混合料中，并在均质过程中影响混合料的稳定性。

酸乳加工过程中需要添加甜味剂、发酵剂及其他添加剂和营养强化剂。

一、甜味剂

在酸乳制品中添加甜味剂的主要目的是减少酸乳特有的酸味感觉，使其口感更柔和，更容易被消费者所接受。

在加工中应特别注意甜味剂的添加量和种类，特别是对特殊消费人群（如糖尿病患者）应选择低热能的甜味剂替代糖类。

酸乳中使用最广泛的甜味剂是蔗糖。考虑到过多的蔗糖会影响酸乳发酵时间，通常建议蔗糖的使用量不超过 10%。随着人们生活水平的提高，越来越多的消费者需要营养高、低热量的食品，从而使一些天然甜味剂在乳制品中的应用得到推广，如果葡糖浆、甜味菊苷、葡萄糖和阿斯巴甜。

二、发酵剂

根据 FAO 关于酸乳的定义，酸乳中所用的乳酸菌发酵剂为嗜热链球菌与保加利亚乳杆菌。乳酸菌在发酵中除将部分乳糖转化为乳酸外，也由于其蛋白酶和脂肪酶的活性而产生一些游离氨基酸和易挥发脂肪酸等副产物。另外，在同一温度下，不同菌的生长速度也有所不同，因此上述两种菌株的比例及其他乳酸菌的加入均会直接影响酸乳成品的风味和质地。

成品酸乳的特征要求是选择其所用菌种的关键因素，而其菌种的纯度则直接影响到酸乳产品的质量。

三、其他食品添加剂和营养强化剂

若生产不同风味与质地特征的酸乳，可以按有关规定适量使用食品添加剂。食品添加剂主要有稳定剂、香精香料和食用色素等。食品添加剂和营养强化剂的质量应符合相应的安全标准和有关规定，使用应符合《食品安全国家标准　食品添加剂使用标准》(GB 2760—2014)和《食品安全国家标准　食品营养强化剂使用标准》(GB 14880—2012)的规定。

任务 4　均质

活动 1　预热

标准化后的乳先输送热至板式热交换器，升温至 65～70℃进行预热处理。

活动 2　均质

达到预热温度的乳通过泵输送入高压均质机，调整高压均质机的均质压力在 18～20 MPa。

任务5 杀菌

杀菌的温度与时间，不仅影响原料乳中微生物致死效率，也影响成品pH和质量要求。通常选用90～95 ℃、3～5 min或85 ℃、30 min的杀菌方式。杀菌后的乳经冷却器，冷却到40～45 ℃。

任务6 接种

将制备好的生产发酵剂，在无菌条件下，用灭菌玻璃棒搅成糊状，再将乳量2%～3%的生产发酵剂加入40～45 ℃乳中，充分搅拌均匀。

目前，酸乳生产厂多采用直接加入直投式发酵剂(DVS)的方法进行接种。

知识储备

一、发酵剂

发酵剂是一种能够促进乳的酸化过程，含有高浓度乳酸菌微生物的培养物。当发酵剂接种到处理过的原料乳中，在一定条件下繁殖，其代谢产物使发酵乳制品具有一定的酸度、滋味、香味和黏稠度等特性，无论对于酸乳还是其他发酵乳制品生产来说，质量优良的发酵剂制备都是至关重要的。

(一)发酵剂的分类

1. 按发酵剂制备过程分类

(1)乳酸菌纯培养物。乳酸菌纯培养物即一级原始菌种，一般多接种在脱脂乳、乳清、肉汁或其他培养基中。酸乳生产企业取得菌种后，将其移植于灭菌脱脂乳中，恢复活力以供生产需要。

(2)母发酵剂。母发酵剂即一级菌种的扩大再培养，是生产发酵剂的基础。

(3)生产发酵剂。生产发酵剂即母发酵剂或中间发酵剂的扩大再培养，是用于实际生产的发酵剂，又名工作发酵剂。

(4)直投式发酵剂(DVI或DVS)。直投式发酵剂是指高度浓缩和标准化的冷冻或冷冻干燥发酵剂菌种，可供酸乳生产企业直接加入已热处理过的原料乳中进行发酵，而无须对其进行活化、扩培等其他处理的生产发酵剂。它可以单独使用，也可以混合使用，以使产品获得理想的特性。

2. 按使用发酵剂的目的分类

(1)单一发酵剂。单一发酵剂只含有一种菌的发酵剂。

(2)混合发酵剂。混合发酵剂含有两种或两种以上菌的发酵剂，如保加利亚乳杆菌和嗜热链球菌按1∶1或1∶2比例混合的酸乳发酵剂。在制备混合发酵剂时，必须注意各菌种生长的最适温度等因素。

(3)补充发酵剂。为了增加酸乳的黏稠度、风味或增强产品的保健作用而选择特殊菌种制作的发酵剂，一般可单独培养或混合后加入原料乳中。

(二)发酵剂的主要作用

(1)分解乳糖产生乳酸。

(2)产生挥发性物质,如丁二酮、乙醛等,从而使酸乳具有典型的风味特征。

(3)具有一定的降解脂肪、蛋白质的作用,从而使酸乳更利于消化吸收。

(4)酸化过程抑制致病菌的生长。

(三)发酵剂的质量要求

乳酸菌发酵剂的质量直接影响产品质量,乳酸菌发酵剂的质量必须符合下列要求:

(1)凝块应有适当的硬度、均匀而细滑、富有弹性、组织状态均匀一致、表面光滑、表面无龟裂、无皱纹、未产生起泡及乳清分离等现象。

(2)具有优良的风味,不得有腐败味、苦味、饲料味及酵母菌味等异味。

(3)将凝块完全粉碎后,质地均匀、细腻滑润、略带黏性、不含块状物。

(4)接种后在规定时间内产生凝固,无延时现象。活力测定符合规定指标。

任务7 灌装

活动1 空罐的准备

接种后经充分搅拌的原料乳应立即灌装。灌装容器应具有对人体无毒无害、具有良好的密封性、对产品具有足够的保护性能的特点。

灌装容器若为玻璃罐,无论是新罐还是旧罐,在使用前都应进行彻底的清洗与消毒。可采用沸水浴消毒10 min或蒸汽灭菌的方法进行消毒。灌装容器若为灭菌过的一次性塑料杯,可直接使用。

凝固型酸乳的灌装容器也可使用玻璃罐,因其能很好地保持酸乳的组织状态且容器本身无有害浸出物。

活动2 装罐

灌装过程应在尽量短的时间内完成。将接种后经充分搅拌的原料乳分装于消毒后的包装瓶中,加盖、封口后进行发酵。

任务8 发酵

将分装的酸乳移入发酵室(也可用恒温培养箱)中。采用保加利亚乳杆菌和嗜热链球菌混合生产发酵剂时,发酵温度保持在41～42 ℃,培养时间2.5～4 h(接种量为2%～4%),至乳基本凝固时即可终止发酵。发酵终点可依据以下条件来判断:

一是抽样测定酸乳的酸度,一般滴定酸度达到65～70°T即可终止;

二是pH低于4.6;

三是抽样观察,倾斜瓶身,观察酸乳的流动性和组织状态,如果流动性变差,且有小颗粒出现,或有少量乳清析出,即可终止发酵。

发酵过程应注意:避免震动,否则会影响组织状态;发酵温度要恒定,避免忽高忽低;掌握好发酵时间，防止酸度不够或过度。

知识储备

一、发酵剂的选择

菌种的选择对酸乳产品的质量起着至关重要的作用。可根据不同的生产目的选择不同的菌种，同时对菌种发育的最适温度、耐热性、产酸力以及是否产生黏性物质等特性需要特别注意。

近年来，为了使酸乳制品具有特殊的质地，特殊产香的德氏乳杆菌保加利亚亚种菌株、嗜热链球菌丁二酮产香菌株已经开始在酸乳制品中应用。此外，嗜酸乳杆菌、干酪乳杆菌也是酸乳加工中常见菌种。伴随着大健康理念的推广，双歧杆菌因具有独特的生理功能已逐渐受到人们的喜爱和重视。

质量优良的发酵剂应从以下几方面加以考虑：

(1)产黏性。发酵过程中产生的黏性物质有助于改善酸乳的组织状态和黏稠度，尤其是在酸乳干物质含量不高时更为重要，但一般情况下产黏发酵剂往往会对酸乳的风味有一定程度的影响。

(2)产香性。酸乳发酵剂产生的芳香物质通常为乙醛、丁二酮、丙酮和挥发性酸，通过感官评价、挥发性酸的测定以及测定乙醛生成能力等方法评价发酵剂产香能力的强弱。

(3)蛋白质的水解性。嗜热链球菌在乳中表现出很弱的蛋白质水解性，德氏乳杆菌保加利亚亚种的蛋白质水解活性较高，并产生大量的游离氨基酸和肽类。影响蛋白质水解活性的因素主要有温度、pH、菌种及其贮藏的时间等。

(4)产酸能力。判断发酵剂产酸能力的方法有两种，即测定酸度和产酸曲线。产酸能力强的发酵剂在发酵过程中容易导致产酸过度和后酸化过快，所以生产中一般选择产酸能力中等或相对较弱的发酵剂。

(5)后酸化。后酸化是指酸乳生产过程中终止发酵后，发酵剂菌种在冷却和冷藏阶段仍能继续缓慢产酸。它包括 3 个阶段：①从发酵终点(42 ℃)冷却到 19～20 ℃时酸度的增加值；②从 19～20 ℃冷却到 10～12 ℃时酸度的增加值；③在 0～6 ℃冷库中冷藏阶段酸度的增加值。

酸乳生产应选择后酸化尽可能弱的发酵剂，以便控制产品质量。

二、发酵剂的制备方法

在实际的生产过程中，发酵剂的制备是酸乳加工中最主要的工艺，也是酸乳生产企业最看重的环节。

(一)培养基的制备

1. 母发酵剂、中间发酵剂培养基的制备

母发酵剂、中间发酵剂的培养基一般用高质量、无抗生素残留的脱脂乳粉制备，最好不用全脂乳粉，全脂乳粉中的游离脂肪酸的存在将抑制菌种的增殖。培养基的干物质含量为10%～12%，推荐杀菌温度为 90 ℃、杀菌时间为 30 min。

2. 工作发酵剂的培养基

工作发酵剂的培养基可用高质量、无抗生素残留的脱脂乳粉或全脂乳制备。培养基的干物质含量为10%～12%。操作时，先把配制好的培养基加热到90～95 ℃，并保持30～45 min进行灭菌，冷却到菌种培养温度后接种发酵。

3. 生产发酵剂的培养基

制取生产发酵剂的培养基最好与成品的原料相同，以使菌种的生活环境不致急剧改变而影响菌种的活力。最常用的培养基是脱脂乳，也可用特级脱脂乳粉按9%～12%的干物质制成的再制脱脂乳替代。某些乳品厂也使用精选的高质量鲜乳做培养基。用具有恒定成分的、无抗生素的再制脱脂乳做培养基比用普通脱脂乳做培养基更有利于产品质量。

培养基也可以通过添加一些生长因子，如Mn^{2+}而加以强化。例如，在每升发酵剂添加0.2 g $MnSO_4$能促进嗜柠檬酸明串珠菌的生长；抗噬菌体培养基也可用于生产单菌株或多菌株发酵剂，这些培养基中含有磷酸盐、柠檬酸盐或其他螯合剂，使Ca^{2+}处在不溶解状态，大多数噬菌体增殖需要Ca^{2+}的参与，从培养基中去掉Ca^{2+}，保护乳酸菌免遭噬菌体感染，可避免发酵剂活力降低。

（二）菌种的复活与保存

菌种通常保存在试管或安瓿瓶中，使用前需要恢复其活力，即在无菌操作条件下接种到灭菌的脱脂乳试管中进行多次传代、培养。而后保存在0～4 ℃冰箱中，每隔1～2周移植1次。为防止在长期移植过程中，菌种被杂菌污染而造成菌种退化或老化、裂解。因此，菌种需不定期进行纯化与复壮。

（三）发酵剂的制备步骤

1. 商品发酵剂的活化

由于受保存温度与保存时间的影响，在使用前需反复活化几次才能恢复其活力而用于母发酵剂和中间发酵剂的生产。活化过程必须严格按照无菌操作程序进行操作。

商品发酵剂活化主要步骤如下：

(1)移取菌种。先将接种菌种的试管口用火焰灭菌，然后打开棉塞，用灭菌吸管从试管底部吸取1～2 mL纯培养物，立即移入预先准备好的灭菌培养基中。该操作要在无菌的条件进行，以防止杂菌污染。

(2)保温培养。根据采用菌种的生理特性，保温培养至凝固。

(3)充分活化。取出1～2 mL上述凝固物，按上述方法移入灭菌培养基中保温培养。反复数次使乳酸菌充分活化。将凝固后的菌种保存于0～4 ℃冰箱中，每隔2周进行1次移植。

2. 母发酵剂和中间发酵剂的制备

母发酵剂和中间发酵剂的制备需在严格的卫生条件下进行，制备间应尽可能使用经过滤的正压空气，操作小间应用400～800 mg/L次氯酸钠溶液喷雾，操作过程尽量避免污染杂菌。

母发酵剂一次制备后可存于0～4 ℃冰箱中。对于混合菌种，每周活化1次即可。母发酵剂在活化过程中可能会带来杂菌或噬菌体的污染，应定期更换，一般最长不超过1个月。

3. 生产发酵剂的制备

生产发酵剂的制备要求极高的卫生条件。要把可能感染的酵母菌、霉菌、噬菌体的污染危险降低到最低限度。生产发酵剂的空间最好与加工车间隔离，要有良好的卫生条件，配有换气设备。为防止来自环境中的微生物污染，每天要用200 mg/L的次氯酸钠溶液喷雾消毒，工作人员在操作前需要用100～150 mg/L的次氯酸钠溶液洗手消毒。氯水应专人配制并每天更换。对于发酵设备的清洗系统必须仔细设计，以防清洗剂和消毒剂的残留物与发酵剂接触而污染发酵剂。

三、发酵剂的形态

为了生产和科研的需要，使分离收集或获得的菌种长期保持它们的形态特征、生理生化特征和遗传形状的稳定性，人们已经创建了不少菌种保存的方法。

(一)液态发酵剂

液态发酵剂可在两种不同的生长培养基中以液态形式保存的发酵剂。第一种为不含抗生素的复原脱脂乳，该复原脱脂乳的含量为非脂乳固体(10～12)g/100 g。这种乳在 121 ℃高压灭菌 10～15 min 后，取样在 30 ℃培养 7 天以检查其灭菌程度。以(1～2) mL/100 mL 的接种量接种后，在 30 ℃培养 16～18 h，或在 42 ℃培养 3～4 h。培养结束后，凝固的发酵剂必须立即冷却。液态发酵剂的保存温度为 2～8 ℃。

(二)粉状或颗粒状发酵剂

粉状发酵剂是将培养到最大乳酸菌数的液体发酵剂通过冷冻干燥而制得的。利用冷冻干燥的方法获得粉状或颗粒状的发酵剂，可以最大限度地减少乳酸菌活性的损失。

冷冻干燥发酵剂与液态发酵剂相比，具有以下优点：

(1)具有良好的保存质量。

(2)具有更强的稳定性和乳酸菌活力。

(3)更少的接种次数，大大降低了被污染的概率。

任务 9　冷藏、后熟

为抑制酸乳中的酶及其他的生物化学变化，发酵后的酸乳应立即移入 2～4 ℃的冷库进行冷藏、后熟。冷藏还具有促进酸乳风味的产生、改善酸乳硬度的作用。风味物质的高峰期一般出现在发酵结束后的 4 h。

活动 1　冷藏

发酵终止的酸乳平移至 2～4℃的冷库或冰箱中，进行冷藏后熟 12～24 h。

活动 2　检验、贴标

对酸乳进行感官、理化、微生物指标、乳酸菌数检测，依据 GB 19302—2010《食品安全国家标准　发酵乳》，合格后方可贴标出售。分销过程中必须保持冷链的连续性。

知识拓展

一、搅拌型酸奶生产线

搅拌型酸奶生产线如图 7-1 所示。

搅拌型酸奶的加工需要经过以下阶段：

(1)发酵阶段。预处理的牛乳冷却到培养温度，然后连续地与所需的生产发酵剂一并泵入发酵罐内。灌满后，开动搅拌器数分钟，保证发酵剂均匀分散，然后在 41～43 ℃条件下，培养

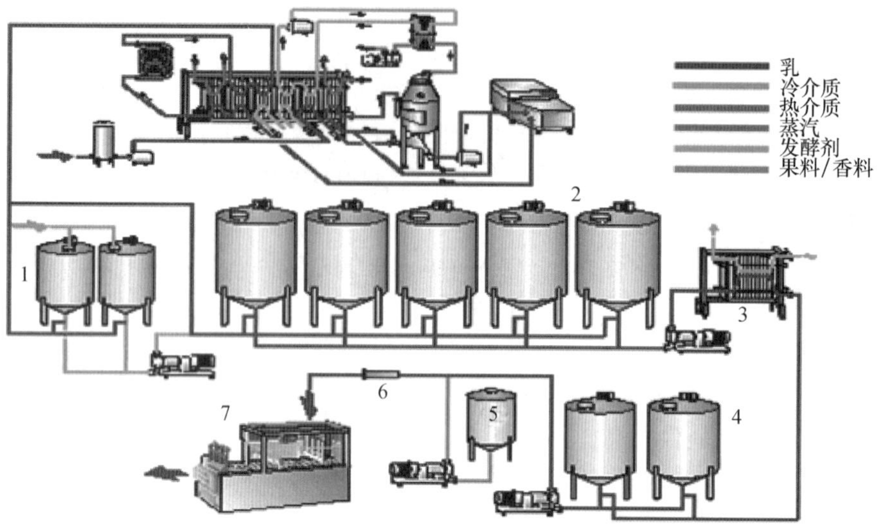

图 7-1 搅拌型酸奶生产线

1—生产发酵剂罐；2—发酵罐；3—板式冷却器；4—缓冲罐；5—果料罐；6—静态混合器；7—灌装机

2.5～4 h。

(2)冷却阶段。在培养的最后阶段，已达到所需要的酸度时(pH 4.6)，酸奶进入特殊板式冷却器中进行快速冷却，降温至15～22 ℃，这样可以暂时阻止酸度的进一步增加；冷却的酸奶在进入灌装机以前一般先打入缓冲罐中。

(3)调味阶段。果料和香料可在酸奶从缓冲罐到灌装机的输送过程中加入，这是通过一台可变速的计量泵连续地把这些成分泵到酸奶中，经过静态混合器混合。

(4)包装阶段。酸奶进入灌装机，根据市场需要包装成各种形式。

二、搅拌型酸奶常见质量问题与控制措施

搅拌型酸乳常见的质量问题表现为以下几个方面。

(一)胀包

酸乳在贮藏及销售过程中，特别是在常温下销售及贮藏很容易出现胀包。酸乳由于产气菌主要是酵母菌作用而产生气体，使酸乳变质的同时也使酸乳的包装气胀。

1. 原因分析

污染酸乳而使酸乳产气的产气菌主要是酵母菌和大肠杆菌。其污染途径主要有以下几方面：①菌种被产气菌污染(主要是酵母菌)；②生产过程中酸乳被酵母菌和大肠杆菌污染；③酸乳的包装材料被酵母菌和大肠杆菌污染。

2. 控制措施

(1)继代菌种在传代过程中要严格控制环境卫生，确保无菌操作，可用一次性直投干粉菌种来解决继代菌种存在的一些弊病。

(2)严格控制生产过程中可能存在的污染点和一些清洗不到的死角。如发酵罐、酸乳缓冲罐、发酵罐进出料管、灌装设备等一定要彻底清洗后再进行杀菌，杀菌温度一般为90 ℃以上(设备的出口温度)，并且保温20～40 min，杀菌效果的验证可采取涂抹试验。生产环境空气中酵母菌超标，可采取二氧化氯喷雾、乳酸熏蒸、空气过滤等措施来解决空气污染，采取空气降

落法来检验空气中酵母、霉菌数。一般生产环境空气中酵母、霉菌数均少于 50 个/m^3。另外，严格控制人体卫生，进车间前一定要严格消毒，生产过程中经常对工作服、鞋及人手进行涂抹试验，确保人体卫生合格。加强车间环境、设备等方面的消毒、杀菌工作，确保大肠杆菌无论是在工序还是成品中的检验都是未检出的状态。

(3)使用合格的包材，包材应存放于无菌环境中，使用前用紫外灯杀菌。

(4)也可采取添加一定量的抑制酶(抑制酵母和霉菌)来解决此问题。

(5)杀菌要彻底，酸乳中不能有颗粒物质存在，否则会影响杀菌的彻底性。

(6)杀菌机参数设定要达到在保质期内不发生任何变质，酸乳属于高酸性产品，杀菌温度一般不用太高。

(7)严格按无菌操作要求规程操作。

(二)产品发霉

酸乳在销售、贮藏过程中有霉菌生长，长出霉斑，从而使酸乳变质。

1. 原因分析

(1)菌种污染霉菌、接种过程中有霉菌污染；

(2)生产过程中有霉菌污染；

(3)包材被霉菌污染。

2. 控制措施

(1)如果使用传代菌种，菌种在传代过程中要严格控制污染，确保无菌操作，保证菌种免受霉菌污染；

(2)生产环境要严格进行消毒、杀菌，确保生产环境中霉菌数合格，一般生产环境空气中酵母、霉菌数均少于 50 个/m^3；

(3)包材在进厂之前一定要严格检验，确保合格，存放于无菌环境中，使用时用紫外灯杀菌；

(4)可采取加入抑制酶(抑制酵母和霉菌)来解决。

(三)乳清析出

酸乳在生产、销售、贮藏时有时会出现乳清析出的现象，酸乳的国家标准规定酸乳允许有少量的乳清析出，但大量的乳清析出则是属于不合格产品。

1. 原因分析

(1)乳中干物质、蛋白质含量低；

(2)脂肪含量低；

(3)均质效果不好；

(4)接种温度过高；

(5)发酵过程中凝胶组织遭受破坏；

(6)乳中氧气含量过大；

(7)菌种产黏度低；

(8)灌装温度过低；

(9)酸乳在冷却、灌装过程中充入气体；

(10)酸乳配方中没加稳定剂或用量过少。

2. 控制措施

(1)调整配方中各组成分的比例，增加乳干物质、蛋白质的含量；

(2)增加乳中的脂肪含量；

(3)均质温度设定在 65～70 ℃，压力为 15～20 MPa，经常检验乳的均质效果，定期检查均质机部件，如有损坏及时更换；

(4)将接种温度和发酵温度严格控制在(43±1)℃；

(5)发酵过程要静止发酵，检查在发酵罐的搅拌器是否关闭；

(6)采用脱气设备，将乳中气体除掉；

(7)选择产黏度高的菌种；

(8)灌装温度最好设定为 20 ℃以上；

(9)严格检查酸乳运输中的泵及管路是否漏气；

(10)调整酸乳的配方，使用稳定剂并且添加量合理。

(四)酸乳的组织状态不细腻

饮用酸乳时酸乳过于黏稠，口感不好，组织状态不细腻、粗糙，酸乳呈黏丝状糊口，也是酸乳常见的质量问题。

1. 原因分析

(1)均质效果不好；

(2)搅拌时间短或运输酸乳的泵速度较慢；

(3)干物质、蛋白质含量过高；

(4)稳定剂选择得不好或添加量过大。

2. 控制措施

(1)控制均质温度，均质温度设在 65～70 ℃，压力为 15～20 MPa，经常检验乳的均质效果，定期检查均质机部件，如有损坏及时更换；

(2)确定合理的工艺条件，加大运输酸乳的泵的速度；

(3)降低乳中乳干物质、蛋白质的含量；

(4)选择适合的稳定剂及合理的添加量，根据具体设备情况确定合理的配方。

(五)酸度过高、口感刺激、不柔和

酸乳的酸度过高，酸甜比不合理，特别是酸感较刺激、极不柔和是酸乳常见的质量问题。

1. 原因分析

(1)采用传代菌种时，杆菌和球菌比例失调；

(2)酸乳发酵时间过长，产酸过多；

(3)酸乳的冷却时间过长，导致酸度过高；

(4)酸乳贮藏温度过高，后酸化严重；

(5)接种量过大，酸化过快；

(6)所用菌种的后酸化过强。

2. 控制措施

(1)菌种在传代过程中注意每次菌种的添加量，一般为 2.5%～3.0%；培养温度为(43±1)℃，以及严格控制所用原料乳的质量，特别是抗生素的检验一定要合格。对每次扩培后的菌种应及时检验杆菌和球菌的比例。如果传代条件不成熟应改用一次性直投干粉菌种。

(2)掌握好酸乳的发酵时间，及时检验，确定发酵终点并及时冷却。

(3)确定合理的冷却时间，尽量控制酸乳酸度的增长。

(4)降低酸乳的贮藏温度,使贮藏温度在 2～6 ℃。

(5)工作发酵剂的接种量在 3%～5%,一次性直投菌种的添加量按其厂家要求添加。

(6)选择后酸化弱的菌种,或者在酸乳发酵后添加些能够抑制乳酸菌生长的物质来控制酸乳的后酸化。

(六)甜度过高,酸甜比例不合理

饮用酸乳时,甜味突出,酸味淡,体现不出酸味,口味不好,也是酸乳常见的问题。

1. 原因分析

(1)甜味剂用量过大;

(2)发酵终点的酸度设定过低;

(3)后发酵乳制品加工技术产酸过低。

2. 控制措施

(1)调整酸乳配方,确定合理的甜味剂添加量,确保成品的酸甜比合理;

(2)发酵终点的酸度标准确定应合理;

(3)酸乳的冷却温度要合理,一般为(20±1)℃。控制好原料乳的质量,确保后发酵正常产酸。

(七)香气不足(乳酸菌的发酵香气不足)

饮用酸乳时酸乳的香味淡,风味欠佳,是酸乳常见的质量问题。

1. 原因分析

(1)原料乳不新鲜;

(2)所用菌种产香差。

2. 控制措施

(1)生产酸乳用的原料乳要特别挑选,牛乳要选用新鲜的纯牛乳,不得含有抗生素和杂质,并且原料乳不论是杀菌前还是杀菌后,如果在 3 h 内不生产,则必须将温度冷却到 4 ℃以下,原料乳的酸度严格控制在 14～16°T,细菌总数应小于 2.5×10^5 CFU/mL,体细胞数应小于4×10^5 CFU/mL。

(2)改用产香好的菌种。

(八)有异味(乳粉味、苦味等)

酸乳在生产、销售过程中有乳粉味,有时还有苦味、塑料味等。

1. 原因分析

(1)原料乳的干物质低,用乳粉调整原料乳的干物质和蛋白质时,添加的乳粉量过大从而影响酸乳的口味;

(2)接种量过大或菌种选用的不好;

(3)包装材料带来的异味。

2. 控制措施

(1)增加乳的干物质和蛋白质含量时,尽量少加乳粉,如果达不到干物质和蛋白质含量的要求,可采用将乳浓缩来提高乳干物质和蛋白质含量;

(2)工作发酵剂的接种量在 3%～5%,一次性直投菌种的添加量按其厂家要求添加如仍有苦味,应改换菌种;

(3)对包装材料进行检验,使用合格的包装材料。

(九)有沙粒感(小颗粒)

酸乳经破乳搅拌、泵送、灌装之后,有时酸乳中有较硬的小颗粒,饮用时有沙粒感。这种现象在酸乳生产中比较少见。

1. 原因分析

(1)乳中的磷酸钙沉淀、乳白蛋白变性;

(2)接种温度过高或过低;

(3)菌种的原因。

2. 控制措施

(1)调整热处理强度,一般加工酸乳的热处理强度为 90~95 ℃、5~15 min;

(2)接种温度应控制在(43±1)℃;

(3)更换菌种,搅拌型酸乳所用的菌种应选用产黏度高的菌种。

(十)口感不好

口感稀薄、黏度较低而导致的酸乳口感不好是搅拌型酸乳常见的质量问题。

1. 原因分析

(1)乳中干物质含量偏低,特别是蛋白质含量低;

(2)没有加稳定剂或稳定剂的添加量少,稳定剂选用的不好;

(3)热处理或均质效果不好;

(4)酸乳的搅拌过于激烈;

(5)加工过程中机械处理过于激烈;

(6)破乳搅拌时酸乳的温度过低;

(7)发酵期间凝胶体遭破坏;

(8)菌种。

2. 控制措施

(1)调整配方,使乳中干物质含量增加,特别是蛋白质含量提高。乳中干物质含量,特别是蛋白质含量对酸乳的质量起主要作用。

(2)添加一定量的稳定剂来提高酸乳的黏度,可改善酸乳的口感。

(3)调整工艺条件,控制均质温度,均质温度设在 65~70 ℃,压力为 15~20 MPa,经常检验乳的均质效果,定期检查均质机部件,如有损伤应及时更换。

(4)调整酸乳的搅拌速度及搅拌时间。正常发酵罐搅拌的转速为 24 r/min。

(5)运输酸乳的泵应采用正位移泵,并且控制好泵的速度。

(6)采用夹层走冰水冷却酸乳时,提高夹套出口水温度,如采用板式冷却器冷却酸乳时,最好将冷却温度设为(20±1)℃。

(7)发酵期间保证乳处于静止状态,检查搅拌是否关闭。

(8)搅拌型酸乳的菌种应选用高黏度菌种。

企业衔接

搅拌型酸奶加工技术

搅拌型酸乳是指加工工艺上具有以下特点的产品,即经过处理的原料乳接种发酵剂以后,先在发酵罐中发酵至凝乳，再降温搅拌破乳、冷却、分装到销售用小容器中，即为成品。

另外，根据在加工过程中是否添加了果蔬料或果酱，搅拌型酸乳可分为天然搅拌型酸乳和加料搅拌型酸乳。搅拌型酸乳还可进一步加工制成冷冻酸乳、浓缩干燥酸乳等。

（一）工艺流程

搅拌型酸奶工艺流程如下：

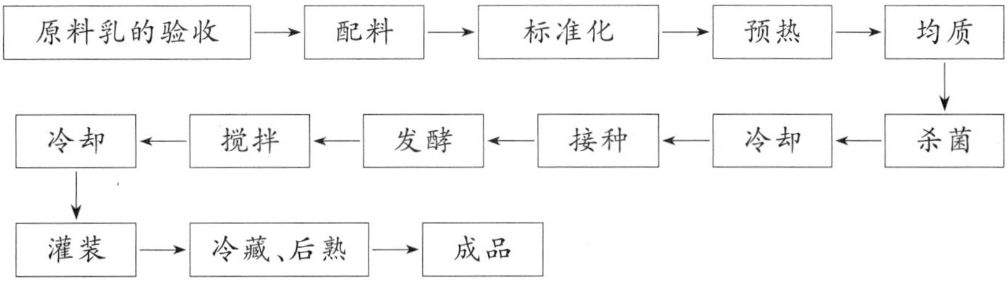

（二）工艺要点

1. 原料乳及其辅料要求

（1）原料乳。生产搅拌型酸奶，原料乳的验收要符合鲜奶验收的感官指标、理化指标、微生物指标及抗生素检测。要求酸度在18°T以下，杂菌数不高于500 000 CFU/mL，乳中全乳固体含量不低于11.5%。全脂酸奶的脂肪含量大于3.1%，非脂乳固体大于8.5%，且乳中不得含有抗生素和防腐剂残留。

（2）辅料及要求。

①脱脂乳粉。主要作用是提高干物质含量，改善产品组织状态，促进乳酸菌产酸，一般添加量为1%～1.5%。

②稳定剂。搅拌型酸乳生产中通常添加稳定剂。常用的稳定剂有明胶、果胶、琼脂、CMC等，添加量为0.1%～0.5%。

③糖及果料。通常添加6.5%～8%的蔗糖或葡萄糖。在搅拌型酸乳中常使用果料及调香物质，如果酱等。而凝固型酸乳中很少使用果料。

④在一年的一定季节，由于牛乳中阳离子的缺乏，牛乳的凝结能力降低，一般要加入“盐类稳定剂”，目前使用最广泛的盐类稳定剂为钙离子，通常添加$CaCl_2$，其加入量为0.02%～0.04%。

2. 配料与标准化

（1）木瓜酸奶的配比。全脂鲜牛奶85%、脱脂乳粉1%、木瓜酱料4.2%、白砂糖4%、阿斯巴甜0.03%、复合稳定剂1%、木瓜香精0.02%、发酵剂4%。

（2）原辅料混合。将鲜奶、甜味料、脱脂乳粉（溶解静置）、复合稳定剂（充分溶解），按配比混合并搅拌均匀，进行标准化。

（3）木瓜酱料的制备。将新鲜木瓜去皮、核后，切分果肉并立即加入果肉重量30%的水，煮至65 ℃以钝化酶活性，然后用打浆机打浆4 min（3 500 r/min），加入适量蔗糖（40 g/100 g果肉），放入锅中熬煮并不断搅拌，2 min后加入0.3%果胶，调整pH为4.0左右，搅拌熬煮3 min后离火冷却，装罐密封后于4 ℃冷却备用。

3. 均质

均质处理可以使原料充分混匀，有利于提高酸乳的稳定性和稠度，并使酸乳质地细腻，口感良好。

一般操作是先将混合好的原辅料经热交换器预热到55～65 ℃，其目的是提高均质效果。

然后通过泵送入高压均质机，一般均质温度为 55～65 ℃，均质压力为 20～25 MPa。

4. 杀菌与冷却

经均质的牛乳回流到热交换器加热到 90～95 ℃，保温 5 min 进行杀菌。还可以采用超高温瞬时杀菌 135～140 ℃，加热 2 s 左右。这样有利于营养成分的保存，减少煮沸气味。其目的在于杀灭原料乳中的致病菌及杂菌，使乳中酶的活力钝化，同时钝化原料乳中对发酵菌有抑制作用的天然抑制物；确保酸乳正常生长繁殖；使牛乳中的乳清变性，变性乳清蛋白可与酪蛋白形成复合物，容纳更多的水分，并且具有最小的脱水收缩作用，改善组织状态、提高黏稠度和防止成品乳清析出。

杀菌后的原料乳经过冷却器，冷却至 40～45 ℃，以便接种发酵剂。

5. 接种

目前，乳品厂多采用直接加入直投式发酵剂（DVS）的方法进行接种，只需按着规定的比例将这种发酵剂撒入乳罐中，或撒入制备工作发酵剂的乳罐中扩大培养一次，将其作为工作发酵剂使用即可。接种时应严格注意操作卫生，发酵剂加入后要充分搅拌，使发酵剂与原料乳混合均匀。发酵剂的接种量一般为 2%～5%，可根据菌种活力、发酵方法、生产时间的安排及混合菌种的比例不同而定。

6. 发酵

和凝固性酸乳不同，搅拌型酸乳的发酵过程是在发酵罐内完成的。发酵是影响产品质量的重要工序，对这个工序的管理主要是对发酵温度、发酵时间和判定发酵终点的管理。如采用保加利亚乳杆菌与嗜热链球菌混合比例的生产发酵剂进行发酵，发酵温度应保持在 41～42 ℃，培养 2.5～4 h。一般操作是将接种了工作发酵剂的乳泵入发酵罐中，发酵罐设有温度计和 pH 计，当酸度达到一定数值后，pH 计可传出信号，当 pH 降到 4.6 左右，即可终止发酵。一般发酵罐上部和下部温差不超过 1.5 ℃，如图 7-2 所示。

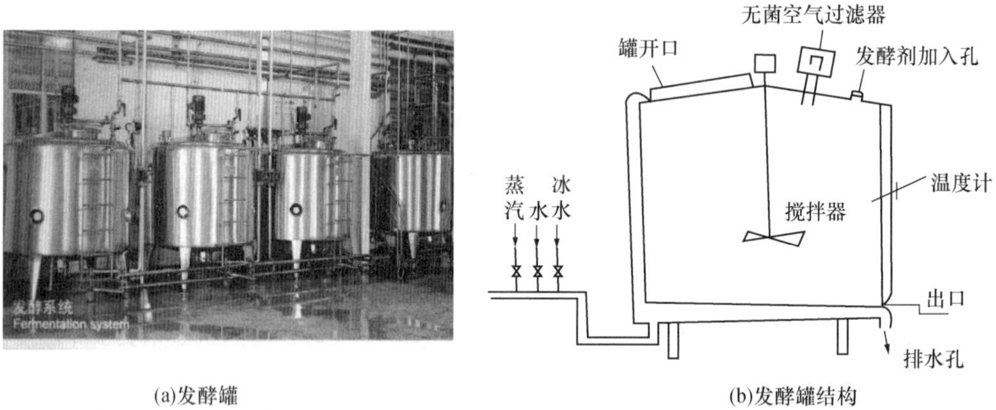

(a)发酵罐　　(b)发酵罐结构

图 7-2　酸奶发酵罐

7. 冷却

搅拌型酸乳冷却的目的是快速抑制乳酸菌的生长和酶的活性，以防止发酵过程产酸过度及搅拌时脱水。

发酵结束后快速冷却至 38 ℃，然后继续冷却至 18 ℃左右，此时可以加入经过冷却的果料及香料。根据工艺需要也可以在灌装前，在输送酸奶的过程中加入。

冷却可分为 4 个阶段（时间为 20～30 min）：①温度从 40～45 ℃降至 35～38 ℃。为了有效而迅速地使细菌增殖递减，可适当加强冷却强度。细菌因处于对数增殖期，所以对环境的变化特别敏感。可用片式或管式冷却器进行冷却，使胶体温度迅速从 40～45 ℃降到 35～38 ℃。②温度从 35～38 ℃降至 19～20 ℃。该阶段冷却的目的是阻止乳酸菌生长。一般乳酸杆菌比链球菌对冷却敏感。③乳酸发酵速度减慢，温度从 19～20 ℃降至 10～12 ℃。④贮藏温度下的冷却，即温度从 10～12 ℃降低至 5 ℃，该阶段可有效地抑制酸度的上升和酶的活性。

8. 搅拌破乳

搅拌是通过机械力破坏凝胶体，使凝胶体的粒子直径达到 0.01～0.4 mm，并使酸乳的硬度和黏度及组织状态发生变化。搅拌法是破坏凝乳最常用的方法，其中包括机械搅拌和手工搅拌，手工搅拌只用于小批量和小规模制作。机械搅拌方法有以下几种：①螺旋桨搅拌器每分钟转速较高，适合搅拌较大量的液体；②涡轮搅拌器是在运转中形成放射形液流的高速搅拌器，也是制造液体酸乳常用的搅拌器。

为保证质量，搅拌过程中应注意，搅拌既不可过于激烈，又不可持续过长时间。同时应注意凝胶体的温度、pH 及固体含量等。

(1)温度。搅拌的最适温度为 0～7 ℃，此时适合亲水性凝胶体的破坏，可得到搅拌均匀的凝固物，既可缩短搅拌时间还可减少搅拌次数。若在 38～40 ℃进行搅拌，凝胶体易形成薄片状或砂质结构等缺陷。

(2)pH。酸乳的搅拌应在凝胶体的 pH 达 4.7 以下时进行，若在 pH 4.7 以上，则因酸乳凝固不完全、黏性不足而影响质量。

(3)干物质。合格的乳干物质含量对搅拌型酸乳防止乳清分离能起到较好的作用。

9. 混合与灌装

生产普通原味酸乳，可直接进行灌装。若生产风味酸乳，则冷却后的酸乳在进入灌装机以前一般先打入缓冲罐中。果蔬、果酱和各种类型的调香物质等可在酸乳自缓冲罐到灌装机的输送过程中加入，这种方法可通过一台变速的计量泵连续加入酸乳中。果蔬混合装置固定在生产线上，计量泵与酸奶给料泵同步运转，保证酸奶与果蔬混合均匀。也可在发酵罐内用螺旋搅拌器搅拌混合。在果料处理中，杀菌是十分重要的，对带固体颗粒的水果或浆果进行巴氏杀菌。酸奶可根据需要，确定包装量和包装形式及灌装机。

10. 冷却、后熟

将灌装好的酸乳于 0～7 ℃冷库中冷藏 12～24 h 后即可食用，这个过程主要是进一步促使芳香物质的产生和黏稠度的改善，以形成产品良好的滋味、气味和组织状态。

11. 产品销售与贮藏

产品经检验符合《食品安全国家标准　发酵乳》(GB 19302—2010)的各项指标要求，则可作为合格品出厂销售。

产品贮藏要严格保证仓储的卫生条件，并根据市场情况控制好酸乳储藏时间和温度。但是成品储藏时间最好不要超过 7 天，以免过酸影响到产品质量。

习题与思考

一、选择题

1. 凝固型酸奶制作过程中，一般会选用(　　)发酵剂。

A. 保加利亚乳杆菌　　B. 大肠杆菌　　C. 嗜热链球菌　　D. 酵母菌

2. 酸奶按成品的组织状态分为(　　)。

A. 凝固型酸奶　　B. 天然纯酸奶　　C. 搅拌型酸奶　　D. 调味酸奶

3. 常用的稳定剂有(　　)。

A. 琼脂　　B. 果胶　　C. 明胶　　D. CMC

4. 搅拌型酸乳常见的缺陷有(　　)4 个方面。

A. 外观变化　　B. 风味缺陷　　C. 黏稠度缺陷　　D. 色泽异常

5. 酸乳成品质量可从(　　)3 个方面进行评定。

A. 理化　　B. 微生物　　C. 细菌　　D. 感官

6. 缺乏乳糖酶或其活性不足所造成的状况叫作(　　)。

A. 高血糖　　B. 低血糖　　C. 乳糖不耐症　　D. 乳糖缺陷

7. 和凝固型酸乳不同的是,搅拌型酸乳的发酵过程是在(　　)内完成的。

A. 烤炉　　B. 微波炉　　C. 发酵罐　　D. 高温灭菌锅

二、填空题

1. 在原料乳验收时,要求酸度在________以下。

2. 目前,乳品厂多采用________的方法进行接种,直接加入直投式发酵剂。

3. 搅拌型酸乳可分为________和________。

4. 搅拌法是破坏凝乳最常用的方法,其中包括________和________。

三、名词解释

酸乳　发酵乳

四、简答题

1. 怎样才能知道酸奶已经发酵好了?

2. 酸奶中发酵剂的作用有哪些?

习题及答案

实训项目单

编制单位：　　　　　　　　　　编制人：　　　　　　　　　　编制日期：

任务代号		任务名称		实训课时	
课程名称		实训对象		实训时间	
实训目的					
实训步骤及要求	一、任务分析 二、任务计划决策 三、实施准备 四、工艺流程及要点 五、质量评价				

【过程性考核要点】

酸乳的加工			
序号	考核内容	考核标准	参考分值
1	学习与工作态度	课前预习，积极主动，责任心强，按时出勤，按要求着装	5
2	团队协作	服从安排，积极与小组成员合作，共同制订工作计划和完成工作任务，团队意识强	10
3	计划制订	有完整的工作方案，时间安排合理，工作步骤正确	10
4	关键技术点	(1)发酵剂的制备：会培养菌种 (2)原料乳消毒：温度与时间 (3)接种：接种环境消毒、准确称量发酵剂及时接种并搅拌均匀 (4)发酵培养：温度与时间、发酵终点判断是否达到要求 (5)后熟：温度与时间要适宜 (6)产品质量符合要求	50
5	主要仪器设备及用具的使用与维护	恒温培养箱、杀菌用具及设备、量筒、三角瓶等要安全规范操作	10
6	卫生保持与清理	保持现场卫生，实训结束后及时清理卫生并归位	10
7	问题思考	对工作任务完成过程中的问题进行分析，并提出改进措施	5
8	合计		100

项目八

干酪的加工

【干酪制品】

干酪也叫奶酪，具有非常悠久的历史，有些学者甚至认为，六七千年前生活在幼发拉底河(Eaphrates)和底格里斯河(Tigris)流域的游牧民族是奶酪的最早发明者。他们以动物皮盛装乳液，天气炎热，乳糖发酵生成乳酸使牛奶酸凝乳，牧民们把凝块中的乳清排出后加上盐，以延长凝乳的保质期，从而形成了奶酪。

在奶酪的生产中，大多数乳糖随着乳清排出，因此奶酪是乳糖不耐症者可选的营养食品之一。除此以外，奶酪中的乳酸菌及其代谢产物对人体有一定的保健作用，有利于维持人体肠道内正常菌群的稳定和平衡，防止便秘和腹泻。

【学习目标】

1. 熟悉干酪专用发酵剂的种类和作用；

2. 能够完成普通干酪的生产加工；

3. 掌握干酪加工的工艺流程、操作要点、质量标准、干酪常见的质量问题及原因分析与解决方法。

【项目实施】

各种天然干酪的生产工艺基本相同，仅在个别工艺环节上有所不同。

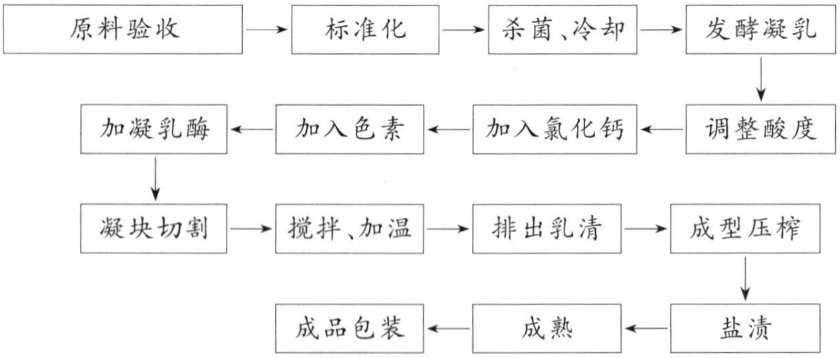

干酪的加工

任务1　原料验收

生产干酪的原料乳检验按照《食品安全国家标准　生乳》(GB19301—2010)执行。

生产干酪的原料乳必须是健康奶牛生产的新鲜优质乳，并符合以下标准：酸度不超过18°T，浓度72%的酒精试验呈阴性，抗生素检验为阴性等。除牛奶外也可使用羊奶作为生产干酪的原料。

原料乳验收合格后可进行原料乳的预处理。采用离心除菌机进行净乳处理，不仅可以除去乳中大量杂质，而且可以将乳中90%的细菌除去，尤其对密度较大的菌体芽孢特别有效。

任务2　标准化

生产干酪时除对原料乳中的脂肪进行标准化外，还要对酪蛋白及酪蛋白与脂肪的量比(C/F)进行标准化，一般要求C/F=0.7。

具体步骤为：

①测量鲜乳中脂肪含量，计算原料乳中的脂肪总量；②按公式计算乳中酪蛋白比例，然后再计算原料乳中酪蛋白总质量，酪蛋白=(0.4F+0.9)×100%；③计算乳中C/F值，据结果调整原料乳中C/F值，使其达到0.7。

任务3　原料乳的杀菌

原料乳通过杀菌作用，可使部分白蛋白凝固，留存于干酪中，增加干酪产量。但杀菌温度的高低直接影响干酪的质量。如果温度过高、时间过长，则受热变性的蛋白质增多，破坏乳中盐类离子的平衡，影响皱胃酶的凝乳效果，使凝块松软、收缩作用变弱，易形成水分含量过高的干酪。

因此，在实际生产过程中，采用63～65 ℃、30 min或72～75 ℃、15 s的巴氏杀菌。为了确保杀菌效果，抑制丁酸菌等产气芽孢菌，在生产中常添加适量的硝酸盐(硝酸钠或硝酸钾)。硝酸盐的添加量一般为0.02～0.05 g/kg。添加过多硝酸盐会抑制发酵剂的正常发酵，影响干酪的成熟和产品风味。

任务4　添加发酵剂与预酸化

根据生产的需要，应选择合适的干酪发酵剂。干酪发酵剂分类如图8-1所示。

干酪加工中最常用的发酵剂是混合菌种发酵剂，两种或更多的菌种共生，发酵时不仅产生乳酸，而且生成香味物质和二氧化碳。二氧化碳是孔眼干酪和小气孔型干酪生成空穴所必需的。

单菌株发酵剂主要用于仅需生成乳酸和降解蛋白质为目的的干酪，如契达及相关类型的干酪。

活动1　添加发酵剂的方法

添加发酵剂的量取决于干酪的品种、发酵时长、酸度和水分等因素。一般情况下，生产发酵剂的添加量为原料乳量的1%～2%。在30～32 ℃条件边搅拌边添加，充分搅拌3～5 min。

活动2　预酸化

为了促进凝固和正常成熟，加入发酵剂后应进行短时间的发酵，以保证充足的乳酸菌数量，此过程称为预酸化。经10～15 min的预酸化后，取样测定酸度，此时的酸度应在

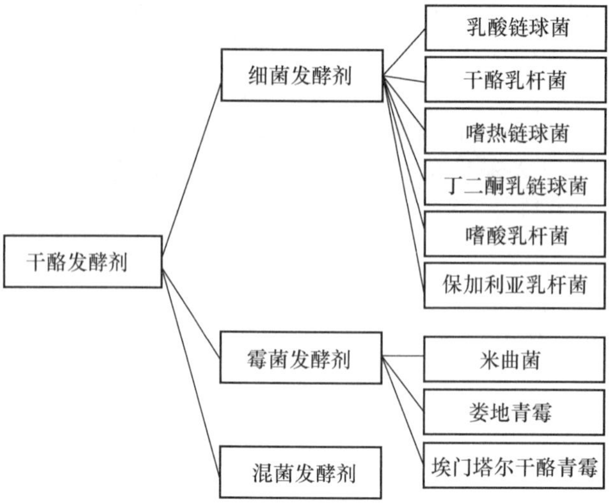

图 8-1 干酪发酵剂分类

0.18%～0.22%范围内。因为乳酸发酵酸度很难控制，生产中一般都用 1 mol/L 的盐酸进行酸度调整，将预酸化后的乳的酸度调整到 0.21%左右。

任务 5 加入添加剂

活动 1 添加氯化钙

为了改善凝固性能、提高干酪质量，可通过 10 g/100 mL 的氯化钙溶液调节盐类平衡，促进凝块的形成。氯化钙的添加量为 0.05～0.2 g/kg。

对于低脂干酪，在加入氯化钙之前，可通过添加磷酸氢二钠增加凝块的塑性。磷酸氢二钠的添加量为 10～20 g/kg。

活动 2 添加色素

干酪的颜色取决于原料乳中脂肪的色泽，并随着季节的变化而变化。为保证产品的色泽一致，需要在原料乳中添加胡萝卜素等色素物质，现多使用胭脂树橙的碳酸钠抽出液，通常添加量为 0.03～0.06 g/kg。为防止和抑制产气菌，可同时添加适量的硝酸盐。

活动 3 添加凝乳酶

在干酪的生产过程中，添加凝乳酶形成凝乳是一个重要的工艺环节。

凝乳酶的活力一般在 1∶(10 000～15 000)。根据凝乳酶的活力与原料乳的量，计算凝乳酶的添加量。为使凝乳酶分散均匀，在使用前用 1%的食盐溶液配成 2%的酶溶液，并在 28～32 ℃下放置 30 min 后加入原料乳中，充分搅拌均匀(2～3 min)后加盖，在 32 ℃下静置 40 min 左右，即可使乳凝固。

知识储备

发酵剂是指在干酪制造过程中使干酪发酵、成熟的特定微生物的培养物。根据微生物的种类分为细菌发酵剂和霉菌发酵剂两大类。细菌发酵剂以乳酸菌为主，主要用于产生风味物质和酸。霉菌发酵剂主要是用对脂肪分解强的干酪青霉、娄地青霉等。

一、干酪发酵剂的组成与作用

（一）干酪发酵剂的组成

（1）单菌种发酵剂：只含一种菌种。

（2）混合菌种发酵剂：指由两种或两种以上的产酸和产芳香物质、形成特殊组织状态的菌种。

（二）干酪发酵剂的作用

（1）使乳糖发酵产生乳酸，提高可溶性钙浓度，促进凝乳酶的凝乳作用。

（2）创造良好酸性环境，使凝乳酶在酸性条件下活性提高，缩短凝乳时间，使凝块收缩，有利于乳清排除。

（3）在成熟过程中，利用菌体产生的各种酶类分解酪蛋白、脂肪等，促进干酪的成熟，产生干酪特有的风味，改进产品的组织状态。

（4）发酵产酸使干酪 pH 降低，抑制杂菌的繁殖。

二、干酪发酵剂的制备

在干酪生产中多采用混合菌种发酵剂，以便于达到产酸、产芳香物质和形成干酪特殊组织状态的目的。在实际生产过程中，发酵剂的添加量根据干酪品种、加工工艺、原料乳的质量和组成以及发酵剂菌株本身的酸化活力等因素确定。一般应该保证每升原料乳中含有 10^8～10^9 的活菌数量。干酪生产中即可以使用厂内原有的生产发酵剂，也可以采用冷冻干燥的直投式发酵剂。

1. 乳酸菌发酵剂的制备方法

干酪乳酸菌发酵剂的制备与发酵乳制备方法相似，当生产发酵剂的酸度达 0.75%～0.80%时冷却备用。冷却温度和培养温度为 21～23 ℃，时间为 12～16 h。

2. 霉菌发酵剂的配制

将面包除去表皮，切成小立方体，盛于三角瓶中。加适量蒸馏水并进行高压灭菌处理，添加少量乳酸效果更好。将霉菌悬浮于无菌水中，再喷洒于灭菌面包上。置于 21～25 ℃的恒温箱中经 8～12 天培养。使霉菌孢子布满面包表面。从恒温箱中取出，在约 30 ℃条件下干燥 10 天，或在室温下进行真空干燥。最后研成粉末，经筛选后，盛于容器中保存。

三、凝乳酶及其代用酶

生产干酪所用的凝乳酶（也称为皱胃酶），一般以皱胃酶为主。如无皱胃酶也可用胃蛋白酶等代替。

1. 凝乳酶及其特性

凝乳酶取自犊牛第四胃，是制作干酪必不可少的凝乳剂。凝乳酶的相对分子量约为 35600，有液状、粉状和片状 3 种制剂。凝乳酶的主要作用是促进乳的凝结和利于乳清排除。

(1)凝乳酶的特性。等电点 pI 为 4.45～4.65;作用的最适 pH 为 4.8 左右;凝固的最适温度为 40～41℃;制造干酪时的凝固温度通常为 30～35 ℃;凝固时间为 20～40 min。

(2)凝乳酶的凝乳机理。凝乳酶凝固酪蛋白分为两个过程:①酪蛋白在凝乳酶的作用下,形成副酪蛋白,此过程称为酶性变化;②产生的副酪蛋白在游离钙的存在下,由于钙离子与负电荷结合而减少离子间的静电相斥,在副酪蛋白分子间形成"钙桥",使副酪蛋白的微粒发生团聚作用而产生凝胶体,此过程称为非酶变化。

(3)影响凝乳酶凝乳的因素。影响凝乳酶凝乳的因素可分为对凝乳酶的影响及对乳凝固的影响两个方面。

①pH 的影响。pH 低,皱胃酶活性增高,但使酪蛋白胶束的稳定性降低,导致皱胃酶的作用时间缩短,凝块较硬。

②温度的影响。40～42 ℃条件下作用最快,在 15 ℃以下或 65 ℃以上则不发生作用。

③钙离子的影响。酪蛋白所含的胶质磷酸钙是凝块形成所必需的成分。如果增加乳中的钙离子可缩短皱胃酶的凝乳时间,并使凝块变硬。

④牛乳加热的影响。牛乳若先加热至 42 ℃以上,再冷却到凝乳所需的正常温度后添加皱胃酶,则凝乳时间延长,凝块变软,此被称为滞后现象(hysteresis)。其主要原因是乳在 42 ℃以上加热处理时,酪蛋白胶粒中磷酸盐和钙被游离出来所致。

(4)凝乳酶活力的测定。

①一般的测定方法:将 100 mL 脱脂乳,调整酸度为 0.18%,用水浴加热至 35 ℃,添加 1%的皱胃酶食盐溶液 10 mL,迅速搅拌均匀,准确记录开始加入酶液直到凝乳时所需的时间,此时间也称皱胃酶的绝对强度。

②皱胃酶的活力单位(rennin unit,RU):指皱胃酶在 35 ℃条件下,使牛乳 40 min 凝固时,单位重量(通常为 1 g)皱胃酶能使若干倍牛乳凝固而言。即 1 g(或 1 mL)皱胃酶在一定温度(35 ℃)、一定时间(40 min)内所能凝固牛乳的毫升数。

③计算公式:活力=供试乳数量/皱胃酶×2 400(s)/凝乳时间(s)。

2. 主要代用酶

因皱胃酶提取成本较高,国外研究了代用酶应用于干酪的生产当中。根据来源,代用酶分为植物性、动物性及微生物代用凝乳酶。

(1)动物性凝乳酶。主要是胃蛋白酶,蛋白分解力强,以其制作的干酪略带苦味,不宜单独使用。猪的胃蛋白酶比牛的胃蛋白酶更接近皱胃酶,用它来制作契达干酪,其成品与皱胃酶制作的相同。

(2)植物性凝乳酶。

①无花果蛋白分解酶(ficin)。此酶存在于无花果汁中,可结晶分离。制作契达干酪时,凝乳与成熟效果较好。但是由于它的蛋白分解力较强,脂肪损失多,收率低,略带轻微的苦味。

②凤梨蛋白酶(bromelern)。从凤梨(*Ananas comosus*)的果实或叶中提取,具有凝乳作用。

③木瓜蛋白酶(papain)。其对牛乳的凝乳作用比蛋白分解力强。但制成的干酪带有一定的苦味。

任务6　凝块切割

活动1　凝固终点判断

当乳凝块达到适当硬度时，用干酪刀（图8-2）在凝乳表面切深2 cm、长5 cm的切口，用食指斜向从切口的一端插入凝块中约3 cm。当手指向上挑起时，如果切面整齐平滑，手指上无小片凝块残留，且渗出的乳清透明时，即乳凝固达到最佳点，准备切割。

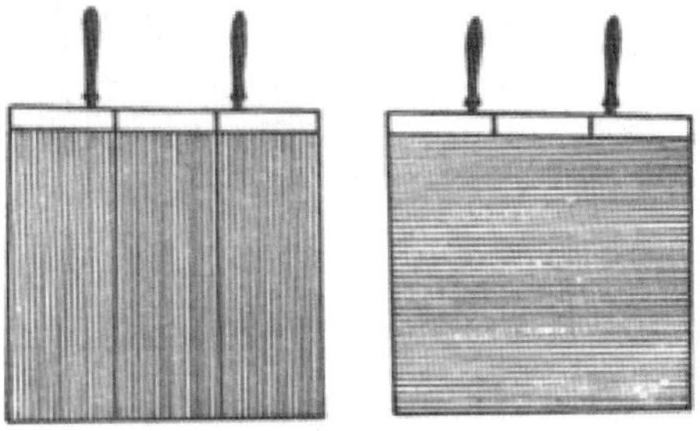

图8-2　干酪手工切割工具

活动2　切割

干酪刀有水平式和垂直式两种，刀刃间距一般为0.79～1.27 cm。用水平干酪刀和垂直干酪刀分别切割，动作要轻、稳，防止将凝块切得过碎和不均匀，影响干酪的质量。

图8-3为带有干酪生产用具的普通干酪槽，可在干酪槽中进行切割，切割后干酪与乳清接触的表面积增大，促进了乳清的排放，有利于压榨工艺，见图8-4。

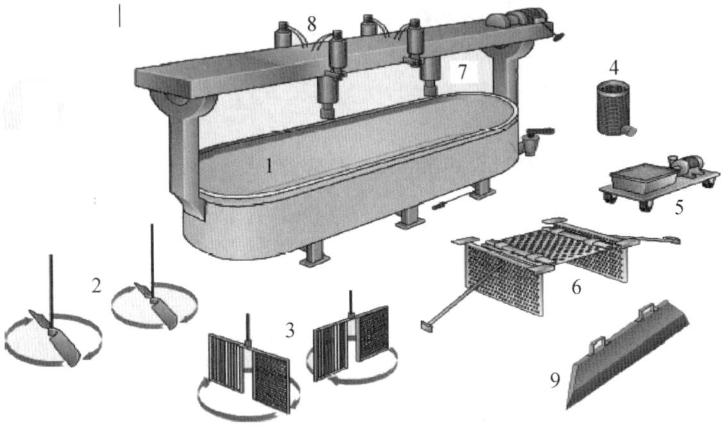

图8-3　带有干酪生产用具的普通干酪槽

1—带有横梁和驱动电机的夹层干酪槽；2—搅拌工具；3—切割工具；4—置于出口处过滤器干酪槽内侧的过滤器；5—带有一个浅容器小车上的乳清泵；6—用于圆孔干酪生产的预压板；7—工具支撑架；8—用于预压设备的液压筒；9—干酪切刀

知识储备

凝块切割后需先静置3～5 min，然后用干酪耙或干酪搅拌器轻轻搅拌，防止将凝块碰碎和相互粘连。大约15 min后开始加快搅拌速度。与此同时，干酪槽的夹层中通入热水，使温度逐渐升高。须严格控制升温速度：开始时每3～5 min升高1℃，当温度升至35 ℃时，则每隔3 min升高1 ℃。当温度达到38～42 ℃时，停止加热并维持此时的温度（图8-5）。要求升温结束后乳清酸度达到0.17%～0.18%或干酪粒收缩到原来体积的一半为宜。

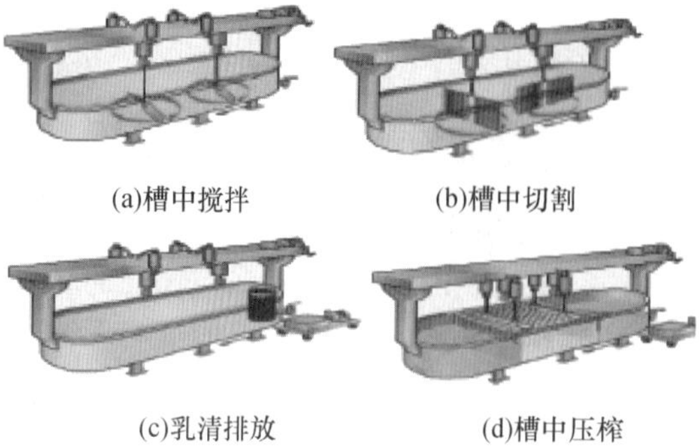

(a)槽中搅拌 (b)槽中切割

(c)乳清排放 (d)槽中压榨

图 8-4 凝块在干酪槽中的操作工艺

图 8-5 凝块在干酪槽中测温

活动 3 检测干酪粒硬度

在搅拌升温后期，当乳清酸度达 0.17%～0.18%，且干酪粒收缩到适当硬度，即可排除全部乳清。

检测干酪粒硬度的方法为：手抓干酪粒，尽量压出水分后放松手掌，如干酪粒弹性良好，揉搓后干酪粒能够重新分散，表示干酪粒已达到适当硬度。

活动 4 排出乳清

将干酪粒堆积在奶酪槽的两侧，乳清由干酪槽底部通过金属网排出。

知识储备

乳清的排出应根据干酪品种的不同而采取不同的方法。排出的乳清脂肪含量一般约为 0.3%，蛋白质含量为 0.9%。若脂肪含量在 0.4%以上，则说明操作不理想，应将乳清回收，作为副产物进行综合加工利用。

任务 7 成型压榨

将堆积后的干酪块切成方砖形或小立方体，装入成型器或模具中进行定型压榨（图 8-6）。压榨的压力与时间根据干酪品种的不同而不同。先进行预压榨，一般压力为 0.2～0.3 MPa，时间为 20～30 min。

预压榨后取下进行调整，将干酪反转后装入成型器内以 0.4～0.5 MPa 的压力，在 15～20 ℃条件下再压榨 12～24 h。压榨结束后，需将干酪从成型器中取出，并切除多余的边角，即得到生干酪。

图 8-6 干酪粒压榨成型

任务 8　盐渍

将压榨后的生干酪浸没在盐水浓度为 18%～23%，盐水温度 8℃左右盐水中，当干酪内盐含量达到 0.5%～2%时，干酪变得光滑，结束盐渍。

知识储备

加盐目的在于改进干酪的风味、组织和外观，排出内部乳清或水分，增加干酪硬度，抑制乳酸菌的活力，防止和抑制杂菌的繁殖。

加盐的方法

1. 干盐法

在定型压榨前，将所需的食盐撒布在干酪粒(块)中，或将食盐涂布于生干酪表面。为了充分分散，凝块需进行 5～10 min 搅拌。

2. 湿盐法

将压榨后的生干酪浸于盐水池中浸盐。盐水浓度为 18%～23%，盐水温度 8℃左右，浸盐时间 4～6 天(如荷兰圆形干酪、荷兰干酪)，如图 8-7。

图 8-7　干酪的腌渍

3. 混合法

混合法是指在定型压榨后先涂布食盐，过一段时间后再浸入食盐水中的方法。

任务 9　干酪成熟

干酪的成熟即将生鲜干酪置于 10～12 ℃、相对湿度 85%～90%的环境中，经 3～6 个月的时间，在乳酸菌等有益微生物和凝乳酶的作用下，发生一系列物理、生物、化学变化，形成干酪特有组织状态、质地和风味的过程。

活动 1　干酪成熟的条件判断

干酪的成熟通常在成熟库(室)内进行。环境条件对干酪成熟的速度、质量损失、硬皮形成和表面菌丛至关重要。干酪成熟温度一般为 5～10 ℃，且低温比高温效果好。不同类型的干酪成熟需要不同的相对湿度，一般细菌成熟的硬质和半硬质干酪相对湿度为 85%～90%，而软质干酪及霉菌成熟的干酪相对湿度为 95%。当相对湿度一定时，硬质干酪在 7 ℃条件下需 8 个月以上的成熟时间，在 10 ℃时需 6 个月以上成熟时间，而在 15 ℃时则需 4 个月左右的成熟时间。

活动 2　干酪成熟过程的管理

干酪成熟过程主要包括前期成熟、上色挂蜡、后期成熟和贮藏。

前期成熟：将待成熟的新鲜干酪放入温度、湿度适宜的成熟库中，每天用洁净的棉布擦拭其表面，防止霉菌的繁殖。为了使表面水分蒸发均匀，擦拭后要反转放置。此过程一般持续15～20天。

上色挂蜡：为防止霉菌生长和增加美观，将前期成熟后的干酪清洗干净后，用食用色素染成红色(也有不染色的)，待色素完全干燥后，在160 ℃的石蜡中进行挂蜡。所选石蜡的熔点为54～56 ℃为宜，挂蜡后不易脱落。近年来多采用合成树脂膜取代石蜡。

后期成熟与贮藏：为了使干酪完全成熟以形成良好的口感、风味，还要将挂蜡后的干酪放在成熟库中继续成熟2～6个月。成品干酪放在5 ℃及相对湿度80%～90%条件下贮藏。

知识储备

干酪成熟过程中的变化

1. 水分变化

干酪成熟期间，水分有不同程度的蒸发而使质量减轻。

2. 乳糖变化

生干酪中含有1%～2%的乳糖，其大部分在48 h内被分解，在成熟后2周内消失。乳糖分解产生的乳酸转化为丙酸或乙酸而挥发。

3. 蛋白质分解作用

蛋白质的分解在干酪成熟中十分重要，且十分复杂，凝乳时不溶性副酪蛋白在凝乳酶和乳酸菌的蛋白水解酶作用下形成胨、多肽、氨基酸等可溶性含氮物。成熟期蛋白质的变化程度常以总蛋白质中所含水溶性蛋白质和氨基酸的量为指标。水溶性氮与总氮的百分率被称为干酪的成熟度。一般硬质干酪的成熟度约为30%，软质干酪的成熟度约为60%。

4. 脂肪分解

在成熟过程中，部分乳脂肪被解脂酶分解产生多种水溶性挥发脂肪酸及其他高级挥发性酸类，这与干酪风味的形成关系密切。

知识拓展

一、干酪的概念及分类

(一)干酪的概念

干酪是指在乳(牛乳、羊乳及其脱脂乳、稀奶油等)中加入适量的乳酸菌发酵剂和凝乳酶，使乳蛋白(主要是酪蛋白)凝固后排除乳清，并将凝块压成所需形状而制成的产品。

制成后未经发酵成熟的产品称为新鲜干酪，经长时间发酵成熟而制成的产品称为成熟干酪。国际上将这两种干酪统称为天然干酪。

干酪具有悠久的生产历史，是一种古老的乳制品，被称为“奶品之王”，是奶业中附加值最高的产品。干酪的生产在世界乳品工业中占有重要的地位，目前在发达国家近半数生乳以奶酪形式消费，不仅是一种高营养价值的乳制品，还是糕点、糖果、香肠等食品生产的重要原料。干酪中丰富的营养成分，很容易被消化吸收，干酪蛋白质的消化率达96%～98%。干酪中含有大量的必需氨基酸，不仅如此，干酪中还含有大量的钙和磷，同时也是维生素A的良好来源。

(二)干酪的种类

在所有乳制品中,干酪的种类最多。据美国农业部统计,世界上已命名的干酪种类达800余种,其中400余种比较著名,随着新产品的开发,干酪的种类仍不断增加。干酪主要依据原产地、制造方法、外观、理化性质和微生物学特性等进行命名和分类。

1. 根据水分含量分类

国际乳品联盟曾提出根据干酪的水分含量来进行分类,将干酪分为硬质干酪(水分含量40%～60%)、半硬质干酪(水分含量36%～40%)、软质干酪(水分含量25%～36%)三大类。

2. 根据凝乳特征分类

根据凝乳特征将干酪分为酶凝干酪和酸凝干酪两种。在世界干酪总产量中,75%属于酶凝干酪品种;酸凝干酪占25%左右,主要品种有农家干酪、夸克干酪和稀奶油干酪等。

3. 世界上著名的干酪

(1)农家干酪(cottage cheese)。以脱脂乳、浓缩脱脂乳或脱脂乳粉的还原乳为原料而制成的一种不经成熟的新鲜软质干酪。成品水分含量在80%以下(通常为70%～72%)。

(2)稀奶油干酪(cream cheese)。以稀奶油或稀奶油与牛乳混合制成,浓郁、醇厚,新鲜非成熟软质的干酪。成品中添加食盐、天然稳定剂和调味料等。一般含水量为48%～52%,脂肪含量在33%以上,蛋白质含量为10%,食盐含量为0.5%～1.2%。

(3)里科塔干酪(Ricotta cheese)。此种干酪是意大利生产的乳清干酪,也称白蛋白干酪,分为新鲜和干燥的两种。

(4)比利时干酪(Limburger cheese)。这种干酪具有特殊的芳香味,是一种细菌成熟的软质干酪。

(5)法国浓味干酪(Camembert cheese)。属于表面霉菌成熟的软质干酪,内部呈黄色,根据不同的成熟度,干酪呈蜡状或稀奶油状。口感细腻,咸味适中,具有浓郁的芳香风味。成品中水分含量为43%～54%,食盐含量为2.6%。

(6)法国羊乳干酪(Roquefort cheese)。以绵羊乳为原料制成的半硬质干酪,属霉菌成熟的青纹干酪。

(7)德拉佩斯特干酪(Trappist cheese)。也称修道院干酪。以新鲜全脂牛乳制造,有时也可混入少量绵羊乳或山羊乳,是以细菌成熟的半硬质干酪。

(8)砖状干酪(Brick cheese)。以牛乳为原料经细菌发酵而成的半硬质干酪,干酪内部有孔眼。

(9)契达干酪(Cheddar cheese)。以牛乳为原料经细菌发酵而成的特硬质干酪。

(10)荷兰圆形干酪(Round Dutch cheese)。以牛乳为原料经细菌发酵而成的硬质干酪,干酪内部均匀细腻。

二、干酪生产常见质量问题和防止措施

干酪生产的质量问题主要是由于原料乳不合格、杂菌发酵或者操作不当等引起的。其主要包括外观、色泽、滋气味、组织状态等方面的缺陷。

(一)物理性缺陷及其防止方法

(1)质地干燥。较高温度下"热烫"引起。防止方法:改进加工工艺,利用表面挂石蜡、塑料袋真空包装及在高温条件下进行成熟。

(2)组织疏松。即凝乳中存在裂隙。防止方法:充分压榨并在低温下成熟。

(3)多脂性。脂肪过量存在于凝乳块表面,原因大多是操作温度过高,凝块处理不当(如堆积过高)而使脂肪压出。防止方法:通过调整生产工艺来防止。

(4)斑纹。操作不当引起,由于操作过于剧烈或过于缓慢引起。

(二)化学性缺陷及其防止方法

(1)金属性黑变。由铁、铅等金属与干酪成分生成黑色硫化物。防止方法:操作时除考虑设备、模具外,还要注意外部污染。

(2)桃红或赤变。色素与干酪中的硝酸盐结合而成更浓的有色化合物。防止方法:认真选用色素及其添加量。

(三)微生物性缺陷及其防止方法

(1)酸度过高。主要原因是微生物发育速度过快。防止方法:降低预发酵温度,并加食盐以抑制乳酸菌繁殖;加大凝乳酶添加量;切割时切成微细凝乳粒;高温处理;迅速排除乳清以缩短制造时间。

(2)干酪液化。引起液化的微生物一般在中性或微酸性条件下发育。

(3)发酵产气。微生物引起干酪产生大量气体。防止方法:可将原料乳离心除菌或使用产生乳酸链球菌肽的乳酸菌作为发酵剂,也可添加硝酸盐,调整干酪水分和盐分。

(4)苦味生成。酵母或非发酵剂菌都可引起干酪苦味。极微弱的苦味可构成契达干酪的风味成分之一,这是特定的蛋白肽所引起的。另外,乳高温杀菌、原料乳的酸度高、凝乳酶添加量大以及成熟温度高均可能产生苦味。食盐添加量多时,可降低苦味的强度。

(5)恶臭。干酪中如存在厌气性芽孢杆菌,会分解蛋白质生成硫化氢、硫醇、亚胺等。此类物质产生恶臭味。生成过程中要防止这类菌的污染。

(6)酸败。由于污染微生物分解乳糖或脂肪等生成丁酸及其衍生物所引起。污染菌主要来自原料乳、牛粪及土壤等。

三、干酪质量标准

我国硬质干酪的标准适用于以牛乳为原料,经巴氏杀菌、添加发酵剂、凝乳、成型、发酵成熟等过程而制的产品。

(一)感官指标

感官指标包括色、香、味,组织状态。感官指标、理化指标、微生物指标应符合表 8-1 至表 8-3 所列指标。

表 8-1 感官指标

项目	要求
色泽	呈现乳白色或微黄色,有光泽
滋味、气味	有该种干酪特有的香味,以香味浓郁者为佳,不能有苦味、咸味、涩味和霉味等
组织状态	软硬适度,质地细腻均匀,有可塑性,切面湿润

(二)理化指标

理化指标应符合表 8-2 所列指标。

表 8-2　理化指标

项目	指标
水分/%	≤42
脂肪/%	≥25
食盐/%	1.5～3.5
汞/(mg/kg)	≤0.01

(三)微生物指标

微生物指标应符合表 8-3 所列指标。

表 8-3　微生物指标

项目	指标
霉菌(CFU/g)	≤50
大肠菌群(CFU/100 g)	≤90
致病菌	不得检出

企业衔接

一、融化干酪加工

融化干酪是用天然干酪经粉碎、混合、加热融化、乳化后而制成的产品,含乳固体 40%以上。允许加稀奶油、奶油或乳脂以调整脂肪含量;添加香料、调味料及其他食品控制在乳固体的 1/6 以内。但不得添加脱脂奶粉、全脂奶粉、乳糖、干酪素及不是来自乳的脂肪、蛋白质及碳水化合物。

(一)工艺流程

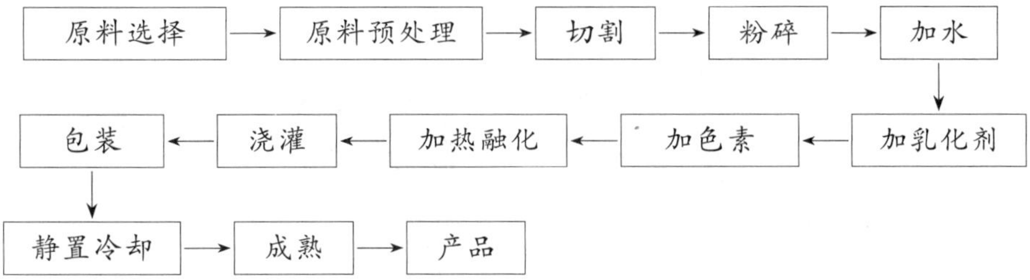

(二)工艺要点

1. 原料干酪的选择

一般选择细菌成熟的硬质干酪,如荷兰干酪、契达干酪和荷兰圆形干酪等。为满足制品的风味及组织,成熟 7～8 个月风味浓的干酪占 20%～30%,成熟 2～3 个月的干酪占 20%～30%,搭配中间成熟的干酪 50%,使平均成熟在 4～5 个月。

以下为不宜作为原料的情形:①过熟的干酪,由于有的析出氨基酸或乳酸钙结晶,不宜作为原料;②有霉菌污染、气体膨胀、异味等缺陷者不能使用。

2. 原料干酪的预处理

要与正式生产车间分开。预处理包括除掉干酪的包装材料,削去表皮,清拭表面等。

3. 切碎与粉碎

将原料干酪切成块状,用混合机混合。然后用粉碎机粉碎成4~5 cm的面条状,最后用磨碎机处理。随着干酪加工技术的发展,近年来此项操作多在熔融釜(图8-8、图8-9)中进行。

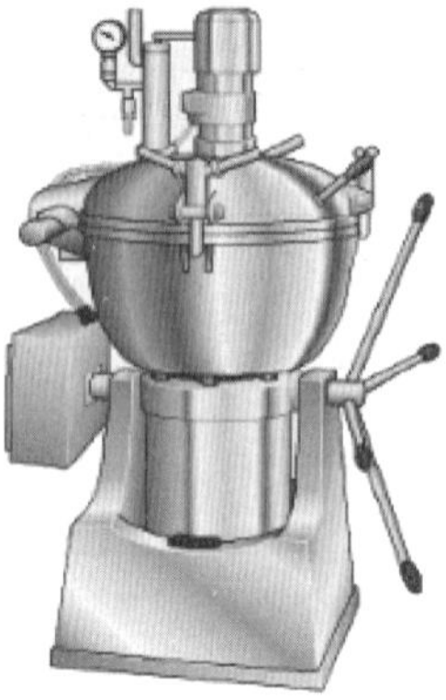

图8-8 熔融釜的外形

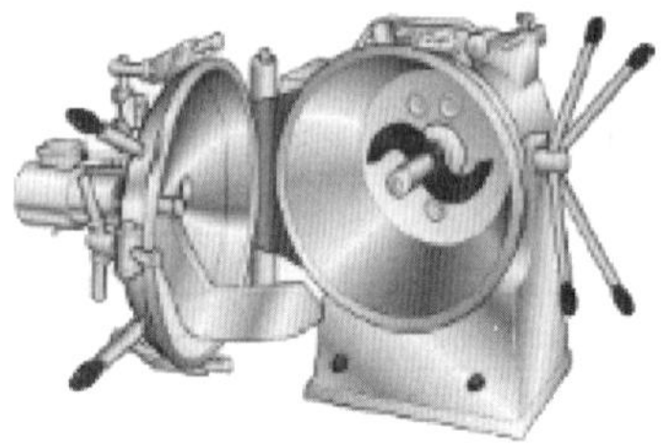

图8-9 熔融釜的内部构造

4. 熔融、乳化

在融熔釜中加入适量的水,通常为原料干酪重的5%~10%。成品的含水量为40%~55%,但还应防止加水过多造成脂肪含量的下降。当温度达到50 ℃左右,加入1%~3%的乳化剂,如磷酸钠、柠檬酸钠、偏磷酸钠和酒石酸钠等。最后将温度升至60~70 ℃、保温20~30 min,或80~120 ℃、保温30 s等,使原料干酪完全融化。乳化终了时,应检测水分、pH、风味等,然后抽真空进行脱气。在进行乳化操作时,应加快釜内的搅拌器的转数,使乳化更完全。在此过程中应保证杀菌的温度。

5. 充填、包装

乳化后应趁热进行充填包装(图8-10),必须选择与乳化机能力相适应的包装机。包装材料多使用玻璃纸或涂塑性蜡玻璃纸、铝箔、偏氯乙烯薄膜等。

将包装后的成品融化干酪(图8-11)静置10 ℃以下的冷藏库中定型和贮藏。

图8-10 融化干酪成型

图8-11 融化干酪包装

二、魔芋再制干酪的制作

(一)材料及试剂

原生干酪、黄油、乳化盐、全脂乳粉、白砂糖、魔芋粉、盐酸、氢氧化钠、硫酸钾、硫酸铜、硼酸、乙醚、石油醚、乙醇(95%)等。

(二)仪器与设备

干酪融化锅、不锈钢操作台、电子秤、电子天平、手持式温度计、电冰箱等。

(三)工艺流程

原料干酪选择 → 原料干酪预处理 → 投放原料 → 加热乳化 → 抽真空 → 灌注包装 → 入库冷却 → 成品

(四)操作要点

1. 原料干酪选择

再制干酪的原料多选择成熟期不同的契达干酪,添加比例(短成熟干酪∶长成熟干酪为1∶3)。使用长成熟期7～8个月的契达干酪,主要是为了满足产品的风味需求;使用短成熟期2～3个月的契达干酪,是为了使产品保持良好的组织状态;根据产品的需要,还可选择使用4～5个月中间成熟期的契达干酪。成熟期过长的契达干酪不适宜作原料干酪,因为可能存在氨基酸或乳酸钙结晶析出问题,影响产品的质量。

2. 原料干酪预处理

首先除去原料干酪最外层的塑料薄膜,然后用刮刀刮除表面食蜡和包膜涂料剂,如果表面存在龟裂、发霉、不洁以及干燥变硬等现象,也需要除去。表面去皮的厚度根据原料干酪的状态决定,如果去皮过厚,成本损耗较大,去皮过薄,又容易造成加热乳化后残留未融化的表皮,影响产品的质地。

3. 加热乳化

首先向干酪融化锅中加入经过粉碎的原料干酪,然后再投入黄油、全脂乳粉、乳化盐、魔芋粉等原料,最后加入适量的水,将干酪融化锅通入蒸汽,加热到60 ℃的温度后,保持20 min,使干酪等原料全部融化。在进行原料加热的同时还应及时调整干酪融化锅搅拌器的速度至1 500 r/min,并保持5 min,使乳化更加完全。

4. 抽真空

抽真空的目的是除去生产过程中产生的一些挥发性气体或气味物质,同时消除产品中的泡沫,避免空气进入干酪融化锅。

根据工艺的需求,将真空度设定在规定范围内,启动干酪融化锅的真空泵,保持一定的时间。

5. 灌注包装

魔芋再制干酪抽真空结束后,通过管道输送至再制干酪灌装机,灌装温度应保持在70 ℃以上,因为随着灌装温度的降低,产品的流动性下降,不仅会造成包装缺陷,而且不利于产品的质量控制。

6. 入库冷却

灌装后的魔芋再制干酪放置在5～10 ℃冷藏库内,冷却温度应保持恒定。如果温度波动较大,产品则会在包装材料内发生沉积而产生质量缺陷。最终产品的色泽呈黄色或浅褐色,夹杂魔芋再制干酪特有的魔芋和干酪气味,质地柔软、致密。

三、涂抹型再制干酪的制作

(一)材料与试剂

干酪、干酪粉、全脂乳(11.65%)、奶油、白砂糖、柠檬酸、食盐、乳化盐三聚磷酸钠、焦磷酸钠、磷酸氢二钠、磷酸二氢钠、柠檬酸钠、亲水胶体黄原胶、卡拉胶、瓜尔豆胶、刺槐豆胶。

(二)仪器与设备

可调高速剪切机、搅拌器、水浴锅、旋转黏度计、均质机、pH 计、硬度仪。

(三)工艺流程

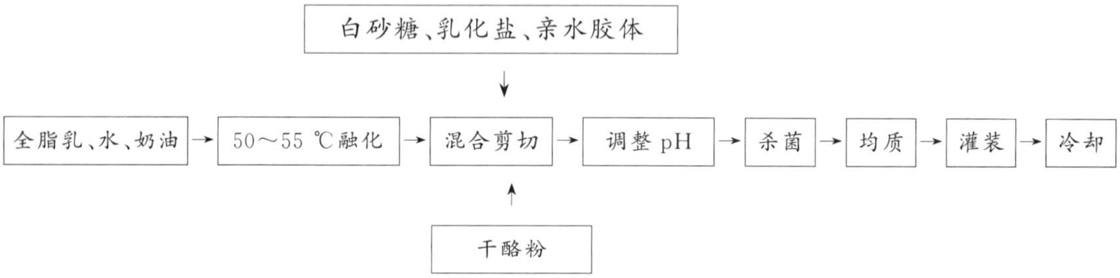

(四)操作要点

1. 预热、乳化

白砂糖、乳化盐、亲水胶体加适量水溶解待用。需要注意的是,由于亲水胶体具有较强的亲水性,遇到水后很快形成凝块,其内部依旧保持干燥,因此需要用白砂糖干混后加入热水溶解,借助白砂糖的溶解性,将胶体均匀地分散在体系中。

将全脂乳、水、奶油以 200～300 r/min 搅拌,水浴加热至 40 ℃,加入干酪粉、白砂糖,持续搅拌升温至 50～55 ℃,待混合基本均匀后,开始剪切乳化,以 1 500～2 000 r/min 进行高速剪切 3～5 min,将油水充分混合均匀,使制品组织细腻、光滑,并具有一定的黏度。

2. 调整 pH

利用柠檬酸调整 pH,pH 控制在 5.7～5.9,产品感官较理想,终产品硬度低、黏度适宜;而 pH 在 5.4～5.7 时,产品硬度较大,比较适于切片干酪。从理论上讲,pH 越高,其水合、乳化程度也就越好。

3. 乳化、杀菌

加热杀菌,水浴升温至 90～95 ℃,时间 8～10 min,同时以 1 500～2 000 r/min 的速度剪切搅拌。温度的确定根据制品组织状态要求和微生物要求两方面考虑。根据终产品组织细腻、柔软、硬度低等特点,要求酪蛋白膨胀吸水作用效果、乳化效果较高,因此选择可实现的较高的热处理强度,温度控制在 90～95 ℃,时间为 8～10 min。此外,由于是非封闭式处理,要考虑水分损失的影响,在本实验条件下,每 100 g 物料补水 2 g,以满足终产品水分要求。

4. 均质

以低压 3～5 MPa 均质。

5. 灌装、冷却

热灌装,10 ℃条件下迅速冷却后常温保存。快速冷却的产品没有耐热性,脂肪晶化和蛋白质相互作用较小,稍加热即迅速软化,具有相对较好的流动性和涂布性。

习题与思考

一、选择题

1. 添加发酵剂，干酪用发酵剂包括（　　）。

A. 细菌发酵剂　B. 微生物发酵剂　C. 活性发酵剂　D. 霉菌发酵剂

2. 干酪分类中，根据水分含量分为（　　）。

A. 硬质干酪　B. 软质干酪　C. 半软质干酪　D. 半硬质干酪

3. 干酪组成中含有丰富的（　　）。

A. 蛋白质　B. 常量矿物元素　C. 脂肪

D. B族维生素　E. 微量矿物元素

4. 干酪的加工过程中代用酶分为（　　）。

A. 植物性凝乳酶　B. 动物性凝乳酶

C. 细菌性凝乳酶　D. 微生物代用凝乳酶

5. 干酪成熟过程主要包括（　　）。

A. 前期成熟　B. 上色挂蜡　C. 后期成熟　D. 贮藏

6. 凝乳酶在使用前需要用（　　）溶解，以恢复其活力。

A. 碳酸氢钠　B. 碳酸盐　C. 谷氨酸钠　D. 食盐溶液

二、填空题

1. 干酪盐渍的方法有3种，分别是__________、__________、__________。

2. 干酪的成熟通常在__________内进行。

3. 乳清与凝乳颗粒分离的过程称为__________。

三、名词解释

干酪　干酪成熟

四、简答题

1. 在加工干酪时，为什么要进行凝块的切割？

2. 干酪生产常见的质量问题有哪些？

习题及答案

实训项目单

编制单位：　　　　　　　　编制人：　　　　　　　　编制日期：

任务代号		任务名称		实训课时	
课程名称		实训对象		实训时间	
实训目的					
实训步骤及要求	一、任务分析 二、任务计划决策 三、实施准备 四、工艺流程及要点 五、质量评价				

【过程性考核要点】

干酪的加工			
序号	考核内容	考核标准	参考分值
1	学习与工作态度	课前预习，积极主动，责任心强，按时出勤，按要求着装	5
2	团队协作	服从安排，积极与小组成员合作，共同制订工作计划和完成工作任务，团队意识强	10
3	计划制订	有完整的工作方案，时间安排合理，工作步骤正确	10
4	关键技术点	(1)添加发酵剂与预酸化：要求达到的酸度指标 (2)添加凝乳酶、氯化钙：加入量的确定 (3)排除乳清：酸度的测定、凝乳切割的判断依据 (4)压榨成型：压榨的压力与时间是否达到要求 (5)发酵成熟终点判断：要适宜 (6)产品质量符合要求(会查国标)	50
5	主要仪器设备及用具的使用与维护	对恒温培养箱、干酪槽、杀菌用具及设备、量筒、三角瓶等要安全规范操作	10
6	卫生保持与清理	保持现场卫生，实训结束后及时清理卫生并归位	10
7	问题思考	对工作任务完成过程中的问题进行分析，并提出改进措施	5
8	合计		100

项目九

鲜奶冰淇淋的加工

【冰淇淋的由来】

早在古罗马帝国时代，有位皇帝因盛暑难熬，便让仆人四处奔波寻觅冰雪为其解暑。有位聪明的厨师从高山上取回未化的冰雪，用蜂蜜和水果搅拌起来，给皇帝驱热解渴。这大概便是世界上最早的冰淇淋了。到了13世纪时，马可·波罗从中国把牛奶变冰的办法带回意大利，于是冰淇淋在欧洲夏季盛行起来。

我国的冰淇淋行业起步较晚，和国外行业相比还有较大的差距。但是，经过多年的发展，冰淇淋已经成为中国居民不可或缺的美食，行业潜力正逐渐被挖掘出来。

【学习目标】

1. 了解冰淇淋的定义、分类及其特点，加工用主要原辅料、添加剂及生产主要设备；
2. 掌握冰淇淋加工基本原理并能够完成典型冰淇淋的加工；
3. 能够分析冰淇淋的常见质量缺陷并进行控制；
4. 能够测定冰淇淋总固形物含量、脂肪含量、膨胀率及总糖含量。

【项目实施】

冰淇淋的制作流程如下：

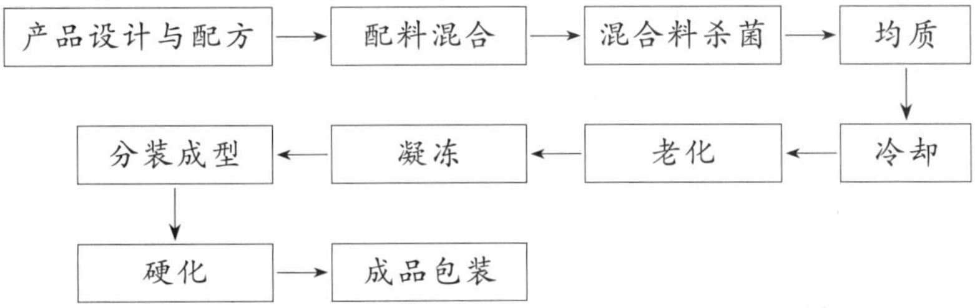

冰淇淋的加工

任务1　产品设计与配方

活动1　产品设计

随着冰淇淋消费队伍的不断扩大，冰淇淋行业已成为食品工业的主力军。想要保持冰淇淋企业旺盛的活力，产品设计至关重要。通过详细的市场调研，了解不同地域的经济、文化、消费习惯心理、销售渠道、经销商利益、产品定价、宣传策略等因素,制定产品设计方案。

活动2 配方计算

根据所设计的冰淇淋产品,按照冰淇淋标准和质量要求,选择冰淇淋原料,而后依据原料成分计算各种原料的需要量。各种原辅料必须符合产品质量要求。

【例】今有无盐奶油(脂肪83%)、脱脂奶粉(无脂干物质95%)、蔗糖、羧甲基纤维素钠(稳定剂)及水为原料,配制含脂肪8%、无脂干物质11.0%、蔗糖15.0%、羧甲基纤维素钠0.5%的冰淇淋混合料100 kg,计算各原料的用量。

解:经过计算得到组成混合料的原料如下:

蔗糖 100×15%=15 kg ;

羧甲基纤维素钠 100×0.5%=0.5 kg

无盐奶油 100×8%÷83%=9.6 kg

脱脂奶粉 100×11.0%÷95%=11.6 kg

水 100-(15+0.5+9.6+11.6)=63.3 kg

故本配方需要蔗糖15 kg,羧甲基纤维素钠0.5 kg,无盐奶油9.6 kg,脱脂奶粉11.6 kg,水66.3 kg。

任务2 配料混合

在配制冰淇淋混合原料时,首先应根据配方比例将各种原料称量好,然后在配料缸中进行配料混合。

活动1 配料预处理

配料是冰淇淋生产的第一步,也是很重要的一个环节。由于原辅料的种类繁多,性状各异,配料之前先要对各种物料进行预处理。

(1)鲜牛乳在使用前应经过滤。

(2)冰牛乳应先击碎成小块,然后加热溶解过滤。

(3)乳粉应先加温水溶解,再进行均质。

(4)奶油应先检查其表面有无杂质,再切成小块待杀菌。

(5)稳定剂应先浸入水中10 min,再加热至60~70 ℃,配制10%溶液。

(6)蔗糖在容器中加适量的水加热溶解成糖浆,经100目筛过滤。

(7)液体甜味剂先加5倍左右的水稀释、混匀,再经100目筛过滤。

(8)鲜蛋可与鲜乳一起混合,过滤后均质,冰蛋要先加热融化后使用。

(9)蛋黄粉先与加热到50 ℃的奶油混合,再用搅拌机使其分散在油脂中。

(10)果汁使用前要搅拌或经均质处理。

活动2 配料程序

先在配料缸里加入鲜牛乳、脱脂乳等低黏度的原料及半量左右的水;再加入黏度稍高的原料,如糖浆、乳粉液、稳定剂和乳化剂等,稳定剂先用水泡软,加热使其溶解后再加入;加入黏度高的原料,如稀奶油、炼乳、果葡糖浆、蜂蜜等,对于一些数量较少的固体料,如可可粉、非脂乳固体等可用细筛筛入配料缸内;最后以水或牛乳做容量调整香精,色素在凝冻前添加为宜,使混合料的总固体在规定的范围内。

知识储备

冰淇淋加工的主要原辅料、添加剂

冰淇淋要求具有鲜艳的色泽、饱满自然的风味、滑润的口感和细腻的组织结构等特点,而这些与各种原辅材料质量有着很大的关系。用于冰淇淋生产的原辅料、食品添加剂很多,主要有水、乳与乳制品、油脂、蛋与蛋制品、甜味剂、稳定剂、乳化剂、香精香料、着色剂等。各种辅料与添加剂在冰淇淋加工中均有重要作用。冰淇淋加工用的原辅料、添加剂等符合中华人民共和国国家标准 GB/T 31114—2014《冷冻饮品　冰淇淋》。

杀菌的方法主要有巴氏杀菌法、高温短时杀菌法、超高温瞬时杀菌法等。

巴氏杀菌法的温度一般为 60～85 ℃,处理 15～30 min,可以杀死微生物的营养细胞,但不能达到完全灭菌的目的。杀菌时如料液表面产生泡沫,泡沫部分难以达到杀菌温度,必要时可以直接用蒸汽对泡沫部分进行喷射。

高温短时杀菌法的温度一般为 85～90 ℃,处理 3～5 min,或 95 ℃处理 1～2 min。高温短时杀菌法比巴氏杀菌法杀菌能力强,营养素损失少,能够实现连续化生产,生产能力大。中小企业多采用该法杀菌。

超高温瞬时杀菌法的温度为 120～135 ℃,处理 1～3 s。该法生产能力大,杀菌时间短,杀菌效果好,几乎可达到或接近灭菌要求且维生素几乎不受破坏;节省能源及时间,提高工作效率,降低成本,稳定产品质量。

任务 3　均质

均质前,一般将混合料预热至 65～70 ℃。采用两段式均质,前段使用较高的压力 15～20 MPa,目的是将脂肪球破碎,后段使用低压 2～5 MPa,目的是防止破碎的小脂肪球粘连。

知识储备

均质主要是使混合料均匀,增强混合料水合作用,防止脂肪球上浮,改善冰淇淋组织,促进消化吸收。

均质的压力和温度与混合料的凝冻操作及冰淇淋的形体组织有十分密切的关系,一般冰淇淋混合料均质最适温度为 65～70 ℃。若高于 70 ℃,凝冻时膨胀率过大,将有损于冰淇淋形体。温度低于 52 ℃时,均质后黏度高,对凝冻不利,形体不良。

任务 4　冷却

混合料经均质处理后,应将其迅速冷却至 0～4 ℃,以便尽快进入老化阶段,温度的迅速降低能使混合料黏度增加,可有效地防止脂肪球的聚集和上浮,避免混合料酸度的增加,阻止香味物质的逸散和延缓细菌繁殖。冷却温度要适应生产工艺要求,不可将混合料冷却至低于

0 ℃，过低的温度容易使混合料产生冰结晶，影响冰淇淋产品质量。

任务5 老化

冰淇淋的老化是将混合原料在2～4 ℃的低温下贮藏一段时间进行物理成熟的过程。

知识储备

老化的实质是脂肪、蛋白质和稳定剂的水合作用。

稳定剂充分吸收水分，使料液黏度增加，有利于凝冻搅拌时膨胀率的提高。

老化时间长短与温度有关。一般在2～4 ℃进行老化需要延续4 h，而在0～1 ℃老化时则需2 h。当温度高于6 ℃时，即使延长老化时间也得不到良好的老化效果。老化持续时间与混合料的组成成分和稳定剂品种也有关联，干物质越多，黏度越高，老化所需要的时间越短。

为提高老化效率，也可将老化分两步进行：①将混合料冷却至15～18 ℃，保温2～3 h；②将其冷却到2～4 ℃，保温3～4 h。分两步进行老化可大大提高老化速度，缩短老化时间。

任务6 凝冻

凝冻是指将配料、杀菌、均质、老化后的混合物料在强制搅拌下进行冷冻，使空气以极微小的气泡均匀混入混合物料中，使冰淇淋中的水分在形成冰晶时呈微细的冰结晶，这些细微冰结晶的产生和形成对于冰淇淋质地的光滑、硬度、可口性及膨胀率来说至关重要。

知识储备

冰淇淋的组织状态（图9-1）具有固相、气相、液相的复杂结构，在液相中有直径150 μm左右的气泡和大约50 μm大小的冰晶，此外还分散有直径2 μm以下的脂肪球、乳糖结晶、蛋白颗粒和不溶性的盐类等。由于稳定剂和乳化剂的存在，使分散状态均匀细腻，并具有一定形状。

活动1 凝冻设备

凝冻在相当程度上决定了冰淇淋的质量高低。凝冻依靠凝冻机（图9-2）来实现，凝冻机是冰淇淋生产的关键设备。

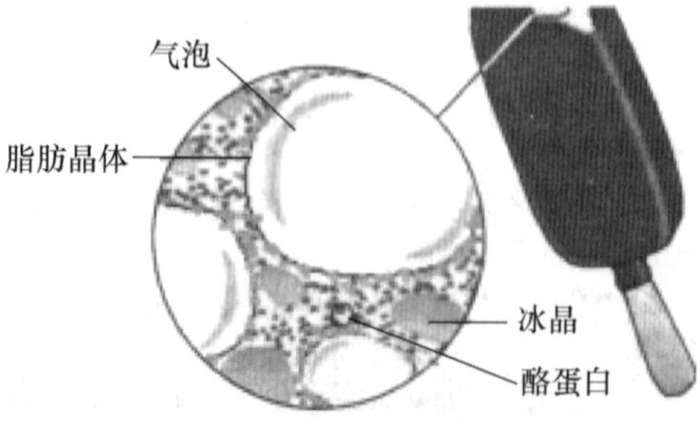

图9-1 冰淇淋的结构

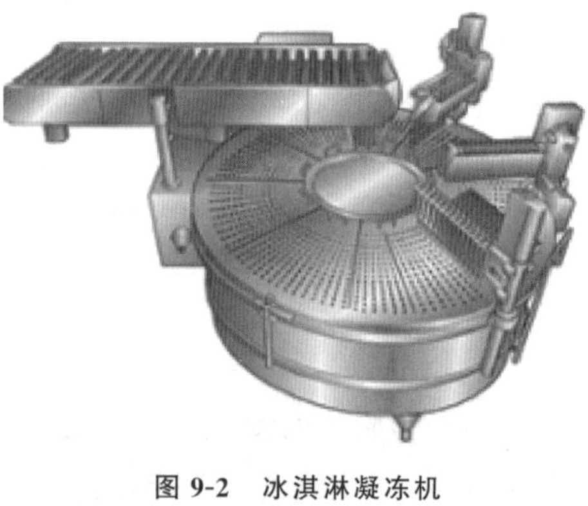

图9-2 冰淇淋凝冻机

凝冻机的基本结构包括送料装置、刮刀装置、搅拌装置、空气输入装置、凝冻筒等。送料装置保证送料的均匀性、连续性、较高的送料压力和较小的压力波动性；刮刀装置保证刀口与凝冻筒壁的贴合可靠，把微小的冰结晶有效地从凝冻筒壁刮削下来；搅拌装置使冰淇淋在凝冻过程中，冰结晶和空气泡能够均匀地分布在冰淇淋混合料中；空气输入装置能有效、均匀地向冰淇淋混合料中输入空气，保证冰淇淋具有合适的膨胀率；凝冻筒是一个热交换装置，具有很强的热交换能力，凝冻筒具有较好的筒壁粗糙度和形状精度，以保证和刮刀的紧密贴合。

知识储备

凝冻机按生产方式分为间歇式和连续式两种。

间歇式氨液凝冻机的基本组成部分有机座、带夹套的外包隔热层圆形凝冻筒、装有刮刀的搅拌器、传动装置以及混合原料的贮槽等。

其工作原理为：开启凝冻机的氨阀（盐水阀）后，氨不断进入凝冻筒的夹套中进行循环，凝冻筒夹套内氨液的蒸发使凝冻圆筒内壁起霜，筒内混合原料由于搅拌器外轴支架上的两把刮刀与搅拌器中轴Y型搅拌器的相向反复搅刮作用，在被冻结时不断混入大量均匀分布的空气泡，同时料液从2～4 ℃冷冻至−6～−3 ℃，而形成体积膨松的冰淇淋。

连续式凝冻机的结构主要由立式搅刮器、空气混合泵、料箱、制冷系统、电器控制系统等部分组成。

其工作原理为：制冷系统将液体制冷剂输入凝冻筒的夹套内，冰淇淋料浆经由空气混合泵混入空气后进入凝冻筒。联轴器带动刮刀轴套旋转，刮刀轴上的刮刀在离心力的作用下，紧贴凝冻筒的内壁做回转运动，由进料口输入的料浆经冷冻冻结在筒体内壁上，形成的冰淇淋被连续地刮削下来。

图9-3所示为冰淇淋生产工艺配套设备流程。

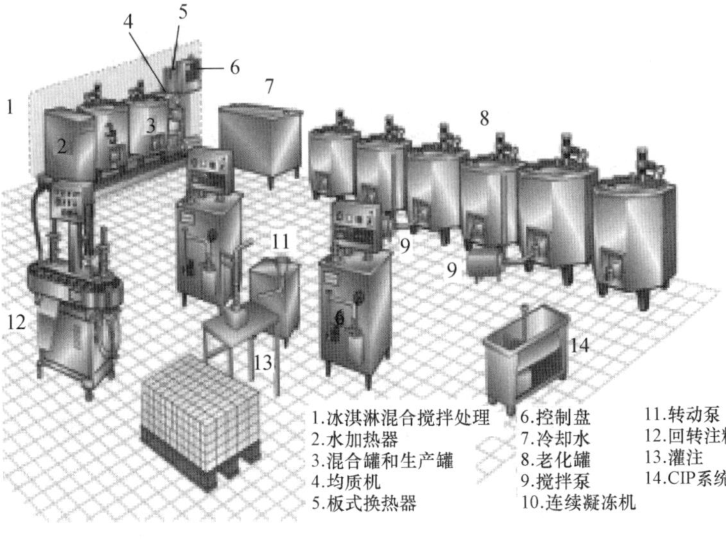

图9-3　冰淇淋生产工艺配套设备流程

活动2 凝冻过程

冰淇淋加工过程中凝冻大体分为液态、半固态、固态3个阶段。

一、液态阶段

料液经凝冻机凝冻搅拌一段时间2～3 min后，料液温度从进料温度(4 ℃)降低到2 ℃。此时料液温度尚高，未达到使空气混入的条件，故称此阶段为液态阶段。

二、半固态阶段

继续将料液凝冻搅拌2～3 min，此时料液温度降至－2～－1 ℃，料液黏度也显著提高。伴随料液黏度的提高，空气得以大量混入，料液开始变得浓厚而体积膨胀，此阶段为半固态阶段。

三、固态阶段

经过半固态阶段以后，继续凝冻搅拌料液3～4 min，此时料液温度已降低到－6～－4 ℃。在温度降低的同时，空气继续混入，并不断地被料液层层包裹，这时冰淇淋料液内的空气含量已接近饱和，料液最终成为浓厚、体积膨大的固态物质，此阶段即是固态阶段。

活动3 检查膨胀率

冰淇淋的膨胀率是指混合料在凝冻操作时，空气被混合于冰淇淋中，成为微小的气泡，而使冰淇淋的体积增加，而增加的体积百分率就是冰淇淋的膨胀率。连续凝冻必须检查膨胀率，从而控制恰当的进出量以及混入的空气量。

冰淇淋的膨胀率为凝冻后混合原料增加体积与混合原料体积的比值。混合原料膨胀后体积可用冰淇淋膨胀率测定仪测量，混合原料体积可转化为混合原料质量与密度进行换算，则冰淇淋膨胀率 X 为：

$$X=\frac{V-V_1}{V_1}\times 100\%=\left(\frac{V}{m/\rho}-1\right)\times 100\%$$

式中：V 为冰淇淋膨胀后体积(cm^3)；m 为混合原料质量(g)；ρ 为混合原料密度(g/cm^3)；V_1 为混合原料体积(cm^3)。

知识储备

冰淇淋膨胀率并非越大越好。膨胀率过高，组织松软，缺乏持久性；过低则组织坚实，口感不良。影响冰淇淋膨胀率的因素包括原料因素和工艺因素。

一、原料因素

(1)原料中乳脂肪含量。乳脂肪含量越高，混合料黏度越大，有利于产品膨胀，但乳脂肪含量过高，则效果反之。乳脂肪含量为6%～12%时，膨胀率最好。

(2)原料中非脂肪乳固体含量。非脂肪乳固体含量高时能提高膨胀率，非脂肪乳固体含量在10%左右为宜。

(3)原料含糖量。原料含糖量高，则冰点降低，使膨胀率降低。含糖量以 13%～15%为宜。

(4)稳定剂。适量的稳定剂，能提高膨胀率。但稳定剂含量过高使原料黏度过大，导致空气不易进入而降低膨胀率。稳定剂使用量一般不宜超过 0.5%。

(5)无机盐。无机盐对膨胀率有一定影响。如钠盐能增加膨胀率，而钙盐则会降低膨胀率。

二、工艺因素

(1)均质。适度的均质能够提高混合料黏度，空气易于进入，使膨胀率提高；但均质过度则黏度高、空气难以进入，导致膨胀率下降。

(2)老化。在混合料不冻结的情况下，老化温度越低，膨胀率越高。

(3)原料杀菌方式。采用瞬时高温杀菌比低温巴氏杀菌法混合料变性少，膨胀率高。

(4)较好的膨胀率。合适的空气吸入量与适当的凝冻压力能够获得较好的膨胀率。

任务 7　分装成型

凝冻后的冰淇淋必须立即成型灌装(和硬化)，以满足贮藏和销售的需要。冰淇淋的成型可以根据所制产品的品种、形态要求，采用各种不同类型的成型设备进行，如纸杯、冰砖、蛋筒、注模成型、巧克力涂层、异形冰淇淋切割线等多种成型灌装机。

任务 8　硬化

硬化是将成型后的冰淇淋迅速置于－25 ℃以下的温度，经过一定时间的速冻，再保持在－18 ℃以下，使冰淇淋组织固定，形成极微小的冰结晶，使其硬度增加，并保持一定的松软度的过程。

知识储备

一、硬化的目的

硬化的目的是使冰淇淋组织固定，形成极微小的冰结晶，使其硬度增加并保持一定的松软度的过程。硬化使冰淇淋保持适当的硬度以保证冰淇淋的质量，便于销售与贮藏运输。

二、硬化的方式

冰淇淋硬化的方式有盐水硬化、速冻库硬化、速冻隧道硬化 3 种。

(1)盐水硬化。将冰淇淋放入冰盐混合物中进行硬化。其中含盐量 25%，－27～－25 ℃硬化 14～18 h。

(2)速冻库硬化。以氨为制冷剂，－27～－25 ℃硬化 10～20 h。

(3)速冻隧道硬化。在长度为 12～15 m 的隧道中，－40～－35 ℃硬化 30～50 min。

影响硬化的条件包括包装容器的形状与大小、速冻室的温度与空气的循环状态、室内制品的位置以及冰淇淋的组成成分和膨胀率等因素。

任务9 成品包装与贮藏

硬化后的冰淇淋产品，在销售前应将制品包装，并保存在低温冷藏库中。冷藏库的温度为－18 ℃，相对湿度为85%～90%。要求贮藏库温度恒定，贮藏温度及贮藏中温度变化往往是导致冰淇淋中冰再结晶的原因，使冰淇淋质地粗糙，影响冰淇淋品质。

知识拓展

一、冰淇淋的概念及分类

（一）概念

冰淇淋是以饮用水、乳制品、蛋制品、调味料、食用油脂等作为主要原料，加入适量香料、稳定剂、乳化剂、着色剂等食品添加剂，经混合、灭菌、均质、老化、凝冻等工艺或再经成型、硬化等工艺制成的体积膨胀、松软可口的冷冻食品。

（二）分类

冰淇淋的分类如下：

(1)全乳脂冰淇淋。是乳脂肪含量8%以上的冰淇淋。

(2)清型全乳脂冰淇淋。不含颗粒不含颗粒或块状辅料。如奶油冰淇淋、香草冰淇淋等。

(3)组合型全乳脂冰淇淋。主体含乳脂冰淇淋的比率大于50%，如巧克力奶油冰淇淋、蛋卷奶油冰淇淋。

(4)半乳脂冰淇淋。乳脂肪含量在2%以上的冰淇淋。

(5)清型半乳脂冰淇淋。不含颗粒或块状辅料。如香草半乳脂冰淇淋、橘味半乳脂冰淇淋等。

(6)植脂冰淇淋。乳脂肪含量在2.2%以下的冰淇淋为单一风味的冰淇淋，不含颗粒或块状辅料，如奶油冰淇淋、香草冰淇淋等。

(7)清型植脂冰淇淋。不含颗粒或块状辅料的植脂冰淇淋。如豆奶冰淇淋、可可植脂冰淇淋等。

(8)组合型植脂冰淇淋。以植脂冰淇淋为主体，占50%，和其他种类冷冻饮品(或)巧克力、饼坯等组合而成的制品，如巧克力脆皮植脂冰淇淋、华夫夹心植脂冰淇淋等。

二、冰淇淋常见的质量缺陷及控制

从外观上看，冰淇淋是一种组织细腻、无外来杂质、无冰晶、无乳酪粗粒、形态完整的冷食品。但生产中由于存在各种原因，常常会出现一些不正常的现象。

（一）组织粗糙

冰淇淋的外观不细腻，有较大颗粒，口感较粗。产生这种现象的主要原因有原料问题，也有加工工艺因素。

1. 原料质量差

乳粉在加工过程中会引起部分蛋白质变性，故在冰淇淋中有颗粒状乳粒存在，影响了冰淇淋的组织结构。另外,混合料中总固体含量不足,生产中所用的稳定剂品质较差或用量不足,不能起到良好的效果,使混合料的黏度下降,蛋白质、脂肪球等产生凝集作用,也能造成组织粗糙。

2. 均质压力不足

均质是冰淇淋生产中的重要生产工序,主要作用是使乳脂肪球碎裂,颗粒细小,增加混合料的黏度,在凝冻时不产生乳酪析出现象。若不均质或均质压力过低,脂肪球碎裂不彻底,会造成颗粒较粗。若凝冻搅拌不良,也易造成冰淇淋组织粗糙。均质压力不足,脂肪球数目较少,凝冻搅拌时接触面积小,不易混入空气,还影响冰淇淋的膨胀率。

3. 温度控制不当

灭菌温度过高或在高温下保持时间过长,会引起乳蛋白凝固,酸度增大,造成冰淇淋组织粗糙。

4. 凝冻温度不当

凝冻温度一般以－6～－3 ℃最为理想。如果温度过高,料液黏度降低,混合物料失去结合水,产生较大的冰晶;同时脂肪粒上浮,使冰淇淋组织粗糙。如果温度过低,黏度偏大,搅拌时空气混入量不足,膨胀率过低,也会使组织坚硬,口感粗糙。

5. 硬化时间较长或硬化室温度波动大

硬化室温度较高,硬化速度减慢,使硬化时间延长,冰淇淋内的自由水形成大的冰晶体,甚至使部分结合水形成冰粒,造成冰淇淋组织粗糙。另外,硬化室温度波动较大或融化后再急冻,都会产生大的冰晶体,使冰淇淋组织粗糙。

(二)膨胀率低

膨胀率是冰淇淋质量标准中的一个重要指标,通常膨胀率应控制在90%～100%,一般为95%。若膨胀率过高,则冰淇淋组织太松软,口感较差,且易造成冰淇淋形体收缩;若膨胀率太低(小于80%),则冰淇淋组织坚硬,体积小,增加生产成本,影响产品销售。

1. 脂肪含量或糖含量过高

通常冰淇淋中的脂肪含量为6%～12%,但含量过高会造成产品黏度增大、溶解性降低,凝冻时空气不易混入。若糖分含量过高,混合料冰点降低,砂糖含量每增加2%,则凝固点一般相对降低约0.22 ℃。同样会使凝冻时空气不易混入,影响产品膨胀率。

2. 稳定剂过量或品质差

要根据产品的特点来选择稳定剂的用量,若用量过大,则混合料黏度增大,凝冻时空气不易混入。通常稳定剂的用量为0.2%～0.5%,但有时因稳定剂品质较差,料液黏度不够,也会使空气不易混入,造成膨胀率过低。

3. 均质压力不足

均质压力不足,则脂肪球碎裂不彻底,从而使脂肪球数目较少,在凝冻搅拌时接触面积小,不易混入空气,影响冰淇淋的膨胀率。

4. 老化时间不够

老化时间不够,则发生的水合作用较差,黏度下降,不利于空气混入。一般以2～4 ℃为佳,若高于6 ℃,即使延长时间也不能取得良好效果。

5. 灭菌温度与时间问题

一般灭菌条件应控制在80 ℃、10 s左右。若温度过高或时间过长,则易使料液中的可溶性蛋白质变性凝固而析出,失去乳化作用,影响产品的组织结构和膨胀率。

(三)冰淇淋形体收缩

冰淇淋的形体收缩现象，不仅影响冰淇淋形态，而且使产品的组织粗糙，影响产品品质。

1. 膨胀率过高

由于膨胀率过高，水分和固体数量减少，空气多，压力大，当环境温度变化时，空气易逸出，造成冰淇淋形体收缩。

2. 温度的影响

由于凝冻后不能及时送进硬化室，或者是冷藏库的温度过高，均易使冰淇淋受热变软后融化，造成气体析出，组织凹陷，形体收缩。尤其是当冰淇淋的膨胀率较高时，这种现象则更加严重。

3. 糖分的影响

含糖量较高，易使冰淇淋的凝固点降低。一般每增加 2%的糖分，产品凝固点降低 0.2～0.3 ℃。这样当温度略有变动，就会引起冰淇淋形体收缩。所以一般产品的含糖量不宜过高，更不宜采用淀粉糖浆或蜂蜜。

4. 蛋白质的影响

在生产中由于原料不新鲜或高温灭菌，会使混合料液的酸度增加。在硬化和贮藏时，蛋白质易失水，使组织收缩变硬。

(四)冰晶的形成

冰淇淋的质量标准中规定，不允许有明显粗糙的冰晶存在。

1. 冰淇淋中的固形物含量过低

冰淇淋的总干物质一般在 32%～40%。在加工中由于各种干物质与水发生水合作用，减少了游离水的存在量。若干物质过少，则游离水量大大增加，当温度降低时，会形成大量冰晶。因此，在配方设计时，应准确掌握加水量，保证干物质含量，控制冰晶数量。

2. 稳定剂选择不当或用量不足

稳定剂用于改善产品的组织结构，提高产品的凝聚力。稳定剂一般具有很强的亲水性，能与水发生水合作用，提高料液黏度和膨胀率，防止冰晶的产生。若稳定剂质量较差或用量不足，则不能很好地与水结合，当温度降低时，就会有大量冰晶析出。

3. 酸度的影响

由于原料在加热灭菌时易造成酸度过高，蛋白质易凝固变性，降低与水的结合力，形成过多的游离水，当温度降低时，则会有大量冰晶析出。因此，应严格把握原料品质，还要严格控制灭菌温度和时间，避免冰晶产生。

4. 均质压力过低

经过高压均质后的物料，其分子微粒变细，能更好地与水发生水合作用，提高料液黏度。若压力过低，则易使产品组织粗糙，影响产品黏度，易出现冰晶。若物料中的干物质较多，应相应提高均质压力，这样有利于使物料微粒变细，可以提高与水的结合力，防止冰晶的产生。

5. 硬化不及时或硬化温度过低

冰淇淋的凝冻温度一般为－6～－4 ℃，此时水分子与稳定剂、蛋白质等容易结合。但如不能及时送进硬化室或硬化室温度过高，水会游离出来，再经硬化时，这部分水就会成为冰晶。另外，若硬化室温度过低，或硬化时间过长，都会使产品组织坚硬，易产生大量冰晶。

6. 融化快

在食用冰淇淋时，冰淇淋会出现很快融化成乳状液的现象。造成这种现象的原因除销售点的贮藏温度偏高外，还与冰淇淋的品质有关。主要是由于稳定剂品质较差或用量不足，使混合料液黏度不够，稳定性差，产品易于融化；另外，也可能是料液脂肪含量少，特别是硬化油含量少，熔点低或均质压力低，混合料液的黏度不够所致。目前，解决融化比较实用的方法，除工艺上严格规范操作外，最好在配料中添加一定量的强力抗熔粉，效果较佳。

三、冰淇淋的质量标准

冰淇淋的物理构造很复杂，由液相(60%～70%)、气相(50%)、固相(30%～40%)三相构成。三相的构成形式主要是：气泡包围着冰的结晶连续向液相中分散，在液相中含有固态的脂肪、蛋白质、不溶性盐类、乳糖结晶、稳定剂、溶液状的蔗糖、乳糖、盐类等。冰淇淋质量符合 GB/T 31114—2014 标准。

1. 感官指标

感官指标包括色泽、形态、滋味、气味、组织状态及杂质。感官、理化指标、微生物指标其应符合表 9-8 至表 9-10 所列指标。

表 9-8　冰淇淋感官指标

项目	要求
色泽	色泽均匀，符合该品种应有的色泽
形态	形态完整，大小一致，无变形、无软塌、无收缩、涂层无破损
组织	细腻滑润，无明显粗糙的冰晶，无空洞
滋味、气味	滋味和顺，香气纯正，符合该品种应有的滋味、气味、无异味、无异臭
杂质	无正常视力可见的外来杂质

2. 理化指标

理化指标应符合表 9-9 所列指标。

表 9-9　冰淇淋理化指标　　%

项目	指标		
	高脂型	中脂型	低脂型
脂肪含量	≥10.0	≥8.0	≥6.0
总固形物含量	≥35.0	≥33.0	≥30.0
总糖含量(以蔗糖计)	≥15.0	≥15.0	≥15.0
膨胀率	≥95.0	≥90	≥80.0

3. 卫生指标

表 9-10 中冰淇淋卫生指标应符合 GB 2759.1 规定的方法测定。

表 9-10　冰淇淋卫生指标

项目	要求
大肠菌群/(CFU/mL)	≤450
杂菌数/(CFU/mL)	≤30 000
致病菌(指肠道致病菌、致病性球菌)	不得检出

企业衔接

一、草莓冰淇淋加工技术

(一)概述

草莓果实色泽鲜艳,香气纯正、果肉饱满可口、鲜嫩多汁。草莓含有丰富的维生素C、维生素A、维生素B和多种微量元素,还含有一定量的可食性纤维,对人体的肠道也具有保健作用,可有效防止便秘、肠炎和肠癌等疾病。草莓果实中的花青素类色素具有抗氧化、消除自由基的功能,有降低血清及肝脏中脂肪含量的作用,有利于人体对异物的解毒及排泄功能,可防止人体过氧化作用。草莓冰淇淋使富含蛋白质、脂肪的冰淇淋与富含维生素等多种成分的草莓浆果搭配,使冰淇淋的营养更全面、色泽风味更诱人。

(二)材料与设备

1. 原料与配方

鲜牛乳45%、草莓原浆20%、白砂糖14%、鲜鸡蛋5%、明胶0.3%、CMC-Na 0.15%、柠檬酸0.1%、无菌过滤水9.45%、淀粉2%、奶油4%。

2. 仪器与设备

打浆机、均质机、真空浓缩器、灭菌罐、凝冻机、速冻机等。

(三)工艺流程

1. 草莓原浆制作

鲜草莓 → 清洗 → 打浆、护色 → 真空浓缩 → 草莓浓缩汁 → 冷藏备用

2. 草莓冰淇淋制作

草莓原浆、辅料 → 混合 → 调整酸度 → 杀菌 → 均质 → 老化 → 凝冻 → 灌模 → 速冻 → 包装 → 成品

(四)操作要点

1. 选料

选取新鲜成熟度好的鲜红色草莓。

2. 清洗

草莓肉质娇嫩,要用流动的洁净水轻轻漂洗或喷洗,不能浸泡过久,以免果肉软烂和色素流失。

3. 打浆、护色

清洗后的果实草莓直接送入打浆机打成浆液。草莓的呈色物质是花青素,它是一种水溶性色素,极不稳定,不但易受氧化剂和温度的影响而变色,而且pH改变时颜色也随之改变:pH<7为红色,pH=8为紫色,pH=11为蓝色。所以生产天然的高品质草莓冷饮时,护色是重要的工序。在打浆过程中加入0.25%柠檬酸进行护色。

4. 真空浓缩

采用真空浓缩，可脱除浆液中的氧气含量，真空度可以适当提高为 8 kPa。

5. 混合

按配方准确称取各种原料，在配料缸进行配制。先加入鲜牛乳，与稳定剂干混以外剩余的白砂糖，加入草莓原浆、蛋液，淀粉搅拌溶解，加温至 50～60 ℃，加入已配制溶解好的稳定剂浆液，加入奶油，最后以饮用水定容。

6. 调整酸度

草莓浆汁的颜色受 pH 影响较大，通过加入柠檬酸等辅料，最终将产品的 pH 调整到 4～6。先将柠檬酸称量后放入耐酸容器中，加入 50%左右的无菌水溶解完全，再过滤后加入配方的总料液当中。

7. 杀菌

在灭菌罐中将混合均匀的料液加热至 85 ℃，该温度保持 15 min，并迅速冷却至 45 ℃以下。

8. 均质

将灭菌冷却后的料液通入均质机均质，均质压力为 20 MPa，均质温度为 60 ℃。

9. 老化

均质后将料液迅速冷却至 4 ℃，泵入老化缸，在 2～4 ℃搅拌 10 h，使料液充分老化，提高料液的黏度，增加其稳定性及膨胀率。

10. 凝冻

将老化成熟的料液通入凝冻机的料槽中进行凝冻膨化，凝冻温度控制在－4～－2 ℃，并在低温下不断搅拌，使物料中充入细小空气而成膨松状，使产品体积增大。此时，冰淇淋中形成的冰晶较小，形成软质冰淇淋。

11. 速冻成型

将凝冻膨化的冰淇淋迅速灌模后放入－40～－30 ℃的速冻机中速冻 6～8 h 形成所需的形状。

12. 成品

将速冻好的冰淇淋拔模、包装，抽检合格后即为成品。

（五）质量标准

1. 感官指标

具有草莓的天然鲜艳红色，草莓香气协调，细腻爽口、有少量果肉，不得有异味或外来杂物。

2. 理化指标

砷≤0.2 mg/kg，铅≤03 mg/kg，铜≤5.0 mg/kg，其他符合《冷冻饮品　冰淇淋》(GB/T 31114—2014)。

3. 微生物指标

细菌总数≤5 000 CFU/mL，大肠菌群≤100 MPN/100 mL，致病菌不得检出。

二、酸乳冰淇淋加工技术

（一）概述

酸乳冰淇淋是在冰淇淋基料基础上，增加酸乳，赋予制品特殊的滋味和风味，使产品具有促进消化、增进食欲、抗肿瘤、抗辐射、延缓机体衰老、降低胆固醇等保健功效。

(二)原料与配方

鲜牛乳 47%、全脂乳粉 6%、蔗糖 15%、人造奶油 6.5%、棕榈油 2.5%、乳酸发酵菌种 4%、藻酸丙二醇酯 0.1%、单甘酯 0.15%、羧甲基纤维素 0.1%。

(三)工艺流程

1. 酸乳的制备

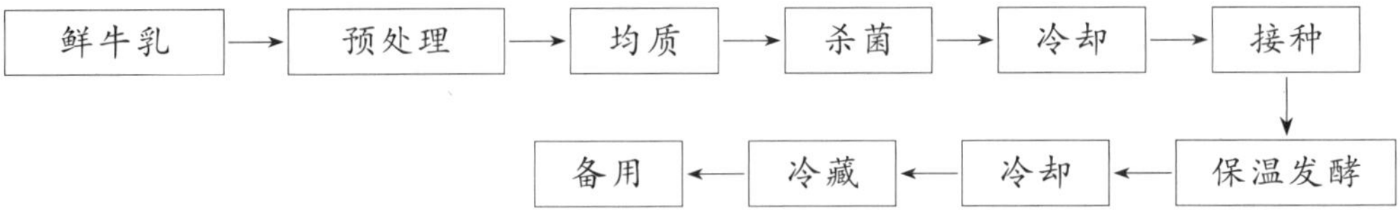

2. 酸乳冰淇淋的制作

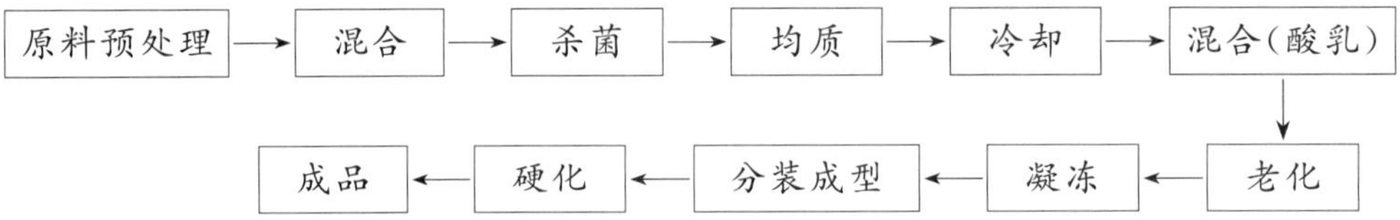

(四)操作要点

1. 酸乳的制备

接入 4%活力高且产酸、产香性好的保加利亚乳杆菌、嗜热链球菌、嗜酸杆菌和双歧杆菌的混合菌种,混合保温发酵温度为 42~43 ℃,发酵时间为 3~4 h,发酵至 pH 3.5~4.0 时停止发酵。将酸乳进一步冷却至 4 ℃左右,冷藏备用。

2. 冰淇淋原料的预处理

将各种原料用热水溶解、过滤后与油脂充分混匀,其中乳化剂、稳定剂与部分蔗糖先混合,然后加入适量的 60 ℃左右的热水中搅拌,至全部溶解后使用。均质温度为 65~70 ℃,第一阶段的均质压力为 15~20 MPa,第二阶段的均质压力为 5~10 MPa。随后在 90 ℃杀菌 20 s。

3. 酸乳与冰淇淋原料的混合

将酸乳与经过预处理的冰淇淋混合料混合均匀。

4. 料液的老化

将料液在 2~4 ℃老化 6 h 左右,使混合料液中的脂肪、蛋白质、稳定剂等发生水化作用,增加冰淇淋的黏稠度,提高产品的膨胀率,改善冰淇淋的组织结构,缩短凝冻时间。老化时应防止搅拌产热及周围环境温度的影响,若温度超过 6 ℃,即使延长老化时间,也得不到良好的老化效果。

5. 凝冻

将老化后的混合料液投进凝冻机,在搅拌器的高速搅拌下,空气以极小的气泡均匀分布于半固态的混合物料中,有 20%~40%的水分呈微晶粒状态,使冰淇淋体积膨胀。

6. 分装成型

为便于产品的包装、贮藏、运输及销售,及时将凝冻后的酸乳冰淇淋分装成型。

7. 硬化

若迅速硬化,使酸乳冰淇淋融化少,组织细腻润滑;若硬化缓慢,酸乳冰淇淋部分融化,则冰晶的颗粒大且多,成品组织粗糙,品质低劣。

8. 贮藏

硬化后的冰淇淋保存在－20 ℃的冷库中，库内的相对湿度为85%～90%，贮藏温度不能过高且波动要小，贮藏时间不宜过长。

（五）质量指标

1. 感官指标

产品色泽均匀，呈白色、乳白色或略带淡黄色，酸度柔和，滋味和顺，口感滑爽，有冰淇淋特有的滋味和气味，无不良气味，组织细腻、润滑，形态完整，无收缩、塌陷现象，无明显的凝粒及冰晶粒体，无肉眼可见杂质。

2. 理化指标

砷≤0.2 mg/kg，铅≤0.3 mg/kg，铜≤5.0 mg/kg，酸度≥95°T，乳酸菌≥3.75×10^5个/mL。

3. 微生物指标

细菌总数≤25 000 CFU/mL，大肠菌群≤450 MPN/100 mL，致病菌不得检出。

习题与思考

一、填空题

1. 在制作冰淇淋中，冷却前先进行______。
2. 制作冰淇淋中老化的过程又叫______。
3. 老化过程的实质在于______、______和______的______作用。
4. 冰淇淋的物理构造，由______、______和______组成。

二、选择题

1. 冰淇淋按照含脂率分类，下列属于此分类的是（　　）。

A. 高级奶油冰淇淋　　B. 奶油冰淇淋　　C. 异形冰淇淋　　D. 杯状冰淇淋

2. 果仁冰淇淋、布丁冰淇淋是属于以下分类方式的哪一种？（　　）

A. 按所加的特色原料　　B. 按照硬度不同

C. 按照加工工艺不同　　D. 按照形状不同

3. 冰淇淋的卫生指标，要求大肠菌群是（　　）CFU/mL。

A. ＞450　　B. ＜260　　C. ≤450　　D. ＜500

三、名词解释

冰淇淋的老化　凝冻

四、简答题

1. 冰淇淋收缩的原因有哪些？
2. 冰淇淋在制作过程当中，乳化剂的作用是什么？

习题及答案

实训项目单

编制单位：　　　　　　　　编制人：　　　　　　　　编制日期：

任务代号		任务名称		实训课时	
课程名称		实训对象		实训时间	
实训目的					
实训步骤及要求	一、任务分析 二、任务计划决策 三、实施准备 四、工艺流程及要点 五、质量评价				

【过程性考核要点】

鲜奶冰淇淋的加工			
序号	考核内容	考核标准	参考分值
1	学习与工作态度	课前预习，有预习报告，责任心强，按时出勤，按要求着装	5
2	团队协作	服从安排，积极与小组成员合作，共同制订工作计划和完成工作任务，团队意识强	10
3	计划制订	有完整的工作方案，时间安排合理，工作步骤正确	10
4	关键技术点	(1)鲜奶冰淇淋的配方设计及计算 (2)原辅料混合：稳定剂预处理，原辅料准备及混配顺序 (3)杀菌：杀菌温度与时间的要求 (4)均质：温度与均质压力是否达到要求 (5)老化与凝冻：老化温度选择，凝冻温度与时间的确定 (6)产品质量符合要求	50
5	主要仪器设备及用具的使用与维护	冰箱、冰柜、均质设备、冰淇淋机等设备的安全规范操作	10
6	卫生保持与清理	保持现场卫生，实训结束及时清理卫生、归位	10
7	问题思考	对任务完成过程中的问题进行分析，并提出改进措施	5
8	合计		100

模块三　肉制品加工

项目十

腊肠的加工

【腌腊制品的发展】

腌腊肉制品是中国传统肉制品的典型代表之一，具有悠久的历史和深厚的文化背景，对世界肉制品加工技术和加工理论的发展做出了贡献。早在6000年前的西安半坡遗址中，发现先民们就在灶坑上用树枝挂肉熏烤，以后逐步改烟熏为日晒。在《周礼》中已有“腊人掌干肉”“牛修”“鹿脯”等腌后干制肉食记载，在《周易》中已有“噬腊肉，遇小吝而不吝”“腊肉屯其膏”等记载。腊肉的制作因为多在腊月开始，所以称为腊肉。在宋朝时期，是肉制品加工贮藏的大发展时期，从宫廷到民间腌腊制品已十分普遍。现今闻名世界的金华火腿就出自那时的江苏地区。有很多文人墨客曾留下诗句表达了对其的喜爱之情。清朝袁枚的《随园食单》中曾描述了腊肉的加工原理，以及各地腊肉的制作方法和特点。在历代的饮食菜谱中，几乎都有腊肉之类的记载，这足以说明腌腊制品在民间的普遍性。

传统上所谓“腌腊”是指畜禽肉类经过加盐（或盐卤）和香料进行腌制，又通过了一个寒冬腊月，使其在较低的气温下自然风干成熟，形成独特腌腊风味而得名。

腊肠是主要的中式香肠，以猪肉为主要原料经切成丁，配以辅料，灌入动物肠衣，经成熟干制而成。熟制后食用，风味鲜美，醇厚浓郁，回味绵长，越嚼越香，远胜于其他国家的灌肠制品，是中华传统特色食品之一，享誉海内外。

【学习目标】

1. 理解腊肠腌制的原理；
2. 掌握腊肠加工的工艺流程和操作要点；
3. 能鉴别腊肠制品质量标准。

【项目实施】

腊肠加工的工艺流程如下：

原料选择 → 原料预处理 → 灌制 → 晾晒或烘烤 → 检验 → 包装

腊肠的加工

任务1　原料的选择

活动1　材料与工具的准备

材料：瘦猪肉、白糖、食盐、酒、酱油、肠衣、硝酸盐、味精、各种香料、线绳。

工具：别骨刀、切肉刀、斩拌机、绞肉机、拌馅机、灌肠机、台称。

活动2　配方设计

腊肠配方：瘦肉70%，肥肉30%。其他调料按肉重，精盐2%，亚硝酸钠0.015%，蔗糖13%，酒2%，味精0.15%，鸡精0.15%。

活动3　原辅料的选择

腊肠加工的主要原料是猪肉，瘦肉选色泽和弹性好的猪后腿肉为最佳。猪肉应确保来自非疫区，且经兽医检验，符合国家规定标准，盖有紫色验讫章，见图10-1所示。肥肉以脊膘最结实、脂肪最硬。去除腿部筋膜、软骨、血斑和杂质，进行修整。以赋予产品红白分明的外观，但肥肉用量不超过原料肥瘦肉总量的30%为宜。

图10-1　鲜肉检验合格的验讫章

腊肠的加工离不开白糖、酒、盐、酱油等作为配料，它不但能够使产品达到色、香、味的要求，而且对产品起着发色、调味、防腐、增加食品感观性状以及提高产品质量的作用。

白糖：颜色洁白，无带色糖料、糖块，无异物，甜味纯正。

食盐：要求细盐，洁白，纯度99.9%。

酒：要求透明清澈，无沉淀杂质，气味芳香纯正，酒精度以54°以上为宜。

酱油：采用酿造酱油。

肠衣：大多采用盐肠衣或干肠衣。盐肠衣富有韧性，洁白干爽。

硝酸钠：严格称取硝酸盐的添加量，检测成品中亚硝酸盐的残留量。

知识储备

腊肠加工的主要原料是猪肉。原料质量的优劣直接关系到制品质量好坏，必须认真选择。冷却肉是腊肠加工的理想原料。假如原料不新鲜，质量不符合要求，无论采用什么工艺技术也不能生产出优良的制品。原料一般应符合如下基本要求：

(1)按照产品的特点、质量标准来选择原料。

(2)原料肉必须经兽医卫生检验合格，符合肉制品加工卫生要求，禁止使用不新鲜和腐败肉；屠宰放血良好，刮毛干净或剥皮良好，摘净内脏，除去头、蹄、尾等，修净伤斑。

(3)合理利用原料，做到既符合卫生条件和质量标准，又充分发挥原料肉的使用价值和经济价值。腊肠加工的辅料对产品起着发色、调味、防腐、增加食品感观性状以及提高产品质量的作用。要求如下：

白糖：糖可中和调味，软化肉质，起发色及防止亚硝酸盐分解的作用，要求其晶粒均匀，干燥松散，颜色洁白，无带色糖料、糖块，无异物，水溶液味甜，纯正。

食盐：既是防腐剂，又是调味料，可抑制细菌生长。在腌制中起着渗透作用，使肌肉中的水分排出，肌肉收缩，肉质变得紧密，便于保存。

酒：既可排除肉腥味，又可增加产品的香味，有杀菌、着色、保质的作用，要求透明清澈，无沉淀杂质，气味芳香纯正，酒精度以 54°为宜。

酱油：分为酿造酱油及配制酱油。酿造酱油是由于酿造中利用霉菌的作用使大豆及面粉分解而成，有特殊的滋味及豉香味，因此在生产中建议采用。

肠衣：大多采用盐肠衣或干肠衣。盐肠衣富有韧性，产品爽口，口感好。干肠衣是经过腌制、加工、烘干或晒干而成，肠衣薄，身质脆，但品种很多，如蛋白肠衣、单套肠衣、吹晒肠衣等。

硝酸钠：硝酸盐在细菌的作用下还原成亚硝酸盐，亚硝酸盐具有良好的呈色和发色作用，能抑制腐败菌生长，同时能产生特殊的腌制风味，防止脂肪氧化酸败。鉴于亚硝酸盐的安全性问题，生产企业应严格控制硝酸盐的添加量，并严格检测成品中亚硝酸盐的残留量。

任务 2　原料的预处理

活动 1　切肉

1. 原料修整

将原料肉去除油膘、碎骨、血块、筋腱、杂质。胴体肉要进行剔骨、分割，然后割成一定大小的块。或选放进绞肉机，采用 2 cm 的孔板，轧成精肉粒，刀刃一定要锋利，切忌把肉绞成浆。

2. 切丁

首先把肥脊膘去皮，去净皮青、腱膜等。用切丁机或手工切成 6 mm 的肥肉丁，肥肉粒要求粒状四角分明，大小均匀，无连刀块。

3. 漂洗

肥肉粒切成之后，先用温水清洗，再用冷水洗净，滤去水分，待用。

知识储备

肉的解冻

选用卫生检疫合格的新鲜猪后腿精肉和背部皮下脂肪，采取自然摊开解冻，以防堆叠造成解冻不均匀，肉质容易变坏。一般正常情况下，解冻时间为 10～12 h，室温以 20 ℃为宜。室温较高或较低，可适当调整解冻时间。但不可用水浸泡或长时间用水冲洗解冻，以免影响肉质。解冻后，剔除结缔组织、淋巴结、软骨等，用水洗净。

活动 2　拌料

按配方称取辅料，先混合溶解，将肥肉粒及瘦肉粒放搅拌机，边搅拌边加入混匀溶解后的配料，不宜过久搅拌，观察肥瘦、调料均匀即可。

知识储备

一、腌腊的原理

尽管腌腊肉制品种类很多，但其加工原理基本相同。其加工的主要工艺为腌制、脱水和成熟。腌腊肉制品的主要工艺决定了其成品色泽红白分明、耐贮藏和风味独特的特点。

1. 色泽的形成

腌腊肉制品的发色原理与其他肉制品的发色原理相同，但因其含水量低，成色物质浓度较高，因此，色泽更鲜亮。肥肉经成熟后，常呈白色或无色透明，更使腌腊肉制品色泽红白分明。

2. 风味的形成

肉经腌制后形成了特殊的腌制风味。腌肉中形成的风味物质主要有羰基化合物、挥发性脂肪酸、游离氨基酸、含硫化合物等物质，当腌肉加热时就会释放出来，形成特有风味。在通常条件下，出现特有的腌制香味大约需腌制 10～14 天，腌制 21 天香味明显，40～50 天达到最大程度。而且低浓度腌制的猪肉制品，风味比高浓度腌制的好。

对腌制风味形成的过程和风味物质的性质一般认为是在组织酶、微生物产生的酶的作用下，由蛋白质、浸出物和脂肪变化成的络合物形成的。在腌制过程中发现有羰基化合物的积聚。随着这些物质含量的增加，风味也有所改善。因此，腌肉中少量羰基化合物使其气味部分有别于非腌肉。

影响风味形成的因素还有盐水浓度和亚硝酸盐。低浓度的盐水腌制的猪肉制品其风味比高浓度腌制的好。亚硝酸盐是腌肉的主要特色成分，它除了具有发色作用外，对腌肉的风味有着重要影响。

3. 贮藏性及安全性

腌腊肉制品之所以在常温中能较长时间的贮藏而不易变质，其主要原因是在腌制和风干成熟过程中，已脱去大部分水分。其次是腌制时添加食盐、硝酸盐能起抑菌作用。

二、腌制的作用

1. 防腐作用

肉的腌制就是利用加入一定量的盐类如食盐、硝酸盐和亚硝酸盐起到抑菌防腐和延长贮藏期的作用。是腌腊肉制品的主要配料，也是唯一不可缺少的腌制材料。食盐不能灭菌，但一定浓度的食盐（10％～15％）能抑制许多腐败微生物的繁殖，因而对腌腊制品具有防腐作用。肉制品中含有大量的蛋白质、脂肪等成分，但其鲜味要在一定浓度的咸味下才能表现出来。盐类的防腐作用表现在以下几方面：

（1）食盐的防腐作用。食盐可以提高肉制品的渗透压，引起微生物细胞的脱水变形，同时破坏水的代谢，从而抑制微生物的生长；微生物分泌出来的酶很容易遭到盐液的破坏。这可能是盐液中的离子破坏了酶蛋白质分子中的氢键或与肽键结合，从而破坏了酶分子蛋白质的能力；钠离子的迁移率小，能破坏微生物细胞的正常代谢；氯离子比其他阴离子（如溴离子）更具有抑制微生物活动的作用。此外，食盐的防腐作用还在于食盐溶液减少了氧的溶解度，氧很难溶于食盐水中，由于缺氧减少了需氧性微生物的繁殖。

（2）硝酸盐和亚硝酸盐的防腐作用。硝酸盐和亚硝酸盐可以抑制肉毒梭状芽孢杆菌的生长，也可以抑制许多其他类型腐败菌的生长。这种作用在硝酸盐浓度为 0.1％和亚硝酸盐浓度为 0.01%左右时最为明显。

硝酸盐和亚硝酸盐的防腐作用受 pH 的影响很大，在 pH 为 6 时，对细菌有明显的抑制作用，当 pH 为 6.5 时，抑菌能力有所降低，在 pH 为 7 时，则不起作用。

2. 保水作用

磷酸盐在肉制品加工中的作用，主要是提高肉的保水性，增加黏着力。由于磷酸盐呈碱性反应，加入肉中能提高肉的 pH，使肉膨胀度增大，从而增强保水性，增加产品的黏着力和减少养分流失，防止肉制品的变色和变质，有利于调味料浸入肉中心，使产品有良好的外观和光泽。

任务 3　灌制

活动 1　肠衣选择与处理

腊肠使用的天然肠衣，大多采用盐干肠衣，使用前 2 h 放在洁净水中浸泡，换水 3 次，反复清洗数次，并用 30～35 ℃的温水灌洗肠衣内壁，至肠衣恢复弹性；然后将水灌入肠衣检查其完整性，剔除破漏，沥水待用。

知识储备

肠衣是灌肠制品的特殊包装物，主要分为 2 大类，即天然肠衣和人造肠衣。

(1)天然肠衣。即猪、牛、羊的大肠、小肠、盲肠、食管(牛)和膀胱等。因加工方法不同，分干制和盐渍 2 类。天然肠衣弹性好，保水性强，可食用，但规格和形状不整齐。香肠加工中多使用猪、羊的小肠肠衣。使用前需温水泡软，后者需在清水中反复漂洗，以去掉盐分和污物。

(2)人造肠衣。人造肠衣使用方便，安全卫生，标准规格，填充量固定，易印刷，价格便宜，损耗少。人造肠衣包括以下几种：

①纤维素肠衣：用天然纤维如棉绒、木屑、亚麻和其他植物纤维制成。此肠衣不能食用，不能随肉馅收缩。可作大、小红肠包装之用。

②胶原肠衣：用动物胶制成，分可食和不可食两类。使用时保持相对湿度 40%～50%。

③塑料肠衣：用聚丙二氯乙烯、聚乙烯膜制成，品种样式较多，只能蒸煮，不能食用。

活动 2　填充

填充又称灌肠，是将混合好的肉馅在动力作用下填充到肠衣内，并进行结扎，用细针戳洞。

知识储备

常用的填充机分类：

1. 活塞填充机

活塞填充机一般分为空压式、油压式及机械推动式 3 种，其中油压式填充机在肉制品加工中被广泛使用，如图 10-2 所示。

2. 真空填充机

真空填充机是一种由料斗、泵和真空系统所组成的连续式灌装机。该机能使用不同种类的肠衣，灌制不同规格的香肠。一般都带有自动扭结、定量灌制、自动上肠衣等装置，还可与自动打卡机、自动挂肠机、自动罐头填充机等设备配套使用。

3. 自动填充结扎机

自动填充结扎机是靠齿轮泵与叶片泵填充加工香肠类产品。该机具有定量填充、肠衣自动焊接、填充后自动打卡结扎、剪切分段等多种机械性能。该机的最大优点是生产效率高，自动化程度高，肠衣规格化、耐高温，生产出的产品保存期长。该机在我国的大、中型肉制品企业中被广泛采用。

活动 3　打结

将调配好的原料肉填充到手摇式灌装机料斗中，通过摇动手柄挤压肉进入肠衣，见图 10-2，然后从中间向两边赶出多余气泡，松紧适度，再用线绳或铝线、铝卡等把两端捆扎，打结，不让肉馅从肠衣中漏出来。目的是把肉牢固地封闭在肠衣内，制成各种形状的产品，如图 10-3 所示。

图 10-2　手摇灌肠机进行灌制

图 10-3　线绳分段打结

知识储备

打结就是把原料肉填充到肠衣后用线绳或铝线、铝卡等把两端捆扎，不让肉馅从肠衣中漏出来。结扎的目的是为了把肉馅牢固地封闭在肠衣内，制成各种性状的产品，以隔离肉馅与空气的接触，防止微生物的污染。

活动 4　清洗

将结好绳的湿肠用 50 ℃温水洗净，注意肠身表面的油污要清洗干净，以防针孔堵塞，影响肠内水分蒸发，否则腊肠表面会出盐霜，影响产品感官。

任务 4　晾晒或烘烤

1. 烘烤

经过清洗后的湿肠用小挂车推进烘房，须注意肠与肠之间的距离（一般要求 5～6 cm）。晾竹与晾竹之间距离不要排得过密，烘烤过程中上下层腊肠须交替吊挂，否则影响通风和上层腊肠的吸热。烘房温度一般掌握在 55 ℃左右，烘焙 72 h。观察色泽红白分明，肠衣紧贴肉馅即可。

也可以在自然太阳光下先暴晒1～3天，然后再移到阴凉干燥处自然成熟2周以上，见图10-4。

2. 剪肠、挑拣、包装

出炉后的腊肠，须等肠身凉凝之后才能剪肠(图10-5)。挑选粗细长短一致的香肠装袋，放置平整后抽真空。

图10-4　香肠自然阴干

图10-5　蒸熟后香肠

知识储备

一、烘烤的作用

烘烤是整个生产过程中最重要的一环，直接影响腊肠的色、香、味、形。按照工艺要求，烘房的温度应控制在既能阻止肠内微生物迅速繁殖，又不把肠馅烤熟，还要使肠身收缩均匀，含水率符合要求的范围内。湿肠进入烘房，当吹到肠身上的热风达到一定温度，烘烤4 h，手摸肠身无潮湿感觉，且转为淡红色时，即可出烘房调竹。调竹时将全部生肠取出，挂在架上，将每根竹竿上两端与中间的肠坯调换位置，并将上下肠坯颠倒悬挂，这样可使肠坯烘焙均匀。然后保温48～72 h，经检验合格后即为成品。

烘烤温度是烘制腊肠的关键。操作人员必须经常检查，随时注意肠坯干湿情况，一般烘焙8 h左右可能出现如下变化：正常情况下肠身呈红色，肠坯出现皱纹，爽而不粘手。如果烘烤温度过低，肠身色泽淡白，肉质松软，或膨胀发酵。烘烤温度过高，肥膘出油而精肉色暗，影响肉质；干燥过快，肠内水分不能排出，形成外干内湿而引起细菌迅速繁殖，产生大量气体，造成空肠，或水分来不及蒸发使肉馅和肠衣壁脱离，产生硬壳。

二、腊肠烘干机的干燥阶段

干燥阶段可分为预热阶段、定型阶段和强化干燥阶段。

1. 预热阶段

这是腊肠烘干的首要阶段，也是非常关键的阶段，历时5～6 h，在捆绑好的腊肠装入烘干房后2 h内，温度快速升到60～65 ℃，不用排湿。这一过程主要是起到一个发酵的作用，控制肉不变色、不变味。改调温度40～45 ℃，湿度控制在50%～55%，时间3 h，注意预热阶段温度不能高于65 ℃，否则腊肠会出现滴油，甚至沤烂。

2. 定型阶段

定型阶段起到发色、收缩作用，要控制温度52～54 ℃，湿度45%左右，时间3～4 h，腊肠逐渐从浅红色转为鲜红色，肠衣开始收缩，可以进行冷热交替使用，防止硬壳的出现，效果好。

3. 强化干燥阶段

这一阶段主要的制约因素是温度，为了强化干燥速度，温度要升高到60～62 ℃，烘干时间控制在10～12 h，相对湿度控制在38%左右。

任务5 检验

活动1 感官检验

腊肠的感官检验指标见表10-1。

表10-1 腊肠的感官指标

项目	要求
色泽	色泽光润、瘦肉粒呈自然红色或枣红色，脂肪雪白、条纹均匀，红白分明，有光泽。
组织状态	肠体干爽，腊衣紧贴、结构紧凑、弯曲并富有弹性，呈完整的圆柱形，表面有自然皱纹，断面组织紧密。
风味	咸甜适中，鲜美适口，腊香明显，醇香浓郁，食而不腻。切面香气浓郁，肉香味明显。
外形	长度：15～20 cm，直径：17～26 mm。
杂质	不得含有淀粉、血粉、豆粉、色素以及外来杂质。

活动2 理化检验

腊肠的理化检验项目指标见表10-2。

表10-2 腊肠的理化指标

项目		指标
蛋白质/(g/100 g)	≥	20
脂肪/(g/100 g)	≤	45
水分/(g/100 g)	≤	25
食盐(以NaCl计)/(g/100 g)	≤	8
总糖(以葡萄糖计)/(g/100 g)	≤	20
酸价/(mgKOH/g)	≤	4
亚硝酸盐(以$NaNO_2$计)/(mg/kg)	≤	20

活动3 微生物检验

样品中沙门氏菌、黄金色葡萄球菌、志贺氏菌等致病菌不得检出。

知识储备

腊肠优劣的鉴别方法有：

一看：优质腊肠不论包装或散装均有明显的商标品名、产地、生产日期、规格、食用和保存方法等标签内容。产品色泽光润，瘦肉粒呈自然红色或枣红色，脂肪雪白，条纹均匀，无肉眼可见杂质。

二触:优质腊肠手感干爽,腊衣紧贴肉馅,结构紧凑,弯曲有弹性,切面肉质光滑无空隙。

三闻:优质腊肠切面香气浓郁,香味突出,有强烈广式腊味固有的香味。

四蒸:优质腊肠蒸熟后,收缩的肠身由于吸水变得浑圆饱满,色泽暗红,并散发诱人的肉香和腊香味。

五品:可整段或斜切片状品之,优质肠具有咸甜适中,鲜美可口,腊香、肉香浓郁、食而不腻,齿间留香,秋冬时节,腊香更浓。

任务6 包装

出炉后的腊肠,须待肠身凉凝之后才能剪肠。在挑拣过程中,须注意保证条子均匀,粗细长短一致。装袋抽真空须放置平整,以免在运输或市场流通环节发生漏气的现象。

知识储备

传统上,广式腊肠一般裸装并在室温下销售,随着真空包装技术及低温冷藏技术的出现,为延长腊肠的保质期,许多企业多采用真空包装并在冷链条件下贮藏和销售。有许多企业在其外包装内放置一小包脱氧剂,真空包装后,提升质感和保质期。

贮藏过程中,在脂肪酶的作用下,脂肪水解,使产品酸价和过氧化值极易升高。广式腊肠即使在真空包装下,常温保存2～3个月之后,过氧化值和酸价便会超过标准规定,在气温高时,贮藏的时间更短。

知识拓展

腊肠加工中常见的质量问题与控制

1. 熟制后的腊肠出现空隙、口感较差

腊肠的外观同西式香肠一样都是圆柱形,但是如果将整条腊肠熟制、冷却后,会发现肠衣干燥,与瘦肉失去了黏性,出现了肠衣和肉的分离,形成了中间有空隙,外观比较难看,而且肠衣在冷却一段时间后,难嚼烂,腊肠肉香味不足。

解决方法:

(1)改变生产工艺。主要是改变腊肠的烘干时间,企业制作腊肠的烘干时间一般为3天,可以适当减少烘干时间,增加腊肠的含水量,改善即食肠的嚼劲,提高产品的经济效益。

(2)改进产品的配方。以制作一级腊肠为例,添加保水性的辅料磷酸盐、酶类,可增加肉的嫩度。虽然减少烘干时间,可以增加腊肠的含水量,如何留住水分,减少水分流失是关键。

2. 脂肪溢出表面形成白色的油脂

广式腊肠如一级肠脂肪的含量一般达到30%,脂肪是腊肠含有肉香味的重要来源。在腊肠干制工艺中,脂肪受热,会加速脂肪的流出,而且也伴随着香味物质的流出。

解决方法:

(1)改善配方。减少肥肉的含量,增加瘦肉的含量,实验发现,特级肠(20%肥肉)相比一级肠(30%肥肉),脂肪溢出相对少。

(2)控制烘烤温度。烘烤温度控制在 65 ℃以下。

企业衔接

广式香肠是广东一带的汉族传统名菜,属于粤菜系。此菜具有外形美观、色泽明亮、香味醇厚、鲜味可口、皮薄肉嫩的特色。以下是广式香肠加工的工艺流程和工艺要点。

(一)工艺流程

原料选择 → 切肉 → 加辅料搅拌 → 灌制 → 清洗 → 晾晒

(二)工艺要点

1. 原料选择

选择经卫生检疫合格的猪肉,瘦肉最好选用前后腿肉,去除筋膜、软骨、血斑和杂质。肥肉选用背部硬脂肪。肉馅中加入一定比例的肥肉丁,可以增进腊肠的滋味、香气,改善制品的口感,赋予产品红白分明的外观,但肥肉用量不可过多,以不超过原料肥瘦肉总量的 30%为宜。

2. 切肉

(1)瘦肉。经绞肉机绞成 8～12 mm 见方的颗粒,肥肉切成 8～10 mm 见方的方丁,可采用切丁机切丁或手工切丁,为了便于切丁,应将肥肉预先冷却或将肉温控制在－4～－2 ℃。

用绞肉机绞制瘦肉时,选用的孔板孔径不能过小,否则瘦肉被绞成肉泥,灌制后易阻塞肠衣的刺孔,影响肉中水分的散发,使烘烤时间延长,产品易腐败变质;肉粒也不可过大,否则会影响成品的切片性。

(2)切肥膘丁。多采用切丁机,工效快,省时省力,切忌使用绞肉机绞切肥膘。肥膘丁以 8～10 mm 见方为宜。肥膘丁需漂洗去油,否则灌制后油分集结在肉馅表面肠衣内壁,干燥时阻碍肉馅水分的散发,容易造成产品酸败变质。漂洗时应选用 35 ℃左右的温水,达到除油的目的。漂洗后用冷水冲洗,然后沥干水分。

3. 搅拌

搅拌多在搅拌机中进行,可使原辅料混合均匀。在搅拌过程中添料的顺序是将瘦肉放入搅拌机中,加辅料搅拌,然后加肥膘丁搅拌均匀。搅拌的时间不宜太长,避免将肉馅拌成糊状。拌料要以既要将原辅料混合均匀,又要尽量缩短搅拌时间,保持瘦肉和肥肉清晰分明为原则。

4. 灌制

灌制需要充填机和肠衣。肠衣选用口径为 2.8～3 cm 的天然肠衣或胶原肠衣。在灌制时,肉馅充填入肠衣中,完成灌制。灌制肠体的松紧度要把握好,一般以灌制稍微紧实些、灌制肠衣容量达 8～9 成为宜。若太松,肠内易留下气泡,使成品肠体粗细不匀;太紧,则不利于打结,也容易造成肠衣破裂。

灌制后,用针刺香肠排气和烘烤时的排湿。刺孔以每 1～1.5 cm 刺一针孔为宜。若采用真空搅拌机和真空灌肠机,肠体内残留的空气很少,可免去刺针排气。

刺孔以后,按规格长度用水草或细麻绳打结,一般每节长度 12～15 cm。生产枣肠时,每隔 2～2.5 cm 用细棉绳捆扎分节,挤出多余的肉馅,使成枣形。传统的广东香肠是双条的,肠体在刺针排气后,分段扎成双条,在肠体两段用水草扎结,正中系上麻绳,成为一束双绳,便于吊挂。麻绳可染色以区分品种。

5. 清洗

经过灌制、刺针排气、拴绳后，肠体表面会附着少许肉馅，在晾晒、烘烤前，要放在 35 ℃左右的温水中清洗一下，清洗掉表面附着的肉馅，且有利于肠衣收缩和排气，使成品肠体表面美观。

6. 晾晒或烘烤

将清洗后的香肠挂在竹竿上，放在阳光充足的地方晾晒 2～3 天，再在通风良好的地方晾挂风干 1～2 周，使肠体表面收缩并发色。遇到雨天或烈日，不宜露天晾晒。

香肠烘房温度一般控制在 50～55 ℃，最高不超过 60 ℃。最重要的是初始阶段温度的控制。如果温度过高，干燥速度过快，肠衣表面易形成硬壳，从而阻止内部的水分向外散发，另外，温度过高，还会使香肠出油，从而影响产品品质；如果温度过低，则香肠难以干燥，微生物易繁殖，甚至会产生酸味，并且干燥时间也会相应延长。

干燥时间受炉内温度、通风排湿及香肠直径等因素的影响，一般为 24～48 h，烘烤至肠表面干燥，色泽光亮，红白分明，软硬适中，有弹性，成品率在 60%～70%为宜。

7. 冷却

烘烤后的香肠，应放在通风处冷却降温。

8. 包装

一般采用真空包装，能在室温下放置，保质期为半年。

(三)产品特点

甜咸适中，鲜美适口，腊香明显，醇香浓郁，食而不腻，具有广式香肠的特有风味。

习题与思考

一、选择题

1. 肉的解冻最适温度为(　　)。

A. 10 ℃　　B. 15 ℃　　C. 20 ℃　　D. 25 ℃

2. 腊肠初加工的熟制方法以(　　)为宜。

A. 煮　　B. 烤　　C. 蒸　　D. 炸

3. 腊肠成品需要进行下列(　　)。(多选题)

A. 感官检验　　B. 酸度检验　　C. 理化检验　　D. 微生物检验

二、填空题

1. 肉品的腌制是用______、______或另加__________对原料肉进行浸渍的过程。

2. 经______、________、________、______工艺而成的生肉类制品称腌腊制品。

3. 肉品腌制中食盐的作用主要是____。

4. 砂糖的作用是____。

5. 腊肠烘房温度一般掌握在________度左右，烘焙________h。

三、简答题

1. 请写出腌腊制品的加工贮藏原理。

2. 肉品腌制中食盐的主要作用有哪些？

3. 肉品腌制过程中会发生什么样的变化？

习题及答案

实训项目单

编制单位：　　　　　　　　编制人：　　　　　　　　编制日期：

任务代号		任务名称		实训课时	
课程名称		实训对象		实训时间	
实训目的					
实训步骤及要求	一、任务分析 二、任务计划决策 三、实施准备 四、工艺流程及要点 五、质量评价				

【过程性考核要点】

腊肠的加工			
序号	考核内容	考核标准	参考分值
1	学习与工作态度	态度端正，学习方法多样，课前预习，积极主动，责任心强，按时出勤。	5
2	团队协作	服从安排，积极与小组成员合作，共同制订工作计划，共同完成工作任务，团队意识强。	10
3	计划制订	按要求着装，有完整的工作方案，时间安排合理，工作步骤正确。	10
4	关键技术点	1. 原料选择：选择的方法与鉴别。 2. 原料肉的处理：切肉，拌料，腌制等操作。 3. 灌肠：肠衣的选择，填充机的操作。 4. 烘烤：温度、时间、上色程度。 5. 产品质量检验。	50
5	主要机械设备及用具的使用与维护	灌肠机、打卡机等设备的安全规范操作。	10
6	卫生保持与清理	保持现场卫生，实训结束后能及时清理卫生。	10
7	问题思考	对工作任务完成过程中的问题进行分析，并提出改进措施。	5
8	合计		100

项目十一

灌肠的加工

【灌肠的发展】

灌肠制品的种类繁多，多年来，在我国的肉类加工行业中，习惯上将中国传统加工方法生产的香肠(以广东腊肠为代表)认定为香肠或腊肠，把近代由国外传入我国的香肠类灌制品称为灌肠。中国香肠与西式灌肠在加工原料、生产工艺和辅料要求等方面都有不同之处。按照GB/T 26604—2011 对肉制品的主要加工工艺分类，均属于肠类制品。

灌制品是指将原料肉经腌制或不经腌制，经切碎成丁或绞碎成颗粒，或斩拌乳化成肉糜，再混合添加各种调味料、香辛料、黏着剂等，填充入天然肠衣或人造肠衣中，经烘烤、烟熏、蒸煮、冷却等工艺制成的产品。通过介绍灌肠食品加工的原理及工艺流程、常见质量问题及质量控制措施，重点介绍腌制、绞肉与斩拌、灌制、烟熏、烘烤、煮制等内容，才能更好地掌握肉的呈色机理及肉的保水性对产品质量的影响、斩拌过程对肉的乳化作用的影响，灌制工艺及爆裂的关系等。因此，在保证产品安全的同时，也要综合考虑产品的质量，只有把控好加工的各个环节，才能生产优质产品。

中国是世界上最大的肉类生产国，近年来国人对肉制品需求增长很快，对肉制品消费质量偏好不断增强。为“探寻食品世界，共享食品盛宴”以“安全、健康”为导向的质的提升转型，促进肉品加工产业的高质量发展。

【学习目标】

1. 熟悉灌制品的种类及特点；
2. 掌握斩拌、乳化等灌肠制品加工工艺及设备使用；
3. 了解灌肠成品质量标准及食品安全控制。

【项目实施】

灌肠加工的工艺流程如下：

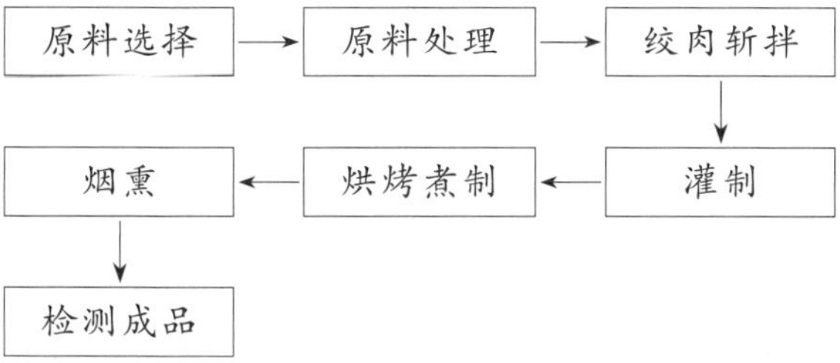

灌肠的加工

任务1 原辅料选择

活动1 材料与工具的准备

材料：猪肉、淀粉、食盐、白砂糖、硝酸盐、复合磷酸盐、异抗坏血酸钠、五香粉、红曲米粉、味精、白酒、线绳。

工具：电子秤、肠衣、不锈钢盆、钢刀、菜板、绞肉机、斩拌机、灌肠机、制冰机、不锈钢夹层锅、温度计、托盘、保鲜膜、冰箱、细钢针。

活动2 配方设计

双辣肠(kg)参考配方：猪肉 100(瘦肥 7∶3)；辅料：淀粉 11，食盐 3，白砂糖 1，硝酸盐 0.05，复合磷酸盐 0.3，异抗坏血酸钠 0.5，味精 0.04，五香粉 0.4～0.5，辣椒粉 0.6～0.7，红曲米粉 0.05，白酒 10，冰水 15。

活动3 原辅料准备

一是感官检测原料肉无异物、硬骨，颜色呈淡红或者鲜红；原料肉必须是健康的，盖有兽医检验合格的呈紫色椭圆形的印章。

二是化验室随机抽检原料肉（冻品），按照国标 GB/T 22286 检测 β-兴奋剂，按照农业部 1025 号公告-6-2008 检测莱克多巴胺，按照 GB 5009.3 检测水分、按照 GB 4789.2、GB 4789.3、GB 4789.4 分别检测菌落总数、大肠杆菌、沙门氏菌等；原料肉经以上检测合格后，即可通知生产使用。

三是原料肉在车间处理过程中，环境温度不应超过 10 ℃，原料肉修整时应注意尽可能少地破坏肌肉的纤维组织，刀痕不能划得太大太深，并尽量保持肌肉的自然生长块型(图 11-1)。

图 11-1 肥瘦分离，切分

知识储备

一、灌肠制品的种类及特性

由于灌肠制品种类繁多，其分类标准也各不相同。按肉类的绞切程度分为绞肉型灌制品和乳化型灌制品；按生熟程度分为生灌制品和熟制品；按烟熏程度分为烟熏制品和非烟熏制品；按发酵程度分为发酵灌制品和非发酵灌制品；按所用原料分为猪肉灌制品、牛肉灌制品、鱼肉灌制品、鸡肉灌制品和混合灌制品等。若综合以上分类方法，按生产工艺流程分为以下几种。

（一）生鲜灌制类

用新鲜猪肉，有时添加适量牛肉，不经腌制，绞碎后加入香辛料和调味料，充填入肠衣内，不加硝酸盐和亚硝酸盐等发色剂制成的灌肠。产品必须低温储存。在食用前需经蒸、煮等熟加工，如新鲜猪肉香肠、鲜牛肉香肠、意大利鲜香肠、德国油煎香肠等。

（二）生熏灌制类

将未经腌制或经腌制的原料肉，切碎、调味后充填入肠衣，然后烟熏处理，但不进行熟加工，最终产品还是生的。在食用前需煮熟方可食用，如生色拉米香肠、广东香肠等。

（三）熟熏灌制类

原料肉经腌制、绞碎、调味，充填入肠衣，然后烟熏和蒸煮至完全煮熟，如蛋清肠、哈尔滨红肠等。

（四）熟灌制类

用腌制或不腌制的肉类，经绞碎或斩拌，加入调味料后，搅拌均匀灌入肠衣，熟制而成。有时稍微烟熏，一般无烟熏味。

（五）熟熏灌制类

将经腌制或未经腌制的原料肉，绞碎、调味，充填入肠衣中，然后煮熟，如泥肠、茶肠、血肠、法兰克福肠等。

（六）粉肚灌制类

原料肉取自边角料，经腌制、绞碎成丁或糜，加入大量的淀粉和水，充填入肠衣或猪膀胱中，煮熟、烟熏。如北京粉肠、小肚等。

中式香肠和西式灌肠之间的加工原料、生产工艺和辅料要求等方面有所不同，区别之处见表 11-1。

表 11-1　中西式肠类制品的区别

项目	中式香肠	西式灌肠
原料肉	以猪肉为主	除猪肉外还可以用牛肉、马肉、兔肉等
原料肉处理	瘦肉、脂肪均切丁或瘦肉绞碎，脂肪切丁	瘦肉、脂肪均绞碎或瘦肉绞碎、脂肪切丁
辅料	加酱油、不加淀粉	加淀粉、不加酱油
加工方法	长时间晾挂、日晒、熏烤	烘烤、烟熏

二、灌肠制品中常用的原辅材料

（一）原料

生产灌肠制品的原料有猪肉、牛肉、羊肉、鱼肉、鸡肉、兔肉及它们的内脏或血等，其中以猪肉和牛肉为最多。灌肠用的猪肉以热鲜肉最好，此时黏结性和保水性高，而实际生产中大量使用的是冷却肉和冻结肉。

灌制品中如果加入一定的牛肉，既可以提高制品的营养价值，又可以使肉馅色泽美观，增加弹性，提高肉馅的黏着力和保水性。但牛肉只能用瘦肉或中等肥瘦的为宜，最好用肩胛、颈部和大腿部的肉。因为牛的脂肪熔点高，不易熔化，如果将它加入肉馅会使制品发硬，难以咀嚼且有膻味，特别在灌制品冷食时最为明显。

（二）辅料

在灌肠制品生产加工中所用的辅料有：食盐、硝酸盐、亚硝酸盐、甜味剂、鲜味剂、香辛料、酒、增稠剂、肠衣等。

1. 香辛料

是指具有芳香味和辛辣味的辅助材料的总称。它主要是利用香辛料中某些成分所具有的气味和滋味，来赋予产品一定的风味，抑制和矫正肉品的不良气味，有增进食欲，促进消化的作用。在灌肠类制品加工中常用的有姜、辣椒、花椒、大茴香、小茴香、桂皮、肉豆蔻、陈皮、胡椒、丁香、砂仁、白芷、甘草等。

2. 甜味料

有砂糖、红糖、蜂蜜以及甘草等。甜味料是重要的风味改良剂。在肉制品中起赋予甜味和助解的作用，并能增添制品的色泽。

3. 鲜味料

常用的鲜味料有谷氨酸钠、5-肌苷酸钠、鸟苷酸钠等。

4. 肠衣

是灌制用的包装材料，要根据产品的品质、规格选择合适的肠衣。

任务 2 原料预处理

活动 1 腌制剂称量

腌制剂主要包括食盐、白砂糖、硝酸盐或亚硝酸盐、抗坏血酸、复合磷酸盐等。按配方设计准确称量，混合均匀，溶解备用。

活动 2 低温腌制

将原料肉剔除骨、筋腱、肌膜、淋巴、血管、病变及损伤部位，然后按肌肉组织的自然块型分开，一般瘦肉切成 3 cm×2 cm×1 cm 的条状，肥肉切成 1 cm 的方丁状；备用。

采用干腌法。将所有腌制剂混合均匀，用少量水溶解，均匀撒在瘦肉表面，操作人员戴上手套抓拌均匀，让腌制剂渗入到原料肉中，留取少量食盐涂擦在肥肉上(图 11-2、图 11-3)；然后分别将肥、瘦肉放在托盘中，压紧压实，上盖保鲜膜(图 11-4)，放在冰箱冷藏室，温度控制在 4 ℃，腌制 12～24 h。

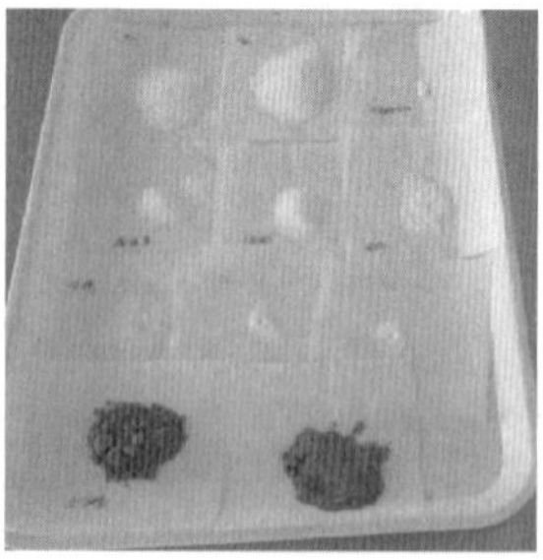

图 11-2 腌制剂称量后核验

图 11-3 腌制剂与肉混合

图 11-4 腌制前压实密封

知识储备

一、腌肉的目的

腌肉是使肉中含有一定盐量，以保证制品具有适当的滋味，并能抑制微生物生长与繁殖，使制品色泽鲜艳，同时可使腌肉具有必要的黏性、弹性和保水性。

二、腌制的方法

腌制可根据品种不同，采取先腌后绞或先绞后腌的方法。在腌制前将肉绞细，可使盐分分布得迅速和均匀，缩短腌制时间，还能改善产品质量。采用斩拌机斩拌过的肉，腌制效果最好，肉的黏性和保水性最大，制品的滋味也好。

三、腌肉过程腌制剂用量、环境控制对产品质量的影响

一般用食盐、(亚)硝酸盐和其他添加剂混合，其中用盐量占肉重的 2%～3%，硝酸钠用量不超过 0.05%，亚硝酸盐用量不超过 0.015%，抗坏血酸占 0.03%～0.05%。腌制温度一般在 10 ℃以下，腌制的环境洁净，温度 4 ℃左右最佳，相对湿度在 85%～90%。腌制时间一般为 12～24 h。

腌制结束的标志是猪肉的颜色变得鲜红，且色调均匀；肉都变得富有弹性和黏性，无霉味或其他气味。

任务 3　绞肉与斩拌

活动 1　准备绞肉机

首先检查绞肉机料仓内是否有异物，各润滑部位是否注食用油；绞肉前，先将绞肉部分各零件取出清洗注油，有序安装绞肉机各个部件：①先插入螺旋送料器，使电动机成油出轴端和螺旋送料器正确连接；②在安装刀片时，注意不要把刀片装反，刀的刃口要朝向孔板；③安装孔板时，注意要使孔板圆周上的定位半圆孔和机座上的定位销对齐；④紧固件固定；⑤绞肉机调试，要求刀刃和孔板吻合；⑥紧固件的松紧度适宜。

知识储备

绞肉机又称碎肉机，主要功能是将整块的原料肉或脂肪按要求的大小切碎绞制成细粒，以减轻手工劳动强度，提高生产效率。目前新式绞肉机除具有绞肉功能外，还有剔除筋腱、嫩骨和混合的作用。

绞肉机的工作原理是依靠螺杆将料斗箱中的原料肉推到电预切处，通过螺杆的旋转作用，使得绞刀与孔板产生相对运动，从而将原料肉切成颗粒形状，确保了肉馅的均匀性。

实验用绞肉机的结构主要由电动机、孔板、绞刀、绞龙、减速器、压紧套、料斗箱、配电箱、机架等构成。

活动 2　绞肉

将腌制好的原料精肉和肥膘分别放入绞肉机，进行绞碎。绞肉时要根据产品要求选用不同孔径的孔板。一般肉糜型产品选用孔眼直径为 3～5 mm 的孔板，而肉丁产品一般选用孔眼直径为 8～10 mm 的孔板，见图 11-5。

知识储备

在绞肥膘时应注意脂肪投入量不能太大，否则会出现绞肉机旋转困难，造成脂肪熔化变成

油脂，从而导致出油现象。绞肉时投料量也不宜过大，否则会造成肉温上升，对肉的黏着性产生不良影响。

活动3 准备斩拌机

首先仔细检查线路；打开斩拌机机盖；将斩锅内的斩拌刀、刀座和调节盘上的油污清除干净，晾干，待用。

活动4 斩拌

将绞碎的原料肉置于斩拌机的料盘内，斩切粉碎至糊浆状称为斩拌。斩拌是生产灌制品时影响产品质量的关键工序，可起到切碎、搅拌均匀的效果。

斩拌时，首先将瘦肉放入斩拌机内，并均匀铺开，盖盖，启动斩拌机，继而均匀加入冰水（加入量为原料肉的30%～40%），利于斩拌和降温，再加入淀粉液，通过用斩拌机对肉进行斩拌，肌肉和肥肉组织的肽键断裂，变成分散的细粒状，吸水能力增强，使肌肉纤维蛋白形成凝胶和溶胶状态，使脂肪均匀分布在蛋白质的水化系统中，提高肉馅的黏度和弹性。当形成一个整体时，再加调料、香辛料，最后添加红曲等辅料，肉吸水膨润，最终形成均匀富有弹性的肉糜，因此斩拌过程起到乳化作用。斩拌过程控制肉糜温度不应高于10 ℃，时间控制在6～8 min之内。斩拌结束，关闭电源，见图11-6。

图11-5 绞肉机绞肉

图11-6 斩拌机斩切肉

知识储备

一、斩拌机的安全使用

（一）结构及作用

1. 斩拌机的分类及作用

斩拌机根据料盘加工时的内部压力可分为常压式、真空式和真空蒸煮式；根据结构（刀轴位置）可分为卧式和立式。

斩拌机在肉制品加工中的作用有2个：一是将原料肉（肉块或肉粒）切割剁碎成肉糜状；二是将剁碎的原料肉与添加剂及各种辅料相混合进行搅拌，使之成为达到工艺要求的物料。

2. ZZB200型真空斩拌机结构

ZZB200型真空斩拌机主要由底座、斩锅、刀轴箱、真空罩及翻转机构、刀罩及翻转机构、上料机构、液压系统、出料机构、操纵台、轴流风机等组成。

（二）真空斩拌机的工作原理

装有原料肉的斩锅以低速旋转，并不断将原料肉向斩拌刀组下方输送，斩拌刀组以高速旋转，原料肉及辅料在斩锅中做螺旋式运动的同时被斩拌刀组搅拌和切碎，并排掉肉糜中存在的空气。锋利的刀组高速斩拌，使原料肉得到充分地混合、乳化，刀组的转速越高，其混合乳化效果越好。

二、斩拌机的清洗和保养

(1)工作完毕后，立即做好清洗工作。

(2)为了使斩拌刀刀具有良好的耐久性，每用一次或两次后，应把刀具用水或蒸汽加热到100～200 ℃，这样可以有效地缓解材料内部的张力。

存放斩拌刀时，室温不能低于 20 ℃，磨刀时温度不能高于 45 ℃，必须有冷却措施，这样可以避免刀面局部高温而产生局部内应力(使用时易出现崩裂)。磨刀时要特别注意刀面上不能出现退火颜色和烙印。

生产中，若每天使用斩拌机，则至少每隔 10 天就要磨一次斩拌刀。磨刀过程中必须称重，以保证成套刀具中每片刀的重量一致(严格要求误差不多于 1 g)。

(3)液压泵的电动机前后轴承 3000 h 注一次润滑脂，充填至轴承空腔的 2/3。开始使用机器 50 h 后应更换一次液压油，每工作 2000 h 彻底更换一次液压油，推荐使用 YA-N46 液压油，用量 20～22 L。

(4)定期润滑。刀具上前后轴承每班注耐高温、高速润滑脂一次；底座关节轴承、真空盖轴的轴承等润滑点处注入钙钠基润滑脂。

三、斩拌的作用

斩拌操作是乳化肠加工过程中一个非常重要的工序，控制的好与坏直接影响产品品质。原料经斩拌后，从理论上讲，激活了肌原纤维蛋白，使之结构改变，破坏结缔组织的薄膜，使肌肉和肥肉组织的肽键断裂，从而提高吸收水分的能力，增加了肉馅的保水性和出品率；同时也减少了表面油脂，使成品具有鲜嫩细腻，极易消化吸收的特点，产品得率也大大提高。

四、斩拌的注意事项

往斩锅中放的物料要认真仔细检查，绝对不允许有骨头、石块、铁屑等杂物，以防损坏刀具和发生重大事故。

斩拌时要严格加料顺序，控制斩拌温度。由于斩拌时斩拌刀的高速旋转，肉料的升温是不可避免的，但过度升温会使肌肉蛋白质变性，降低其工艺特性，因此斩拌过程中应添加冰屑以降温，斩拌结束的肉馅温度不应高于 10 ℃，整个斩拌操作控制在 6～8 min，肉吸水膨润，形成富有弹性的肉糜。

五、乳化原理

为了使肌肉纤维蛋白形成凝胶和溶胶状态，使脂肪均匀分布在蛋白质的水化系统中，提高肉馅的黏度和弹性，通常对肉进行斩拌操作。将原料肉、水和盐混合后经高速斩切，使肉中的蛋白质和水将脂肪包裹起来，形成水包油型乳化特性的肉糊，吸水性和乳化性提高，防止脂肪表面氧化，使肉料有较好的黏度和弹性，质地和稳定性得到改善。

任务4　灌制

灌制又称充填是将肉馅充填入肠衣的操作。灌制时需要灌肠机和肠衣，肠衣选用口径是28～30 mm 的天然肠衣。将拌好的肉馅用灌肠机灌入预先准备好的肠衣内，成为定型的灌制品。灌制包括肠衣准备、灌馅、排气、捆扎、吊挂等工序。

在灌制时应尽量填充均匀饱满，松紧适度，肠衣容量达8～9成为宜。若太松，肠衣内易留下气泡，使得成品肠体粗细不匀；太紧则不利于打结，也容易造成肠衣破裂。灌制后若有气泡，用针刺肠体进行排气。若采用真空搅拌机和真空灌肠机，肠体内残留的空气很少，可免去刺针排气。

灌完肉馅的肠体要分段打结，打结要扎紧捆实，不松散。按规格、长度用水草或细麻绳打结，一般每节长度12～15 cm。枣肠每隔2～2.5 cm用细棉绳捆扎分节成枣形。在结扎时要考虑，留有肠衣的余量，烟熏、蒸煮时肉会发生膨胀。

灌好的湿肠按规格每隔一定距离打结后，悬挂在烘烤架上，用清水冲去表面的油污、肉泥、肉末，使成品肠体表面美观。整理完后及时入炉进行烘烤或放入蒸煮锅内进行蒸煮，灌装间滞留时间一般不超过2 h。

知识储备

一、肠衣质量对产品质量的影响

灌制所用的肠衣，多为天然(动物)肠衣、PVDC肠衣、尼龙肠衣、纤维素肠衣等。

肠衣质量不好，多发生于使用天然肠衣。这种肠衣弹性不及人造肠衣，而且较易生虫、霉变，尤其是在夏季高温、潮湿的情况下，如保管不当，造成肠衣本身的弹性和牢固性降低，一经遇热即会破裂。

如属单纯的肠衣质量不好而引起的爆裂，常常只爆起肠衣，而肠馅不裂。因此，除加强天然肠衣的保管外，使用前还应进行适当的处理，先用清水浸泡，然后用2%的明矾水搓洗2遍，再用清水洗净，这样可增加肠衣的强度和外表光泽。同时检查肠衣是否完整、砂眼、破损等。用人造肠衣可避免由于肠衣质量不好而造成的破裂。一般每100 kg肉馅约需300 m猪小肠衣。

二、肉馅充填过紧对产品质量的影响

使用天然肠衣进行灌肠时，注意不能灌得太紧太实，不要过量充填，因肉馅中一般都含有淀粉等增稠剂，在受热时，淀粉颗粒要吸水膨胀并糊化，体积增大，当胀力超过肠衣的弹性限度时，即发生胀破现象。

因此，灌制过程要掌握肉馅紧密而无间隙，防止装得过紧或过松。过松易使空气渗入而变质；过紧则在煮制时可能发生破损。如不是真空连续灌肠机灌制，应及时针刺放气。因此，选用真空定量灌肠系统可提高制品质量和工作效率。

三、打结的方法

打结也称结扎、打卡。主要有以下几种：打卡结扎、线绳结扎、肠衣结扎、掐节结扎等。

打结是把肠衣两端捆扎，不让肉馅从肠衣中漏出来的工序，可起到隔断空气和肉接触的作用。灌制品品种多，长短不一，粗细各异，形状不同，有长形、方形、环形，有单根、长串，因此结扎的方法也不一样。

任务 5　烘烤与干燥

烘烤为各类灌肠制品必须经过的工序，对成品的质量影响很大。不同品种灌制品烘烤温度和时间有所不同，干燥时间与炉内温度、通风排湿及肠体直径等因素的影响，烘烤至肠体表面干爽为宜，见表 11-2。

表 11-2　灌制品烘烤所需时间和温度

灌制品口径	所需时间/min	烘烤温度/℃
细灌制品	20～25	50～60
中粗灌制品	40～50	70～85
粗灌制品	60～90	70～85

知识储备

烘烤的作用是使肉馅的水分再蒸发掉一部分，保证最终成品的一定含水量，使肠衣和贴近肠衣的肉馅坚实，避免蒸煮时肠衣的破裂，烘烤后的灌制品表面干燥、光滑，变为粉红色，手摸无黏湿感觉，肠衣呈半透明状，且紧紧包裹肉馅，肉馅的红润色泽显露出来。既提高了产品的风味，又提高了商品价值。

任务 6　蒸煮

蒸煮也称熟制。目前国内应用的煮制方法有 2 种，一种是蒸汽煮制，适于大型企业；另一种为水浴煮制，适于中小型企业。

采用水煮时，先将水加热到 90～95 ℃，把烘烤后的肠下锅，保持水温 78～80 ℃进行煮制，如图 11-7 所示；期间观察肠衣有发亮透明，要及时扎眼排气，如图 11-8 所示，防止肠衣爆裂。当肉馅中心温度达到 68～72 ℃时维持 30 min，煮制结束。此时，用手轻捏肠体，挺直有弹性，肉馅切面平滑光泽者表示煮熟，反之则未熟。

蒸汽蒸煮时，肠中心温度达到 72～75 ℃时即达到熟制。例如肠直径 70 mm 时，则需要蒸煮 70 min。

图 11-7　夹层锅煮制

图 11-8　细针扎眼、排气泡

知识储备

蒸煮是用水或蒸汽对肠制品进行热加工的操作。蒸煮分为2类:一类是72～80 ℃的低温蒸煮;一类是85～95 ℃的高温蒸煮。表11-3所示为不同灌制品的蒸煮温度和时间。

表11-3　各类灌制品蒸煮温度和时间

灌制品口径	开始蒸煮温度/℃	定温温度/℃	蒸煮时间/min
细灌制品	85～90	80＋1	10～17
中粗灌制品	85～90	80＋1	40～50
粗灌灌制品	85～90	80＋1	80～90

任务7　烟熏

目前生产上用烟熏炉,将烘烤、蒸煮、烟熏3个工序一起在烟熏炉完成。以青岛波尼亚食品有限公司生产的灌肠为例,直径3～4 cm,长度15～20 cm的红肠一般烘烤温度和时间分别为73～78 ℃,1 h;蒸煮77～83 ℃,50～60 min;烟熏78～82 ℃,10～20 min。

知识储备

熏制分为生熏和煮熏2种。前者是灌制后不经煮制直接熏制,后者为煮制之后再熏制,我国的消费者习惯后者。熏制过程中,熏烟成分不断向制品内部渗入,而制品中的水分不断向外蒸发,同时由于热变性和一些酶的参与,导致了一系列的物理化学变化。

一、熏制基本原理

(一)烟熏概念

烟熏是利用木柴、木片、木屑或其他材料在不完全燃烧时产生的烟进行加工的工艺过程,包括干燥和烟熏2个步骤。烟熏前一般都要进行干燥。

(二)烟熏作用

1. 呈味作用

烟气中的许多有机化合物附着在制品上,赋予制品特有的烟熏香味,如有机酸(蚁酸和醋酸)、醛、醇、酯、酚类等,特别是酚类中的愈创木酚和4-甲基愈创木酚是最重要的风味物质。将木材干馏时得到的木榴油进行精制处理后得到一种木醋液,用在熏制上也能取得良好的风味。

2. 发色作用

熏烟成分中的羰基化合物,它可以和肉蛋白质或其他含氮物中的游离氨基发生美拉德反应。熏烟加热促进硝酸盐还原菌增殖及蛋白质的热变性,游离出半胱氨酸,因而促进一氧化氮血素原形成稳定的颜色;另外还会因受热有脂肪外渗起到润色作用。

3. 杀菌作用

熏烟中的有机酸、醛和酚类杀菌作用较强。有机酸可与肉中的氨、胺等碱性物质中和,由于其本身的酸性而使肉酸性增强,从而抑制腐败菌的生长繁殖。醛类一般具有防腐性,特别是甲醛,不仅具有防腐性,而且还与蛋白质或氨基酸游离氨基结合,使碱性减弱,酸性增强,进而增强防腐作用;酚类物质也具有弱的防腐性。

熏烟的杀菌作用较为明显的是在表层,经熏制后产品表面的微生物可减少 1/10。大肠杆菌、变形杆菌、葡萄状球菌对烟最敏感,3 h 即死亡。只有霉菌及细菌芽孢对烟的作用较稳定。特别是未经腌制处理的生肉,如仅烟熏易迅速腐败。可见由烟熏产生的杀菌防腐作用是有限度的。而通过烟熏前的腌制和熏烟中和熏烟后的脱水干燥则赋予熏制品良好的贮藏性能。

4. 抗氧化作用

烟中许多成分具有抗氧化作用,有人曾用煮制的鱼油试验,通过烟熏与未经烟熏的产品在夏季高温下放置 12 d 测定它们的过氧化值,结果经烟熏的为 2.5 mg/kg,而非经烟熏的为 5 mg/kg,由此证明熏烟具有抗氧化能力。烟中抗氧化作用最强的物质是酚类,其中以邻苯二酚和邻苯三酚及其衍生物作用尤为显著。

二、熏制方法

(一)按制品的加工过程分类

1. 熟熏

如酱卤类等的熏制都是熟熏,一般熏制温度高、时间短。

2. 生熏

产品熏制前只经过原料的整理、腌制等过程,没有经过热加工,称为生熏。这类产品有西式火腿、培根、灌肠等,一般熏制温度低、时间长。

(二)按熏烟的生成方式分类

1. 直接火烟熏

这是一种原始的烟熏方法,在烟熏室内直接燃烧木材进行熏制,烟熏室下部燃烧木材,上部垂挂产品。这种方法不需要复杂的设备,熏烟的密度和温度分布不均匀,熏制后的产品质量也不均一。

2. 间接发烟法

用发烟装置(熏烟发生器)将燃烧好的一定温度和湿度的熏烟送入熏烟室与产品接触后进行熏制。熏烟发生器和熏烟室分别是两个独立结构。这种方法不仅可以克服直接火烟熏熏烟的密度和温湿度不均的问题,而且可以通过调节熏材燃烧的温度和湿度以及接触氧气的量来控制烟气的成分,现在使用较广泛。

(三)按熏制过程中温度范围分类

1. 冷熏法

在低温(15～30 ℃)下,进行较长时间(4～7 天)的熏制,熏前原料须经过较长时间的腌渍,冷熏法宜在冬季进行,夏季由于气温高,温度很难控制,特别当发烟很少的情况下,容易发生酸败现象。冷熏法生产食品水分含量在 40%左右,其贮藏期较长,但烟熏风味不如温熏法。冷熏法主要用于干制的香肠,如色拉米香肠、风干香肠等,也可用于带骨火腿及培根的熏制。

2. 温熏法

原料经过适当的腌渍(有时还可加调味料),后用较高的温度(40～80 ℃,最高 90 ℃)经过一段时间的烟熏。温熏法又分为中温法和高温法。

①中温法。温度为 30～50 ℃,用于熏制脱骨火腿和通脊火腿及培根等,熏制时间通常为 1～2 天,熏材通常采用干燥的橡材、樱材、锯木,熏制时应控制温度缓慢上升,用这种温度熏

制，重量损失少，产品风味好，但耐贮藏性差。

②高温法。温度为50～85 ℃，通常在60 ℃左右，熏制时间4～6 h，是应用较广泛的一种方法，因为熏制的温度较高，制品在短时间内就能形成较好的熏烟色泽，但是熏制的温度必须缓慢上升，不能升温过急，否则产生发色不均匀，一般灌肠产品的烟熏采用这种方法。

3. 焙熏法(熏烤法)

烟熏温度为90～120 ℃，熏制的时间较短，是一种特殊的熏烤方法，火腿、培根不采用这种方法。由于熏制的温度较高，熏制过程完成熟制，不需要重新加工就可食用，应用这种方法熏烟的肉缺乏贮藏性，应迅速食用。

4. 电熏法

在烟熏室配制电线，电线上吊挂原料后，给电线通1万～2万V高压直流电或交流电，进行电晕放电，熏烟由于放电而带电荷，可以更深地进入肉内，以提高风味，延长贮藏期。电熏法使制品贮藏期增加，不易生霉；缩短烟熏的时间，只有温熏法的1/2；且制品内部的甲醛含量较高，使用直流电时烟更容易渗透。但用电熏法时在熏烟物体的尖端部分沉积较多，造成烟熏不均匀，再加上成本较高等因素，目前电熏法还不普及。

5. 液熏法

用液态烟熏制剂代替烟熏的方法称为液熏法。目前在国外已广泛使用，液态烟熏制剂一般是从硬木干馏制成并经过特殊净化而含有烟熏成分的溶液。

使用烟熏液和天然熏烟相比有不少优点：

(1)它不再需用熏烟发生器，可以减少大量的投资费用；

(2)过程有较好的重复性，因为液态烟熏制剂的成分比较稳定；

(3)制得的液态烟熏剂中固体相已去净，无致癌的危险。

一般用硬木制液态烟熏剂，软木虽然能用，但需用过滤法除去焦油小滴和多环烃，最后产物主要是由气相组成，并且含有酚、有机酸、醇和羰基化合物。

利用烟熏液的方法主要有2种：①用烟熏液代替熏烟材料，用加热方法使其挥发，包附在制品上。这种方法仍需要熏烟设备，但其设备容易保持清洁状态。而使用天然熏烟时常会有焦油或其他残渣沉积，以致经常需要清洗。②通过浸渍或喷洒法，使烟熏液直接加入制品中，省去全部的熏烟工序。浸渍前，将烟熏液加3倍水稀释，将制品在其中浸渍10～20 h，然后取出干燥，浸渍时间可根据制品的大小、形状而定。如果在浸渍时加入0.5%左右的食盐，风味更佳。一般来说稀释液中长时间浸渍可以得到风味、色泽、外观均佳的制品，有时在稀释后的烟熏液中加5%左右的柠檬酸或醋，便于形成外皮，这主要用于生产去肠衣的肠制品。

用液态烟熏剂取代熏烟后，肉制品仍然要蒸煮加热，同时烟熏溶液喷洒处理后立即蒸煮，还能形成良好的烟熏色泽，因此烟熏制剂处理宜在即将开始蒸煮前进行。

任务8　成品质量标准

感官指标：肠体干爽，粗细均匀，规则整齐，呈自然弯曲形状，表面有皱纹，无裂纹，无明显污迹；组织致密有弹性，切片性良好，在切面中不应有大于直径2 mm以上的气孔，肥肉丁分布均匀，色泽红棕；咸淡适中，滋味鲜美，有该灌肠特有的烟熏和肉香，无异味。

理化指标：食盐≤2%，亚硝酸盐≤30 mg/kg(以 $NaNO_3$ 计)。

微生物指标：细菌总数(/g)≤2000；大肠菌群(/g)<30；致病菌不得检出。

贮藏要求：卫生、阴凉、干燥处。未包装的灌肠，必须在悬挂状态下存放。已包装的灌肠在0～4 ℃冷库内存放更佳。灌肠的贮藏时间，依其种类和贮藏条件而定。一般生熏类灌肠或水分不超过30%的灌肠，在温度12 ℃和相对湿度为72%室内，以悬挂式存放，可保存25～35天。为了有效控制微生物和水分含量，保持产品品质，最好采用真空包装，并在0～4 ℃清洁环境下贮藏。

知识拓展

一、灌肠生产中常见的质量问题

常见的质量问题主要有肠衣爆裂、红肠发“渣”、红肠有酸味或臭味。

二、问题分析及解决方法

(一)爆裂

1. 肠衣质量不好

多发生于使用天然肠衣。

2. 肉馅充填过紧

使用天然肠衣进行灌肠时，注意不能灌得太紧太实，熟制时，胀力超过肠衣的弹性限度时，即发生胀破现象。

3. 煮制时温度掌握不当

灌肠煮制时控制温度甚为重要，如掌握不当，常造成灌肠的大批破裂。根据经验，一般当水温达到90～94 ℃时即可下锅，下锅后水温迅速下降，此时可打开蒸汽阀门或直接添加燃料，使水温升至80 ℃，并保持这一温度直至灌肠煮熟。如下锅后迅速升温并超过85 ℃以上，此时灌肠外层的馅料因受热迅速变性、凝结、定型，蛋白收缩越强烈，而中心部分因传热速度关系，升温较慢，当继续加热，中心部分发生变性，膨胀，必然将外层胀破；如下锅后水温忽高忽低大幅度波动，由于肠衣和肠馅的热胀冷缩程度和速度不同，因而产生一种应力，当这种应力超过肠衣的弹力时，必然发生破裂。凡因温度掌握不当而产生爆裂的外观特征是在肠体表面沿纵向爆裂成一条深沟状裂纹。

4. 烘烤、熏烟温度过高

煮制时温度掌握不当而造成破裂的道理一样，在灌肠烘烤、烟熏时，如果温度过高也会造成破裂。一般情况下，烘烤时温度应控制在70～72 ℃，时间40～60 min。对于保持水分大的烟熏产品，在70 ℃左右的温度下熏制1～2 h；对于水分含量少，外表需要有干缩皱纹的肠类，以60～65 ℃熏制6～8 h为宜。在上述工艺条件下，进行烘烤熏制，可较少破裂。

烘烤、熏烟需注意的另一个问题是火苗不可接近肠体，否则会使接近火苗的肠体发生焦煳，一般距离60 cm左右较为适宜。

5. 原料不新鲜或肉馅变质而导致爆裂

这种情况多发生在炎热的季节，气温高，各种微生物的生长繁殖极快，如果用不新鲜的原料制成肉馅灌肠，或肉馅没有及时灌制加工而发生变质，此时部分蛋白质、淀粉、糖类、微生物代谢分解产生有机酸、二氧化硫、二氧化碳等物质。这种灌肠一经加热，肉馅中的各种气体迅速逸出，膨胀而使肠衣胀破。因此，必须选用新鲜合格原料生产灌肠，特别在夏季，要防止肉馅变质，在搅拌或斩拌过程中，可采用加冰屑的办法来降低肉馅温度。

（二）红肠发“渣”

合格的红肠是内容物紧密，富于弹性，切面平整光滑。但有的红肠用手捏时弹性不足，切开后，内容物松散发“渣”，大体由如下几种原因造成。

1. 脂肪加入过多

为了合理利用肉源，降低成本，使肉制品有比较正常的营养组成，正常生产中，尽量用肥肉是必要的，同时产品中如果脂肪含量过低，也会明显的影响口味，因此在红肠原料里，允许有一定数量的肥膘。一般添加量在10%～20%，如果过多地加入肥膘，则会起相反的效果。

例如在肉馅中加入30%肥膘泥，在红肠烘烤、煮制、烟熏过程中，这些过多的液态油渗透于肉馅之中，大大降低了肉馅肥膘、淀粉和水分的结合能力，致肠组织结构松散，造成发“渣”。

2. 加水量过多

在制作肉馅的过程中，由于瘦肉经过搅碎、剁切，其持水能力大大增加，同时，加入淀粉和其他辅料也要吸水。因此，必须加入一定量的水分，既有利于肉馅的乳化，又可提高成品率。

3. 腌制期过长

为了保证成品质量，用于制作灌肠的原料必须腌制。一般在4～8 ℃腌制1～3天，即可进行加工。如果腌制期过长，则原料肉表面水分蒸发过多，逐渐形成一层海绵状脱水层，并不断向内扩散加深，这样的肉质变得干硬、粗糙，失去原有的弹性和光泽，肌肉纤维变得脆弱易断，产品的弹性下降，口感发“渣”，且有酸臭味。

（三）红肠有酸味或臭味

这是在炎热季节最易发生的质量问题。红肠刚出炉，其内容物就有酸味或臭味。一般是由以下原因造成的。

（1）原料肉不新鲜。

（2）分割完的原料肉，在高温下堆积过厚，放置时间过长，没有及时腌制入库，以致使原料“热捂”变质，使用这种“热捂”变质原料，会使产品产生酸臭味。

（3）腌制温度过高。腌过的肉在冷库中叠压过厚以及库温不稳定或较高，也可使冷库中的原料变质，其表面发黏，这种原料也不能用来加工。

（4）原料在搅拌或斩拌剁切时，由于摩擦作用使肉温升高，如果室温也高，当肉馅超过20 ℃以上时，在加工过程中，就可能发酵变质。

（5）烘烤、烟熏温度过低，时间过长，也能使产品产生酸味。

企业衔接

几种常见灌肠的加工

（一）哈尔滨红肠

哈尔滨红肠是以畜禽肉为原料，经腌制（或不腌制）、斩拌或绞碎而使肉成为块状、丁状或肉糜状态，再配上其他辅料，经搅拌或滚揉后而灌入天然肠衣内经烘烤、熟制和熏烟等工艺而制成的熟制灌肠制品。

1. 工艺流程

原料肉选择和修整(低温腌制) → 绞肉或斩拌 → 配料、制馅 → 灌制或填充 → 烘烤 → 蒸煮 → 烟熏 → 质量检查 → 贮藏

2. 配方

猪瘦肉 76 kg,肥肉丁 24 kg,淀粉 6 kg,精盐 5～6 kg,味精 0.09 kg,大蒜末 0.3 kg,胡椒粉 0.09 kg,亚硝酸钠 0.05 kg。肠衣用直径 3～4 cm 猪肠衣,长 20 cm。

3. 加工工艺

(1)原料肉的选择与修整。选择兽医卫生检验合格的可食动物瘦肉作原料,肥肉只能用猪的脂肪。瘦肉要除去骨、筋腱、肌膜、淋巴、血管、病变及损伤部位。

(2)腌制。将选好的肉切成一定大小的肉块,按比例添加配好的混合盐进行腌制。混合盐中通常盐占原料肉重的 2%～3%,亚硝酸钠占 0.025%～0.05%,抗坏血酸占 0.03%～0.05%。腌制温度一般在 10 ℃以下,最好是 4 ℃左右,腌制 1～3 d。

(3)绞肉或斩拌。腌制好的肉可用绞肉机绞碎或用作斩拌机斩拌。斩拌时肉吸水膨润,形成富有弹性的肉糜,因此斩拌时需加冰水。加入量为原料肉的 30%～40%。斩拌时投料的顺序是:猪肉(先瘦后肥)→冰水→辅料等。斩拌时间不宜过长,一般以 10～20 min 为宜。斩拌温度最高不宜超过 10 ℃。

(4)制馅。在斩拌后,通常把所有辅料加入斩拌机内进行搅拌,直至均匀。

(5)灌制与填充。将斩拌好的肉馅,移入灌肠机内进行灌制和填充。灌制时必须掌握松紧均匀。过松易使空气渗入而变质;过紧则在煮制时可能发生破损。如不是真空连续灌肠机灌制,应及时针刺放气。

灌好的湿肠按要求打结后,悬挂在烘烤架上,用清水冲去表面的油污,然后送入烘烤房进行烘烤。

(6)烘烤。烘烤温度 65～80 ℃,维持 1 h 左右,使肠的中心温度达 55～65 ℃。烘好的灌肠表面干燥光滑,无油流,肠衣半透明,肉色红润。

(7)蒸煮。水煮优于汽蒸。水煮时,先将水加热到 90～95 ℃,把烘烤后的肠下锅,保持水温 78～80 ℃。当肉馅中心温度达到 70～72 ℃时为止。感官鉴定方法是用手轻捏肠体,挺直有弹性,肉馅切面平滑光泽者表示煮熟。反之则未熟。

蒸汽蒸煮时,肠中心温度达到 72～75 ℃时即可。例如肠直径 70 mm 时,则需要蒸煮 70 min。

(8)烟熏。烟熏可促进肠表面干燥有光泽;形成特殊的烟熏色泽(茶褐色);增强肠的韧性;使产品具有特殊的烟熏芳香味;提高防腐能力和耐贮藏性。一般用三用炉烟熏,温度控制在 50～70 ℃,时间 2～6 h。

(9)贮藏。未包装的灌肠吊挂存放,贮藏时间依种类和条件而定。湿肠含水量高,如在 8 ℃条件下,相对湿度 75%～78%时可悬挂 3 天。在 20 ℃条件下只能悬挂 1 天。水分含量不超过 30%的灌肠,当温度在 12 ℃,相对湿度为 72%时,可悬挂存放 25～30 天。

(二)香肚

香肚以南京香肚为代表,香肚形似苹果,小巧玲珑,肥瘦红白分明,肉质紧密,味香嫩酥,略

带甜味。香肚外皮虽薄,弹性很强,不易破裂,便于贮藏和携带。

1. 香肚外衣加工

香肚以猪膀胱为外衣,加工外衣有 2 种方法:即干制和盐渍。

(1)干制膀胱外衣的加工。

①原料选择。选择新鲜膀胱,排净尿液,用温水泡软,修去脂肪、油筋及过长的膀胱颈,保留膀胱颈的两根输尿管,以便充气检查是否漏气或有破洞。

②膀胱浸泡。用 NaOH 溶液浸泡修剪好的膀胱。夏季配成 3.5%NaOH 溶液,其他季节配成 5%NaOH 溶液。浸泡时间夏季一般为 5～6 h,春秋两季为 10 h 左右,冬季需 18 h 左右,直至膀胱呈紫红色为止。浸泡后取出滤净,转入清水缸中浸泡 10 天左右,每天至少换一次水,搅拌多次,直至肚皮变为洁白色。如果颜色发灰,还须继续浸泡。

③打气晾晒。把浸泡好的膀胱,排净内部积水,用空压机充气,使膀胱呈气球状。随即用夹子夹紧膀胱颈,以防漏气,挂起晾干或烘干。

④裁剪缝制。将晾干的膀胱剪去膀胱颈,叠平晒干,分别按大、小香肚的模型板裁剪。

(2)盐渍膀胱外衣的加工。

①原料选择与修整。选用完整、不漏气、无异味的膀胱为原料。操作方法同干制外衣的加工。

②浸泡。采用清水浸泡,一般夏季浸泡 1～2 天,冬季浸泡约 3 天,春秋季节浸泡 2 天即可。每天换水,要求色泽洁白,无任何异味。

③盐渍。膀胱内外擦盐 2～3 次后,将其加盐放入聚丙烯编织袋内,存于阴凉通风干燥处。一般可保存 6～8 个月不会变质。

2. 香肚的加工

(1)浸泡肚皮。不论干制膀胱还是盐渍膀胱都要进行浸泡。一般要浸泡 3h 乃至几天不等。每万只膀胱用明矾末 0.375 kg。先干搓,再放入清水中搓洗 2～3 次,里外层要翻洗,洗净后沥干备用。

(2)选料与配料。选择新鲜猪腿肉,按肥瘦比 2∶8 配料。肉的预处理方法同灌肠。每 100 kg 原料肉需精盐 4.0～4.5 kg,砂糖 5.5 kg,香料 25 g,硝石 10 g,味素 200 g。先加盐、硝石、香料等与肉馅充分搅拌,然后加糖拌匀,再腌渍 15 min,待辅料充分溶解后灌装。

(3)灌装。将备好的肉馅用特制漏斗灌入膀胱,揉数次,再用竹签尖端向香肚底端及四周扎眼。揉的目的是让肉馅内蛋白质液流出,使肉粒之间及肉馅与肚皮间紧密相连,排除空隙,防止“空心”“花心”的产生。

(4)扎肚。细绳两端打上双结,套在 2 个香肚口上扎紧,挂在竹竿上。

(5)晾晒。刚灌入的肚坯内部有很多水分,需通过日晒及晾挂使水分蒸发。初冬晒 3～4 天,春秋晒 2～3 天,如遇阳光不足,可延长晒期,直至香肚外皮晒干为止。然后将香肚挂在通风阴凉的仓库里让其风干,晾挂 40 天左右即为成品。晾晒时,香肚之间保持一定的距离,便于通风。

3. 成品规格及卫生标准

成品有大香肚、小香肚、特种香肚 3 种。香肚卫生标准同腊肠,见表 11-4 和表 11-5。

表 11-4　香肚的感官指标

项目	一级鲜度	二级鲜度
外观	肚皮干燥完整且紧贴肉馅，无黏液及霉点，坚实或有弹性	肚皮干燥完整且紧贴肉馅，无黏液及霉点，坚实或有弹性
组织状态	切面坚实	切开齐，有裂隙，周缘部分有软化现象
色泽	切面肉馅有光泽，肌肉灰红至玫瑰红色，脂肪白色或稍带红色	部分肉馅有光泽，肌肉深灰或咖啡色，脂肪发黄
气味	具有香肚固有的风味	脂肪有轻微酸味，有时肉馅带有酸味

表 11-5　香肚的理化指标

项目	指标
水分/%	≤25
食盐/(%，以 NaCl 计)	≤9
酸价/(mg/g 脂肪，以 KOH 计)	≤4
亚硝酸盐/(mg/kg，以 $NaNO_2$ 计)	≤20

习题与思考

一、填空题

1. 斩拌目的有两点：一是______；二是______。

2. 添加硝酸盐作用有：______、______；而抗坏血酸作用______、______。

3. 肠衣种类有：______和______；其中 PVDC 肠衣、尼龙肠衣，纤维素肠衣等属于______。

4. 肉的腌制温度最好控制是______左右，腌制______天；原料肉腌制结束的标志是瘦猪肉呈现均匀______，结实而富有弹性。

二、名词解释

灌制：

腌制：

烟熏：

三、判断题

1. 灌肠制品二次杀菌的温度为 85～90 ℃。(　　)

2. 西式灌肠的贮藏温度一般为 0～4 ℃。(　　)

3. 灌制过松容易残留气体，煮制过程扎眼又不及时是导致肉馅外漏的原因之一。(　　)

4. 斩拌操作是乳化肠加工过程中一个非常重要的工序，操作控制的好与坏直接影响产品品质。(　　)

5. 烟熏的主要目的是赋予产品特有的烟熏风味。(　　)

四、简答题

1. 简述护色剂的发色机理。

2. 斩拌过程中对投料的顺序有何要求？

3. 生产过程中为什么要控制肉馅的温度？

4. 灌肠在灌制过程中易出现哪些质量问题？

习题及答案

实训项目单

编制单位：　　　　　　　　编制人：　　　　　　　　编制日期：

任务代号		任务名称		实训课时	
课程名称		实训对象		实训时间	
实训目的					
实训步骤及要求	一、任务分析 二、任务计划决策 三、实施准备 四、工艺流程及要点 五、质量评价				

【过程性考核要点】

灌肠的加工

序号	考核内容	考核标准	参考分值
1	学习与工作态度	态度端正，学习方法多样，课前预习，积极主动，责任心强，按时出勤。	5
2	团队协作	服从安排，积极与小组成员合作，共同制订工作计划，共同完成工作任务，团队意识强。	10
3	计划制订	按要求着装，有完整的工作方案，时间安排合理，工作步骤正确。	10
4	关键技术点	1. 腌制：腌制剂的选择及使用。 2. 绞肉：绞肉的顺序、程度是否达到要求；绞肉机的使用与维护。 3. 斩拌：斩拌投料的顺序、数量及原理；斩拌机的使用与维护。 4. 灌制：灌装的松紧度、肠衣质量及检测、打结排气的方法。 5. 烘烤、蒸煮及烟熏；温度与时间的把控。	50
5	主要机械设备及用具的使用与维护	夹层锅、绞肉机、斩拌机、蒸煮设备等的规范操作。	10
6	卫生保持与清理	维持现场卫生，实训结束后能及时清理桌面、设备。	10
7	问题思考	对工作任务完成过程中的问题进行分析，并提出改进措施。	5
8	合计		100

项目十二

圆火腿的加工

【火腿制品】

火腿制品是指用大块肉或以猪的后腿为主要原料加工而成的肉制品。我国生产的火腿制品分为中式火腿和西式火腿2大类。

中式火腿以我国的干腌火腿为代表，滋味鲜美，可长期贮藏，驰名世界，是中国的传统肉制品。中式火腿是选用带皮、带骨、带爪的鲜猪肉后腿作为原料，经修割、腌制、洗晒（或晾挂风干）、发酵、整修等工序加工而成的生肉制品。以金华火腿最为著名，产品皮色黄亮，肉色似火，造型美观，做工精细，肉质细嫩，味淡清香而著称于世。

西式火腿在加工过程中因对原料肉的选择、处理、腌制及成品包装形式不同，种类很多。因这种火腿与我国传统火腿（如金华火腿）的形状、加工工艺、风味有很大不同，习惯上称其为西式火腿。腌制工艺以食盐为主要原料，其他调味料用量甚少，故又称盐水火腿，是可直接食用的熟肉制品。产品色泽鲜艳、肉质细嫩、出品率高，且适于大规模机械化生产，成品能完全标准化。因此，成了肉品加工业中深受欢迎的产品。

【学习目标】

1. 理解火腿的腌制方法和原理；
2. 掌握圆火腿加工的工艺要点；
3. 了解圆火腿制品质量标准及检验规则。

【项目实施】

圆火腿加工的工艺流程如下：

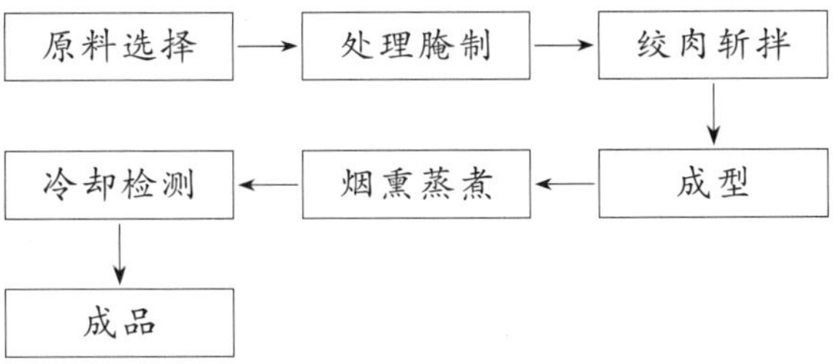

圆火腿的加工

任务1 原料选择

活动1 材料与工具的准备

材料:猪肉、食盐、硝酸钠、复合磷酸盐、味精、砂糖、异维生素C钠盐;白胡椒粉、生姜粉、小苏打、肉豆蔻粉、大豆蛋白、淀粉。

工具:盐水注射机、斩拌机、滚揉机、成型机(或模具)、烟熏蒸煮一体机、夹层锅、秤、包装机。

活动2 原料的选择与处理

1. 原料肉选择

原料应选择经卫生部门检验、符合鲜售要求的猪的臀腿肉和背腰肉,若选用热鲜肉作为原料,需将热鲜肉充分冷却,使肉的中心温度降至0~4 ℃;如选用冷冻肉,宜在0~4 ℃冷库内进行解冻。

2. 修整

将原料肉去除皮、骨、结缔组织、筋腱、淋巴、脂肪和杂物,使其成为纯精肉,切成长3 cm、宽2 cm、厚1 cm左右的小块。切块后注意称重量,以便于计算出配料的添加量。整个操作过程温度不宜超过10 ℃。

参考配方:原料猪肉100 kg(瘦肥比9∶1),精盐4 kg,硝酸盐0.05 kg,味精0.04 kg,异维生素C钠盐0.05 kg,砂糖1 kg,复合磷酸盐0.3 kg,水30 kg;白胡椒粉0.10 kg,生姜粉0.05 kg,肉豆蔻粉0.05 kg,红曲粉0.05 kg,淀粉2 kg,白酒适量。

知识储备

原料肉是制作蒸煮火腿的基本原料,直接影响火腿成品的质量,因此原料的选择对于火腿制作加工而言是十分重要的。影响原料肉质量的因素比较多,如原料肉的pH,会影响成品的切片性和出品率,此外,在进行原料肉的选择时,还需要考虑肉料的脂肪含量等多方面因素。例如,高pH的肉料具备良好的吸水性,但是对于盐分的吸收能力较弱,其贮藏性以及色泽稳定性也相对较差,而低pH的肉料吸水性较差,有着较强的盐分吸收能力,贮藏性和发色效果都相对较好。因此在进行火腿原料选择的过程中,需要结合实际生产需求,有针对性地选取相应原料。

活动3 腌制

1. 盐水腌制

按照配方准确称量,充分溶解腌制剂配制成盐水。由盐水注射机进行肌肉注射,使腌制液渗入肌肉中,充分混合均匀,放在0~4 ℃环境下腌制12~24 h。

2. 嫩化滚揉

如果要将注射好的肉块进行滚揉,需放入真空滚揉机,通过滚揉加速腌制,要求每小时滚揉20 min(正转10 min,反转10 min),停机40 min,腌制结束前加入适量淀粉、调味料、淀粉、红曲粉等其他辅料,滚揉均匀,控制肉温在3~5 ℃。

将腌制后的肉块少部分斩拌为肉糜。滚揉是西式火腿加工的一个关键步骤，滚揉的目的使肌肉纤维变得疏松，加速盐水的扩散和均匀分布，缩短腌制时间；促使肉中盐溶性蛋白溶出，改进成品的黏着性和组织状况；增强肉的吸水能力，提高产品的嫩度，真空滚揉机见图 12-1 所示。

知识储备

一、盐水注射技术

传统的干盐腌制方法需要很长时间，盐的扩散也不均匀，盐量无法精确控制，质量不稳定，产品保水性差，出品率低。而盐水注射技术则是利用专门的注射机器，通过注射针头将腌制液打入原料肉内部，大型的注射机器上通常有上百个注射针头，这些针头规则的排列在一起。注入肉中的料液充分腌渍、渗透，疏松肌肉组织结构，有利于肌球蛋白溶出，并且由于添加剂对原料肉离子强度的增强作用，使肉质嫩化、松软，从而提高了肉制品的出品率和改善肉制品的嫩度和口感。可根据不同工艺要求，调整盐水注射机的步进速度、步进距离、压肉板间隙及注射压力，将腌渍液均匀连续地注入肉中，达到理想的注射效果。

盐水注射机按其用途可以分为不带骨盐水注射机、带骨注射机、注射嫩化两用机。目前最先进的盐水注射机通过更换针头，大都既能注射带骨肉块，又能注射去骨肉块，还能进行嫩化处理。按操作动力分为手动和自动 2 种，手动的盐水注射机适合小规模生产，目前规模化生产都是采用全自动的盐水注射机。

二、嫩化技术

肉制品的嫩度是衡量产品口感的重要指标。当前国内外对于肉制品的嫩化技术研究也在不断深入。肉制品嫩化方法有很多，例如电刺激法、机械嫩化法、嫩化酶法等多种方法和技术。电刺激法是利用电流对胴体进行刺激的一种方法，可有效加快肉料的糖酵解速率，加快肌肉僵直的速度，以此避免肉料出现冷收缩情况，从而实现肉质嫩化。嫩化酶法中应用的酶可分为外源嫩化酶和内源嫩化酶 2 种，通过机械的切割或挤压作用来增加肉的表面积，有效地打开肉的结缔组织，使盐水极易渗透至肉的纤维组织内，从而达到使肉类嫩化和保水的目的。

嫩化机的加工工序位于盐水注射机注射后，所以有时会将用于嫩化大块肉的针刀扎割式嫩化机与盐水注射机做成一体机，以便注射结束后直接进行嫩化。嫩化机工作时，主要通过机械作用，将肉块进行深层切割以增加表面积，但保证基本形状不变，使肉块在滚揉按摩中充分吸收盐水和其他辅料，打开肌束，使肌肉释放出更多的蛋白质，进而提高肉的黏着性、持水性，强化腌制效果，从而可以缩短滚揉时间，改善肉块结构，使肉质变嫩并达到部分乳化目的。这种嫩化处理通常在盐水注射之后、滚揉之前进行，可以适当提高出品率，改善产品风味。

三、真空滚揉技术

在使用盐水注射技术的过程中，为进一步确保盐水能够在肉制品内部均匀分布，保障肉制品加工质量，就需要借助真空滚揉技术。真空滚揉技术实际上就是借助相应的机械设备，揉搓、摔打、翻滚肉制品，加速腌制液的渗透，确保其能够在肉的内部均匀分布，与此同时，还能够破坏肉纤维，提高肉的嫩度，确保肉制品口感的同时，提升出品率。

滚揉机是最为常见的腌制设备，适用于带骨、无骨的肉类、禽类及整禽、鱼、虾等，可用于西式火腿、香肠、培根、烤肉以及传统中式禽类、酱卤类、休闲类等肉制品的腌制加工。

滚揉机按压力情况分为真空和非真空 2 种，真空滚揉机应用最为广泛(图 12-1)，因其与常压滚揉机相比有较多优点：排出肉品中的空气，避免在后续加工过程中因受热而出现气孔；真空能加快盐水渗透；抑制需氧菌生长。有的滚揉机还配有制冷装置，称为制冷式滚揉机，抑制有害微生物生长繁殖。

任务 2　成型

活动 1　准备玻璃纸

准备无色柔软的玻璃纸薄膜，纵向平行排列，裁剪备用。

活动 2　成型

将斩拌好的少部分肉糜，与滚揉后的肉块混合均匀(图 12-1)，使肉块之间无空隙。预先按要求尺寸把玻璃纸塑料膜剪开，并把一头打卡，灌馅后，称量并调重，排出多余气体，将肉块卷紧，包裹成圆筒状，再把另一头打卡，压膜成型，如图 12-2 所示。现代工业生产中普遍采用真空自动灌肠机，能够连续、自动灌肠并实现自动打结。

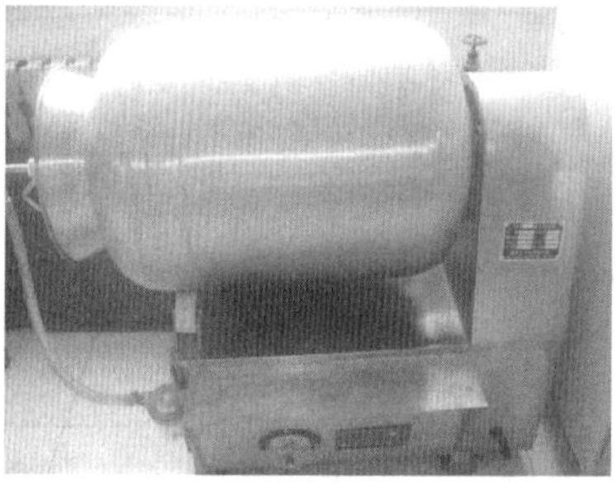

图 12-1　真空滚揉机

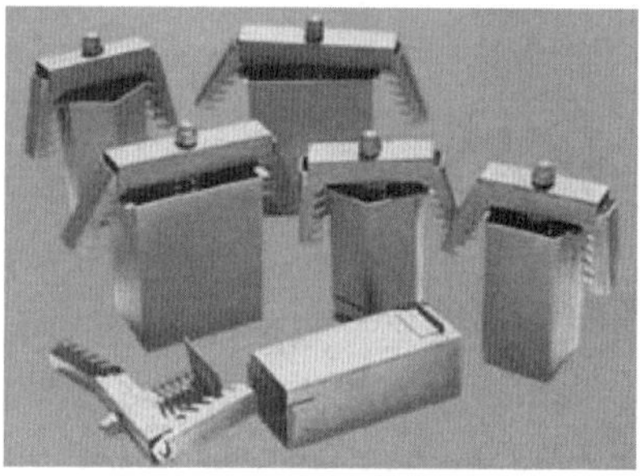

图 12-2　成型模具

知识储备

玻璃纸薄膜是一种黏胶纤维素薄膜，分为有色和无色 2 种。其特点是纸质柔软，具有伸缩性的纤维素微晶体呈纵向平行排列，所以纵向强度大，横向强度小。玻璃纸经过塑化处理，含有甘油，因而吸水性大(浸水后的最大吸水量可达自重的 100%)，贮藏时易发泡。具有潮湿状态下水蒸气透过率高、易烟熏、易印刷、可层合、强度高、价格低等特点。

手工装模不易排除空气和压紧，成品中易出现空洞、缺角，切片性及外观较差。机械装模有真空和非真空 2 种。真空装模排除了空气，肉块紧密结实，因此切片性好，贮藏期长。

任务 3　烟熏

把成型的圆火腿在 50 ℃条件下熏制 30～60 min，使火腿外表面呈现棕褐色，具有烟熏风味。根据工艺需要也可不进行烟熏，直接进行蒸煮。

知识储备

一、烟熏的作用

(1)赋予制品特殊的烟熏风味,增进香味;

(2)使制品外观具有特有的烟熏色,对加硝肉制品促进发色作用;

(3)脱水干燥,杀菌消毒,防止腐败变质,使肉制品耐贮藏;

(4)烟气成分渗入内部可防止脂肪氧化。

二、液熏法的应用

液态烟熏制剂代替熏烟的方法称为液熏法,又称无烟熏法,目前已广泛使用。液态烟熏制剂一般是从硬木(核桃木、苹果木等果木)烟熏液经干馏制成并经过特殊净化而含有熏烟成分的溶液。

优点:

①不需再用熏烟发生器,可以减少大量的投资费用;

②过程有较好的重复性,因为液态烟熏制剂的成分比较稳定;

③制得的液态烟熏制剂中固相已去净,无致癌的危险。

任务4　蒸煮

把烟熏后的圆火腿放入蒸煮锅内,将水温控制在75～82 ℃,使火腿中心温度达到65 ℃,并保持30 min。

不进行烟熏工艺的火腿,将火腿整齐放入85 ℃的蒸煮槽中。将水温控制在82 ℃,一般火腿的中心温度达到72 ℃时维持10 min即可。整个煮制时间需要2～3 h。一般500 g火腿水煮1.5～2.0 h,1 kg火腿约煮3 h。

知识储备

常用的蒸煮锅有长方形和圆筒形2种。主要由蒸煮吊架、电动葫芦升降设备和锅体3部分组成,蒸煮锅内设有整齐加热管、排放阀等,并配有温度计、蒸汽压力表、蒸汽控制阀、程序控制器等控制仪表。

蒸煮锅的加热方法可以采用电、油、煤气、蒸汽、煤炭等。

有汽蒸和水煮2种蒸煮方式。使用高压蒸汽釜蒸煮火腿,温度121～127 ℃,时间30～60 min。常压蒸煮时一般用水浴槽低温杀菌。将水温控制在75～82 ℃,使火腿中心温度达到72 ℃,并保持10 min即可。注意控制蒸煮温度,如果温度过高成品易脱水,影响产品外观,温度过低火腿结构松散,弹性差,口感不好。蒸煮锅是煮制灌肠、压缩火腿的主要设备,具有结构简单、操作方便、工作效率高、造价低等优点。

任务5　冷却

蒸煮结束后迅速取出火腿,将产品中心温度降至45 ℃,再放入2 ℃冷库中冷却12 h左右，使火腿中心温度降至 5 ℃左右。

将冷却后的火腿，按工艺规定的要求称重后，装入真空包装袋进行真空包装，要求封口平整、牢固、无皱褶、无漏气现象。

任务6　成品质量标准

1. 感官指标

圆火腿感官指标见表 12-1。

表 12-1　圆火腿的感官指标

项目	要求
色泽	切片呈自然粉红色或玫瑰红色，有光泽。
质地	组织致密，有弹性，切片完整，切面无密集气孔且没有直径大于 3 mm 的气孔，无汁液渗出，无异物。
风味	咸淡适中，滋味鲜美，具固有风味，无异味。

2. 理化指标

圆火腿理化指标见表 12-2。

表 12-2　圆火腿的理化指标

项目		指标		
		特级	优级	普通级
水分/%	≤	75		
食盐(以 NaCl 计)/%	≤	3.5		
蛋白质/%	≥	18	15	12
脂肪/%	≤	10		
淀粉/%	≤	2	4	6
亚硝酸盐(以 $NaNO_2$ 计)/(mg/kg)	≤	70		

3. 微生物指标

成品中沙门氏菌、单核细胞增生李斯特氏菌、金黄色葡萄球菌等。致病菌不得检出。

知识拓展

一、西式火腿加工中常见的质量问题与控制

1. 火腿胀气及其控制办法

外观表现为肠体腐败产气，肠衣和肠体之间充满酸臭气体。污染微生物以梭状芽孢菌为主，有时以后来污染的杆菌为主或两者兼有。主要原因是：

(1)原料肉严重不合格；

(2)生产过程中污染(因生产间人员和用具、地面、墙壁、生产机械设备等没按卫生要求消毒，或对消毒对象所用的药物、浓度、消毒时间等方面不适宜)，不能及时有效杀死微生物繁殖体和芽孢体；

(3)生产间温度过高(生产间温度要求不能超过 15 ℃),如果达到 15 ℃或更高,特别是高温炎热季节会加速微生物繁殖;

(4)PVC 膜热合不良(肠体两端结扎不紧或两端有肉糜残留物)等,这都容易被微生物污染或被氧化;

(5)添加剂、辅料不符合国家标准,甚至被污染;香辛料含有芽孢体,未经消毒处理而加入使用;

(6)杀菌的温度和时间不准确,尤其产品规格较多且又频频变化时。

2. 成品出油、出水、肠体脱皮及其控制办法

产品出油表现为肠体有油珠流出,或压弯时有油珠流出,肠衣有渗出的斑点,或成片或整个肠衣渗油,手摸有油腻感;出油往往也伴随着出水。由于肠体的表面出油、出水也就同时导致了肠体脱皮。产品的出油、出水、肠体脱皮主要在以下几个方面控制。

(1)原料肉。首先要求原料肉新鲜,解冻质量要求控制得当。解冻速度过快、解冻水温过高、过度都会增加肉汁的流失量,降低肌浆蛋白含量。同时利于微生物的交叉污染和快速繁殖,大量繁殖的微生物使有机营养成分快速分解,导致肉质劣化,使原料肉的乳化性、持水性、保油性降低。另外原料肉如果解冻不足,水分含量高,也是导致出油、出水的原因。

(2)蛋白粉、淀粉、乳化剂、胶体等辅料配比不足或者质量不合适导致出水、出油。控制方法就是调整配方和选择合适的辅料。

(3)工艺。加工过程的斩拌工序及加工环境温度控制不好,斩拌过程中斩拌环境温度过高(高于 18 ℃)、斩拌过程温度没有控制好都会产生出油现象,提取盐溶性蛋白最好在低温条件下(0~4 ℃)进行。与此相反,最佳脂肪结合则需在稍高的温度条件下(8~12 ℃)进行,所以根据其加工过程的特点及加料时机不同应控制好斩拌过程温度。在操作过程中,控温主要分为 3 个阶段(4~8~12 ℃)。这里就要求制定合适的工艺参数。

(4)馅料和半成品的积压时间过长,均因温度回升和微生物的急剧繁殖使蛋白变性或降解,起不到对水和脂肪的包容作用,导致成品析油,这就需要各班组和工序段之间的协调管理。

(5)肠衣内表面的浸润性和接触面积。如果肠衣的这两个方面不好的话,会导致肠体脱皮。一般的解决方法是对 PVDC 肠衣进行电晕处理,将肠衣的表面打毛,增加表面和浸润性。

(6)杀菌工序的控制。升温时间长或者保温时间长也会导致产品的出油、出水。一般来说升温时间控制在 10 min 左右可以避免由于升温导致的出油、出水问题。121 ℃保温时间过久,会破坏已经形成的凝胶,使其降低或失去持水、持油能力。依据产品的规格和保质期要求,制定合理的杀菌公式可以有效解决此问题。

二、切面常见质量问题

火腿切面正常的指标是切面坚实而湿润,肉呈均匀的蔷薇红色,气孔少见。常见的质量问题如下。

1. 色泽发黄

切面色泽发黄,要看是切开来时就黄还是逐渐变黄的。如果刚切开时切面呈均匀的蔷薇红色,而露置于空气中逐渐褪色而变成黄色,那是正常现象。这种缓慢的褪色,是由于粉红色的氧化氮肌红蛋白在可见光及氧的作用下,逐渐氧化成高铁血色素而使切面褪色发黄。

如果切开后能避免细菌和可见光及氧的影响,则可防止氧化褪色。将切肠浸在维生素 C 的稀溶液中,也可防止氧化褪色。另一种是切开后切面呈红色但淡而不匀,而且极易发生褪

色。这是由于亚硝酸盐用量不足造成的。还有一种现象，就是虽用了发色剂，但肉馅根本没有变成蔷薇红色。其原因一是原料的新鲜程度不好，脂肪已氧化，则会产生有机过氧化物，使肉肠呈色效果不好；二是肉馅的 pH 过高，亚硝酸盐不能分解产生一氧化氮，也就不会产生红色的一氧化氮肌红蛋白。

2. 气孔多

切面气孔多，不仅影响弹性和美观，而且气孔周围色泽发黄发灰。这种情况是由于肠馅中混进了空气而造成的。空气中的氧使得一氧化氮肌红蛋白氧化褪色。因此，灌肠时最好使用真空拌和机和真空灌肠机。用真空灌肠机时，一般要先开启真空泵，使机器达到规定的真空度后再开机。肉馅要以整团形成摔入储馅筒。装馅时应该坚实些，否则一经悬挂、烘烤等过程，肉馅下沉，也会造成上部发空。如果使用活塞式灌肠机，务必使肉馅装紧装实，尽量少留空隙，以免灌肠时出现空洞、气孔。装馅时用双手将肉馅团成一团，高举猛掷，如此反复加满为止，以减少空隙。

3. 切面不坚实，不湿润

产生这种现象的原因是肠身松软无弹力。其他如加水不足，制品少汁，质粗；绞肉机刀面装得过紧、过松、不平以及刀刃不锋利等，都会引起机械发热而使绞肉受热，影响品质。另外脂肪绞碎过细，热处理易于融化，也影响切面。

企业衔接

一、金华火腿加工

金华火腿产于浙江省金华地区，最早在金华、东阳、义乌、兰溪、浦江、永康、武义、汤溪等地加工，这 8 个县属当时金华府管辖，故而得名。金华火腿相传起源于宋代，距今已有 800 余年的历史，由于火腿名贵，当时大都作为官礼，因此有“贡腿”之称。

(一)工艺流程

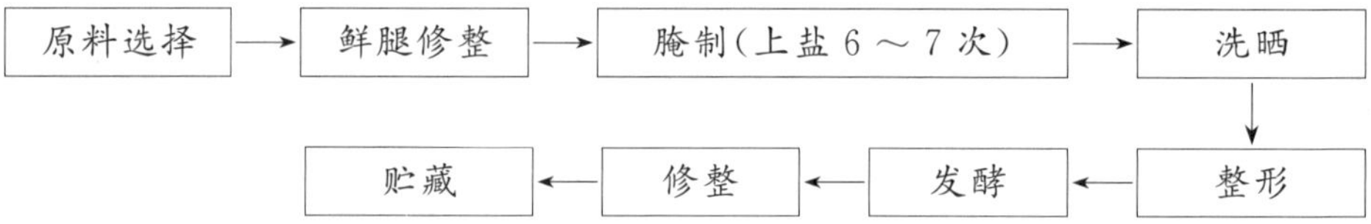

(二)操作要点

1. 原料选择

主要原料是猪后腿，配料是食盐、硝石。饲养一年以上金华地区所产的两头乌猪，其皮薄骨细，腿心股骨部饱满，精多肥少，膘厚适中，腿坯重 5.5～6.0 kg 为好。

屠宰后，前腿沿第二颈椎节处将前颈肉切除，在第 6 条肋骨处将后端切下，将胸骨连同肋骨末端的软骨切下，形状为方形，俗称方腿；后腿是先在最后一节腰椎骨节处切开，然后沿大腿内斜向下切。切下的鲜猪腿不能立即腌制，必须吊挂在 6～10 ℃通风处冷却 12～18 h 后方可进行整理加工。冷却后的肌肉进入成熟阶段，肉的 pH 下降，有利于食盐的渗透。

2. 修整

主要是除去前、后腿上的残毛和脚蹄间的细毛，挤出血管内残留的淤血，削平耻骨，斩去脊骨，割去浮油和油膜，将腿修成“琵琶”形。

3. 腌制

腌制是加工火腿最重要的工艺环节。根据不同气温，恰当地控制时间、加盐数量、翻倒次数是加工火腿的技术关键。金华火腿采用干腌堆叠法用盐-硝混合盐腌制。在正常气温条件下，金华火腿在腌制过程中共上盐并翻倒 7 次。上盐主要是前 3 次，其余 4 次是根据火腿大小、气温差异和不同部位而控制盐量。总用盐量占腿重的 9%～10%。腌制时间 30～40 天（根据腿坯重量而定）。腌制火腿的最适宜温度应是 3～8 ℃。气温升高时，用盐量增加，但腌制期缩短。

a. 第 1 次上盐　第 1 次用盐量占总用盐量的 15%～20%，将鲜腿露出的全部肉面上均匀地撒上一薄层盐。敷完盐后，肉面朝上层层堆叠起来，每层之间垫以竹条，10～14 层，腌制约 1 天。表面食盐在 12 h 左右就溶化时，必须立即补充擦盐。

b. 第 2 次上盐　在第 1 次上盐 24 h 后进行，用盐量占总用盐量的 50%～60%，重点在腰骨、耻骨关节、大腿上部 3 个部位多撒盐。腌制约 3 天。

c. 第 3 次上盐　根据火腿大小及三签处的余盐情况控制用盐量，一般在 15%左右。腌制约 7 天。每次上盐后应重新倒堆，上、下层之间互相调换。

d. 第 4 次上盐　第 3 次上盐堆叠 4～5 天后，进行第 4 次上盐。用盐量少，一般占总用盐量的 5%左右。

e. 第 5、第 6 次上盐　主要检查盐分是否全部渗透，分别间隔 7 天左右。当第 5、6 次上盐时，上盐部位更明显地收拢在三签头部位，露出更大的肉面。此时火腿大部分已腌透，只是脊椎骨下部肌肉处还要敷盐少许。火腿肌肉颜色由暗红色变成鲜艳的红色，小腿部变得坚硬呈橘黄色。经 6 次上盐后，重量小的可以进入洗腿工序，大腿坯可进行第 7 次上盐。在翻倒几次后，经 30～35 天即可结束腌制。

腌制火腿应注意以下几个问题：鲜腿腌制应根据先后顺序堆叠，并标明日期、只数，便于倒堆上盐时不发生错乱、遗漏。

4. 洗晒和整形

腌好的火腿要经过浸泡、洗刷、挂晒、印商标、整形等过程。

a. 洗晒　洗腿是将腌好的火腿面上残留的黏附物及污垢、盐渣等清洗掉，共需浸泡和洗刷 2 次。第 1 次浸泡水温在 5 ℃左右，浸泡时间 12 h，浸泡后进行洗刷，先脚爪，依次为皮面、肉面，将盐污和油垢刷净，使肌肉表面露出红色。其目的是减少肉表面过多的盐分和污物，使火腿的含盐量适宜。第 2 次浸泡水温 5～10 ℃，时间 4 h 左右。如果火腿浸泡后肌肉颜色发暗，说明火腿含盐量小，应缩短浸泡时间；如肌肉面颜色发白而且坚实，说明火腿含盐量较高，应酌情延长浸泡时间。如用流水浸泡，则应适当缩短时间。

洗刷后的火腿要进行吊挂晾晒，吊挂时应相互错开，使肉面朝向阳光，待皮面无水而微干后可打印商标，再晾晒 3～4 h 即可整形。

b. 整形　整形是在晾晒过程中将火腿逐渐校成一定形状，使火腿外形美观。要求将腿骨校直，腿爪弯曲，皮面压平，腿心丰满，腿头与脚对直。整形之后继续晾晒，使皮晒成红亮出油，内外坚实。气温在 10 ℃左右时，晾晒 3～4 天。在平均气温 10～15 ℃条件下，晾晒 80 h 后减重 26%是最好的晾晒程度。

5. 发酵

经过腌制、洗晒和整形等工序后的火腿，必须经过发酵过程，使水分继续蒸发，同时也使肌肉中蛋白质、脂肪等发酵分解，产生特殊的风味物质，使肉色、肉味、香气更好，形成火腿独特的颜色和芳香气味。将晾晒好的火腿分层吊挂在宽敞通风的库房发酵3～4个月，两腿之间应间隔5～7 cm，以免相互碰撞。到肉面上逐渐长出绿、白、黑、黄色霉菌时，即完成发酵。发酵过程中，这些霉菌分泌的酶，使腿中蛋白质、脂肪发生发酵分解作用，从而使火腿逐渐产生香味和鲜味。发酵季节常在3～8月份，发酵期应注意调节温度、湿度，保证通风。

6. 修整

发酵完成后皮面呈橘黄色或较淡的肉红色，腿部肌肉干燥而收缩，腿骨外露。为使腿形美观，要进一步将火腿表面修割整齐。此时修整包括修平耻骨、坐骨、腿皮，修整后要求达到腿正直，两旁对称均匀，腿身成竹叶形的要求。

7. 贮藏

一般整形后的火腿，按轻重、干燥程度分批落架，分别按大、中、小火腿堆叠在一起，要求腿肉向上，腿皮向下，每堆不超过15层，要根据气温不同，定期倒堆。翻堆时将火腿滴下的油涂抹在腿上，使火腿保持油润和光泽，此时火腿重量约为鲜腿重的70%。

火腿可以较长期地贮藏，方法可以是悬挂或堆叠，悬挂法易于通风和检查，但占用仓库较多，同时还会因干缩而增大损耗。堆叠法是将火腿交错堆叠成垛。堆叠用的腿床应距地面35 cm左右，约隔10天翻倒一次。翻倒时要用油脂涂擦火腿肉面，这不仅可保持肉面油润有光泽，同时也可以防止火腿的过分干缩。近年有用动物胶、甘油、安息香酸钠和水加热熔化而成的发光剂涂抹，不但可以防干耗、防腐，还可增加光泽。环境要保持通风干燥，防虫蛀。贮藏期最好不要超过一年，如果时间过长火腿不仅色泽变成暗红色，而且脂肪也变得发黄。

8. 产品质量

金华火腿质量规格标准见表12-3。

表12-3 金华火腿质量标准

等级	香味	肉质	重量/(kg/只)	外形
特级	三签香	瘦肉多，肥肉少，腿心饱满	2.5～5.0	竹叶形，皮薄，脚直，皮面平整，色黄亮，无毛，无红疤，无损伤，无虫蛀，无鼠咬，油头少，无裂纹，刀工光洁，样式美观，皮面印章清楚
一级	二签香，一签好	瘦肉较少，腿心饱满	2.0以上	出口腿无伤疤，内销腿无大红疤，其他要求同特级
二级	一签香，二签好	腿心稍偏薄，腿头部分稍咸	2.0以上	竹叶形，爪弯，脚直，稍粗，无虫蛀鼠咬，刀工细致，无毛，皮面印章清楚
三级	三签中一签有异味(但无臭味)	腿质较咸	2.0以上	无鼠咬伤，刀工略粗，印章清楚

二、其他火腿

(一)如皋火腿(北腿)

产于江苏省如皋市，近似金华火腿，风味较咸。如皋火腿形如琵琶状，皮色金黄，每只重2.5～3.5 kg。在干燥条件下，可存3年以上，以1年半左右时口味最美。

配料是100 kg腿坯用盐17.5 kg，每100 kg盐中加硝1 kg。腌制时分4次用盐，第1次约 3 kg，第 2 次 7 kg，第 3 次 6 kg，第 4 次 1.5 kg，采用干腌法制成。

（二）宣威火腿（云腿）

产于云南省的宣威地区，成熟后颜色鲜艳，味咸带甜。其配料是每 100 kg 腿坯用盐 7 kg，不加任何发酵剂。分 3 次上盐，翻 3 次。第 1 次约 2.5 kg，第 2 次 3.5 kg，第 3 次 1.0 kg。干腌法制成，用盐是云南的甲灶盐和磨黑盐。腿坯经腌制成熟后（15～20 天）不洗晒，即挂起发酵。端午节后即为成品。

宣威火腿整个加工周期约 6 个月，火腿发酵成熟后，食用时才有火腿应有的香味和滋味。此时肌肉呈玫瑰红色，色香味俱佳，这时的火腿被称为新腿。每年雨季，火腿都要生绿霉，是微生物和化学分解作用的继续，使火腿质量不断提高，因此以二三年老火腿的滋味更好。

宣威火腿形如琵琶状，断面肉色鲜艳，红白分明，肥肉稍带红色。油而不腻，咸中带甜，久藏的瘦肉还可生食。每只重 5～6 kg。

三、培根

培根是西式肉制品三大主要品种（火腿、灌肠、培根）之一，其风味除带有适口的咸味之外，还具有浓郁的烟熏香味。培根外皮油润呈金黄色，皮质坚硬，瘦肉呈深棕色，质地干硬，切开后肉色鲜艳。培根主要有大培根（也称丹麦式培根）、排培根和奶培根 3 种，制作工艺相似。

（一）工艺流程

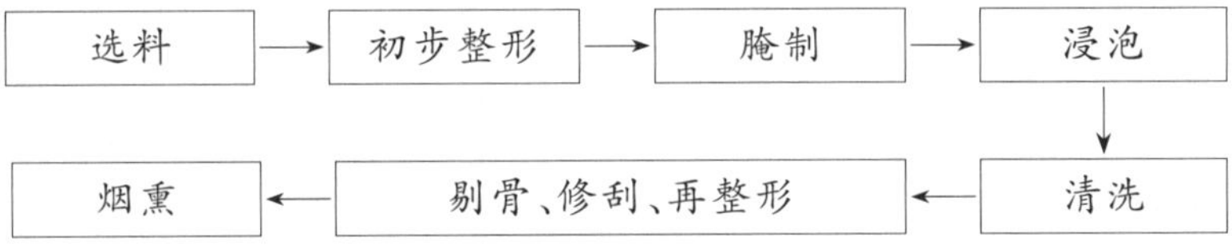

（二）操作要点

1. 选料

选择经兽医卫生检验合格的中等肥度猪，经屠宰后吊挂预冷。前端从第 3 肋骨，后端到腰荐骨之间斩断，割除奶脯为大培根坯料。前端从第 5 肋骨，后端到最后荐椎处斩断，去掉奶脯，再沿距背脊 13～14 cm 处分斩为两部分，上为排培根坯料，下为奶培根坯料。膘厚标准：最厚处大培根以 3.3～4.0 cm 为宜，排培根以 2.5～3.0 cm 为宜，奶培根以 2.5 cm 为宜。

2. 初步整形

修整坯料，使四边基本成直线，整齐划一，并修去腰肌和横膈膜。原料肉重量：大培根为 8～11 kg，排培根 2.5～4.5 kg，奶培根 2.5～5 kg。

3. 腌制

腌制室温保持在 0～4 ℃。

①干腌。将食盐（加 1%$NaNO_3$）撒在肉坯表面，用手揉搓，使均匀周到。每块肉坯用盐约 100 g，大培根加倍，然后摊在不透水浅盘内，腌制 24 h。

②湿腌。采用盐液用量约为肉重量的 1/3。浸泡时间与肉块厚薄和温度有关，一般为 2 周左右。在湿腌期需翻缸 3～4 次。其目的是改变肉块受压部位，并松动肉组织，以加快盐类的渗透、扩散和发色，使腌液咸度均匀。

4. 浸泡、清洗

将腌制好的肉坯用 25 ℃左右清水浸泡 30～60 min。其目的是使肉坯温度升高，肉质变软，表面油污溶解，便于清洗和修刮；熏干后表面无“盐花”，提高产品的美观性；软化后便于剔骨和整形。

5. 剔骨、修刮、再整形

培根的剔骨要求很高，只允许用刀尖划破骨表的骨膜，然后用手轻轻扳出。刀尖不得刺破肌肉，否则生水侵入而不耐贮藏。修刮是刮尽残毛和皮上的油腻。因腌制、堆压使肉坯形状改变，故需再次整形，使四边成直线。至此，便可穿绳、吊挂、沥水，6～8 h后即可进行烟熏。

6. 烟熏

烟熏室温一般保持在60～70 ℃，经8 h左右。出品率约83%。如果贮藏，宜用白蜡纸或薄尼龙袋包装。不包装，吊挂或平摊，一般可保存1～2个月，夏天1周。

习题与思考

一、填空题

1. 肉类腌制中，磷酸盐的主要作用是________________________________。

2. 火腿制品是用大块肉经腌制而成的肉类制品。火腿制品分________和________。

3. 熏制是以______为主要加工工艺，利用__________________________等材料的不完全燃烧而产生的烟熏制，来改变肉制品的风味，提高产品质量的一种加工方法。

4. 熏制方法按制品的加工过程可分为________和______两种；按熏制的接触方式有直接火烟熏和间接火烟熏。

5. 真空滚揉的目的是____。

二、简答题

1. 简述在肉腌制工艺中，使用硝酸盐的作用。

2. 简述对肉品烟熏的目的。

3. 简述肉在煮制过程中的目的。

4. 简述真空包装的作用。

习题及答案

实训项目单

编制单位：　　　　　　　　编制人：　　　　　　　　编制日期：

任务代号		任务名称		实训课时	
课程名称		实训对象		实训时间	
实训目的					
实训步骤及要求	一、任务分析 二、任务计划决策 三、实施准备 四、工艺流程及要点 五、质量评价				

【过程性考核要点】

圆火腿的加工			
序号	考核内容	考核标准	参考分值
1	学习与工作态度	态度端正，学习方法多样，课前预习，积极主动，责任心强，按时出勤。	5
2	团队协作	服从安排，积极与小组成员合作，共同制订工作计划，共同完成工作任务，团队意识强。	10
3	计划制订	按要求着装，有完整的工作方案，时间安排合理，工作步骤正确。	10
4	关键技术点	1. 盐水腌制：腌制的方法与腌制技术。 2. 滚揉：滚揉时间、操作方法，滚揉终点的判断。 3. 烟熏：烟熏的方法与技术。 4. 蒸煮：蒸煮温度与时间。 5. 产品质量符合国家标准要求。	50
5	主要机械设备及用具的使用与维护	夹层锅、排气设备、蒸煮设备等设备的安全规范操作。	10
6	卫生保持与清理	保持现场卫生，实训结束后能及时清理卫生。	10
7	问题思考	对工作任务完成过程中的问题进行分析，并提出改进措施。	5
8	合计		100

项目十三

烤鸡的加工

【熏烤制品】

熏法源于史前的火熟法时期，原是一种古老的贮藏食品的方法。食品经过烘烤、烟熏，烟中的蚁醛等成分可直接杀死细菌，并使食品中的大部分水分挥发，提高防腐能力。直至元代，始见于食谱，但仍属制作半成品的方法。如《易牙遗意》“火肉”、《居家必用事类全集》“婺州腊猪法”“羊红肝”等。到了清代，熏制技法已趋完善，成为独立的烹饪方法。

熏烤肉制品一般是指以熏烤为主要加工方法生产的肉制品。熏和烤为2种不同的加工方法，加工的产品可分为烟熏制品和烧烤制品2类。熏烤肉制品是指以鲜、冻畜禽肉为原料，经选料、修割、腌制后，再以烟气、高温空气、明火或高温固体为媒介加热制成的熟肉制品。熏烤肉制品因其独特的烟熏和烤制风味，深受消费者特别是年轻人的喜爱。我国传统的烧烤制品如北京烤鸭、广东脆皮乳猪、叉烧肉、叫花鸡等久负盛名，有的早已享誉海内外。

【学习目标】

1. 理解肉制品烤制的原理；
2. 掌握肉制品的混合腌制方法；
3. 掌握烤鸡加工的工艺流程和操作要点。

【项目实施】

烤鸡加工的工艺流程如下：

原辅料验收 → 腌制 → 沥液 → 上架烘烤 → 冷却 → 产品质量标准

烤鸡的加工

任务1　原辅料验收

1. 原料鸡的选择

原料鸡的选择采用2月龄左右的健康肉鸡，体态丰满，肌肉发达，体重最好在1.5～2 kg之间。

2. 辅料选择

大料、花椒、桂皮、姜粉、花椒粉、五香粉：无杂质、无霉变。

白糖、精盐：选用洁白，符合国家标准的绵白糖和碘盐。

味精：应符合 GB 2720—2015《食品安全国家标准味精》的规定。

黄酒：应符合 GB 12696—2016《发酵酒及其配制酒生产卫生规范》的规定。

香菇、芝麻：无杂质、无霉变、籽粒饱满，水淘干净，晾干备用。

葱：去掉老皮、根，洗净泥沙，不得腐烂、变质，切成 3～5 cm 小段备用。

香油：具有正常香油的色泽、透明度、气味和香味，无酸败及其他异味。

任务 2　腌制

活动 1　配方设计

肉鸡 100 只(重 150～180 kg)，食盐 9 kg，八角 20 g，小茴香 20 g，草果 30 g，砂仁 15 g，豆蔻 15 g，丁香 3 g，肉桂 90 g，良姜 90 g，陈皮 30 g，白芷 30 g，麦芽糖适量。

活动 2　白条鸡处理

1. 宰杀放血

原料鸡宰前应休息候宰 12～20 h，宰杀采用三管切断方法。要求快、准，放血量大。

2. 烫毛、褪毛

放血后夏季用 60～65 ℃、冬季用 62～65 ℃的热水将宰好的鸡浸烫 1～2 min，待各部位羽毛能顺利拔掉时，即可褪毛。褪毛时，翅羽及尾羽片长根深，需分丛细拔，不宜过分用力；背毛因皮紧不容易破皮，可以顺着毛势方向推脱；腹部松软，活动性大，宜用手抓除；颈部皮肤容易滑动，最易破裂，需用手固定刀口，用手细拔。

褪毛顺序一般是：头颈部，左翅，背腹左半部，右翅，背腹右半部，两腿，尾毛。成品烤鸡要求形体完整，皮肤不破不裂。如各部位羽毛能顺利地拔掉，说明已烫好，应趁热褪毛。

3. 漂洗、整理

将褪去粗毛的鸡体放入流水中漂洗 40～60 min，以便浸出残血，使胴体光亮洁白。同时，仔细拔净皮肤上残留的小毛，见图 13-1。

4. 充气

充气目的是使鸡体皮肉分离，成品形态、色泽美观。其方法是：将打气筒或小气泵的气嘴插入鸡颈部杀口处的皮下，逐渐充气。同时用手推挤，使气体能通至鸡体全身。充气时切忌用力过猛，以免胀破皮肤，损伤外观。

5. 去内脏

先从鸡的颈基下部右侧切开皮肤 3 cm 左右的纵向刀口，取出气管、食道和嗉囊；再在下腹部肛门前切开 3 cm 左右的纵向切口，取出全部内脏。放入流水中漂洗，浸出残血。

知识储备

一、白条鸡优劣鉴别方法

从市场或超市购买已经宰杀好的白条鸡，在购买时，主要有以下几种鉴别方法：

1. 看宰杀处的刀口

如果是宰杀的活鸡，因为鸡挣扎的缘故，刀口就不会很平，而且因心脏跳动而产生血液浸润的情况。

2. 看眼球

眼球饱满，眼睛色泽明亮，这是新鲜鸡肉的重要标志，而且新鲜鸡肉的眼睛还呈全开或半开状。如果鸡肉放久了或已经变质，白条鸡的眼睛会凹陷下去。

3. 看鸡爪

新鲜的白条鸡鸡爪是不弯曲的，表面饱满且有光泽。而不新鲜的鸡爪表面的鳞片看起来发乌，没有光泽。

4. 看合格证

鉴别白条鸡最好、最有效的方法是查验有无动检部门出具的动物检疫合格证明或标有检疫合格标志。

二、白条鸡的保存方法

(1)可以将整只鸡放置保存在冰箱的冷冻区，这样可以放置 3 个月保持不坏，冰冻的时候可以用袋子将鸡装起来，防止冰箱串味。

(2)可以将鸡处理好后，抽真空包装，然后放置在阴凉避光的地方，实现短期保存。

(3)可以用盐涂抹鸡肉，杀菌消毒入味同时放在阴凉避光通风的地方进行风干处理，这样处理的鸡肉可以长久保存，同时吃起来别有风味。

活动 3　腌制液准备

按配方用量正确称取，如图 13-2 所示。包在纱布中置入锅中，加适量清水，盖上锅盖，加热煮沸，至香辛料中的有效成分全部溶出，再用纱布过滤后倒入备用的腌制缸，按量加足开水，然后放入食盐、白砂糖、黄酒等调味料，充分搅拌均匀，冷却至室温待用。

图 13-1　白条鸡整理

图 13-2　调味料配比计算

知识储备

食品盐腌有多种方法，按照用盐方式不同，可分为干腌法、湿腌法、注射法和混合腌制法 4 种。

活动 4　低温腌制

将鸡逐只放入湿腌料中，上面用重物压住，使鸡淹没在卤液面下，放入 2～4 ℃冷库或冰箱中，低温腌制 8～12 h。采用低盐长时间腌制，腌制效果较好。时间长，可以使食盐、香辛料等充分渗入，在腌制过程中，适当翻动 2～3 次，使鸡腌制均匀。

任务 3　沥液

腌制结束后，用清水冲洗鸡的体表，以降低表层食盐含量。沥水，擦去体表水分，待用。

任务 4　上架烘烤

活动 1　准备烤鸡炉

烤鸡炉是制作烤鸡的专用设备，采用高质进口不锈钢板制造，耐高温，防腐蚀。市场上有碳烤、燃气等多种型号的烤鸡炉，烤鸡炉移动方便、易维护、用途广泛等。

活动 2　上色

为了有利于下步工序的顺利进行和保证成品品质，必须对填料的鸡体进行烫皮、上色。烫皮用沸水淋烫或浸烫 10 s 左右，至鸡体皮肤紧缩丰满即可。烫皮要均匀，不可过度。

烫皮后立即上色，上色所采用的糖以饴糖为佳。其配制方法是：将饴糖与水以 1∶8 的比例混合溶解（最好用 60 ℃以上的温水）。上糖色时，应将糖液预热。上色可以采用浸渍或涂刷的方法。如果采用涂刷法，一般需涂 2～3 次。自上而下均匀涂刷，待第 1 次的涂液干后，再涂刷第 2 次，在鸡坯入炉前再刷 1 次，见图 13-3、图 13-4。

图 13-3　上架固定

图 13-4　烘烤、刷蜜

知识储备

上色的目的一是蘸上糖液，烤制后使成品表皮具有鲜艳瑰丽的色泽；二是促进皮肤收缩，绷紧鸡身，使体形显得结实丰满；三是使鸡身表层蛋白质凝固，减少烤制时脂肪的流失，并且增强烤制后表皮的酥脆性。

活动 3　烘烤

先将烤鸡炉快速升温到 230 ℃，将鸡迅速放入，恒温烤制 5 min（其作用是高温能迅速紧闭鸡皮毛孔，形成脆皮，防止肉汁溢出而失去营养成分和应有的口感），然后打开烤炉排气孔，降温至 190 ℃烤 1 h 左右，使鸡皮焦糖化。取出一只鸡用钢丝针扎肉厚部位，若汤液呈淡褐色可立即关闭加热，焖 5 min 后出炉；若汤液呈红色，需继续烘烤，表面金黄，完全熟透为宜。

知识储备

烤制的原理

烤制是利用热空气对原料肉进行的热加工。原料肉在烤炉或烤箱内经过180～220 ℃高温烤制，使肉品表面产生一种焦化物，表面变得酥脆，产生美观的色泽和诱人的香味。这是由于肉类中的蛋白质、糖、脂肪、盐和金属等物质在加热过程中，经过降解、氧化、脱水、脱胺等一系列变化，生成醛类、酮类、醚类、内酯、硫化物、低级脂肪酸等化合物，糖与氨基酸之间的美拉德反应。不仅生成棕色物质，同时伴随着生成多种香味物质。产品熟制，可直接食用。烤制方法分为明烤和暗烤2种。

烤制肉品的种类很多，以北京烤鸭，广东化皮烧猪、烤乳猪、叉烧肉，苏州陆稿荐烧鹅较为驰名。

任务5　冷却

烤制完毕的鸡出炉后，鸡腹朝上放盘内，防止汤汁流失，取下挂钩和钢针，在烤鸡皮面涂抹一层香油，会使皮更加红艳发亮，冷却即为成品。

任务6　产品质量标准

1. 感官指标

烤鸡的感官指标见表13-1。

表13-1　烤鸡的感官指标

项目	要求
色泽	产品外观颜色均匀一致，表面金黄色油亮，略带枣红色。
组织形态	鸡体完整，肌肉切面鲜艳光亮，色或微红色，脂肪浅乳白色。骨肉切面细腻，鸡骨酥脆，压之无血水，肉质鲜嫩。
风味	香味浓郁，脂肪滑腻，具有香味，无异味，无杂质。

2. 理化指标

烤鸡的理化指标见表13-2。

表13-2　烤鸡的理化指标

项目		指标
水分/%	≤	75
食盐(以NaCl计)/%	≤	3.5
砷(以As计)/(mg/kg)	≤	0.5
铅(以Pb计)/(mg/kg)	≤	1.0

3. 微生物指标

烤鸡的微生物指标见表13-3。

表 13-3　烤鸡的微生物指标

项目		指标
细菌总数/(个/g)	≤	30 000
大肠菌群/(个/100 g)	≤	40
致病菌		不得检出

知识拓展

一、烤鸡的功效与作用

健脾养脾、养胃健胃、补气益气、增强记忆力。烤鸡中含有丰富的优质蛋白，常食能帮助提高免疫力，为机体提供能量。

二、烤鸡的营养价值

1. 提高免疫力

富含胆固醇，维持细胞的稳定性，增加血管壁柔韧性。维持正常性功能，增加免疫力。

2. 补充能量

构成机体的重要物质；储存和提供热能；维持大脑功能必需的能源；调节脂肪代谢；提供膳食纤维；节约蛋白质；解毒；增强肠道功能。

企业衔接

一、沟帮子熏鸡加工

沟帮子是辽宁省北镇市的一座集镇，以盛产熏鸡而闻名北方地区。沟帮子熏鸡已有 50 多年的历史，具有外观油黄、暗红，肉质娇嫩，口感香滑，味香浓郁，不腻口，清爽紧韧，回味无穷的特点，很受北方人的欢迎。

(一)参考配方

白条鸡 75 kg，砂仁 15 g，肉蔻 15 g，丁香 30 g，肉桂 40 g，白芷 30 g，陈皮 50 g，桂皮 45 g，鲜姜 250 g，花椒 30 g，八角 40 g，辣椒粉 10 g，胡椒粉 10 g，食盐 3 kg，味精 130 g，磷酸盐 120 g。

(二)工艺流程

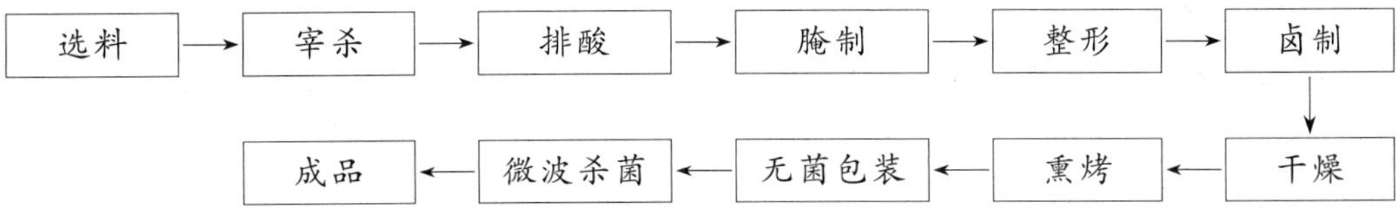

(三)操作要点

1. 选料

选取来自非疫区的一年生健康公鸡，体重 0.73～0.77 kg。一年生公鸡肉嫩、味鲜，而母鸡由于脂肪太多，吃起来腻口，一般不宜选用。

2. 宰杀

刺杀放血，热烫去毛后的鸡体用酒精灯燎去小毛，腹部开膛，取出内脏，拉出气管及食管，用清水漂洗去尽血水后，送预冷间排酸。

3. 排酸

排酸温度要求在 2～4 ℃，排酸时间 6～12 h，经排酸后的白条鸡肉质柔软，有弹性，多汁，制成的成品口味鲜美。

4. 腌制

采用干腌与湿腌相结合的方法，在鸡体的表面及内部均匀地擦上一层盐和磷酸盐的混合物，干腌 0.5 h 后，放入饱和的盐溶液继续腌制 0.5 h，捞出沥干备用。

5. 整形

用木棍将鸡腿骨折断，把鸡腿盘入鸡的腹腔，头部拉到左翅下，码放在蒸煮笼内。

6. 卤制

配汤：将水和除腌制料以外的其他辅料一起入蒸煮槽，煮至沸腾后，停止加热，盖上盖，闷 30 min 备用。

卤制：将蒸煮笼吊入蒸煮槽内，升温至 85 ℃，保持 45 min，检验大腿中心，以断生为度，即可吊出蒸煮槽。

7. 干燥

采用烟熏炉干燥，干燥时间为 5～10 min，温度 55 ℃，以产品表面干爽、不粘手为度。

8. 熏烤

采用烟熏炉熏制，木屑采用当年产、无霉变的果木屑，适量添加白糖，熏制温度 55 ℃，时间 10～18 min，熏至皮色油黄、暗红色即可。而后在鸡体表面抹上一层芝麻油，使产品表面油亮。

9. 无菌包装

包装间采用臭氧、紫外线消毒，真空贴体袋包装。

10. 微波杀菌

采用隧道式连续微波杀菌，杀菌时间 1～2 min，中心温度控制在 75～85 ℃，杀菌后冷却至常温，即为成品。

二、北京烤鸭加工

北京烤鸭为我国著名特产，历史悠久，且以选料严格、加工烤制技术精细、风味独特、食法多样等特色名扬中外。以北京填鸭为原料，以果木为燃料，在特制的烤炉中，以明火烤制成熟的一道菜品。

（一）参考配方

北京填鸭 2.5 kg，白糖 100 g，精盐 25 g，五香粉 50 g，芝麻酱 75 g，酱油 100 g，葱少许，麦芽糖适量。

（二）工艺流程

原料选择 → 宰杀 → 挂钩 → 烫皮 → 浇挂糖色 → 晾坯 → 打色 → 烤制 → 出炉刷油 → 成品

(三)操作要点

1. 选料

选择符合卫生要求的55～65日龄，经过填肥的、体重在2.5 kg以上的北京鸭为原料。

2. 宰杀处理

采用切断三管法宰杀。经过烫毛、褪毛、拔毛、充气、去内脏、洗膛、吊挂等前处理，获得白条鸭。

3. 烫皮

将鸭子用100 ℃水浇烫，以使毛孔紧缩，表皮层蛋白质凝固，皮下气体最大限度地膨胀，皮肤致密绷起，油亮光滑，便于烤制。

烫法：用左手提起鸭钩，使鸭脯向外，将鸭子提至锅的上方(注意不要让鸭头浸入水中)，右舀一勺开水，先洗烫体侧刀口，使水由肩而下，封住刀口防止跑气，再均匀地烫遍全身。

4. 打糖

往鸭身上浇洒糖水，使烤鸭具有枣红色，并可增加烤鸭的酥脆性。糖水的兑制比例及方法如下：

枣红色的烤鸭一般为1∶(5.6～6)，即1 kg饴糖兑入清水5.5～6L。

金黄色烤鸭一般为1∶(6.5～7.5)，即1 kg饴糖兑入清水6.5～7.5L。

鸭皮烫好后，要迅速把鸭子提至糖水盆的上方，用搅匀的糖水浇淋鸭身三四次。然后，沥净膛内的血水，在通风处晾干。如果当时不烤，可将鸭放入冷库中保存，在烤制入炉前，再打1次糖，以增加皮色的美观，并弥补第一次打糖不匀的缺陷。如在夏季进行第二次打糖时，糖水内要多加饴糖5 g。

5. 晾坯

晾坯是为了把鸭皮内外的水分晾干，并使皮与皮下结缔组织紧密连起来，使皮层加厚，烤出的鸭皮才酥脆，同时能保持原形，在烤制时胸脯不致跑气下陷。将烫皮打糖后的鸭坯挂在挂鸭杆(或挂鸭架)上，置于阴凉、通风的地方，使鸭皮干燥。一般在春秋季节晾24 h左右，夏季晾4～6 h，在冬季要适当增加。室内不要安装取暖设备。

6. 烤制

(1)烤制准备

选柴：北京烤鸭挂炉的燃料以枣木柴为最好，当枣木柴不能满足供应时，应选用桃、杏、梨等果树木柴。果树木柴具有烟少火硬、耐燃烧、有清香味等特点。对有异味的松、柏、椿、桐等木柴，应禁止使用。

清炉：烧炉在一般情况下，要提前1 h将烤炉内的残灰清理干净，留足炭底，码上果木柴。点燃30 min左右，当炉温上升到200 ℃以上，即可准备烤制了。

(2)烤制技术

①捅鸭堵塞。鸭坯入炉烤制前要把预先备好的鸭堵塞用巧劲儿捅入鸭子的肛门内，并使其卡住肛门口，以防止鸭体灌汤后汤水外流。

②灌汤。当鸭坯捅好鸭堵塞后，即可由鸭身的刀口处灌入开水(也可加入适量的花椒水、料酒)，称为灌汤。一般灌入鸭体的开水，约占鸭腔的4/5即可。烤时，使鸭子内煮外烤，熟得快，并且可以补充鸭肉内水分的过度消耗，使鸭肉外脆里嫩。

③打两遍色。鸭坯灌汤后，还须打两遍色(即第二次打糖，与第一次打糖的区别是糖水的含糖要适当减少)。做法是：左手提起鸭钩，把鸭坯提到糖水盆的上方，右手持水勺，舀起糖水，

浇匀在鸭坯上即成。打两遍色的目的，主要是防止出现色不匀。

④转烤。鸭坯打两遍色后，检查一下挂鸭钩(防止出现松动掉坯及不易转动的现象)，然后就可以入炉烤制了。在烤制时，火力是关键，要根据需要随时调整。一般鸭坯刚入炉时，火要烧得旺一些，随着炉内温度的升高，以及鸭坯上色的情况，火力要逐渐减弱，炉温一般控制在250～300 ℃为好。鸭坯入炉后，使鸭体右侧后背向火，烤 12～13 min 至橘黄色时，转动鸭体，使左侧后背向火，烤 7～8 min。再烤左侧鸭脯、底裆、右侧鸭脯、后背，约 12 min，当鸭身刀口处溢出白色而带有油液的汤汁时，即可出炉。一只 1.5～2 kg 的鸭坯在炉内烤 35～40 min 即可全熟。

7. 出炉刷油

鸭坯成熟后将烤鸭挑出，烤鸭入、出炉时应做到不碰火挡、不碰木柴、不碰炉口。鸭子烤好出炉，趁热刷上一层香油，以增加皮面光亮程度，增加香味。

8. 成品质量

色泽枣红、油亮，外皮酥脆，肉质细嫩，口感鲜美，香气浓郁的特点。

习题与思考

一、填空题

1. 白条鸡褪毛顺序一般是：______、______、______、______、______、______。
2. 盐腌有多种方法，可分为______、______、______和______4 种。
3. 烤鸡加工过程烫皮后要立即上色，上色所采用的糖以______为佳。

二、简答题

1. 简述烤鸡加工中腌制的方法和特点。
2. 简述烤鸡低温腌制的目的和意义。
3. 简述烤鸡烘烤温度对产品的影响。
4. 简述烤鸡加工中上色的目的和意义。

习题及答案

实训项目单

编制单位： 编制人： 编制日期：

任务代号		任务名称		实训课时	
课程名称		实训对象		实训时间	
实训目的					
实训步骤及要求	一、任务分析 二、任务计划决策 三、实施准备 四、工艺流程及要点 五、质量评价				

【过程性考核要点】

烤鸡的加工			
序号	考核内容	考核标准	参考分值
1	学习与工作态度	态度端正,学习方法多样,课前预习,积极主动,责任心强,按时出勤。	5
2	团队协作	服从安排,积极与小组成员合作,共同制订工作计划,共同完成工作任务,团队意识强。	10
3	计划制订	按要求着装,有完整的工作方案,时间安排合理,工作步骤正确。	10
4	关键技术点	1. 原料选择:选择要点。 2. 白条鸡的前处理要点。 3. 腌制:腌制液配置技术。 4. 烘烤:温度、时间、上色方法。 5. 产品质量:符合国家标准要求。	50
5	主要机械设备及用具的使用与维护	烤鸡炉等设备的安全规范操作。	10
6	卫生保持与清理	保持现场卫生,实训结束后能及时清理卫生。	10
7	问题思考	对工作任务完成过程中的问题进行分析,并提出改进措施。	5
8	合计		100

项目十四

速冻猪肉丸的加工

【肉丸子】

肉丸子是以畜肉、禽肉、水产品等为主要原料，添加水、淀粉等辅料，经绞碎、腌制（或不腌制）、乳化（斩拌或搅拌）、成型、熟制（或不熟制）、冷却、速冻（或不速冻）等工艺制成的产品。肉丸是我国一种历史悠久的家常传统肉制品，相传最早起源于清朝末年的广东客家，是一种民间手工加工制品，肉丸具有食用便捷、营养美味等优点，使其广为流传。

肉丸属肉类的深加工产品，是我国最主要的速冻肉制品之一。肉丸的加工原料已经不仅仅局限于猪肉和牛肉，鸡肉、鱼肉、羊肉等优质的原料肉也已经普遍被人们用来加工成为肉丸，极大程度满足了人们对不同品种肉制品的需求。

速冻猪肉丸是肉丸和速冻技术的结合，现已经纳入我国食品质量安全保障体系。随着技术的进步和食品机械的发展，传统的手工制作肉丸的方式逐步被机械化生产所替代。同时，随着人们健康意识的不断增强，肉丸的加工配方已经不再是过去简单的原料肉加调味料，而是各种功能性辅料按照科学的比例添加到原料肉中，不仅丰富了肉丸的营养价值，还起到了提高肉丸品质的作用。

【学习目标】

1. 熟悉肉丸加工常用的原辅料及作用；
2. 掌握速冻猪肉丸、鱼肉丸等常见肉丸制品的加工工艺及操作要点；
3. 熟悉肉丸品质的评价方法及质量标准。

【项目实施】

速冻肉丸加工的工艺流程如下：

原料选择及预处理 → 绞肉 → 打浆 → 成型 → 煮制 → 冷却 → 速冻 → 金属探测 → 包装 → 成品

速冻猪肉丸的加工

任务1　原料选择及预处理

活动1　材料与工具的准备

原料:猪肉、肥膘。

辅料:食盐、复合磷酸盐、淀粉、纯碱、白砂糖、大豆蛋白、卡拉胶、冰水。

工具:不锈钢刀、绞肉机、斩拌机、肉丸成型机、蒸煮锅、冷却锅、速冻设备、金属探测器、包装机。

活动2　配方设计

猪瘦肉 80 kg,肥膘 20 kg,淀粉 5 kg,食盐 3.0 kg,白糖 1 kg,味精 0.3 kg,复合磷酸盐 0.8 kg,纯碱 0.3 kg,卡拉胶 0.2 kg,冰水 30 kg。

活动3　原料选择及修整

原料要选择来自非疫区的经兽医检验合格的新鲜(冻)猪分割肉。制作肉丸的原料主要是动物的肌肉组织,它的用量因原料品种而异,如猪肉丸中猪瘦肉的用量可达 80%以上,鸡肉丸、牛肉丸中鸡肉和牛肉含量可达 70%以上。禽肉成熟期短,可以直接用鲜鸡肉或速冻的鲜鸡肉来加工肉丸。在选择肥膘时,最好选择熔点较高的猪背部脂肪,制肉丸时所用的肥膘肉也应保持新鲜、干净,结冻使用更好。

加工前要将肉在水中快速洗净、沥干,然后将肉上的淋巴、血管、结缔组织清理干净。将瘦肉和肥膘按比例混合,切成小块,加入食盐在低温条件下进行腌制。

知识储备

由于原料肉的卫生状况直接影响最终产品质量,所以最好到符合卫生防疫要求的屠宰加工厂购进原料,原料不仅外在质量符合要求,而且内在的微生物含量也是很重要的质量指标,是影响肉丸产品保质期的关键因素。

肉丸加工中添加肥膘不仅可以改善制成品的风味,而且脂肪组织具有一定的滋润作用,可以与蛋白质、水发生乳化作用,有利于肉丸质地、口感的改善。一般说来,配方中添加适当的肥肉,其制成品比只用瘦肉加工的丸子口感更滑爽香嫩。而添加淀粉、卡拉胶是作为增稠剂,不但可以提高出品率,对产品的营养及保水性有一定的作用,还可以保证加工过程中形成稳定的弹性胶体。加工中加入适量的碱,可以使蛋白质偏离等电点,受热易变性凝固。添加一定量的复合磷酸盐可以达到提高肌肉蛋白质持水性的目的。正是由于肉丸子能保持充分的水分,才使肉丸具有鲜嫩、脆爽的口感。

任务2　绞肉

活动1　绞肉前的准备

1. 绞肉机的检查及准备

检查绞肉孔板和绞肉刀刀刃部是否吻合。将刀刃放在绞肉孔板上,横向观察有无缝隙。

检查结束后，接着进行绞肉机的清洗。从螺杆筒内取出螺杆，洗净绞肉孔板和刀具。

2. 绞肉机的组装调整

将绞肉刀安在螺旋送料器的前端，将绞肉孔板紧贴绞刀，用压板螺母固定在机头部，电动机通过减速机带动螺旋输送机及绞刀一起旋转。

活动2 绞制

原料肉在料斗中由于重力的作用落入螺旋供料器，螺旋轴的螺距后面比前面大，由于腔内容积的变化，随着螺旋轴的旋转，原料肉形成挤压力，把料斗内的原料肉推向孔板，被绞刀和孔板切断形成颗粒，通过孔板由紧固螺母的孔中排出，达到绞碎肉的目的。

原料肉采用 4 mm 孔板绞制，一次投肉量不要太多，要少量多次。绞制后的肉盛放在干净的容器中，原料肉温度控制在 10 ℃以下。

知识储备

绞肉时应注意如何投肉。即使从投入口将肉用力下按，从孔板流出的肉量也不会增多，而且会因在螺杆筒内受到搅动，造成肉温上升。在绞肉期间，一旦肉温上升，就会对肉的黏着性产生不良影响，因此应特别注意在绞肉之前将肉适当地切碎，同时控制好肉的温度，肉温应不高于 10 ℃。

对绞肉机来说，绞脂肪比绞瘦肉的负荷更大。因此，如果脂肪投入量与瘦肉投入量相等，会出现旋转困难的。所以在绞脂肪时，每次投入量要少一些。特别注意，绞肉机一旦绞不动，脂肪就会熔化，变成油脂，从而导致脂肪分离。因此，脂肪最好是处于冻结状态时绞切。

任务3 打浆

活动1 打浆前的准备

首先，空载运行机器观察其桨叶旋向，从料筒上部观察孔看为顺时针。随后，从注水口将水加入制冷桶内，使制冷效果更加均匀，制冷效果更好。最后从料筒口加入肉料(第一次使用及每次使用完需清理料筒内部卫生)，盖上筒盖。

知识储备

打浆是肉丸加工中关键的步骤，是将颗粒状的肉通过拍打制作成浆状的过程，有的工艺是采用斩拌机完成的。打浆机在旋转拍打肉粒或鱼糜等的过程中，通过添加调味料、香辛料，调配成有一定黏稠度的浆状物料，便于成型机成型，其拍打过程中能对肉类组织细胞拉丝重组，加大吸收水分，提高肉类的嫩化程度，打出来的浆类制成肉丸或鱼丸等更具有弹、脆和嚼劲。

活动2 打浆

打开电源开关，缓慢调节变频器速度旋钮至合适转速。下次开机时，可打开电源开关，浆叶会在 20 s 内匀速升至所调转速。工作完毕，将转速调至较低转速，打开出料口压盖，肉料会在桨叶旋转下推至出料口。完全关闭电源，将剩余肉料清理出筒内。工作完成，清理筒内及各部件卫生。

知识储备

打浆机可以用于鱼丸、猪肉丸、蔬菜丸子、牛肉丸子等加工使用，也适合于鱼糜制品和部分香肠类加工使用。浆料打得好坏直接决定了肉丸的品质，在打浆时，打浆的速度、温度、时间、配料将会影响成品肉丸的外观和口感。

肉丸打浆机一般有2类，一类是固定转速打浆机（图14-1）；另一类是可调转速打浆机（图14-2），一般有慢、高速两档或慢、中、高速三档。高速加工模式适合比较细腻丸子的浆料加工使用，慢速加工模式比较适合有嚼劲的丸子打浆使用。打浆机通常配有压缩制冷系统，对打浆外桶进行快速制冷，能有效确保肉类制品在打浆过程肉类品质，防止升温改变肉的品质。

图14-1　定速打浆机

图14-2　变频调速打浆机

任务4　成型

检查丸子成型机（图14-3），机器正常后用温水对机器进行清洗消毒。通常使用旋转桶式、充填量可调的成型机完成肉丸的成型，肉丸的大小可用模具来调节。

肉馅成型前，把适量肉料放进成型机内，对机器进行调试，通过上面的螺母调整丸子的大小，丸子大小控制在7～8 g即可。丸子生产时机器下面放一周转盘，周转盘内放入82 ℃的适量热水，对丸子进行定型。成型后捞出，周转盘内的热水定时进行更换，始终保持热水状态。

图14-3　丸子成型机

任务5　煮制

将成型的肉丸放入90 ℃左右的热水里煮制6～8 min，煮制时间与制品的大小、形态、厚度有关。大而厚的制品宜煮制较长时间，反之应选用较短的煮制时间。煮制时间也不宜过长，否则会导致产品出油和开裂，进而影响产品风味和口感，煮制时间也不宜过短，否则会导致产品夹生和杀菌不彻底。当肉丸浮于水面，肉丸中心温度为 72 ℃，手捏有弹性、光滑、呈灰白色时即可。

为避免制品的汁液流失带来的品质和出品率下降，煮制温度和时间的控制通常采用二次煮制法，即 60～70 ℃预煮 3～10 min 后迅速升温至 80～90 ℃煮制 5～15 min。一次煮制法为 85～90 ℃煮制 15～20 min。

知识储备

煮制的作用主要有：

(1)使蛋白质适当变性，分子间相互交联形成网状结构，把水分及其他成分包裹在其中，最终形成一个具有复杂结构的水合蛋白质聚集体，使肉糜制品得以定型。

(2)由于加热作用，使肉糜制品获得特有的蒸煮风味。

(3)杀灭微生物和寄生虫，保证制品卫生安全。

任务 6　速冻

活动 1　预冷

将煮熟的丸子捞入符合饮用水卫生要求的冷水槽中，用流动的水冷却，经过水冷却的丸子在输送机的传输下，通过设置在生产线上的风道将丸子温度再进一步吹冷，使产品的中心温度接近常温，以备速冻。这样冷却的丸子色泽洁白，冷却速度也快，但一定要保证水的卫生质量。只采用风冷或自然冷却的丸子，表面干黄无光泽，冷却速度较慢。

肉丸也可以采用预冷室预冷。将煮熟后的猪肉丸立即送入预冷室预冷，预冷温度要求在 0～4 ℃，冷却至肉丸中心温度 8 ℃以下。预冷室空气需用清洁的空冷机强制冷却，冬季可自然冷却后再将肉丸送入预冷室预冷，可节约能耗。

活动 2　速冻

将冷却后的猪肉丸推入－35 ℃的急冻库或速冻设备中冻结至产品中心温度达到－18 ℃以下即可。

知识储备

完成预冷的食品需要用冻结装置完成冻结加工。用于食品冻结的装置多种多样，分类方式不尽相同。按照冷却介质与食品接触的状况可以分为空气冻结法、间接接触冻结法和直接接触冻结法 3 种。空气冻结装置按照结构形式可以分为隧道式冻结装置、螺旋式冻结装置、平板式冻结装置、流态化冻结装置及搁架式冻结装置等。在实际生产中使用较多的是隧道式冻结装置和螺旋式速冻装置。

一、空气冻结装置

在冻结过程中，冷空气以自然对流或强制对流的方式与食品换热。由于空气的导热性较差，与食品间的换热系数小，所需的冻结时间较长。

1. 隧道式冻结装置

隧道式连续冻结装置是目前使用较多的冻结装置，根据食品通过隧道的方式，可分为吊篮式、推盘式、传送带式等几种，它们的共同特点是产品在一个长方形的、四周有隔热装置的通道中由输送带携载通过隧道，冷风由鼓风机吹过冷凝管道再送到隧道中穿流于产品之间，一般冷气进入隧道的方向与产品通过的方向相反。适用于形态比较小的食品的冻结。这种冻结设备具有劳动强度小，易实现机械化、自动化，冻结量较大，成本较低等优点，但其冻结时间长，干耗较多，风量分布不大均匀。

2. 螺旋式冻结装置

螺旋速冻机（图 14-4）是单体快速冻结（IQF）设备最常用最典型的一种。它最大的特点是生产连续化，结构紧凑，占地面积小，食品在移动中受风均匀，冻结速度快，效率高，干耗重量损失小，但不锈钢材料消耗大，投资大。适用于处理体积小而数量多的食品，如饺子、肉丸、贝类、水果、蔬菜、肉片、鱼片、冰激淋和冷点心等。

螺旋速冻机主要由不锈钢转筒、聚氨酯材料的箱体、不锈钢传送带、传送带清洗装置、蒸发器、原位清洗系统及控制系统组成。其主体部分为一转筒，均布在传送带上的冻品，随传送带做螺旋运动。产品由进口传送带送进速冻机，具有挠性的传送带绕在转筒上，缠绕的圈数由冻结时间和产量确定；传送带的螺旋升角约 2°，由于转筒的直径大，所以传送带接近于水平。转筒靠摩擦力带动传送带运动。在速冻机螺旋的各个层面上，气流按设定的温度、速度循环，均匀一致地包围、环绕产品，与产品进行热交换。气流方向根据产品不同，可以是水平的，也可以是垂直的。大而扁平的产品如肉饼，或装在盘子里速冻的产品，适合水平气流；圆的、颗粒状的产品，如肉丸子、炸鸡块，适合垂直气流的速冻机。气流速度与冻结时间呈正相关。在循环风 −35 ℃的条件下，假定风速为 1 m/s 时的冻结时间为 30 min，则风速与冻结时间的变化关系见表 14-1。

表 14-1　风速与冻结时间的变化

气流速度/(m/s)	冻结时间/min	气流速度/(m/s)	冻结时间/min
1	30	4	20
2	24	6	17

为防止较小产品被吹落，风机转速可以通过变频器调节。制冷介质根据用户要求，可以是液氨的，也可是氟利昂的，但一般都采用液氨的，因为液氨制冷量大、价格便宜，且符合环保要求。蒸发器常设计成阶梯式翅片结构，以保证足够的热交换面积，且在结霜的情况下，保证足够的气流通道，延长了两次融霜的时间。在传送带进口位置安装有集清洗、消毒、干燥功能为一体的传送带自动清洗装置，可将网带彻底洗干净，有效地保证了食品的安全。螺旋速冻机还安装有原位清洗系统，可以从内部清洗速冻机。

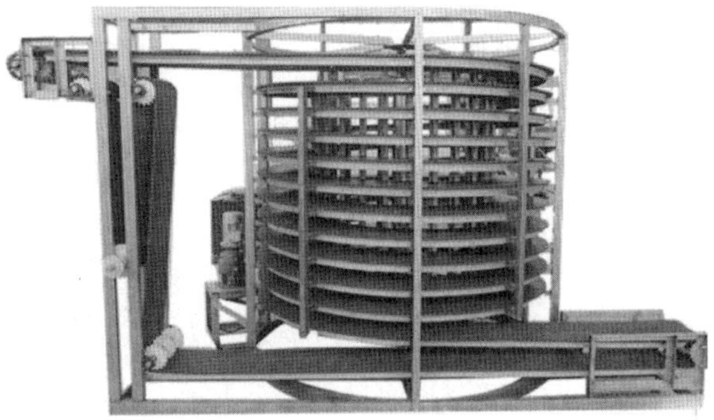

图 14-4　单螺旋速冻机

3. 流态化冻结装置

流态化冻结是在一定流速的冷空气作用下，使食品在流态化操作条件下得到快速冻结的一种冻结方法。食品流态化冻结装置是实现食品单体快速冻结（IQF）的一种理想设备。与其他隧道式冻结装置比较，这种装置具有冻结速度快、冻结产品质量好、耗能低，易于冻结球状、圆柱状、片状及块状颗粒食品等优点，尤其适宜果蔬类单体食品的冻结加工。

二、间接接触冻结装置

间接接触冻结装置的特点是被冻的食品与冻结装置中蒸发器（或冷却器）的壁面直接接触，主要以传导的方式进行热交换。设备紧凑，消耗的金属材料少，占地面积小，安装方便，投产快，但耗冷量大。

1. 平板式冻结装置

平板式冻结装置的主要构件是一组作为蒸发器的空心平板，平板与制冷剂管道接通，被冻的食品压在两相邻的平板间。由于食品与平板间接触密实，故其传热系数高。要求接触压力为 7～30kPa，传热系数可达 93～120 W/(m^2·K)。

平板式冻结装置适于冻结肉类、水产品以及耐压的小包装食品。其特点是，对厚度小于 50 mm 的食品，冻结快，干耗小，冻品质量高；在相同的冻结温度下，它的蒸发温度可比冷风机式冻结装置的蒸发温度提高 5～8 ℃，而且不用配风机，故电耗可减少 30%～50%；可在常温条件下操作；占地面积少，投产快。其缺点是应用范围有一定的限制，不能冻结大块食品和不耐压的食品。根据平板的工作车位置，有卧式、立式 2 类。

2. 回转式冻结装置

回转式冻结装置与平板式冻结装置一样，是利用金属表面直接接触冻结产品。其主要部件为一回转圆筒，载冷剂由空心轴输入，待冻品由入口排列在转桶表面上，转桶回转一周，冻品完成冻结过程。冻品转到刮刀处被刮下，刮下的冻品由传送带输送到预定位置。

转桶的转速根据冻品所需的冻结时间调节，1 min 或几分钟每转。载冷剂可选用盐水、乙二醇、R11 等。最低温度可达－45～－35 ℃。该装置适用于冻结鱼片、块肉、虾、菜泥以及流态食品。

3. 钢带式冻结装置

钢带式冻结装置，其主体部件是钢带连续输送机。在钢带下喷盐水，或使钢带滑过固定的冷却面使冻品降温。该装置适于冻结鱼片、调味汁、酱汁和某些糖果产品等。

三、直接接触冻结装置

该方法要求食品（包装或不包装）与不冻液直接接触，食品与不冻液换热后，迅速降温冻结。食品与不冻液接触的方法有喷淋、浸渍或者两种方法结合使用。主要有盐水浸渍冻结装置、喷淋式速冻器、液氮浸渍冻结装置。

某些形式的间接接触冻结法易与直接接触法混淆，二者的区别在于食品或其包装是否直接与不冻液接触。例如，把食品或经包装后的食品浸入盐水浴内或用盐水喷淋时，就是直接接触冻结。若把同样的食品放在金属容器内，再把容器浸在盐水中，就是间接接触冻结。

任务7　金属探测

金属探测是从包装成品检测出所有金属杂质，包括铁、不锈钢、铜、铝等加工单元，几乎所有的速冻食品加工工艺中都将金属探测列为关键控制点之一。金属探测设备（图 14-5）一旦检测到金属后即刻报警，使得传送带停止运行，可人工除去产品中的金属杂质。目前金属探测设备大多采用芯片技术，其感应时间更快，检测速率也极大提升。大多数机器采用智能化识别技术，具有自动学习和记忆功能，能自动识别和记忆产品特点，有效排除各种“产品效应”产生的干扰。金属探测设备大多由检测系统（如双通道金属探测圈）、控制系统、传送系统（包括全焊接、高强度不锈钢结构、联体式聚氨酯输送带）和驱动系统组成。

图 14-5　金属探测设备

任务8　成品质量标准

速冻猪肉丸作为肉糜类制品，其产品标准号较多，但大多数企业是依据 SB/T 10379—2012 速冻调制食品的规定进行生产，有的企业会有自身的企业标准。

一、感官指标

速冻猪肉丸的感官指标应符合表 14-2 的规定。

表 14-2　速冻猪肉丸的感官指标

项目	要求	检验方法
形态	无松散、具有该产品应有的形态	取适量试样置于白色瓷盘中，在自然光下检查有无异物。闻其气味，用温开水漱口，按包装上标明的食用方法处理后品其滋味。
色泽	具有该产品应有的色泽	
组织结构	符合该产品的组织要求	
滋、气味	具有该产品特有的滋、气味	
杂质	无正常视力可见外来杂质	

二、理化指标

速冻猪肉丸的理化指标应符合表 14-3 规定。

表 14-3　速冻猪肉丸的理化指标

项目		指标	检验方法
过氧化值(以脂肪计)/(g/100 g)	≤	0.25	GB 5009.227

三、卫生指标

(一)污染物限量

应符合 GB 2762 中的相应规定。

(二)微生物限量

(1)致病菌限量应符合 GB 29921 中相应类属食品的规定。

(2)即食生制品和即食熟制品的微生物限量还应符合表 14-4 的规定。

表 14-4 微生物限量

项目	采样方案[a]及限量				检验方法
	n	c	m	M	
菌落总数/(CFU/g)	5	1	10^4	10^5	GB 4789.2
大肠菌群/(CFU/g)	5	2	10	10^2	GB 4789.3

注:[a] 样品的采集及处理按 GB 4789.1 执行。

四、食品添加剂

使用范围和使用量应符合 GB 2760 的规定。

五、净含量

应符合《定量包装商品计量监督管理办法》的规定。

知识拓展

一、肉丸加工原理

肉丸以肉质细腻、口感嫩滑等为特点,其加工过程中的基本原理如下。

1. 肉中盐溶性蛋白析出

肉中的盐溶性肌纤维蛋白主要是肌球蛋白和肌动蛋白,在外加食盐和磷酸盐的双重作用下,通过斩拌或者搅拌,使肉中的这两种蛋白质抽提出来,使肉馅形成稳定的胶体状结构。在肉丸制作过程中,高速的打浆是很必要的,肉中的盐溶性蛋白质被完全抽提后,使瘦肉、水、脂肪及其他物质能够形成稳定的胶体状,为肉浆在加热过程后的"脆"提供基础。但注意一点,在盐溶性蛋白质抽提过程中,肉馅的温度控制很关键,当温度在 6~8 ℃时,肉馅温度会在高速打浆状态下升高很快,这时盐溶性蛋白质即使抽提出来,也不能形成很好的结构。

2. 脂肪的乳化

肉丸加工过程中脂肪的加入目的有 2 个:增加风味和提高乳化质量。加入的脂肪必须是颗粒状的,这样利于肉馅加工时分散均匀,并被盐溶性蛋白质乳化包裹。在高速打浆过程中,脂肪颗粒会均匀地分散在盐溶性蛋白质中,与蛋白质形成稳定的胶凝状态,经过热定型之后,肉丸结构比较稳定,水煮时不析出脂肪油。在乳化过程中,温度同样很重要,原则上温度不能超过 12 ℃。温度越高,蛋白质与脂肪颗粒的乳化凝胶作用将越弱,肉馅的结构稳定性将很差。

3. 肉浆的热稳定

肉浆在制作完成后，需要静置一段时间，使肉浆的内部网络结构更加牢固与稳定；在 90 ℃的水中定型，能促进盐溶性蛋白质与脂肪颗粒形成的凝胶变性；再以冰水进行冷却，至丸子中心温度在 15 ℃以下，从而进一步稳定肉丸的内部结构。

4. 风味成型

肉丸一般不需要进行特别调味，通过水煮呈现猪肉特殊的肉香味，尤其是猪肉中的脂肪直接用水煮后呈现的是非常香的风味。但鉴于猪肉在水煮过程中会产生一些不良的腥臊气味，可以在肉馅中适当加入食盐和香精，以遮盖不良气味。

二、肉丸的品质组成

肉丸子的品质主要包括感官品质、出品率和营养价值等。

1. 肉丸的感官品质

肉丸的感官品质包括了肉丸的风味、色泽、质构等，肉丸的风味通常采用感官评定来衡量；而肉丸的色泽和质构除了用感官评定来对其进行定性描述外，还可以采用色差仪、质构仪或嫩度仪等设备对其色泽形成和变化、咀嚼度、硬度、剪切力等指标进行定量分析。

2. 出品率

出品率主要通过测定肉丸的保水性和蒸煮损失等指标，根据测定结果来进行综合评价。

3. 营养价值

肉丸制品的营养价值主要反映肉丸组成成分中各营养素的含量和比例。影响这些品质形成的因素很多，主要包括原辅料的品质、加工工艺条件和肉丸的组成成分。用于加工肉丸的原料种类包括猪肉、牛肉、鸡肉、鱼肉、羊肉等，不同种类原料的组成成分有所不同，对肉丸品质形成存在一定的影响，这种影响的差异我们很难避免，只能根据生产中所用的具体原料的特性在工艺和配方上加以改变和调整，以达到我们期望的水平。

肉丸加工中添加的辅料种类繁多，除了常用的调味料和香辛料外，所用到的添加剂主要是一些品质改良剂，如磷酸盐、淀粉、大豆蛋白和卡拉胶等。这些辅料对肉丸品质形成起着至关重要的作用，特别是在改善肉丸色泽、风味、口感、硬度、脆性，提高肉丸保水性、成品率和营养价值方面起着决定性的作用。当然，肉丸子加工工艺条件的控制也会影响到其品质的形成。

三、工艺条件对肉丸品质的影响

1. 原料预处理对肉丸品质的影响

原料预处理主要包括原料的分割和漂洗。

(1)分割的目的是便于下一步原料破碎处理。

(2)漂洗。其主要目的是除去原料中阻碍肉糜形成凝胶体的水溶性蛋白质及其他影响品质的物质，如内原酶、残留血液、有色物质、残留脂肪、腥味物质、无机盐和残留骨屑等，从而提高肉丸成品的总体感官品质。

漂洗的温度和用水量是 2 个主要的影响因素。漂洗温度过高会引起原料肉中的部分或全部蛋白质变性，导致后续加工过程中蛋白质凝胶性能下降，蛋白质网状结构不能很好地形成，从而导致成品弹性下降，口感较差，感官品质总体下降。漂洗虽然会导致成品原有风味变淡，但会使总体感官品质有所上升。有研究发现漂洗水温在 10 ℃以下，用水量为原料肉质量的 4 倍时是预处理的最佳工艺。

2. 破碎(绞肉)对肉丸品质的影响

在添加辅料、配料斩拌制成肉糜之前，原料肉的破碎处理是一道必需的工艺操作，其目的在于用物理方法将大块的原料肉分解成为较小的组织，便于进行下一步斩拌，避免在下一步斩拌过程中原辅料混合不均匀，斩拌时间过长、温度过高而影响制品的品质。

破碎处理工艺的关键在于温度的控制、破碎粒度的选择。温度过高导致蛋白质变性凝固，影响后续工艺；破碎粒度太大，导致斩拌工艺所需时间延长，同时容易导致混料不均匀，破碎粒度太小又会使肉粒之间提前形成凝胶体，阻碍下一步混料进行。因此，温度一般控制在 10 ℃以下，破碎粒度一般选择在 4～5 mm 为宜。

3. 斩拌(擂溃)对肉丸品质的影响

有些企业在肉丸加工过程中没有绞肉操作，直接进行原料肉的斩拌。肉丸生产工艺中斩拌的作用在于切断、打碎肌间结缔组织和肌肉组织中的肌纤维，破坏肌纤维膜、肌内膜和肌纤维的完整性，并在盐溶液的作用下，使肌纤维膨胀、肌球蛋白解聚和溶解以及使肌原纤维从肌纤维中分离出来，暴露出它们分子内的各种极性基团，从而形成较强的持水作用。随斩拌作业时间的延长，高速旋转的斩刀与肉粒之间的作用力增大，原料温度升高，蛋白质变性凝固，分子间相互交联形成网状结构，把水分子及其他成分包裹在其中，最终成为一个具有复杂结构的凝胶聚集体。

斩拌时间不足会导致原料破碎程度不够，不能实现蛋白质分子结构交联后的持水效果。斩拌时间过长又会使原料温度升高，一方面导致盐溶蛋白变性，使肌球蛋白改变空间构象，暴露出分子内的非极性基团，降低了蛋白质的溶解度，影响肉糜凝胶结构的形成；另一方面，原料温度升高易引起微生物污染，导致原料肉变质，影响制品的品质。因此斩拌过程中通常添加碎冰块或冰水以控制原料温度不超过 12 ℃，尽量在 6～8 min 完成斩拌过程。也有文献报道斩拌温度应控制在 8～10 ℃。

4. 煮制(成型)对肉丸品质的影响

肉丸子加工工艺中煮制的目的是使原料中蛋白质变性，从而形成稳定的形态结构。煮制过程中不同的时间和温度条件会导致制品物理性质、蛋白质、脂肪和风味等发生不同程度的变化，如水分和汁液的流失，肉质软硬的变化和颜色的变化，脂肪溶出，挥发性物质逸散等。其中蛋白质变性随温度变化而变化的程度对肉丸品质的影响最为明显。肌球蛋白的变性温度在 45～50 ℃，有盐类存在的情况下，30 ℃即开始变性，煮制升温从 60～75 ℃的过程中肌溶蛋白和肌球蛋白先后发生变性，肌肉收缩导致大量汁液和水分流失，这一阶段肉丸品质中，色泽由鲜红色变为粉红色，硬度增加，肉丸的热变性基本结束。当肉丸中心温度达到 80 ℃以上时开始生成硫化氢，如果长时间煮制，硫化氢的大量积累会影响肉丸的风味。因此，为避免制品的汁液流失带来的品质和出品率下降，必须控制合适的水温。

5. 速冻对肉丸品质的影响

速冻的目的主要是避免肉丸制品在贮藏、运输和销售过程中受到微生物的污染。肉丸本身富含多种营养成分，在常温下很容易受到微生物的侵染，导致制品的感官品质和货架期严重下降。因此在肉丸加工成型后，包装之前，要先进行冷却和冻结。冷却、冻结的温度和时间直接影响到制品的感官品质和货架期，冻结温度过低、时间过长，会导致体积较大的冰晶生成，且分布不均匀，破坏了制品的组织状态；冻结温度不够低则导致不能有效的控制微生物的生长繁殖。因此，肉丸的加工中通常采用速冻的方法，先进行预冷，将制品温度降至 0～4 ℃，然后迅速在－30 ℃以下的环境中，将制品的中心温度降至－18 ℃。

企业衔接

一、鸡肉丸

速冻鸡肉丸是速冻肉制品的一个代表。近年来，由于速冻鸡肉丸色鲜润泽，营养丰富，风味繁多，安全卫生，食用方便，生产销售势头两旺，前景广阔。速冻鸡肉丸的食用方法很多，且产品特点鲜明，其风味多样，有原味、香菇、香菜、海苔等多种风味，可满足不同消费要求。

(一)工艺流程

原料肉的选择 → 解冻 → 原辅料的处理 → 制馅 → 成型 → 熟制 → 冷却 → 速冻 → 品质检验 → 包装 → 卫生检验 → 冷藏

(二)工艺要点

1. 原料肉的选择

选择来自非疫区的经兽医卫生检验合格的新鲜(冻)鸡大胸肉、鸡皮和适量的猪肥膘作为原料肉。由于鸡肉的含脂率低，加入适量含脂率较高的猪肉、鸡皮可提高产品口感和嫩度。

2. 解冻

解冻采用流水的解冻方式，流水温度应低于 15 ℃，同时渗出肉体中的淤血及软骨上的杂质。解冻以肉中心温度 0 ℃，肉体温度 0～4 ℃，无硬肉块现象为解冻良好。

3. 原辅料的处理

选品质优良的新鲜大葱，剥去老皮，青叶去枯，生姜去皮，洗净，用 1～10 mm 孔板绞肉机粗绞后备用；鸡胸肉、鸡皮、猪肥膘稍解冻后切成条块状，用孔径 12～20 mm 孔板绞肉机绞制。原料经绞制后立即斩拌或放在 0～4 ℃的环境中备用。

4. 制馅

准确按配方称量粗绞后的肉料，倒入斩拌机里，斩拌成泥状，然后按先后顺序添加丸子改良剂、食盐、调味料、丸子胶和适量的冰水，高速斩拌成黏稠的细馅，最后加入淀粉，剩余的冰水，充分斩拌均匀，在整个斩拌过程中，肉馅的温度要始终控制在 10 ℃以下。

5. 成型

手工或用肉丸成型机，调节好肉丸成型机的速度，使丸子饱满溜圆，将从成型机出来的鸡肉丸立即放入 80～85 ℃的热水槽中浸煮 3～5 min 成型。或者成型机出来的鸡肉丸随即放入滚热的油锅里油炸，炸至外壳呈漂亮的浅棕色或黄褐色为宜。肉丸从油锅里捞出，适当冷却后入沸水锅中煮熟。

6. 熟制

成型后在 90～95 ℃的热水中煮 5～10 min 即可。为保证煮熟并达到杀菌的效果，鸡肉丸中心温度要达到 72 ℃，并维持 1 min 以上。煮熟时间不宜过长，否则会导致肉丸出油而影响风味和口感。

7. 冷却

肉丸煮熟后立即进入预冷室预冷，预冷温度要求 0～4 ℃，冷却至肉丸中心温度 8 ℃以下。预冷室空气需用清洁的空冷机强制冷却，冬季可自然冷却后再将肉丸送入预冷室预冷，可节约能耗。

8. 速冻

将冷却后的肉丸转入速冻库冷冻，库温－25 ℃以下，时间 24 h，使肉丸中心温度迅速降至－18 ℃以下，速出冻库。

9. 品质检验和包装

对肉丸的重量、形状、色泽、味道等指标进行检验，检验合格后，合格产品经薄膜小袋包装，然后再装箱。

10. 卫生检验、冷藏

卫生指标要求为细菌总数小于 5 000 CFU/g；大肠杆菌群阴性；无致病菌。合格产品在－18 ℃以下的冷藏库冷藏，产品温度－18 ℃以下，贮藏期为 12 个月。

注意：原料选择时必须采用来自非疫区的经兽医卫生检验合格的新鲜（冻）鸡大胸肉，以保证丸子的品质，鸡大胸肉不含筋腱，脂肪较少，有利于制馅和蛋白的提取；添加剂的选择中，复合磷酸盐、塑形增稠剂的选择是保证丸子品质和出品率的关键，优良的复合磷酸盐可以有效地提取肉蛋白，增强丸子的弹性、脆度和鲜嫩的口感；优良的塑形增稠剂可以提高丸子的水分含量，很好的塑性，保证丸子的外观颗粒均匀，漂亮诱人，还可以提高产品的出品率，降低产品的成本；速冻间的温度必须在－25 ℃以下，最好是－30 ℃以下，以保证速冻鸡肉丸子在贮藏过程中产品品质达到新鲜，最大限度地保持鸡肉丸子原有的新鲜度、色泽、风味和营养成分。

二、撒尿牛肉丸

撒尿牛肉丸是有着悠久历史的传统中华美食，早在清朝顺治年间的江南古镇松江，由王氏家族经过特殊工艺和配方精心研制而成，后因王家后人辗转到香港，逐渐成为港岛名吃。流传至今近 200 年，风靡港台东南亚，倾倒无数食客。撒尿牛肉丸虽然名字不太雅，可因其口感爽脆、弹性十足，而深受人们喜爱。撒尿的原因呢，就跟小笼汤包一样的道理，里面的馅料是冰冻过的，在牛丸煮好之后将会呈现汤状，咬太大力就会喷出汤汁，形象比喻成撒尿。

(一)工艺流程

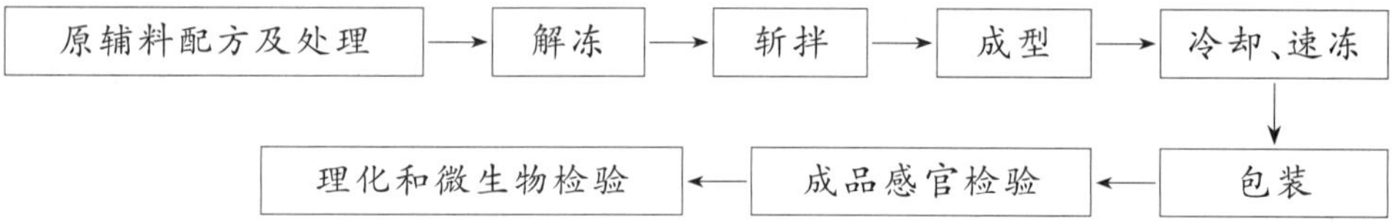

(二)工艺要点

1. 配方及处理

选择来自非疫区的经兽医卫生检验合格的新鲜（冻）鸡胸肉、牛肉等。鸡胸肉 20 kg，鸡碎肉 10 kg，牛肉 30 kg，食盐 2 kg，白砂糖 1 kg，亚硝酸钠 0.006 kg，白胡椒粉 0.15 kg，牛肉丸专用增脆剂 0.5 kg，玉米淀粉 6 kg，分离蛋白 3.5 kg，卡拉胶 0.4 kg，牛肉香精 0.3 kg，红曲米粉 0.04 kg，姜粉 0.15 kg，蒜粉 0.15 kg，味精 0.5 kg，料酒 0.7 kg，蛋清 3 kg，冰水 30 kg。

2. 解冻

解冻采用流水的解冻方式，流水温度应低于 15 ℃，同时渗出肉体中的淤血及软骨上的杂质。解冻以肉中心温度 0 ℃、肉体温度 0～4 ℃、无硬肉块现象为解冻良好。

3. 斩拌

将牛肉加入斩拌机中，同时加入盐、糖、亚硝酸钠、胡椒粉、增脆剂、姜粉、味精、色素等及部分冰水，快速斩拌 2 min，加入鸡肉、蛋白及部分冰水斩拌 2 min，然后加入卡拉胶、玉米淀粉、牛肉香精、蒜粉再斩拌 1 min，直到馅料较黏并有一定弹性，且料温不高于 12 ℃取出。

4. 成型

将斩拌好的馅料加入丸子成型机中，调节下料口刀距，丸子成型要求大小均匀。用两步水煮法，第一步水煮温度 80 ℃，待丸子漂到水煮槽尾部，将这些丸子用笊篱捞出，入第二只水槽前端水煮，水煮温度为 95 ℃以上，待漂到水槽尾部时捞起部分，待弹性、韧性较好时捞出。

5. 冷却、速冻

捞出的丸子入自来水中冷却到与水温一致时，取出放入塑料托盘中，入急冻间速冻。

6. 包装

对肉丸的重量、形状、色泽、味道等指标进行检验，检验合格后，合格产品经薄膜小袋包装，然后再装箱。最后进行成品感官检验及理化和微生物检验。

注意：为降低产品成本，本配方中使用了一部分鸡肉，不仅提供了一部分油脂含量，而且保证了成品弹性，成品口感接近原纯牛肉做成的丸子；配方所用肉丸专用增脆剂含有纯磷酸盐，具有速溶、迅速乳化脂肪、增脆的特点；配方中使用了牛肉味香精，目的是赋予丸子以较好的牛肉香气，且能掩盖鸡肉或牛肉腥气，具有香气柔和、纯正的特点。

习题与思考

一、填空题

1. 肉丸配料中添加淀粉、卡拉胶作为增稠剂，具有的作用有（　　　）、（　　　　）、（　　　）。

2. 原料肉绞制过程中要控制的因素有（　　　）、（　　　）。

3. 肉馅斩拌过程中，其斩拌温度和时间最好控制在（　　　）和（　　　）。

4. 煮制好的肉丸用手捏通常为（　　　）、（　　　）、（　　　）状态。

5. 金属探测器可以检测出的杂质有（　　　）、（　　　）、（　　　）、（　　　）等。

二、简答题

1. 什么是打浆？打浆的作用有哪些？

2. 简述肉丸水煮的作用。

3. 简述螺旋速冻机和隧道式速冻机的区别。

三、论述题

论述加工工艺条件对肉丸品质的影响。

习题及答案

实训项目单

编制单位：　　　　编制人：　　　　编制日期：

任务代号		任务名称		实训课时	
课程名称		实训对象		实训时间	
实训目的					
实训步骤及要求	一、任务分析 二、任务计划决策 三、实施准备 四、工艺流程及要点 五、质量评价				

【过程性考核要点】

速冻猪肉丸的加工			
序号	考核内容	考核标准	参考分值
1	学习与工作态度	态度端正，学习方法多样，课前预习，积极主动，责任心强，按时出勤。	5
2	团队协作	服从安排，积极与小组成员合作，共同制订工作计划，共同完成工作任务，团队意识强。	10
3	计划制订	按要求着装，有完整的工作方案，时间安排合理，工作步骤正确。	10
4	关键技术点	1. 原料肉的修整。 2. 绞制：瘦肉、肥膘分开绞制，瘦肉细绞、肥肉粗绞。 3. 打浆：肉馅黏稠、细腻、有光泽。 4. 成型：水温 82 ℃。 5. 煮制：水温 85～90 ℃，肉丸中心温度 72 ℃。 6. 速冻：肉丸中心温度－18 ℃。 7. 金属探测。 8. 包装：产品质量符合国家标准要求。	50
5	主要机械设备及用具的使用与维护	绞肉机、斩拌机、成型机、速冻设备等的安全规范操作。	10
6	卫生保持与清理	保持现场卫生，实训结束后能及时清理卫生。	10
7	问题思考	对工作任务完成过程中的问题进行分析，并提出改进措施。	5
8	合计		100

项目十五

麦乐鸡块的加工

【麦乐鸡块】

麦乐鸡块，简称麦乐鸡，最早是麦当劳出品的一款无骨油炸鸡块，属于调理肉制品中裹面制品的一种。麦乐鸡块作为一种速冻快餐食品，多年来一直受到消费者喜欢，是目前国内许多鸡肉深加工企业的主要产品。其基本加工流程包括原料预处理、绞制或斩拌、成型、上浆、裹粉、油炸、速冻、包装等，属于成型鸡块。外形可根据市场的要求改变成型模具，一般有动物形状和卡通形状。食用时需采用中等油温油炸 2～3 min 即熟，或采用空气炸锅在 200 ℃加热 10～12 min 即可熟透。产品外形整齐美观，表面呈金黄色，外酥里嫩、鲜嫩多汁、低脂营养，配备甜酸酱、蒜蓉辣椒酱、番茄酱风味更佳。

【学习目标】

1. 了解调理肉制品的含义及种类；
2. 熟悉调理肉制品加工常用辅料及加工特性；
3. 掌握麦乐鸡块、鸡米花等产品的加工工艺及操作要点。

【项目实施】

麦乐鸡块加工的工艺流程如下：

原料的选择与修整 → 绞肉与拌馅 → 成型 → 上浆与裹糠 → 油炸 → 速冻 → 金属探测 → 包装 → 成品

麦乐鸡块的加工

任务 1　原料肉的选择

活动 1　材料与工具的准备

原料：鸡腿肉、鸡胸肉、鸡皮。

辅料：全蛋液、白砂糖、味精、食盐、裹浆粉、面包糠、白胡椒粉、蒜粉、小茴香粉、冰水。

工具：不锈钢刀、绞肉机、搅拌机、鸡块成型机、上浆机、上糠机、油炸锅、速冻设备、金属探测器、包装机。

活动2 配方设计

鸡腿肉30 kg,鸡胸肉30 kg,鸡皮15 kg,白砂糖0.6 kg,食盐1.5 kg,味精0.3 kg,复合磷酸盐0.2 kg,核苷酸二钠(I+G)0.03 kg,白胡椒粉0.1 kg,蒜粉0.1 kg,小茴香粉0.1 kg,桂皮粉0.05 kg,新鲜洋葱3 kg,鸡肉香精0.2 kg,冰水15 kg。

活动3 鸡肉的选择

选择新鲜去皮鸡大胸肉、去皮鸡腿肉,要求无软、硬骨,无淤血,肌肉有光泽、淡黄色,脂肪白色正常,肉质紧密、有韧性、解冻后指压有弹性,无异味。鸡胸肉、鸡腿肉选择新鲜、经过16 h排酸的。经检验产品规格、生产日期、数量、新鲜度、包装状态、色泽、细菌数、原料温度合格。

知识储备

原料肉的验收要通过感官检验、细菌检验等。鸡胸肉在选择时一定要选择新鲜的,最好使用冷却肉,冷冻肉也可以。冷冻肉要采取防止其污染,并且达到规定工艺标准的合适方式进行解冻,解冻时间要短,解冻状态均一,并要求解冻后品质良好、卫生。在使用前,肉的温度比较关键,直接关系着绞制后肉颗粒的大小及搅打过程中肉馅混合与乳化的均匀程度。一般肉温控制在−5 ℃最好,能使原料肉在绞制和打浆时温度得到充分的控制。

任务2 绞制与拌馅

活动1 绞肉机的准备

首先,根据情况需要,进行绞肉机的组装、调整。按照产品要求选择合适孔眼的隔板,安装、固定螺杆筒,插入螺杆,装上刀具和金属隔板,进行固定,注意不要固定太紧或太松。固定太紧,会妨碍刀具的旋转,同时还会使刀刃部和隔板产生摩擦;固定太松,在刀刃部和隔板之间就会产生缝隙,使肌膜和结缔组织容易缠在刀上,不利于肉的绞碎。绞肉机检查组装后要清理干净。

活动2 绞肉

将原料肉用绞肉机绞碎,鸡腿肉选用13 mm的孔板绞制、鸡胸肉用8 mm的孔板绞制,鸡皮用5 mm的孔板绞制,将原料绞成2～3 mm的肉粒。从模孔出来的糜料要“线条”清楚,不能黏糊糊地糊在一起,甚至没法绞出来。绞制过程中要注意一次投肉量不要太多,应少量多次投肉,防止肉在螺杆内受到过度搅动,造成肉温上升从而影响产品质量。

知识储备

绞肉即将肉块切碎,是一种利用机械压力将块肉或碎肉送进横向设置的、具有锋利棱边罗纹的筒状物,然后通过一系列刀具和带孔的板,挤压而出的加工单元。绞肉机的功能较多,不但可以绞肉，也可以搅拌混合辅料，还可在绞肉时自动将肉块中的筋腱、碎骨、软骨筛选剔除。

一般较先进的自动绞肉机有2套螺杆推进器：挨着料斗底部的是送料螺杆推进器，其功能是将原料送入位于下方的绞肉螺杆推进器。绞肉螺杆推进器是将原料压入绞刀孔板的系统，原料在螺杆推动下，通过大孔板，经绞刀切碎后从小孔板挤出，即成符合工艺要求的肉粒。送料推进器分3挡速度：快速挡适合于绞小块鲜肉；中速挡适合于绞大块鲜肉或小块冻肉；慢速挡适合于绞大块冻肉。绞肉螺杆推进器分2挡速度，快速挡适合于配大孔板；低速挡适合于配小孔板。为了防止空转损坏绞刀及孔板，绞肉螺杆推进器有延时功能，当肉料由送料螺杆推进器送入绞肉螺杆推进器时，绞肉螺杆推进器才开始转动。

活动3　拌馅

绞制过的原料肉要进行肉馅的搅拌，通常选用肉馅搅拌机。搅拌机是一款加工肉丸、香肠、饺子等馅料的设备，它可以快速将肉馅搅拌均匀，其搅拌过程如下：首先，将绞好的鸡腿肉、鸡胸肉(原料温度控制在0～4 ℃)放入搅拌机以10 r/min的转速搅拌3 min，随后加入食盐、磷酸盐搅拌1 min，加入白砂糖、味精、白胡椒粉以20 r/min的转速搅拌5 min，再加入鸡皮搅拌3 min，加入其他辅料搅拌3 min(10 r/min)，最后搅拌5 min(转速30 r/min)出料。

知识储备

拌馅机是肉类工业加工中常见的搅拌设备，是用于调匀各种馅料、调料、辅料的常用设备。其用途是把各种不同规格的颗粒状原料肉与其他辅料按工艺要求进行搅拌，使原料得到充分的混合，使肉馅黏度增加、富有弹性，从而满足不同肉制品的需要。拌馅机是制作肠类产品、粒状或泥状混合肠类产品、丸类等调理产品的首选设备，同时也是生产水饺、馄饨类面食产品的馅料搅拌必备设备。

拌馅过程中食盐要提前加入，其目的是溶解肉馅中的盐溶性蛋白质，盐溶性蛋白质在高速搅拌的条件下会形成网状结构，这部分网状结构会通过包水形成黏弹性。如果不是先添加食盐而是先添加其他配料如鸡皮、白糖等，会降低盐溶性蛋白质的充分提取量，影响网状结构的扩大，最终影响黏弹性的形成，使成品缺乏咀嚼感，或者说口感比较"烂"。

任务3　成型

活动1　成型

成型前检查机器设备是否正常，将拌好的肉馅转移到成型机料斗内，物料不得超过料斗容积的1/2，开启成型装置但不启动输送带，调整成型压力至最佳，待模具打出完整鸡块时，开启输送带，清除前端碎屑及不成型部分，并将成型不良、缺损的鸡块挑出，该物料必须在10 min之内回添到成型机内，输出的产品转移至缓冻间冻至中心温度为0～4 ℃。

知识储备

成型是有效地生产多种形状产品的加工单元，且可保持均匀的产品重量。通过成型可得到客户想要的任何形状的产品(如矩形、圆形、三角形、方形、菱形)、任何形式的产品(如饼、丸、条、块、串等）；成型机还能开发多种结构的产品，如肉糜型、肉块型和夹心型等，可用于卡通鸡块、黑椒鸡块、鸡米花、汉堡肉饼、牛肉饼、鱼排、洋葱圈、鸡排、鱿鱼圈等的成型，并能与上浆机、上粉机、上面包屑机、油炸机、速冻机、包装机连成全自动生产线，具有产量高、质量稳定的特点。其适用的原料种类包括猪、牛、羊以及鸡、鸭、鹅肉，还包括水产品和蔬菜等（表 15-1）。目前市场上的成型机自动化程度已经很高，采用螺杆程序送料，减少了对原料组织的剪切破坏，能最大限度地保持食品的自然品质，具有产量高、质量稳定、定量准确等特点，可以有效控制生产成本。

表 15-1 成型机适用原料及产品

类型	肉类	水产	蔬菜类	混合类
原料	鸡肉、牛肉、猪肉、羊肉等	鱼、虾、鱿鱼等	马铃薯、红薯、南瓜、胡萝卜、青豆等	肉菜混合、水产与肉混合
产品	上校鸡块、麦乐鸡块、汉堡肉饼、可口牛排、鸡排、肉排、肉饼、各类肉串等	鱼排、鱼香汉堡肉饼、甜不辣、肉串、关东煮等	土豆饼、南瓜饼、蔬菜汉堡饼等	各类汉堡饼、关东煮等

任务 4 上浆与裹糠

活动 1 上浆

鸡块成型后进入上浆、裹涂的工序。用清水将鸡蛋和粉搅成糊状，粉∶水＝1∶2.8，将浆液加入上浆机（图 15-1）内，开启机器使其成均匀的自然水幕，流水线内浆液的温度控制在 10 ℃以内，每隔 1 h 检测流水线内浆液的黏度和温度。将成型后的鸡块放到上浆机的输送带上，开启机器，使成型的鸡块逐步浸入浆液中裹布均匀，随后进行裹糠。也可以采取上薄浆（粉∶水＝1∶4）、裹粉、上浓浆（粉∶水＝1∶1.3）、油炸的工艺。

活动 2 裹面包糠

上浆后的鸡块再用上糠机在其表面覆盖上一层面包糠，面包糠必须均匀、连续地覆盖在产品的表面，应持续向裹糠（粉）机（图 15-2）中补充面包糠，并随时调整附着的量。

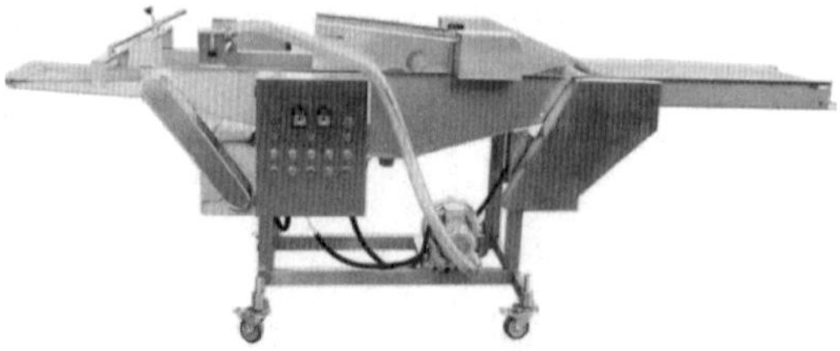

图 15-1 上浆机

图 15-2 裹糠机

知识储备

上浆和裹涂食品中使用的面糊和面包屑，作为一种单层或多层的保护性涂层，可以提供以下几种功能。

(1)降低油炸中的吸油率；

(2)控制水分的外逸和飞溅；

(3)防止油炸油的氧化，从而提高上浆和裹涂食品的货架寿命；

(4)为黏附到食品表面的物质提供黏结力；

(5)提高产品的营养价值；

(6)在不影响产品的金黄色泽和松脆质构等重要质量特性的同时，载有微量营养素、抗氧化剂及脂溶性维生素。

一、上浆机

鸡块的裹浆工艺是采用涂液机或上浆机完成的。对产品的裹浆(挂糊)可以明显改善产品的风味和外观。上浆机是一种专为鸡块、肉饼、鱼片等需要裹浆后再油炸的食品设计的设备，其可使产品表面涂裹面糊，具有某些优良的质感。食品在通过该机械后能够被均匀地裹浆。上浆机根据不同的产品和浆料，有多种型号，以适应不同的生产要求。最常用的上浆机有薄浆上浆机、浓浆上浆机、膨化上浆机和通用上浆机 4 种型号。上浆能使产品增重 10%～18%。

1. 薄浆上浆机

该机适用于裹薄浆的产品。产品在传送带上，穿过四道浆幕和底部的面浆浴槽，被均匀地裹涂。多余的面浆被上下两个吹风机形成的风刀吹掉，回到面浆储罐。上薄浆能使产品增重 10%～12%。上浆后的产品进入上面包屑机或油炸机。

2. 浓浆上浆机

该机装备了加强型面浆泵，既可以使用稀薄的面浆，也可以使用浓稠的面浆，甚至某些特殊的膨化面浆。当产品通过两道浆膜和底部的面浆浴槽，上浆机通过对裹涂厚度的控制，保证了对产品的均匀裹涂。多余的面浆被上下两个吹风机形成的风刀吹掉，回到面浆储罐。为了防止重量轻的产品(如虾)因面浆厚而互相游动导致裹涂不匀，在底层内置了附着器。上浓浆能使产品增重 14%～16%。上浆后的产品进入上面包屑机或油炸机。

二、上屑机

上屑是在上浆裹糊的基础上，再在产品表面沾上一层面包屑(糠)，使产品在油炸或烘烤后色泽金黄、香味飘逸、口感松脆。上屑一般能使产品增重 10%～15%。其作用是将成型产品(肉饼、鱼块、鸡柳等)均匀裹上一层面粉或面包屑，从而对油炸制品起保护作用，并可改善产品的味道和形状，是油炸制品加工过程中不可缺少的设备。

上屑机适用于不同的面包糠、雪花片、针状糠、混合粉、碎屑、粗屑。它是通过下粘上洒的方式将面包屑均匀裹涂在肉类、海鲜类等产品上，具有可靠的安全防护装置。通过调整，可有效控制上糠量，可以和成型机、上浆机、油炸机等对接使用，从而实现连续生产。

1. 细屑上屑机

细屑上屑机又称普通上屑机，适合各种标准面包屑，能够对多种产品，如鸡胸肉、虾仁、蘑菇等，进行均匀而又精确地裹涂，使之形成一定厚度的面包屑层。其工作过程如下：产品随传送带进入上面包屑机，底面在面包屑床上，而产品的顶面则被从料斗中泄出的面包屑覆盖，其厚度可以人工调节。压力滚轮或者振动板使面包屑更好地附着在产品上。多余的面包屑被风刀吹掉，并参与新的循环。上屑后的产品由独立的出口传送带送出机器。

2. 粗屑上屑机

粗屑上屑机适合任何面包屑，如玉米片、日式面包糠及标准型面包屑，尤其适合于大颗粒的面包屑。因为其快速的面包屑循环及宽敞的循环空间，大大减少了面包屑受损。其工作过程如下：产品自动地从其他机器如裹糊上浆机中进入上屑机，产品的底面在面包屑床上，而产品的顶面则被从料斗中泄出的面包屑覆盖，长长的面包屑床和一个可调的压力滚轮使面包屑更好地附着在产品上。多余的面包屑则被风刀吹掉，然后参与再循环。

任务5 油炸

活动 油炸

将挂完面包糠的鸡块放入190～196 ℃的热油中炸约30 s，使成品表面金黄，颜色不宜过深或过浅，质地饱满。食品经上浆和裹涂后，再经部分或彻底地油炸或烤炉焙烤，然后进行冷冻，最后消费者或快餐店再对该食品进行热重制。

知识储备

油炸是食品熟制的一种加工方法，将食品置于较高温度的油脂中，使其加热快速熟化的过程。油炸可以杀灭食品中的微生物，延长食品的货架期，同时，可改善食品风味，提高食品营养价值，赋予食品特有的金黄色泽。经过油炸加工的产品具有香酥脆嫩和色泽美观的特点。油炸既是一种菜肴烹调技术，又是工业化油炸食品的加工方法。油炸肉制品深受大众喜爱，在世界许多国家成为流行的方便食品。

通常情况下，油的酸价越高，油的颜色就越深，成品的色泽也越深；油炸鸡肉制品的炸油主要有大豆色拉油、棕榈油、精制棉油、鸡油，可单独或混合使用（推荐组合大豆油80%＋棕榈油20%）。油炸油必须每天过滤净化，使用煎炸油净化助滤剂来吸附脱除油中的游离脂肪酸、色素、羰基化合物等极微小的颗粒杂质。

任务6 速冻

活动 速冻

油炸后的鸡块要尽快转入速冻装置中进行快速冻结，以免表面水分蒸发过多，造成冻裂和增加不必要的干耗，保持鸡块最大的脆度，油炸后的鸡块在－30 ℃以下的环境下快速冷冻至中心温度≤－18 ℃，随后进入金属探测机检查金属杂质，最后按要求包装。

知识储备

为长期贮藏产品，防止鸡块的品质受到破坏，需要对产品进行冻结。但是，在冻结过程中不可避免地会产生冰结晶，冰结晶会给产品的品质带来不好的影响。因此，如何减少冰结晶的影响，是我们要关注的重点。在调理类食品中，裹面油炸类鸡块、可乐饼、鱿鱼排；火锅调料类鱼饺、鱼丸、贡丸等的冻结都采用速冻工艺。

一、冻结过程

大部分食品冻结过程中冰晶的形成开始于−1 ℃左右，到−5 ℃时食品中的80%的水分结成冰，到−18 ℃时有大约95%的水分结冰。因此，−5～−1 ℃被称为最大冰晶生成带。在快速冷冻中肉在−5～−1 ℃停留时间短，细胞内外几乎同时结冰，减少了水分的转移，冰晶在细胞内外分布均匀，冰晶对胞膜的机械损伤也少，解冻后可最大限度地恢复到原来的状态。

二、速冻标准划分

关于冻结速度快或慢的标准，通常是以冻结时间和距离划分。

(1)用冻结花费时间的长短表示。将食品中心温度从−1 ℃降至−5 ℃花费时间少于30 min，称为快速冻结，多于30 min为缓慢冻结。

(2)用结冰面的移动速度表示。单位时间内−5 ℃的结冰面在1 h内从食品表面向中心移动的距离(cm)，即为冻结速度。根据此种划分把速度分成3类。

快速冻结：冻结速度≥5～20 cm/h

中速冻结：冻结速度=1～5 cm/h

慢速冻结：冻结速度=0.1～1 cm/h

国际制冷协会对冻结速度定义如下：所谓某个大小的食品的冻结速度是食品表面与中心点间的最短距离与食品表面达到冰点后至食品中心温度降到比食品冰点(开始冻结的温度)低10 ℃所需时间之比。如食品中心与表面的最短距离为10 cm，食品冻结点为−2 ℃，其中心降到比冻结点低10 ℃即−12 ℃时所需时间为15 h，其冻结速度为$v=10/15=0.67$ cm/h。

任务7　成品质量标准

麦乐鸡块在调理制品中被列为裹面制品，其生产是根据SB/T 10379—2012《速冻调制食品》的规定。

知识拓展

一、调理肉制品

根据《调理肉制品加工技术规范》(NY/T 2073—2011)，调理肉制品是以畜禽肉为主要原料，绞制或切碎后添加调味料、蔬菜等辅料，经滚揉、搅拌、成型等预调制加工过程，或经蒸煮、油炸等预加热工艺加工而成，需在冷藏(0～4 ℃)或冷冻(−18 ℃以下)条件下贮藏、运输及销售，食用前需经二次加工的非即食类肉制品。

从广义上讲，只要“含较多肉原料”并进行“工业化预制”的预包装食品(有些冷藏调理肉制品或常温调理肉制品可直接食用)均属于调理肉制品，但还应包括其他动物肉原料如水产肉，或其他含较多肉原料的复合型食品或菜肴，如水饺、比萨、鱼排、鱼香肉丝等，甚至包括可常温贮藏的调理肉制品。从狭义上讲，"以肉为主""原手工制作发展为工业化预调制""预包装""不能直接食用"为调理肉制品主要特征。

按贮藏方式不同，调理肉制品可分为冷藏调理肉制品和冷冻调理肉制品2类。我国调理肉制品主要以速冻调理肉制品为主。如调味肉串、调味肉排、调味肉柳、调味肉丸、速冻涮锅肉、立烹肉等，此外还包括预制腌制肉制品、预制发酵肉制品等产品，并广泛应用在盒装套餐里，如宫保鸡丁、红烧排骨等菜品。

人们消费需求的转变促使调理肉制品的快速发展，并逐渐使其从过去的方便贮藏、保鲜转向家庭菜肴，同时随着冷藏链、冰箱、微波炉的普及，人们也越来越重视肉类食品的方便性、营养性和安全性。在这一前提下，从市场需求出发，推出了以天然植物胶为基础的质构解决方案来提升各类调理肉制品的品质。产品通过精选的多种天然植物胶，经过先进工艺科学制作而成。该产品可与肉蛋白结合形成网络结构，与肉结合后黏性大，吸水能力强，可应用于鸡肉、猪肉、牛肉等保水、嫩化、改善口感、增加出品率等，适用于制作肉排、肉串、肉柳等产品。

二、面糊的成分及作用

1. 面糊配方

在上浆工艺中，面糊涂层主要充当食品表面和面包屑之间的黏结层。最终产品的质量还决定于涂层的均匀程度和稠度，因而与面糊的黏度有关。从逻辑上讲，黏稠的面糊要比稀薄的面糊能带上更多的面包屑，这种类型的面糊含有较多的小麦粉或玉米粉，可通过化学或热变性来提高黏结力。

表 15-2 面粉体系典型配方

成分		添加量/%
必需成分	小麦面粉	30～50
	玉米粉	30～50
	碳酸氢钠(小苏打)	≤3
	酸式磷酸盐	根据中和值调整
任选成分	大米、大豆、大麦粉	0～5
	起酥油	0～10
	奶粉	0～3
	淀粉	0～5
	胶(卡拉胶等)、乳化剂、色素	≤1
	盐	≤5
	糖、糊精	0～3
	调料、面包屑	不定

表15-2是一个面粉体系的典型配方。一般来说，面粉特指小麦胚乳的研磨粉，但是在面糊体系中，面粉定义为从不同来源包括玉米、大米、大豆和大麦等得到的精磨的淀粉原料，表中各成分加入量变化范围很大，这是由后道不同的加工过程如冷冻和热重制工艺而定的。

2. 面糊质量的评价

评价上浆和裹涂食品的面糊层质量的参数有产品的尺寸、面糊层的颜色、松脆性、基层的柔嫩度、水分含量和风味。下面是面糊层需要关注的一些参数。

(1)黏度。在面糊的制备和上浆中保持面糊有一个恰当的黏稠度对于确保产品有一个均一的面糊层至关重要，面糊的黏度可以用精密的黏度计和流变仪测得。

(2)剪切力。在不同的水分含量、配料和温度下，检测已经水合作用的面糊体系的抗剪切力。

(3)结构。在长时间的贮藏中面糊层的结构发生变化，其评价方法主要有物理性评估(用差示扫描量热仪)和分析性评估(自由水和结合水的含量以及水分活度)，其中冰晶的作用可以采用视觉性评估(显微镜)。

(4)颜色。面糊层外壳的颜色可以用光学比色仪来评估。

(5)松脆度和硬度。可以抗咀嚼力来表示，即用一个固定或变化的压力加在样品上，检测外壳的抵抗限度。另外测定面糊及基质的水分和脂肪，可以提供一些与产品保存稳定性有关的数据。

3. 面糊中小麦粉的作用

小麦粉对面糊层体系影响的理论解释主要集中于蛋白质和淀粉成分之间的相互作用上。

(1)蛋白质。在室温和冷藏温度下，面糊黏度的上升主要是因为面筋蛋白的作用。

(2)淀粉。小麦淀粉包括直链、支链 2 种形式。高直链淀粉(70%)对于要求形成连续膜的面糊层非常有用。完整的淀粉颗粒可能会镶嵌在蛋白质中，小麦磨粉工艺影响淀粉颗粒的尺寸分布情况和受损程度，因而影响蛋白质和淀粉的结合程度，由此影响面粉的功能特性。糊化淀粉和面筋蛋白结合形成的面糊结构，确保在食品表面有均一完整的淀粉凝胶。

4. 面糊中非小麦粉的作用

在上浆和裹涂食品中常用的非小麦粉有玉米粉，它的类胡萝卜素是天然黄色素的来源之一，所以玉米粉可以作为褐变剂来使用，玉米粉的风味还可以掩盖来自其他配料中的生淀粉味。玉米粉和水混合后形成的水浆体系可以有很大的黏度范围。小麦粉和玉米粉用量的不同对产品的最终色泽有很大的影响。一般来说，玉米粉的加入量越大，产品的松脆性越好，它的糊化特性与小麦粉相似。大米粉、大豆粉和大麦粉也可以用来提高面糊的附着力和持水能力。

5. 化学膨松剂

在加热过程中，碳酸氢钠和酸性盐反应释放出二氧化碳，这可以由膨松剂的添加水平来控制，膨松剂中酸性盐的选择见表 15-3。

表 15-3　面糊体系中常见膨松剂的酸性盐或酸

反应速度	酸性盐或酸	中和值
非常快	酒石酸	116
快	酒石酸氢钾	45
中速	一水合磷酸一钙	80
中偏慢	无水磷酸一钙	83
慢	焦磷酸钠	72
	葡萄糖酸内酯	72
非常慢	磷酸铝钾	100
	二水合磷酸二钙	33
	硫酸铝钠	100

注：中和值是指酸或酸性盐完全反应时所需碳酸氢钠的用量。

膨松剂加入面糊中,必须经过高剪切力叶片的充分搅拌作用,特别是对于高稠度的面糊以保证分布均匀。无论是哪种膨松剂和酸性盐,在反应或释放气体时都受到温度的影响,所以温度是至关重要的,因而加入水的温度也必须得到严格控制。夏天可以适当降低水温,但如果有分层现象出现,二氧化碳释放速度会有所降低,形成最佳的面糊将受到抑制。

6. 其他配料

(1)起酥油和普通油。起酥油和普通油是脂溶性维生素的载体,可促进产品风味和口感的形成,通过油脂的润滑作用以及与其他成分的反应也能使面糊内层口感柔嫩,高熔点的油脂还可以作为水分迁移的抑制剂、乳化剂和保鲜剂。

(2)蛋奶制品。鸡蛋的蛋清作为一种热凝蛋白,有助于面糊、面包屑与基质的结合,蛋黄中的卵磷脂是一种乳化剂,有助于面糊的稳定。另外液态蛋或蛋粉的加入赋予产品独特的结构和口味,并参与非酶褐变。

(3)淀粉。淀粉的种类很多,如玉米淀粉、马铃薯淀粉、甘薯淀粉、绿豆淀粉等。

(4)胶(如黄原胶、卡拉胶等)及纤维素。加入胶可以控制面糊的黏度和持水能力,一些胶还能参加凝胶和成膜,增强面糊的强度,提供更大的灵活性。胶的加入量应低于干物料量的2%,一般取0.5%左右,胶和面糊的均匀混合同样非常重要。在这些胶中,黄原胶在黏度控制方面非常有效。

另外,纤维素经各种方式的变性后,对面糊黏度的调整和悬浮颗粒的分散起着非常有效的作用,它们可以降低油炸中的吸油量,因而使产品的油腻性和油脂的消耗量得到降低。

(5)调味料。一些调味料加入面糊中,可以赋予产品一种可接受的风味。虽然盐和糖的加入会与淀粉竞争水分,降低淀粉的水合速度,但这在传统的上浆和裹涂食品中并不是一个大问题。

三、油炸

1. 油炸的基本原理

油炸制品加工时,将食物置于一定温度的热油中,油可以提供快速而均匀的传导热,食物表面温度迅速升高,水分汽化,表面出现一层干燥层,形成硬壳,水分汽化层便向食物内部迁移,当食物表面温度升至热油的温度时,食物内部的温度慢慢趋向100 ℃,同时表面发生焦糖化反应及蛋白质变性,其他物质分解,产生独特的油炸香味。油炸传热的速率取决于油温与食物内部之间的温度差和食物的导热系数。在油炸热制过程中,食物表面干燥层具有多孔结构特点,其孔隙的大小不等。油炸过程中水和水蒸气首先从这些大孔隙中析出。由于油炸时食物表层硬化成壳,使食物内部水蒸气蒸发受阻,形成一定蒸汽压,水蒸气穿透作用增强,致使食物快速熟化,因此油炸肉制品具有外脆里嫩的特点。

2. 油炸温度和油炸时间

油炸技术的关键是控制油温和油炸时间。油炸的有效温度在100~230 ℃之间。手工生产通常根据经验来判断油温。根据油面的不同特征,可分为温油、热油、旺油和沸油。一般温油温度控制在70~100 ℃,油面较平静,无青烟、无响声;热油温度在110~170 ℃,油面微有青烟,四周向中间翻动;旺油温度为180~220 ℃,油面冒青烟,搅动时有爆裂响声;沸油温度达到230 ℃以上,全锅冒青烟,油面翻滚并有较剧烈的爆裂响声。油温的控制最好使用自动控温装置。

油炸时应根据成品的质量要求和原料的性质、切块的大小、油炸数量的多少来确定合适的油炸温度和油炸时间。只有恰当地掌握油炸温度和油炸时间，才能生产出合格的产品，否则就会出现产品不熟、不脆不嫩、过焦等情况。为延长炸制油的寿命，除掌握适当油炸条件和添加抗氧化剂外，最重要的是清除积聚的油炸物碎渣。碎渣的存在加速油的变质并使制品附上黑色斑点，因此炸制油应每天过滤一次。

3. 油炸对食品品质的影响

油炸对食品的影响主要包括 3 个方面。

(1)油炸对食品感官品质的影响。油炸的主要目的是改善食品色泽和风味，在油炸过程中，食品发生美拉德反应和部分成分降解，使食品呈现金黄或棕黄色，并产生明显的炸制芳香风味。在油炸过程中，食物表面水分迅速受热蒸发，表面干燥形成一层硬壳。当持续高温油炸时，常产生挥发性的羰基化合物和羟基酸等，这些物质会产生不良风味，甚至出现焦煳味，导致油炸食品品质低劣，商品价值下降。

(2)油炸对食品营养价值的影响。油炸温度高，油炸时间短，食品表面形成干燥层，这层硬壳阻止了热量向食品内部传递和水蒸气外逸，因此，食品内部营养成分保存较好，含水量较高。油炸食品时，食物中的脂溶性维生素在油中的氧化会导致营养价值的降低甚至丧失，视黄醇、类胡萝卜素、生育酚的变化会导致风味和颜色的变化。维生素 C 的氧化保护了油脂的氧化，即它起了油脂抗氧化剂的作用。油炸对食品成分变化影响最大的是水分，水分的损失最多。油炸温度虽然很高，但是食品内部的温度一般不会超过 100 ℃。因此，油炸加工对食品营养成分的破坏较少，即油炸食品的营养价值没有显著的变化。

(3)油炸对食品安全性的影响。在油炸过程中，油的某些分解和聚合产物对人体是有毒害作用的，如油炸中产生的环状单聚体、二聚体及多聚体，会导致人体麻痹，产生肿瘤，引发癌症，因此油炸用油不宜长时间反复使用，否则将影响食品安全性，危害人体健康。在一般烹调加工中，加热温度不高而且时间较短，对安全性影响不大。但是，在肉品油炸过程中若加热温度高，油脂反复使用，致使油脂在高温下发生热聚，可能形成有害的多环芳烃类物质。

4. 油炸方法

油炸是麦乐鸡块及其他调理肉制品加工中必不可少的工序。油炸通常是肉制品裹涂后，特别是膨化裹涂后的必要工艺。根据产品的熟制程度，油炸可分为瞬间油炸和完全油炸。根据油炸时产品位置的不同，油炸可分为浅层油炸和深层油炸。

(1)瞬间油炸。当生产部分加热熟制调理的肉制品(预制品)时，油炸是瞬间油炸。

(2)完全油炸。当生产完全经过加热熟制的冷冻调理肉制品(全熟制品)时，油炸被称为完全油炸。

完全油炸的工艺要求是“弓形”温度分布。在油炸的第一阶段，为了使产品表面迅速固化，减少产品水分损失，油温一定要高。在油炸的中间阶段，为了防止产品表面碳化，加快产品内部熟化，油温必须降低。在油炸的最后阶段，为了增加产品的香脆感，降低产品含油量，必须提高油炸温度。“弓形”油炸要求既可以在一台油炸机上通过设定不同温度区域来完成，也可以通过多台油炸机配合使用来完成。为了保证油炸质量的稳定性，现代工业生产均采用连续式油炸机。

(3)浅层油炸。浅层油炸适合于表面积较大的食品如肉片、馅饼和肉饼等的加工。一般在工业化油炸加工中应用较少，主要用于餐馆、饭店和家庭的烹调油炸食品制作。浅层油炸普遍使用电热平底油炸锅或炒锅等厨房设施，该类设备生产能力较低，一次使用物料 5～10 kg，无滤油装置，常有食物碎屑残留锅中，油反复使用几次后，碎屑在高温下发生变化，甚至变成焦糊，导致油炸用油的风味变差，品质下降，故不得不作为废弃油处理除去。因此，油炸用油的利用率较低，浪费较大，致使产品生产成本增高。

(4)深层油炸。深层油炸是常见的一种油炸方式，它适合于肉制品工业化油炸加工。一般可分为常压深层油炸和真空深层油炸。根据油炸介质不同又可分为纯油油炸和水油混合油炸。在工业上应用较多的是连续式水油混合式深层油炸。

5. 油炸设备

食品油炸用机械种类繁多。根据热源的安装方式不同，可分为直接式油炸设备和间接式油炸设备。根据油炸压力不同，可分为常压油炸设备、真空油炸设备和高压油炸设备。根据油炸设备自动化程度不同，可分为间歇式油炸机和连续式油炸机，此两类设备在裹面制品油炸中应用较为广泛。

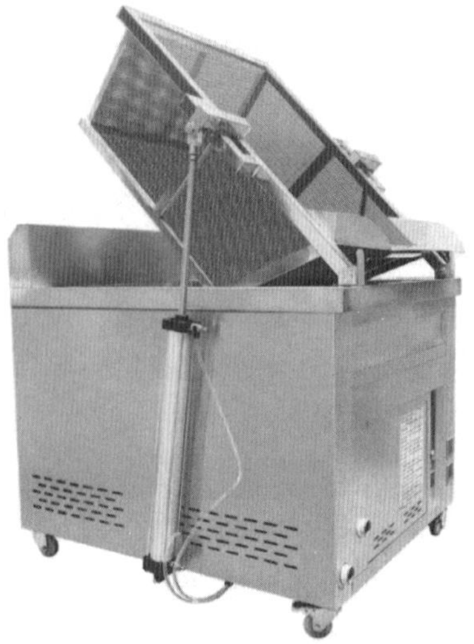

图 15-3 间歇式油炸机

间歇式油炸机（图 15-3）价格低、油炸技术含量低，同时又适合小规模生产，其中没有装配容易磨损和毁坏的活动部件，相对来说维修保养费用低。连续式油炸机（图 15-4）应用性比较专业，由于油炸过程中能除去产品碎屑和其他油炸副产品，因此具有较好的油过滤效果，能减少油炸异味和游离脂肪酸含量。此外，在间歇式油炸系统中，产品的投入会引起原始的热损失，所需的油炸时间较长。相反，连续式油炸系统便不会出现这问题。再者，连续式油炸设备拥有一致的油炸温度和时间，带来的是恒定的产品外观、风味、组织和保质期，质量得以优化。此两类油炸设备又有油水分离型和纯油过滤型 2 类。

(1)油水分离型（或称油水混合型）油炸机。此类设备整体结构为油在上面，水在下面，油炸过程中产生的食品废渣随时沉入低部水中，经水过滤浸泡，渣中的油又回到油层，每次油炸结束，放掉该机下面的水，同时水中的废渣也被排出，最终油中没有碳化物，油不会变黑，使用周期长，炸制的食品色泽鲜艳，口感好，产品档次得到提高。该设备适合炸制各种食品，特别是对油炸过程中掉渣较多的食品，如面食、挂糊食品、海产品等。

(2)纯油过滤型油炸机。纯油过滤型油炸机为全油炸制，采用双层网带传输，产品被夹在双层网带中间，避免了产品漂浮。设备设有自动起吊系统、上罩体和网带可升降，便于清洗。

图 15-4 连续式油炸机

另外，设备采用动态循环系统，将生产过程中产生的油渣过滤出来，降低了油的酸价，延长了食用油的使用寿命。除渣是采用加接过滤机，或定期排油沉淀、更换炸油的形式，使机内无黑渣漂浮，以保证食品色泽鲜艳可口、美观。

企业衔接

一、鸡米花

鸡米花是一种采用鲜鸡腿肉为原料，经过腌渍、裹粉、油炸和速冻的鸡肉快餐食品。根据消费者的需求，口味分为香辣、原味、孜然、咖喱等，食用时采用 170 ℃的油温油炸 3 min 即可。由于其食用方便，外表金黄色，口味香酥可口，可作早点、快餐食用，所以一直受到消费者的喜爱。鸡米花作为鸡肉的深加工产品，具有加工方便，设备投资少；保质期长，可达 12 个月；提高鸡肉的附加值 20%～40%等优点。

1. 工艺流程

鸡腿肉丁(冻品)→解冻→斩拌→成型→上浆→裹粉→油炸→速冻→包装→入库

2. 工艺要点

(1)配方。鸡腿肉丁 80 kg，冰水 20 kg，食盐 1.5 kg，白砂糖 0.6 kg，复合磷酸盐 0.2 kg，味精 0.3 kg，核苷酸二钠(I＋G)0.03 kg，白胡椒粉 0.16 kg，蒜粉 0.05 kg，其他香辛料 0.8 kg，鸡肉香精 0.2 kg。

(2)选料、解冻。鸡腿肉丁经兽医卫生检验合格，要求规格每个 3～6 g，脂肪含 10%以下；食盐、味精、白砂糖、耐特鸡肉香精等为市售；香辛料、小麦粉为市售，复合磷酸盐为分析级，浆粉和裹粉采用市售。将经兽医检验合格的鸡腿肉丁，拆去外包装纸箱及内包装塑料袋，放在解冻室不锈钢案板上自然解冻至肉中心温度－2 ℃即可。

(3)斩拌。将绞碎的原料肉倒入斩拌机的料盘内，先用搅拌速度转动几圈后，加入适量冰水高速斩拌，同时依次加入腌制剂、调味料、香辛料、其他添加剂和肥膘丁。当肉馅温度上升至 12 ℃左右时加入适量冰水。为控制温度，冰水分 2～3 次加入，也可添加冰屑，肉馅的最终温度以控制在 10～12 ℃为佳。斩拌完成后再用搅拌机转动几圈，以排除肉馅中混合的空气。

(4)成型。把绞制并调好香辛辅料的肉糜快速放入冷柜，冷冻至中心温度为－2 ℃，然后切片，也可采用先在预制好的纱网上均匀抹油(菜籽油防粘)，然后把肉糜倒在纱网上再抹平的方法。有压平机可以直接在压平机上压平，使其成一固定形态。抹平厚度在 2～4 mm。

(5)上浆。将切好的鸡肉块放在上浆机的传送带上，给鸡肉块均匀地上浆。浆液采用专用的浆液，配比为粉∶水＝1∶16，在打浆机中打浆 3 min，浆液黏度均匀。

(6)裹粉。采用市售专用的裹粉，在不锈钢盘中，先放入适量的裹粉，再把鸡腿肉块淋去部分腌渍液放入裹粉中，用手工对上浆后的鸡肉块均匀地上粉后轻轻按压，最后放入塑料网筐中，轻轻抖动，抖去表面的附粉。

(7)油炸。首先将油炸机预热至 185 ℃，使裹好的鸡腿肉块依次通过油层，采用起酥油或棕榈油，油炸时间 28 s，油炸后的颜色呈浅黄色，产品中心温度 45～50 ℃。

(8)速冻、包装、入库。将鸡米花平铺在不锈钢盘上，注意不要积压和重叠，放进速冻机中速冻。速冻机温度−35 ℃，时间 30 min。要求速冻后的中心温度在−18 ℃以下；包装入库。

二、鸡排

重组鸡排改变了鸡肉原有的自然结构，使肌肉组织、脂肪组织和结缔组织得以合理地分布和转化，借助于机械和添加辅料(如食盐、磷酸盐、淀粉等)以提取肌肉纤维中的基质蛋白和利用添加剂的黏合作用，使肉颗粒和肉块重新组合，经冷冻后直接出售或者经预热处理保留和完善其组织结构。

(一)冷冻鸡排

1. 工艺流程

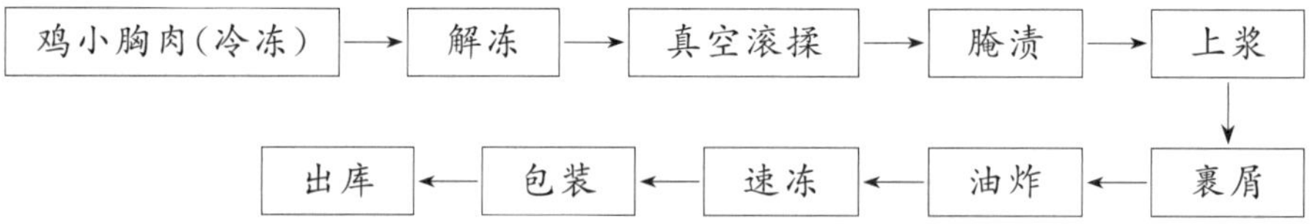

2. 工艺要点

(1)原料的选择。鸡小胸肉经兽医卫生检验合格，要求规格在每块 30～36 g，脂肪含量 10%以下；食盐、味精、白砂糖、鸡肉香精等为市售；香辛料、小麦粉为市售，复合磷酸盐为分析级，浆粉和裹粉采用市售。

(2)配方。鸡小胸肉 80 kg，冰水 20 kg，食盐 1.5 kg，白砂糖 0.6 kg，复合磷酸盐 0.2 kg，味精 0.3 kg，核苷酸二钠(I+G)0.03 kg，白胡椒粉 0.16 kg，蒜粉 0.05 kg，其他香辛料 0.8 kg，鸡肉香精 0.1 kg。其他风味可在这个风味的基础上做调整，如香辣风味加辣椒粉 0.5 kg，孜然味加孜然粉 0.8 kg，咖喱味加咖喱粉 0.5 kg。

(3)解冻。将经兽医检验合格的鸡小胸肉，拆去外包装纸箱及内包装塑料袋，放在解冻室不锈钢案板上自然解冻至肉中心温度−2 ℃即可。

(4)真空滚揉。将鸡小胸肉、香辛料和冰水放在滚揉机里，盖好盖子，抽真空，真空度 0.09MPa，正转 20 min，反转 20 min。

(5)腌渍。在 0～4 ℃的冷藏间静止放置 12 h，以利于肌肉对盐水的充分吸收入味。

(6)上浆。将切好的鸡肉块放在上浆机的传送带上，给鸡肉块均匀上浆。浆液采用专用的浆液，配比为粉∶水=1∶16，在打浆机中打浆 3 min，浆液黏度均匀。

(7)裹屑。采用市售专用的裹粉，在不锈钢盘中，先放入适量的裹屑，再把鸡小胸肉块淋去部分腌渍液放入裹粉中，手工对上浆后的鸡肉块均匀上粉后轻轻按压，成较薄的柳叶状，最后放入塑料网筐中，轻轻抖动，抖去表面的附粉。

(8)油炸。首先将油炸机预热至 185 ℃，使裹好的鸡肉块依次通过油层，采用起酥油或棕榈油，油炸时间 25 s，油炸后的颜色呈浅黄色，产品中心温度 45～50 ℃。

(9)速冻、包装、入库。将鸡排平铺在不锈钢盘上，注意不要积压和重叠，放进速冻机中速冻。速冻机温度−35 ℃，时间 30 min。要求速冻后的中心温度在−18 ℃以下；包装入库。

(二)干燥鸡排

1. 工艺流程

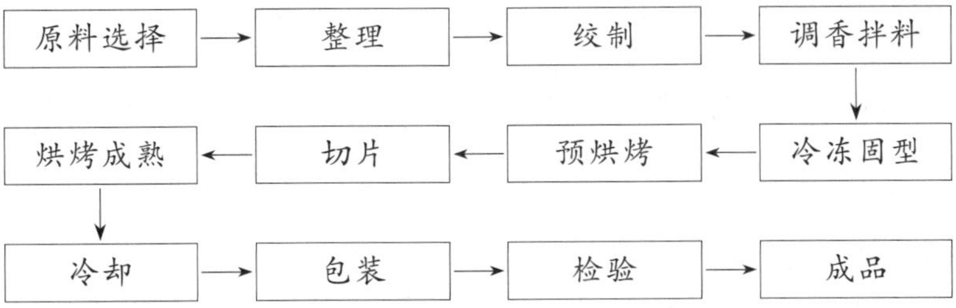

2. 工艺要点

(1)原料选择。选择熟、生2种鸡肉,经国家卫生部门检验合格。要求鸡肉厚,有光泽,脂肪、腱含量少,熟肉要熟透,易剔骨。

(2)整理。剔除原料中的肋、骨、腱。

(3)绞制。把整理好的鸡肉放入绞肉机中绞碎,绞成肉糜或肉丁(如果绞成肉丁,粒度在2～3 mm为宜)。

(4)调香拌料。把生熟肉、胡萝卜、大豆粉、鸡蛋按生肉占20.3%,熟肉占60.9%,加蛋量为8.1%,加入大豆粉量为5.4%,加入胡萝卜量为5.3%的比例配好,然后加入糖、盐、姜、葱蒜、辣椒等成分(可以根据地方风味不同适量加入)进行搅拌至均匀精细为准。用山梨酸钾作防腐剂,用量为每千克原料1.0 g,亚硝酸钠用量为每千克原料0.15 g,其他营养成分可根据不同地区的情况酌情添加。

(5)冷冻固型。把绞制并调好香辛辅料的肉糜快速放入冷柜,冷冻至中心温度－2 ℃,然后切片,也可采用先在预制好的纱网上均匀抹油(菜籽油防粘),然后把肉糜倒在纱网上再抹平的方法。有压平机可以直接在压平机上压平,使其成一固定形态。抹平厚度在2～4 mm。

(6)预烘烤(即烘干过程)。把固型的肉糜放入干燥箱中烘干,烘干温度为80～85 ℃,时间一般为20～30 min。

(7)切片。把预烘烤的肉糜(这时已成肉脯状)切成宽2～3 cm、长6～8 cm,用切片机操作最好。

(8)烘烤。在100～150 ℃条件下烘烤5～10 min即可。

(9)冷却。把烘烤成熟的肉片放在干净、阴凉通风的地方冷凉。

(10)真空包装。采用聚乙烯塑料包装袋(或其他防潮、抗拉、不透光的包装袋均可),按每袋25 g或50 g的容量装袋,然后用真空封口机封口。

(11)检验、成品。包装后一般进行金属或异物探测,确保食品质量与安全。

习题与思考

一、选择题

1. 绞肉机内的送料推进器快速挡适合于绞(　　)。

A. 小块冻肉　　B. 大块冻肉　　C. 小块鲜肉　　D. 大块鲜肉

2. 鸡块油炸的温度和时间通常为(　　)。

A. 90～100 ℃/30 min

B. 160～170 ℃/10 min

C. 190～196 ℃/30 s

3. 油炸后的鸡块要在－35 ℃的环境中，速冻至中心温度低于(　　)为止。

A. 4 ℃　　B. 0～4 ℃　　C. －10 ℃　　D. －18 ℃

4. 以下产品不属于调理肉制品的是(　　)。

A. 鸡柳　　B. 炸鸡　　C. 肉丸　　D. 鱼香肉丝

5. 小麦粉对面糊黏度和流动性的影响主要是由(　　)决定的。(多选题)

A. 淀粉　　B. 矿物质　　C. 蛋白质　　D. 脂肪

二、简答题

1. 简述拌馅过程中提前加入食盐的目的。

2. 鸡块上浆和裹涂的作用有哪些？

3. 简述淀粉在调理肉制品加工中的作用。

三、论述题

简述油炸对肉制品品质的影响。

习题及答案

实训项目单

编制单位：　　　　编制人：　　　　编制日期：

<table>
<tr><td>任务代号</td><td></td><td>任务名称</td><td></td><td>实训课时</td><td></td></tr>
<tr><td>课程名称</td><td></td><td>实训对象</td><td></td><td>实训时间</td><td></td></tr>
<tr><td>实训目的</td><td colspan="5"></td></tr>
<tr><td>实训步骤
及要求</td><td colspan="5">一、任务分析
二、任务计划决策
三、实施准备
四、工艺流程及要点
五、质量评价</td></tr>
</table>

【过程性考核要点】

麦乐鸡块的加工

序号	考核内容	考核标准	参考分值
1	学习与工作态度	态度端正,学习方法多样,课前预习,积极主动,责任心强,按时出勤。	5
2	团队协作	服从安排,积极与小组成员合作,共同制订工作计划,共同完成工作任务,团队意识强。	10
3	计划制订	按要求着装,有完整的工作方案,时间安排合理,工作步骤正确。	10
4	关键技术点	1. 鸡肉、鸡皮的修整。 2. 绞制:鸡腿肉、鸡胸肉、鸡皮分别选择不同的孔板。 3. 拌馅:加料顺序要正确。 4. 上浆、裹粉:均匀、符合要求。 5. 油炸、速冻:温度和时间符合要求。 6. 产品质量符合国家标准要求。	50
5	主要机械设备及用具的使用与维护	绞肉机、搅拌机、上浆机、裹粉机、油炸机、速冻机等设备的安全规范操作。	10
6	卫生保持与清理	保持现场卫生,实训结束后能及时清理卫生。	10
7	问题思考	对工作任务完成过程中的问题进行分析,并提出改进措施。	5
8	合计		100

模块四　焙烤制品加工

项目十六
海绵蛋糕的加工

【糕点制品】

蛋糕俗称“鸡蛋糕”，属于焙烤制品中的一种。蛋糕的主要原料是鸡蛋、面粉、糖等，通过搅打、注模、烘烤等工序制成的组织松软的糕点。蛋糕富有弹性，营养丰富，味道芳香，入口软绵，容易消化吸收的优点；缺点是含水量高，储存期短，而且含糖量高。

蛋糕在我国具有悠久的历史，据记载，我国自唐代就有了蛋糕的制作，直到 20 世纪初，欧洲的蛋糕制作技术传入我国，并与我国传统的制作工艺相融合，至此，我国蛋糕制作技术有了很大的发展，蛋糕在用料组配上有了新的变化，由于蛋糕行业市场前景广阔，预计到 2025 年其产值规模将达到 2030.1 亿元。

据产业调研网发布的中国蛋糕行业现状发展趋势预测报告(2022 版)显示，个性化、特色化、形象化的服务是消费者对蛋糕消费提出的新要求。随着消费水平的不断提高，中西式蛋糕越来越受到年轻人的青睐；未来蛋糕产业趋势一定会向着绿色、健康、环保的方向发展。所以，目前蛋糕的生产首先要解决的是健康问题，比如无糖蛋糕、果蔬蛋糕，其次要解决产品保质期短的问题。随着烘焙企业对技术交流、技术创新概念的深入实践，烘焙产品更加多元化，有力地推动了行业的发展。

【学习目标】

1. 熟悉蛋糕的分类，理解蛋糕的加工原理；
2. 掌握蛋糕加工工艺的搅拌、调面糊、烘烤等关键工艺；
3. 能正确使用与维护打蛋机、烤箱等设备。

【项目实施】

海绵蛋糕加工的工艺流程如下：

原料选择 → 面糊调制 → 注模 → 烘烤 → 冷却 → 质检 → 包装

海绵蛋糕的加工

任务1　原料的选择

活动1　材料与工具的准备

材料：面粉、砂糖、鸡蛋、色拉油、泡打粉、蛋糕油；

工具：打蛋机、烤箱、模具、封口机、刮板、硅胶铲、面粉筛、食品袋等。

活动2　配方设计

海绵蛋糕基本配方见表16-1。

表16-1　海绵蛋糕的基本配方

原料	小麦粉	白砂糖	鸡蛋	全脂牛奶	泡打粉	蛋糕油	水	瓜子仁
烘焙百分比/%	100	80	100	15	1.6	3	17	1

知识储备

一、蛋糕的概念

蛋糕是以鸡蛋、面粉、食糖等为主要原料，经搅打充气使组织膨发，辅以膨松剂，通过注模、烘烤或汽蒸等工序制成的糕点。

西式烤蛋糕以蛋（或蛋制品）、食糖、小麦粉、食用植物油（或食品油脂制品）为主要原料，适量添加水、食用淀粉、蜂蜜、肉粉松、牛奶、奶油、植脂淡奶、食用盐、复配食品添加剂，经搅打、成型、熟制等工序制成的糕点。

蛋糕甜点是可以令人放松心情的一种食品，根据调查很多人在烦恼时都有选择吃蛋糕的习惯，利用这份甜蜜的味道来掩盖各种烦恼。使之既是营养丰富的食品，又是精美的艺术品，以满足各类消费者的需求。

蛋糕在生日聚会、周年庆典、新婚典礼、各种表演及朋友聚会等很多场合都会出现，很多时候人们也把蛋糕作为点心食用。而这些蛋糕有大的，有小的，有简单的，也有装饰以奶油、鲜花的、各样的生日蛋糕，祝寿蛋糕就把传统的象征着长寿的吉祥物寿桃、寿星、松柏等用在蛋糕的装饰上，使其更具有民族化的特点，品种花色多种多样，蛋糕已经成为人们生活中不可缺少的一种食品。

二、原料选择

（一）蛋及蛋制品

鸡蛋在焙烤制品加工中起着重要的作用。它是蛋糕加工中不可缺少的原料，蛋品有着多种特性，如打发性（起泡性）、可稀释性、热凝固性和乳化性；它对蛋糕的品质起着多方面的作用，可提高产品营养价值、增加蛋糕的风味和色泽、膨松作用、改善制品组织结构等。

由于鸭蛋、鹅蛋有异味，蛋糕加工中所用的蛋品主要是新鲜鸡蛋及其加工制品，如带壳新鲜鸡蛋、蛋粉、冰蛋等。

鸡蛋的加工性能

(1)可稀释性。是指鸡蛋可以同其他原料均匀混合,并被稀释到任意浓度的特性。如果不进行特殊的处理,鸡蛋不能和油脂类的原料均匀混合。

(2)打发性。鸡蛋的打发性是指鸡蛋白在空气中搅拌时有卷入并包裹气体的能力。当蛋白被强烈搅打时,空气会被卷入蛋液中,同时搅打的作用也会使空气在蛋中分散而形成泡沫,最终泡沫的体积可以变为原始体积的 6～8 倍,形成的泡沫同时也失去了蛋清的流动性,成类似固体状。鸡蛋的打发性可以用打擦度和相对密度来表示。

①打擦度:是指蛋液在搅打过程中泡沫所达到的体积与打发初始蛋液体积的比值(常用百分比表示)。通常用于测定蛋白或全蛋液的打发性。即

$$打擦度=(搅打后蛋液泡沫的体积/搅打前蛋液的体积)\times 100\%$$

②相对密度:测定一定体积蛋液(发泡蛋液)质量与同体积水的质量的比值,当此比值达到最小时,即为打发的最适点。相对密度＝(一定体积发泡蛋液的质量/同体积水的质量)×100％。

鸡蛋搅打形成的泡沫受热后,包裹在小气室中的空气膨胀包围,这些小气室的蛋白受热到一定程度会由于变性而凝固,从而使这些膨胀了的小气室固定下来形成蛋糕的多孔组织,这就是海绵蛋糕加工的原理。

鸡蛋打发受温度、时间、pH、油脂、鸡蛋新鲜度、水分等因素的影响。

(3)热凝固性。热凝固性是鸡蛋重要的特性之一。是指鸡蛋白加热到一定温度后,会凝固变性,形成凝胶的特性。蛋白形成的凝胶具有热不可逆性,也就是说,即使温度再降低到室温时,受热形成的凝胶也不能恢复到原始的液体状。

(4)乳化性。乳化是将油脂类物质和水分等互不混溶的物质均匀分散的过程,能使两种或两种以上不相混合的液体均匀分散的物质就是乳化剂,鸡蛋是一种天然的乳化剂,鸡蛋中起乳化作用的物质是卵磷脂,卵磷脂是良好的天然乳化剂,亲油部分是两个脂肪羧基,亲水部分是甘油磷酸和氨基醇。

(二)面粉

面粉是制作蛋糕的基本原料。蛋糕体积与面粉细度显著相关,面粉越细,蛋糕体积越大。蛋糕加工要求面粉以筋力弱的软麦制成的蛋糕专用粉或低筋面粉为宜,但是筋力过弱的面粉可能影响蛋糕的成型,不利于蛋糕加工,这是因为面粉中的蛋白质吸水后会形成面筋,与蛋的蛋白质在蛋糕结构中形成骨架,如果筋力过弱将难以保证足够的筋力来承受蛋糕烘烤时的膨胀力,同时也不宜于蛋糕的运输。要求面粉的蛋白质含量在 7％～9％,酸度为 pH5.2。

(三)糖及其他甜味剂

糖是制作蛋糕除面粉、鸡蛋以外用量最多的一种原料,糖在蛋糕生产中的作用主要包括:增加甜度,提高鸡蛋气泡稳定性,产生颜色及风味,增加产品柔软性,防止产品老化,延长保存期。

蛋糕加工中一般使用白砂糖、绵白糖、蜂蜜、饴糖、淀粉糖浆等,起到改善蛋糕的风味和保鲜性质。

液体糖是淀粉水解的产物,主要包括饴糖、淀粉糖浆和果葡糖浆。

饴糖是淀粉酶法水解的产物,它的主要成分是麦芽糖、糊精和水,一般饴糖的固体物质含量为 73％～88％,主要糖分为麦芽糖。饴糖吸湿性强,可用来保持糕点的柔软。目前已有人

研制成用一定量的饴糖代替白砂糖，以保持蛋糕湿润、柔软的品质。

淀粉糖浆甜味柔和，吸湿性强，并具有阻止砂糖重新结晶的能力。果葡糖浆也称为异构糖浆或高果糖浆。这种糖对糖尿病、肝病、肥胖病等患者较为适宜。

果葡糖浆由于其原料来源广，甜度值高，甜味纯正，因而具有广阔的发展前景。它在蛋糕中可以部分代替蔗糖。

木糖醇含热量与蔗糖相似，甜度略高于蔗糖，可以作为人体能源物质，但其代谢不影响糖原的合成，故不会使糖尿病人因食用而增加血糖值，可作为糖尿病患者食用的食品。另外。它不能为酵母菌和细菌所发酵，因此还有防龋齿的效果。

山梨糖醇的甜度为蔗糖的60%。在低热能食品和糖尿病、肝病、胆囊炎患者食品中，山梨糖醇是蔗糖的良好代用品，由于山梨糖醇在溶解时吸收热量，在口中给人以清凉的甜味感。山梨糖醇的吸湿性强，在食品中能防止干燥，延缓淀粉老化。它还有不褐变、耐热、耐酸等优点，用量一般为2%～5%。

(四)油脂

油脂是糕点制作的重要原料之一。油脂在蛋糕中的作用主要包括拌和空气，膨大蛋糕润滑面筋，柔软蛋糕改善组织与口感。

常用油脂有黄油、麦淇淋、起酥油、色拉油等。在蛋糕制作中用的最多的是色拉油和黄油。在高糖量的油脂蛋糕中，通常采用高比例的起酥油，一般多用液体起酥油，这种起酥油具有良好的结合水功能，并且能改善所形成的乳状液的起酥性，增加单位体积，提高蛋糕质量。

油脂在蛋糕加工中的作用依所加油脂种类和用量及蛋糕品种的不同而不同。油脂在蛋糕及其加工中的主要作用有以下几个方面。

1. 营养作用

蛋糕中加入油脂，不仅为人体提供大量热能，还有利于人体对脂溶性维生素A、维生素D和维生素E的吸收，因而提高了制品的营养价值。

2. 改善制品的口感、外观

有些油脂本身具有一定的香味，特别是奶油，有其独特的风味，能提高制品的风味。

3. 影响制品的组织结构

由于油脂的疏水性，在面团调制时能阻止蛋白质吸水膨胀，控制面筋的形成，降低面团的内聚力，使面团酥软，弹性低，可塑性强，因而使产品滋润、柔软。

4. 增大制品的体积

油脂具有搅打发泡的能力，当油脂在搅拌机中高速搅打时，能够卷入大量空气，形成无数微小的气泡。这些微小气泡被包裹在油膜中，不会逸出，在蛋糕面糊中不仅能增加体积，还起着气泡核心作用。当面糊烘烤受热时，其中的膨松剂分解产生的气体便进入这些气泡核心，使产品体积大大增加。

5. 延长保质期

对于水分较高的糕点，油脂有利于保持水分，使产品柔软，从而提高货架寿命。

蛋糕加工中，常用的油脂需要有良好的融合性和乳化性，尤其是制作油脂蛋糕时尤为关键。由于油脂蛋糕配料中含有大量的脂肪和糖，一方面鸡蛋的起泡性受到了抑制，需要油脂有较好的融合性，以保证蛋糕疏松的结构和较大的体积；另一方面，由于糖多，必须有多量水才能溶解，若面糊没有乳化作用，则面团中的水与油脂易分离，得不到理想的品质。例如，在制作奶油蛋糕时，常常需要加更多的糖，这样水、奶、蛋等均要增加，含水就会增多，油脂的分散就困难一些，因此需要乳化分散性好的油脂。

由此可知，蛋糕用油脂以含有乳化剂的氢化油最为理想，配上少量奶油可调味。蛋糕常用的油脂有起酥油、奶油和人造奶油。

（五）乳与乳制品

乳与乳制品是蛋糕制作中高档优质辅料。在奶油蛋糕类制品中，常用牛奶来代替加水量，可提高制品的口感和香味。如果使用奶粉，奶粉应先加水溶化，否则与面粉结合成块影响蛋糕的品质。乳酪用于做乳酪蛋糕。

（六）乳化剂

乳化剂是蛋糕生产中很重要的添加剂，它对蛋糕的质地结构、感官性能和食用质量分别起重要作用。近十年来，蛋糕的制作工艺发生了很大的变化，这种变化的取得是以乳化剂为基础的搅打起泡剂的发展为基础的。搅打起泡剂通过形成膜使空气稳定，空气泡和配料分布均匀，从而制得蜂窝均匀和蜂窝壁薄的蛋糕。

蛋糕常用的乳化剂有单硬脂酸甘油酯、脂肪酸丙二醇酯、脂肪酸山梨糖醇酐酯、卵磷脂、脂肪酸蔗糖酯、脂肪酸聚甘油酯。海绵蛋糕制作时常用的乳化剂是蛋糕油。

蛋糕油是一种膏状搅打起泡剂，具有发泡和乳化的双重功能，其中以发泡作用最为明显。蛋糕油（主要成分是牛奶的一些成分酪蛋白酸盐、脱脂奶粉、麦芽糖糊精及降解淀粉的混合物为载体，经过复配而制成的）在海绵蛋糕的制作中起着重要的作用。添加了蛋糕油，制作海绵蛋糕时打发的全过程只需 8～10 min，出品率也大大地提高，烤出的成品组织均匀细腻，口感松软。蛋糕油一定要在面糊的快速搅拌之前加入，这样才能充分搅拌溶解，达到最佳添加效果。同时蛋糕油要在面糊搅拌完成之前充分溶解，否则会出现沉淀结块；添加蛋糕油的面糊不能长时间地搅拌，否则会因过度的搅拌使空气拌入太多，气泡不稳定，导致破裂，最终造成成品体积下陷，组织变成棉花状。油脂蛋糕面糊搅打过程加入蛋糕油，能使空气和油脂分布得更好、更细微和更稳定，形成更多、更稳定的空气泡。蛋糕油的添加量一般为 3%～5%。

（七）化学疏松剂

蛋糕的体积增大，主要靠物理的机械搅拌充入空气，而以化学疏松剂为辅。常用的化学疏松剂有泡打粉、小苏打、碳酸氢铵。一般选用泡打粉，对制品的风味影响较小。

泡打粉又称“速发粉”“发酵粉”，简称 B. P，是蛋糕制作中常用的一种化学疏松剂。泡打粉是由碱性疏松剂、酸性物质、填充剂组成的白色粉末。泡打粉根据反应速度不同，分为快速反应泡打粉、慢速反应泡打粉、双重反应泡打粉。快速反应泡打粉在溶于水时即开始起作用，而慢速反应泡打粉则在烘焙加热过程开始起作用，其中双重反应泡打粉兼有快速及慢速两种泡打粉的反应特性。

在普通海绵蛋糕中可使用 1%～2%的泡打粉。

（八）塔塔粉

塔塔粉（酒石酸钾）是制作戚风蛋糕必不可少的原材料之一。戚风蛋糕是利用蛋清来起发的。蛋清偏碱性，pH 约 7.6，而蛋清需在偏酸的条件下（pH4.6～4.8）时才能形成疏松稳定的泡沫，起发后才能添加大量的其他配料。戚风蛋糕的制作是将蛋清蛋黄分开搅拌，蛋清搅拌起发后需要拌入蛋黄部分的面糊。没有添加塔塔粉的蛋清虽然能打发，但是加入蛋黄面糊后会下陷，不能成型。塔塔粉添加量为全蛋的 0.6%～1.5%，与蛋清部分的砂糖一起拌匀加入。

(九)食盐

食盐虽然用量不多,但是对烘托蛋糕风味起到良好作用。食盐的用量为1%~3%。当配方中的黄油或麦淇淋含有盐分,则应减少配方中食盐量。

任务2 面糊调制

活动1 打蛋机准备

打蛋机又称搅拌机,它由电动机、传动装置、搅拌筒等组成,主要利用搅拌器的机械运动搅打蛋液、调味酱汁(沙司)奶油等,一般具有分段变速和无线变速功能。多功能打蛋机还兼有和面、搅打、拌馅等功能,用途较为广泛。打蛋器可以将鸡蛋的蛋黄打散充分融合成蛋液。

注意事项:

①机器设备必须有接地线保护操作安全。

②保持机器工作平稳,不可整机在晃动下工作。

③不可以用水冲洗设备。

④不可超量搅拌,馅料5档以下功率搅拌。

活动2 投料顺序及调制

面糊调制是蛋糕加工关键工艺,主要是配料、搅打及原料的混合。操作顺序为:按配方比例依次称量,将鸡蛋液、糖两种原料放入洁净的搅拌机内,启动搅拌机,先低速搅打使之初步溶解,再高速搅打,使空气大量卷入蛋液、糖充分融化,形成饱和稳定的泡沫黏稠胶体。膨发到一倍体积时,往蛋液加入蛋糕油,牛奶及温水,并高速搅拌至稠厚、体积2倍左右、颜色转白。然后在打好的蛋浆液中加入面粉。面粉要提前过筛并加入泡打粉混合拌匀,再慢慢加入蛋浆内,继续慢速搅拌形成均匀细滑的面糊,以不见生粉即可,防止有块状粉团进入蛋糊中,导致蛋糕有硬心。见图16-1至图16-3。

图16-1 将鸡蛋、砂糖加入

图16-2 蛋、糖搅打

图16-3 加入面粉后调好的面糊

知识储备

一、蛋糕的分类及特性

蛋糕的分类方法有很多,不同分类方法得到的结果也不同。目前常用的分类方法主要是根据配方和搅拌方式以及材料和做法的不同来划分的。

(一)根据配方和搅拌方式的不同分类

1. 面糊类(油底蛋糕)

主要原料依次为糖、油脂、蛋、面粉,其中油脂的用量较多,依据油脂用量的多少可分为重油蛋糕和轻油蛋糕。重油蛋糕的油脂含量在40%~60%,而轻油蛋糕在20%~40%,产品的特点是组织紧密,口感扎实。

面糊类蛋糕是利用大量融合性好的油脂,通过搅拌而膨松,或利用化学膨松剂,在烘烤时受热而膨松糕体。面糊特质又因其膨松方式不同而有所区别,以机械膨松的面糊,通常稠度比较厚;而以化学膨松的面糊,稠度比较薄。例如日常所见的牛油戟等。

2. 乳沫类

主要原料依次为蛋、糖、面粉。产品特点是组织具有弹性,口感具有韧性,如天使蛋糕、海绵蛋糕。

乳沫蛋糕是利用蛋的蛋白质特性,通过高速搅拌而膨松,其面糊搅拌时不含任何油脂,而相对密度是最轻的。

3. 戚风类

戚风类主要原料有面粉、蛋、糖、油、水。产品的特点是组织最松软,口感细腻。

戚风类蛋糕是一种混合上述两种方法制作而成的,面糊质地介于以上两种蛋糕之间,含水量比较多,烘烤时,流变性比较低。其搅拌方法分两组三步调制面糊,原料分两组,一组调面糊,一组打发蛋清,第三步再把两组混合。如戚风蛋卷、草莓戚风蛋糕等。至于生日蛋糕底坯,既可用海绵蛋糕类配方,也可用戚风蛋糕类配方,可根据各地方特点及消费者口味,选择适当的配方。

(二)根据材料和做法的不同分类

1. 海绵蛋糕

海绵蛋糕是一种乳沫类蛋糕,构成的主体是鸡蛋、糖搅打出来的泡沫和面粉结合而成的网状结构。因为海绵蛋糕的内部组织有很多圆洞,类似海绵一样,所以叫作海绵蛋糕。海绵蛋糕又分为全蛋海绵蛋糕和分蛋海绵蛋糕,这是按照制作方法的不同来分的。全蛋海绵蛋糕是全蛋打发后加入面粉制作而成的;分蛋海绵蛋糕在制作的时候,要把蛋清和蛋黄分开后分别打发再与面粉混合制作而成的。

2. 戚风蛋糕

戚风蛋糕是比较常见的一种基础蛋糕,也是现在很受西点烘焙爱好者喜欢的一种蛋糕,像生日蛋糕一般就是用戚风蛋糕来作底,所以说戚风蛋糕算是一个比较基础的蛋糕。戚风蛋糕的做法很像分蛋海绵蛋糕,其不同之处就是材料的比例,新手还可以加入发粉和塔塔粉,因此蛋糕的组织非常松软。

3. 天使蛋糕

天使蛋糕也是一种乳沫类蛋糕,就是蛋液经过搅打后产生的松软的泡沫,所不同的是天使蛋糕中不加入一滴油脂,连鸡蛋中含有油脂的蛋黄也去掉,只用蛋清来做这个蛋糕,因此做好的蛋糕颜色清爽雪白,故称为天使蛋糕。

4. 重油蛋糕

重油蛋糕也称为磅蛋糕,是用大量的黄油经过搅打,再加入鸡蛋和面粉制成的一种面糊类蛋糕。因为不像上述几种蛋糕一样是通过打发的蛋液来增加蛋糕组织的松软，所以重油蛋糕在口感上会比上面几类蛋糕来得实一些，但因为加入了大量的黄油，所以口味非常香醇，比较常见的是在面糊中加入一些水果或者果脯，这样可以减轻蛋糕的油腻味。

5. 奶酪蛋糕

奶酪蛋糕音译也可以称为芝士蛋糕，是指加入多量的乳酪做成的蛋糕，是现在比较受大家喜欢的一种蛋糕。一般奶酪蛋糕中加入的都是奶油奶酪。

奶酪蛋糕又分为以下几种：

(1)重奶酪蛋糕。即奶酪的分量加得比较多，一般 1 个 8 in(1 in＝2.54 cm)奶酪蛋糕，奶油奶酪的分量应该不少于 250 g。因为奶酪的分量比较多，所以重奶酪蛋糕口味比较实，奶酪味很重，所以在制作时多会加入一些果酱来增加口味。

(2)轻奶酪蛋糕。轻奶酪蛋糕在制作时奶油奶酪加得比较少，同时还会用打发的蛋清来增加蛋糕的松软度，粉类也会加得很少，所以轻奶酪蛋糕吃起来的口感会非常绵软，入口即化。

(3)冻奶酪蛋糕。是一种免烤蛋糕，会在奶酪蛋糕中加入明胶之类的凝固剂，然后放冰箱冷藏至蛋糕凝固，因为不经过烘烤，所以不会加入粉类材料。

6. 慕斯蛋糕

慕斯蛋糕也是一种免烤蛋糕，是通过打发的鲜奶油，一些水果果泥和胶类凝固剂冷藏制成的蛋糕，一般会以戚风蛋糕坯作底。

(三)按蛋糕制作中的搅拌方法分类

1. 面糊类

(1)糖油拌和法。将糖和油脂先打发。

(2)粉油拌和法。将粉和油脂先搅拌。

(3)两步拌和法。把所有原料(蛋除外)先搅拌，后加蛋。

(4)糖水拌和法。先将糖及糖量 60%的水量搅打，再加其他干性原料及油脂高速打发，最后加蛋及其他液态材料。

(5)直接拌和法。所有原料一起搅拌。

2. 乳沫类

(1)全蛋法。蛋和糖先打发。

(2)分蛋法。将蛋黄及蛋清分开打发。

(3)乳化法。利用乳化剂的增泡性，打发蛋糊。

3. 戚风类

(1)戚风打法。戚风打法即分蛋打法，蛋白加糖打发的蛋白糖，与蛋黄、其他液态材料、粉类材料拌匀后的面糊，再次混合拌匀的方法。

(2)海绵打法。海绵打法即全蛋打法，蛋白加蛋黄加糖一起搅拌至浓稠状，呈乳白色且勾起乳沫约 2 s 才滴下，再加入其他液态材料及粉类拌和。

(3)法式海绵打法。法式海绵打法即分蛋法，蛋白加 1/2 糖打发与另蛋黄加 1/2 糖打发至乳白色，两者拌和后再加入其他粉类材料及液态材料拌和。

(4)天使蛋糕法。天使蛋糕法即指蛋白加塔塔粉打发泡再分次加入 1/2 糖搅拌至湿性发泡(不可搅至干性)，面粉加 1/2 糖过筛后加入拌和至吸收即可。

(5)糖油拌和法。糖油拌和法即先将油类打软后加糖或糖粉搅拌至松软绒毛状，再加蛋拌匀，最后加入粉类材料拌和，如饼干类、重奶油蛋糕。

(6)粉油拌和法。粉油拌和法是先将油类打软再加面粉打至膨松后,加糖再打发呈绒毛状,加蛋搅拌至光滑,适用于油量60%以上之配方,如水果蛋糕。

二、影响搅拌的因素

鸡蛋打发受温度、时间、pH、油脂、鸡蛋新鲜度、水分等因素的影响。

(一)温度与时间

温度高蛋液黏度低,容易打发,所需打蛋时间短,但保持空气泡的能力也比较低;反之,温度过低,鸡蛋白过于黏稠,空气不易充入,会延长打蛋时间。搅打鸡蛋最适合温度一般在17～22 ℃。另外,有此配方的蛋糕在鸡蛋同其他物料(如油脂、糖)混合打之前,需要将鸡蛋在室温条件下放置30 min左右,以防低温造成油脂的硬化。另外打发温度也会影响到打发体积,鸡蛋搅打前在室温条件下放置30 min左右可以使其打发体积达到最大。

打蛋时,蛋液需要和糖一起搅打。糖在蛋糕加工中不仅可以增加甜味,而且还具有化学稳定性。单独的蛋液虽然也能打发,但是泡沫干燥、脆弱,易于失去弹性而破裂,而且难以膨胀。糖和蛋液混合后,蛋液的黏度增加,而黏度大的物质有利于泡沫的形成和稳定。调制全蛋海绵蛋糕面糊时,加糖一起搅打的蛋液温度控制在40 ℃左右时最易充入空气。

温度过高,鸡蛋蛋白易变性凝固,不利于发泡;温度过低,则需延长搅打时间才能达到需要的发松程度。调制奶油蛋糕面糊时,搅打脂肪与砂糖粉或面粉发松的最适温度在22 ℃左右,温度过低,脂肪的固体脂肪指数过高,稠度较大,搅打时不易充入空气;温度过高,固体脂肪指数太低,包含空气气泡的能力降低,影响面糊中空气泡含量。

(二)酸度

酸性物质的适量添加有利于鸡蛋泡沫的稳定。目前在蛋糕加工中用得比较多的是塔塔粉(有效成分为酒石酸氢钾和碳酸钠),有些配方中也使用柠檬汁或食醋等。同时采用酸性物质调整陈鸡蛋的pH可以有效地改善其发泡能力。

(三)油脂

油脂也对鸡蛋的打发性有很大的影响。油脂是消泡剂,可使打发的泡沫破裂、消失,因此打蛋时蛋液不可以与油脂接触。蛋黄和全蛋都可以形成泡沫,但是打发性比蛋白差很多。如果能将蛋白和蛋黄分开搅打或仅使用蛋白制作海绵蛋糕,效果会比全蛋好。

(四)鸡蛋新鲜度

新鲜鸡蛋的打发时间比陈蛋的长,形成的泡沫稳定。食盐的添加会降低泡沫的稳定性。

(五)打蛋方向

搅打蛋液要沿着一个方向搅打,尤其是家庭手动搅打要注意这点。当蛋白被强烈搅打时,空气会被卷入蛋液中,同时搅打的作用也会使空气在蛋分散而形成泡沫,使得体积膨胀。

另外,水分的加入也会影响到蛋清的发泡能力,最好用温水;搅拌器必须洁净,尤其不能碰油脂类物质,否则会影响膨发效果,影响产品质量。

任务3　注模成型

活动1　准备

1. 面粉过筛

按配方用电子秤称量低筋粉，用面粉筛筛粉，打散团块。然后称量泡打粉加入面粉中，用硅胶铲混合均匀。

2. 模具准备

烤盘模具要提前用油刷均匀，涂上一层植物油或猪油。玻璃烧杯或不锈钢烧杯洗净晾干用于倾倒面糊，也可准备裱花袋直接注入蛋糕托。

活动2　注模成型

蛋浆调糊结束后，应立即注入模具，不可久置。蛋糕浇模一般都是用烤盘模具，在使用前涂上一层植物油或猪油，入模方法一般是将蛋糊装到量杯内，沿着量杯口缓缓倾入模具或纸杯内，或用裱花袋将蛋糊挤入模内，大批量工业化生产有用注料机的。不管哪种方式，注入模具内的蛋糊量占烤盘模具的八成，不可太满。在入炉时均匀撒上芝麻果仁，见图16-4、图16-5。

图16-4　用裱花袋挤入模具

图16-5　入炉烘烤

知识储备

蛋糕成型一般都要借助模具，一般常用模具的材料为不锈钢、马口铁、金属铝，其形状有圆形、长方形、桃心形、花边形等，还有高边和低边之分。

海绵蛋糕装模前需先垫入烤模纸，或涂上薄油后再撒少许干粉，使其烘烤完成后易于脱模。装模操作应该在15～20 min完成，以防蛋糕糊中的面粉下沉，使产品质地变硬。装模时还应掌握好灌注量，一般以填充模具的7～8成为宜，不能过满，以防烘烤后体积膨胀溢出模外，既影响了制品外形美观，又造成了蛋糕糊的浪费；反之，如果模具中蛋糕糊灌注量过少，制品在烘烤过程中，由于水分挥发相对过多，会使蛋糕制品的松软度下降。如需在表面撒果仁、蜜饯等，应在入炉时撒上果仁，过早撒放易沉底。

乳化剂的应用可缩短打蛋时间，提高蛋糕面糊泡沫的稳定性，显著改善蛋糕质量，增大蛋糕体积，提高蛋糕出品率，延长蛋糕保质期，因此要合理选择和使用乳化剂。

任务4 入炉烘烤

活动1 烤箱的准备

1. 检查烤箱线路的完整性、安全性。

2. 预热：先擦拭烤箱观察窗，透明干净，以便于观察烤炉内产品状况；再打开电源，旋转按钮预设烤箱底、面火温度至180 ℃。

活动2 烘烤

当观察烤箱温度升高到180 ℃/180 ℃时，戴上隔热手套，将装好面糊的烤盘推进烤箱内，关好烤箱门，开始计时烘烤，观察蛋糕膨发状况。10 min左右，模具内的蛋糊表面完全膨胀，表面微凸，此时，将面火升高到205 ℃，进行定型、上色，4～5 min，观察表面金黄，关闭烤箱电源。炉温控制要求一般是：蛋糕规格大而厚时，炉温可适当低一些。

活动3 出炉

当观察蛋糕成品完全熟透，带上隔热手套，打开烤箱门，将烤盘拖拽至烤炉外，然后双手握住烤盘两侧移出，也可在表面刷上一层薄薄食用植物油，使之光滑油亮。待蛋糕稍加冷却不烫手时，趁热从烤模中取出，放在晾网上自然冷却。

知识储备

一、烘烤注意事项

海绵蛋糕因所做成品的式样不同，所使用的烤盘大小、形式也就不一样，小椭圆形或橄榄形的小海绵蛋糕烘烤温度205 ℃，上火大，下火小，烘烤时间为12～15 min。所以烘烤的温度、时间也就不一样。炉温控制要求一般是：蛋糕规格大而厚时，炉温可适当低一些，烘烤时间长一些；反之，炉温可适当高一些，烘烤时间短一点。蛋糕在炉内定型前处于半流体状态，烤盘不能随意震动，以免“走气”，造成蛋糕中心下陷。

二、熟制的评定

蛋糕熟化程度的判定通常都采用感官评定方法。第一种方法是用手在蛋糕面上轻轻地按一下，松手后可复原，表示已烤熟，不能复原说明未熟透。第二种方法是用一根细竹签插入蛋糕中心，然后拔出，若竹签上不粘蛋糕糊，表示已熟透，如果蛋浆粘手，说明未熟透，需再烤一会儿，待熟透后出炉。

蛋糕出炉后可在表面刷上一层食用植物油，使之光滑油亮，同时也具有一定的保湿和防止微生物生长的作用。

任务5　冷却质检

活动1　冷却

将蛋糕放在室温下自然冷却，剔除有焦边、破损等不合格品；挑选正常色泽、气味、滋味和组织状态等产品。

活动2　检验检测

产品经过理化指标、微生物指标检验，要符合国标要求《GB 8957—2016 食品安全国家标准　糕点、面包卫生规范》。

任务6　包装

活动1　自封袋准备

检查包装材料自封袋、一次性手套等是否符合食品安全包装材料的要求，要求保存在整洁、干燥、通风的室内。

活动2　称量封口

蛋糕冷却后根据需要迅速进行装袋、称量、封口，以减少环境条件对蛋糕品质的影响。

知识储备

一、包装的重要性

海绵蛋糕出炉后，应趁热从烤模中取出，放在晾网上自然冷却。大圆蛋糕应立即翻倒，底面向上冷却，防止蛋糕顶面遇冷收缩。面糊类蛋糕出炉后，应继续留置在烤模内，待温度降低至烤模不烫手时，将蛋糕取出进一步冷却。蛋糕冷却后，要迅速根据需要进行包装。

蛋糕在生产过程中经常会出现各种各样的质量问题。要制作出高质量的蛋糕产品，必须掌握造成蛋糕质量下降的各种原因及改善、提高蛋糕质量的各种措施和方法。

二、蛋糕加工中出现的问题及解决措施

(一)蛋糕体积膨胀不够

原因：

(1)鸡蛋不新鲜或用量不足；

(2)搅打蛋液冲入空气不足或搅打过度；

(3)膨松剂用量不足或品质不好；

(4)油脂用量不当或油脂添加时机与方法不当，造成蛋泡面糊消泡；

(5)面糊搅拌后停放时间过长；

(6)面糊装盘数量不足;烘烤炉温过高,上火过大,使表面定型太早。

解决方法:

(1)适当减少面粉量,注意配方平衡;

(2)使用原料要新鲜与适当;注意面糊搅拌方法,判断搅拌打发最适点;

(3)面糊搅拌好应马上入盘烘烤,不要停留过久;

(4)面糊装盘数量要适量;进炉炉温避免太高。

(二)表皮颜色深浅不一

原因:

(1)配方内砂糖用量太少导致颜色浅,糖的用量过多、水分用量太少、烘烤温度太高或面火过强导致颜色过深;

(2)烘烤过程要根据烤箱性能,适当倒换烤盘。

解决方法:

(1)调整配方中总水量和糖的用量;降低烤炉上火温度;

(2)根据产品种类,选用适合的烘烤温度及时间。

(三)蛋糕表面有斑点

原因:

(1)糖的颗粒太粗;

(2)泡打粉与面粉拌和不均匀;

(3)搅拌过程中部分原料未能完全搅拌均匀;

(4)面糊内水分不足。

解决方法:

(1)糖尽量不要用太粗的,控制好加水量;

(2)泡打粉与面粉一起过筛;

(3)搅拌过程中随时注意缸底和缸壁未被搅拌到的原料,及时刮缸搅匀。

(四)蛋糕顶面下陷

原因:

(1)面粉筋力不足、配方中面粉用量过少;

(2)面糊中糖、油用量过多;

(3)泡打粉等膨松剂用量过多;

(4)配方中加水太多;

(5)烘烤温度太低;

(6)烘烤过程中还未成熟定型而受震动。

解决方法:

(1)注意配方平衡,适当增加面粉用量,面粉筋力适宜;

(2)适当调整油脂用量;

(3)适当减少膨松剂用量;

(4)适当减少面糊中总水量;

(5)适当的烘烤温度,蛋糕进炉或烘烤过程中的移动应轻。

(五)蛋糕内部组织粗糙,质地不均匀,表面出现斑点

原因：

(1)配方中糖过多、颗粒太粗；

(2)配方中水分不足,面糊太干；

(3)搅拌时间太短,砂糖尚未完全溶解；

(4)搅拌混合不均匀。

解决方法：

(1)注意配方平衡,适当减少糖的用量,选用绵糖或砂糖粉；

(2)增加配方中水的含量；

(3)搅拌顺序和原则,先将鸡蛋与糖搅拌数分钟,待糖溶解后再加入发泡剂。

知识拓展

一、配方平衡的重要性

配方平衡原则对蛋糕制作具有重要的指导意义,它是产品质量分析、配方调整或修改以及新配方设计的依据。

二、配方平衡原则

蛋糕的配方是以鸡蛋、食糖、面粉等为主要原料,以奶制品、膨松剂、赋香剂等为辅料。这些原料的加工性能有差异,所以各种原料之间的配比间也要遵从一定的原则,这个原则就是配方平衡原则,包括干性原料和湿性原料之间的平衡,强性原料和弱性原料之间的平衡。

原料按其在蛋糕加工中的作用不同可分为以下几组：

干性原料:面粉、奶粉、膨松剂、可可粉。

湿性原料:鸡蛋、牛乳、水。

强性原料:面粉、鸡蛋、牛乳。

弱性原料:糖、油、膨松剂、乳化剂。

(一)干性原料和湿性原料之间的平衡

蛋糕配方中干性原料需要一定量的湿性原料润湿,才能调制成蛋糕糊,湿性原料是鸡蛋、牛乳和水。蛋糕配方中的面粉约需等量的蛋液来润湿,尽管如此,海绵蛋糕和油脂蛋糕又稍有所不同。海绵蛋糕主要表现为泡沫体系,水量可以稍微多点;而油脂蛋糕则主要表现为乳化体系,水太多不利于油、水乳化。

蛋糕制品配方中的加水量(对面粉百分比)如下：

海绵蛋糕:加蛋量 100%～200%,相当于加水量 75%～150%。

油脂蛋糕:加蛋量 100%,相当于加水量 75%。

配料时,当配方中蛋量减少时,可用牛奶或水来补充总液体量,但须注意,液体间的换算不是等量关系,减少 1 份的鸡蛋需要以 0.75 份的水或 0.86 份的生奶来代替,例如在制作可可型蛋糕时,加入的可可粉可以算作是代替原配方中的部分面粉,加入量一般不低于面粉量的 4%,由于可可粉比面粉具有更强的吸水性,需要补充等量的牛奶或适量的水来调节干湿平衡。

(二)强性原料和弱性原料之间的平衡

强弱平衡考虑的主要问题是油脂和糖对面粉的比例,不同特性的制品所加油脂量和糖量不同。各类主要蛋糕制品油脂和糖量的基本比例(对面粉百分比)大致如下:

海绵蛋糕:糖 80%~110%,油脂 5%~10%。

奶油海绵蛋糕:糖 80%~110%,油脂 10%~50%。

油脂蛋糕:糖 25%~50%,油脂 40%~70%。

调节强弱平衡的原则是,当配方中增加了强性原料时,则相应增加弱性原料来平衡,反之亦然。油脂蛋糕配方中如增加了油脂量,在面粉量与糖量不变的情况下要相应增加蛋量来平衡;当鸡蛋量增加时,糖的量一般也要相应增加。

可可粉和巧克力都含有一定量的可可脂,因此,当加入此两种原料时,可适当减少原配方中的油脂量。强弱平衡还可以通过加化学膨松剂进行调整。当海绵蛋糕配方中蛋量减少时,除应补充其他液体外,还应适当加入或增加少量化学膨松剂以弥补膨松不足。油脂蛋糕也如此。如果配料中出现强弱物料失衡,也会对制品的品质产生影响。糖和膨松剂过多会使蛋糕的结构变弱,造成顶部塌陷,油脂太多亦能弱化蛋糕的结构,致使顶部下陷。

企业衔接

一、重油蛋糕加工

(一)工艺流程

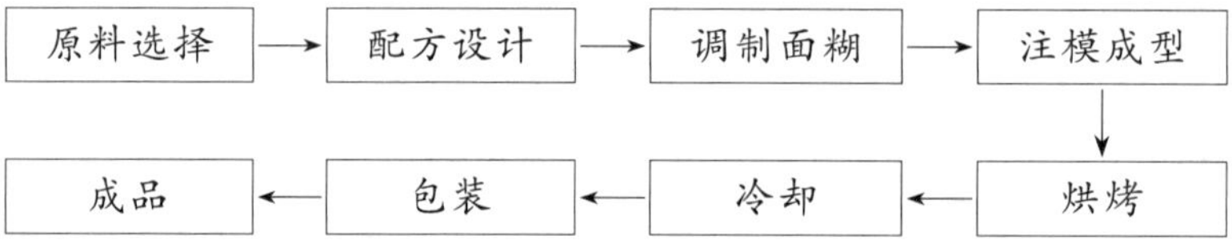

(二)技术要点

1. 配方设计

海绵蛋糕的基本配方见表 16-2。

表 16-2　海绵蛋糕的基本配方

原料	面粉	砂糖	鸡蛋	奶粉	食盐	泡打粉	吉士粉	奶香粉	色拉油	杏仁片
质量/g	175	175	100	2	2	6	15	2	150	适量

2. 面糊调制

把全蛋、砂糖、食盐,倒在一起,打至砂糖完全溶化,呈泡沫状。加入低筋面粉、奶粉、吉士粉、奶香粉、泡打粉,拌至无粉粒。分次加入色拉油,并完全拌匀成均匀细腻糊状。

3. 注模

调制好的面糊用量杯倾入垫了纸的模具内,八分满,撒上杏仁片。

4. 烘烤

将烤盘入炉,140 ℃的炉温烘烤 30 min,完全熟透后出炉,当温度降低到不烫手时,脱模,勿重压,减少破损和变形。

5. 冷却、包装

需要冷却到室温，包装即为成品。

二、戚风蛋糕加工

戚风蛋糕属海绵蛋糕类型，制作采用分蛋法，即蛋白与蛋黄分开搅打再混合而制成的一种海绵蛋糕。其质地非常松软，柔韧性好，水分含量高，口感润爽，存放不易发干，因而特别适合做高档卷筒蛋糕及鲜奶装饰的蛋糕坯。

（一）工艺流程

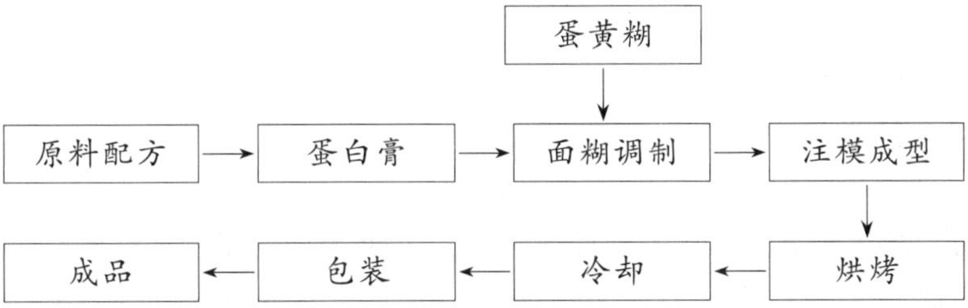

（二）技术要点

1. 配方

蛋黄 250 g，泡打粉 10 g，低筋面粉 500 g，盐 5 g，白砂糖 350 g，蛋白 500 g，水 325 g，塔塔粉 5 g，色拉油 250 g。

2. 蛋黄糊调制

先将水、白砂糖和盐放入不锈钢盆中，搅拌至糖溶化，加入色拉油；再加面粉、泡打粉（事先过筛），拌成糊状。最后加入蛋黄并搅拌均匀，备用。

3. 蛋白膏调制

将蛋白与塔塔粉放入搅拌缸中，进行高速搅打。塔塔粉可以使蛋白膏的 pH 降低至 5～7，起到稳定蛋白泡沫的作用，塔塔粉加入量为蛋白量的 0.5%～1%。当蛋白打至乳白色加入糖，继续搅打。要观察蛋白的搅打程度，一直搅打到蛋白呈峰状且风尖略微下弯为佳。

4. 面糊调制

将蛋黄糊和蛋白膏混合。先将约 1/3 蛋白膏倒入蛋黄糊中用手搅匀，再将其倒回搅拌缸中与剩余蛋白膏一起用手搅拌均匀即可。

5. 成型

装入裱花袋，注入模具八分满。

6. 烘烤

戚风蛋糕的烘烤温度比一般海绵蛋糕低，厚坯炉温上火 180 ℃、下火 150 ℃。薄坯炉温上火 200 ℃、下火 170 ℃。蛋糕出炉后应尽快从烤盘中取出，否则会引起收缩。

7. 冷却、包装

冷却到室温，立即包装。

三、裱花蛋糕加工

裱花蛋糕又称艺术蛋糕，是以清蛋糕做坯，外加奶油膏、蛋白膏或白马糖膏等裱制成各类图案、花朵、中外文字等，再用新鲜水果、果酱、糖帽等辅料点缀，在制品底部垫上花边纸衬托，装入特制的盒中即成。

(一)工艺流程

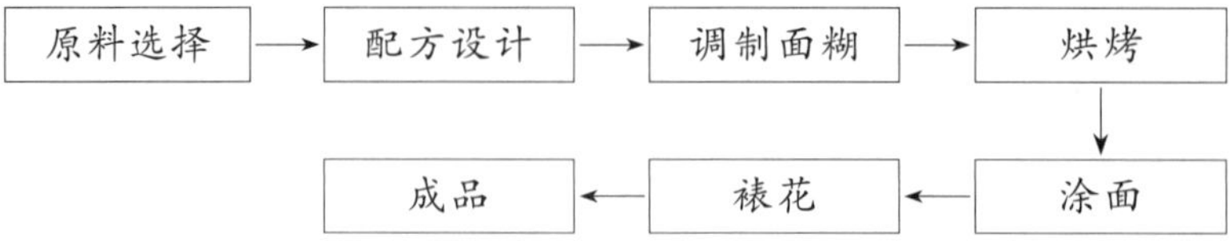

(二)技术要点

1. 配方设计

蛋糕坯:鸡蛋 5 kg,白糖 2.5 kg,面粉 2.5 kg;

奶油膏:白糖 2 kg,奶油 1.5 kg,蛋白 0.5 kg;

糖水:白糖 0.5 kg,水 1 kg,朗姆酒 0.2 kg。

2. 打蛋浆、调糊

到烘焙过程,均与清蛋糕的制作相同,只是制蛋糕坯子的蛋浆用量是面粉用量的 2 倍或更高,用糖量也稍低,出炉温度常控制在 200 ℃以下,时间一般在 35～60 min,蛋糕坯子的形状有圆形、桃形、方形等,各种生日、喜庆蛋糕以圆形居多。

3. 涂面

涂面前在糕坯和切口处用喷水壶喷洒一次糖酒液,以增加香味和固结作用,然后用刀子挑上奶膏往糕坯四周表面涂刮,刮膏时,要刮平整,厚薄均匀,向一个方向进行,这有利于刮平而不起毛(糖酒液的制备是在 1000 mL 水中加 0.5 kg 白糖,煮沸冷却后,再酌量添加朗姆酒 100 mL 左右)。

4. 裱花

西式蛋糕的裱花是一项重要工序和技艺,原料主要是奶油膏或糖膏,主要方法是挤注。主要工具是挤注器(俗称"嘴子")。根据构图,选择合理裱花嘴进行色彩协调。

(1)裱花要领。准备好裱花工具,如各种裱花的嘴子、裱花袋;裱花袋尖端剪去小孔,将所需用嘴子从裱花袋内装入小孔处,将调好的奶油膏适量装入裱花袋子,掌握好嘴子的角度和高低进行裱花。

嘴子高低、倾斜角度影响挤花的花卉图案质量。嘴子低,挤出的花线粗扁,嘴子高挤出的花边厚或尖。特别是对大蛋糕锁边,若倾角小,挤出的花边瘦小,反之,挤出的花边易脱落。

挤花用力的轻重和挤花的速度与挤出的花卉图案是否生动美观有重要关系。若什么情况都是平均用力,匀速前进没有轻重之别、快慢之分,则挤出的花卉图案等会显得呆板。

(2)裱花技术。制作裱蛋糕花时,应懂得图料的软硬性能。奶油膏、蛋白膏为软性,裱软性花。白帽膏、白马膏为硬性,裱好花样后,待其硬化。软性花图案包括:

①拉坨。此常为蛋糕锁边,用带锯齿的嘴子挤,用力和速度要均匀,挤出的花大小匀称一致,花齿清楚、饱满,立体感强。

②条形。要求挤拉得直而不弯曲,粗细匀称协调,用圆嘴挤。

③梗枝。花梗、树枝常调成咖啡色或墨绿色,用圆嘴挤,梗枝在基部一般要稍粗,大小、长短、弯曲度自由选配,尽量逼真一点。

④叶子。挤叶片常用 V 形叶嘴子,挤叶子的尖部要向上拉断,大小、长短自行掌握,只要协调、逼真即可,颜色常为翠绿色。

⑤花。最常见的花为玫瑰花和蔷薇花，其挤法是：用呈星月形的嘴子作裱带，嘴子贴住铁杆，一边轻挤，一边旋转铁杆，用涂料由里及外逐层裱制，花瓣向外翻，如此挤5～6瓣时，像一朵花就可以了。然后用剪刀或镊子轻夹住铁杆，将铁杆轻轻抽出，花则落在剪刀或镊子上。

⑥圆圈。用带锯齿嘴子挤，要求圆正，接口处没有明显的连接痕。

⑦黏附。将制作好的花叶等黏附到蛋糕上。至于颜色，常是绿叶扶红花，当然也要根据所设计的花卉图案的具体情况配置。

最终根据设计要求裱制图案、花卉或文字，至此裱花完成。目前，结合营养、口感趋向用五颜六色的新鲜水果，切成各种形状，进行搭配生日蛋糕表面的裱装。

习题与思考

一、选择题

1. 下列食品添加剂中属于乳化剂的是（　　）。

A. 蛋糕油　　B. 泡打粉　　C. 碳酸钠　　D. 碳酸氢钠

2. 戚风蛋糕不加（　　）；必需加（　　）。

A. 塔塔粉　　B. 乳化剂　　C. 消泡剂　　D. 冰粉

3. 海绵蛋糕进行面糊调制需要将（　　）与（　　）先加入搅拌机进行搅拌，最后加面粉。

A. 鸡蛋　　B. 白糖　　C. 蛋糕油　　D. 水

4. 蛋糕在烘烤过程中一般会经历（　　）四个阶段。（多选题）

A. 胀发　　B. 定型　　C. 上色　　D. 熟化

5. 蛋糕的烘烤工艺条件主要指烘烤温度和烘烤时间，一般油蛋糕的烘烤温度为（　　），清蛋糕的烘烤温度为（　　），烘烤时间为10～15 min。

A. 160～180 ℃　　B. 180～200 ℃　　C. 150～200 ℃　　D. 200～210 ℃

二、简答题

1. 海绵蛋糕多孔泡沫组织形成的原理是什么？

2. 为什么鸡蛋是天然乳化剂？

习题及答案

实训项目单

编制单位：　　　　　　　　编制人：　　　　　　　　编制日期：

任务代号		任务名称		实训课时	
课程名称		实训对象		实训时间	
实训目的					
实训步骤及要求	一、任务分析 二、任务计划决策 三、实施准备 四、工艺流程及要点 五、质量评价				

【过程性考核要点】

海绵蛋糕的加工			
序号	考核内容	考核标准	参考分值
1	学习与工作态度	态度端正，学习方法多样，课前预习，积极主动，责任心强，按时出勤。	5
2	团队协作	服从安排，积极与小组成员合作，共同制订实训计划，相互配合完成任务，团队意识强。	10
3	计划制订	按要求着装，有完整的工作方案，时间安排合理，工作步骤正确。	10
4	关键技术点	1. 面糊调制：面粉要求低筋并提前过筛，打蛋浆程度的判定、面糊终点的判断。 2. 注模成型：注入面糊量、注入的技巧要领。 3. 烘烤：烤箱的预热、选择合适的烘烤温度、时间。 4. 裱花蛋糕：要领及技巧。	50
5	主要机械设备及用具的使用与维护	搅拌机、烤箱等设备的安全规范操作；刮板、硅胶铲等焙烤用具正确使用与选择。	10
6	卫生保持与清理	保持现场卫生，实训结束后能及时清理卫生，整理用具。	10
7	问题思考	对工作任务完成过程中的问题进行分析，并提出改进措施。	5
8	合计		100

项目十七

方酥的加工

【饼干制品】

饼干的主要原料是小麦面粉，再添加糖类、油脂、蛋品等进行调制、成型及烘烤等工艺制成的口感酥松或松脆的食品。由于其体积轻、便于携带、易于贮藏等优点，已作为旅行、航海、野外作业、登山等方面的重要食品，在战争时期用于军人的备用干粮。

饼干生产历史悠久，品种多样，随着我国人民生活水平的提高，饼干的配方和生产工艺都有了很大改进，特别是新工艺、新技术、新设备、新材料应用方面，饼干生产类型向主食、点心、休闲食品方向发展，市场发展空间广阔。数据显示，我国饼干的产量以7%～10%的速度增长，2022年，我国饼干行业市场需求将达到1 230万t左右。到2024年我国饼干产量将达到1 437万t。

饼干的生产在质量、花色、品种正向着营养、健康、美味方向发展，通过添加蔬菜、蔓越莓、抹茶和亚麻籽等具有某些健康功效的配料来改造饼干，是现在比较受欢迎的一种形式。为不断创新饼干新口味，开发营养、健康、美味而又带有时尚元素的饼干，提升国民健康，这是值得我们深入研究探讨的课题。

【学习目标】

1. 熟悉饼干的种类及特点；
2. 掌握饼干和面、成型等加工工艺及设备用具选用；
3. 了解成品质量标准。

【项目实施】

方酥加工的工艺流程如下：

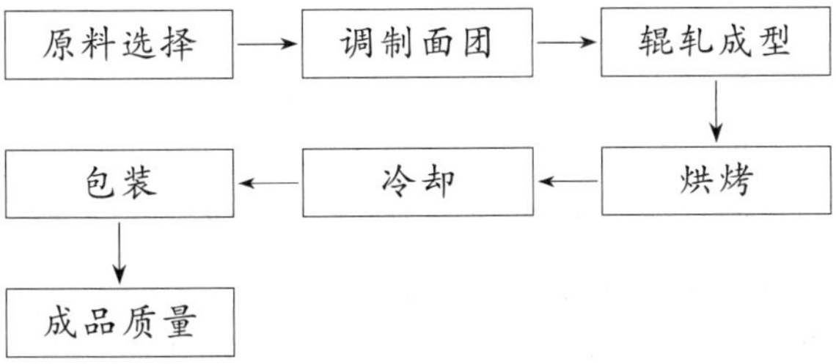

方酥的加工

任务1 原料的选择

活动1 材料与工具的准备

材料:面粉、糖粉、起酥油(黄油)或植物油、鸡蛋、奶粉、碳酸氢钠、碳酸氢铵、泡打粉、柠檬酸、食盐等。

工具:电子秤、和面机、饼干成型机或走槌(或擀面杖)、烤箱、烤盘、不锈钢盆、饼干模具、刮板、硅胶铲、保鲜膜(袋)等。

活动2 配方设计

参考配方(kg):面粉600,绵糖(或糖粉)220,玉米油200,花生油100,鸡蛋130,奶粉25,碳酸氢钠2.5,碳酸氢铵2.5,柠檬酸2,芝麻少许。

知识储备

饼干以谷类粉(和/或豆类、薯类粉)等为主要原料,添加或不添加糖、油脂及其他原料,经调粉(或调浆)、成型、烘烤(或煎烤)等工艺制成的食品,以及熟制前或熟制后在产品之间(或表面、或内部)添加奶油、蛋白、可可、巧克力等的食品。

一、饼干分类

饼干花色品种繁多,近年来,由于工艺技术及设备的发展,新型产品不断涌现,要将类别分得十分严格是比较困难的。常用的分类方法有2种,一种是按原料的配比分,另一种是按成型的方法来分。

(一)按原料的配比分类。

按照原料配比不同,饼干大体上可分为5类,如表17-1所示。

表17-1 按原料的配比分类

种类	油糖比	油糖与面粉比	品种
粗饼干	0∶10	1∶5	硬饼干、发酵硬饼干
酥性饼干	1∶2	1∶2	一般甜饼干
韧性饼干	1∶2.5	1∶2.5	低档甜饼干
甜酥性饼干	1∶1.35	1∶1.35	高档酥饼干
发酵饼干	10∶0～1.5	1∶4～6	中、高档苏打饼干

由于原料的不同,其生产工艺条件亦有较大的差别,因而,要求油糖比和对应的面粉比大体上要按照表17-1所选定的比例实施,不能相差过大,否则,会产生原料配比与工艺条件不相吻合的情况,导致生产困难,使产品不符合要求,这一点十分重要。

这些不同类型的饼干在印模及花纹的选择方面有严格的区别。韧性饼干应使用有针孔凹花印模,主要原因是由于面团的弹性较大,防止出现花纹不清及起泡、凹底等毛病。酥性饼干是半软性面团,可采用无针孔凸花印模,若使用凹花印模,会因面团的黏性较大而造成粘模。

甜酥饼干可使用浮雕式的凸花印模。粗饼干和苏打饼干一般用多针孔无花有字的印模，多针孔是防止饼干起泡。

发酵饼干可分为咸苏打饼干和甜苏打饼干2种。甜苏打饼干可采用韧性饼干的配比来生产，这类产品有过去常见的宝石、香烟、小动物、字母及甜苏打等品种。

（二）按成型方法与油糖用量的范围来分类

这种分类方法的优点在于按不同成型方法规定油脂和白砂糖用量的范围，人们可以根据有关标准来选定配方，可在其范围内发展新型花色品种，并且可以采用认为合适的成型方法来生产。这种方法是目前比较新颖的、合理的分类方法。该法一般把饼干分为苏打饼干、冲印硬饼干、辊印饼干、冲印软饼干和挤条饼干等5类。此外，还有一类以挤浆成型方法制造的小蛋黄饼干（或称杏元饼干）。这是一种不用油脂，以鸡蛋和糖为主体的，体积较大且重量甚轻的小圆形膨松型饼干，适合儿童食用。

近年来，获得较大发展的丹麦曲奇饼干是使用挤花成型的方法生产的。这类面团由于含油糖比甚高而显得较为柔软，用机械挤压的方法使面团在挤花的头子中压出，制成形似花瓣产品，十分美观。该成型方法亦即是挤浆成型的发展和改良，以取代旧式的钢丝切割成型。

（三）我国饼干的分类

按国家标准《饼干质量通则》（GB/T 20980—2021）生产工艺将饼干分为13类。

1. 酥性饼干

以谷类粉（和/或豆类、薯类粉）等为主要原料，添加油脂，添加或不添加糖及其他配料，经冷粉工艺调粉、成型、烘烤制成的，断面结构呈多孔状组织，口感酥松或松脆的饼干。

2. 韧性饼干

以谷类粉（和/或豆类、薯类粉）等为主要原料，添加或不添加糖、油脂及其他配料，经热粉工艺调粉、辊压、成型、烘烤制成的，一般有针眼，断面有层次，口感松脆的饼干。置于水中易吸水膨胀的韧性饼干称为冲泡型韧性饼干。

3. 发酵饼干

以谷类粉、油脂等为主要原料，添加或不添加其他配料，经调粉、发酵、辊压、成型、烘烤制成的酥松或松脆、具有发酵制品特有香味的饼干。

4. 压缩饼干

以谷类粉（和/或豆类、薯类粉）等为主要原料，添加或不添加糖、油脂及其他配料，经冷粉工艺调粉、辊印、烘烤成饼坯后，再经粉碎、添加油脂、糖等其他配料，拌和、压缩而成的饼干。

5. 曲奇饼干

以谷类粉、糖、油脂为主要原料，添加或不添加乳制品及其他配料，经冷粉工艺调粉、采用挤注或挤条、切割或辊印方法中的一种形式成型，烘烤制成的口感酥松的饼干。添加或不添加糖浆原料，口感松软的曲奇称为软曲奇饼干。

6. 夹心（或注心）饼干

在饼干单片之间（或饼干空心部分）添加夹心料而制成的饼干。以水分含量较高的果酱或调味酱等作为夹心料的夹心饼干称为酱料型夹心饼干。

7. 威化饼干

以谷类粉等为主要原料，添加其他配料，经调浆、浇注、烘烤制成多孔状的片状、卷状或其他形状的单片饼干，通常在单片或多片之间添加或注入糖、油脂等夹心料的两层或多层的饼干。

8. 蛋圆饼干

以谷类粉、糖、蛋和蛋制品等为主要原料，添加或不添加其他配料，经搅打、调浆、挤注、烘烤制成的饼干。

9. 蛋卷

以谷类粉（和/或豆类、薯类粉）、蛋及蛋制品等为主要原料，添加或不添加糖、油脂等其他配料，经调浆（或调粉）、浇注或挂浆、煎烤而成的饼干。

10. 煎饼

以小麦粉（可添加糯米粉、淀粉等）、糖、油（或无油）、鸡蛋为主要原料，加入膨松剂、改良剂及其他辅料，经调浆或调粉、浇注或挂浆、煎烤而成的煎饼。

11. 装饰饼干

在饼干表面通过涂布、喷洒、裱粘等一种或多种工艺，添加其他配料而制成的饼干。

12. 水泡饼干

以小麦粉、糖、蛋及蛋制品为主要原料，添加或不添加其他配料，经调粉、多次辊压、成型、热水烫漂、冷水浸泡、烘烤制成的具有浓郁蛋香味的疏松、轻质的饼干。

13. 其他饼干

二、饼干主要原料要求

（一）面粉

面粉是饼干加工的主要原料之一，一般都选用低筋面粉，要求颜色正常，无异臭、无异味，无杂质、无霉变、无生虫及其他视力可见的外来异物。检验方法常将样品置于白瓷盘中，在自然光下观察色泽和状态，检查有无异物；闻其气味，用温开水漱口后品其滋味。

由于饼干生产的特性，对面粉的湿面筋数量和质量的要求很高，其必须与各类饼干相匹配。制作韧性饼干的面粉，一般湿面筋含量在21%～28%；制作酥性饼干的面粉，一般湿面筋含量在22%～26%，过 GB 36 号筛全部通过；制作发酵饼干的面粉，一般以湿面筋含量在24%～30%，过 GB 36 号筛全部通过为宜。面粉使用前要进行过筛处理。有时根据产品种类不同，为了降低面筋蛋白的比例，一般可通过加入玉米淀粉、小麦淀粉或马铃薯淀粉来实现。

（二）油脂

油脂是饼干生产中的重要成分，其主要作用是赋予产品良好风味和外观色泽；可限制面团的吸水性，控制面筋的生成；由于油膜之间的相互隔离，使面筋微粒不易黏合而形成面筋网络，使面团的黏性与弹性降低，缩小变形；由于油脂分布在面粉中的蛋白质或淀粉微粒周围，形成一层油膜，所以不易粘压辊、印膜，饼干花纹清晰；能助长酥松起发，增加光泽度和外观；油脂含有人体必需脂肪酸，也是香料的载体，能改变粉团组织结构和口味。

1. 韧性饼干

生产时用油量较少，普通饼干用6%、中高档饼干用14%～20%油脂。要求品质纯净、风味愉快的奶油、人造奶油、优质猪板油等。由于调粉操作时添加亚硫酸盐类改良剂能促使油脂酸败，不宜选用不饱和脂肪酸较高的植物油。韧性饼干一般不要求高油脂，以面粉总量的20%以下为宜。

2. 酥性饼干与甜酥性饼干

生产时油脂用量较大，一般为面粉总量的14%～30%，甜酥性的曲奇饼干类则属高油脂，常用量40%～60%。既要考虑油脂稳定性优良、起酥性较好，主要是酥性饼干调至面团时间很短；又要选用熔点较高的油脂，否则，极易造成因面团温度太高或油脂熔点太低而导致油脂流散度增加，发生"走油"现象，使饼干品质劣变，操作也困难。因此，一般选用优质人造奶油为最佳，猪板油次之。甜酥性饼干的曲奇饼干应选用风味好的黄油。

3. 发酵饼干

要求使用酥性与稳定性兼优的油脂，尤其是起酥性更重要。如苏打饼干，发酵饼干的酥松度和它的层次结构，是衡量成品质量的重要指标。实践证明，猪油的起酥性能使苏打饼干具有组织细密、层次分明、口感松脆的效果，植物性的起酥油对改善饼干层次有利，酥松度较差，因此，植物油与猪板油混合使用，两种油脂互补，制成的苏打饼干品质优良。

饼干生产常用的油脂有奶油、棕榈油、猪油、花生油、麻油、起酥油、黄油、椰子油等。黄油等在低温时硬度较高，可以用文火加热或使用搅拌机搅拌，要先进行软化。

(三)糖

韧性饼干用糖量24%～26%；酥性饼干用糖量30%～38%；发酵苏打饼干用糖量约2%。有白砂糖、饴糖、淀粉糖浆等。在饼干生产中，白砂糖通常是先溶解于水，再与油脂、鸡蛋等配料混合。但如果配方中水量较少，则白砂糖应先磨成细糖粉(曲奇饼干)，再与油脂、鸡蛋等混合。

糖是饼干生产的重要原料之一，它的作用除了赋予饼干甜味，同时还使之具有好看的色泽，口感酥脆。特别对酥性饼干来说，由于糖的强烈反水化作用，使用较多的砂糖可以有效地防止面团在调制时起筋，能很好地保持产品的酥脆特点，主要是因为糖在溶解时需要水，同时使溶液渗透压加大，这就抑制了面筋吸水胀润，糖用量在10%以下，对面团吸水影响不大，但在20%以上时对面筋形成有较大的抑制作用。

(四)膨松剂

1. 碳酸氢铵

西方人主要用来做饼干、曲奇等的膨松。

2. 碳酸氢钠

常与碳酸氢铵配制膨松剂，用于饼干、糕点等的制作。在小麦粉中的添加量20 g/kg，作酸度调节剂和化学膨松剂，我国规定可用于各类需添加膨松剂的食品，按生产需要适量使用。

3. 注意事项

使用膨松剂时，如遇结块要先经粉碎，然后用冷水溶解(用水量应计入总加水量)，防止大颗粒直接混入面团而造成胀发不均匀。不得使用热水溶解，防止NH_4HCO_3和$NaHCO_3$受热分解出一部分或大部分CO_2，降低焙烤时面团的胀发力，影响胀发效果。调粉时膨松剂后放为宜，这样可以减少在温度高、时间长的调粉条件下因受热分解而造成的挥发损失。由于NH_4HCO_3和$NaHCO_3$的不稳定性，故应将它们存放在通风、阴凉、避光、密封的条件下，防止因分解而造成的胀发力下降或失效。

(五)食盐

食盐既是调味料，又是面团改良剂。咸饼干中添加食盐，是咸味的主要来源；甜饼干中添加食盐，克服了单纯的甜味，可使饼干的风味更佳。椒盐饼干则是在饼干的表面撒上精制盐，形成口味独特的品种，发酵饼干除了在发酵面团中添加少量食盐外，将油脂和盐拌和在面粉中形成油酥，在面团辊轧时夹入面皮中，形成风味特脆的夹油发酵饼干。

食盐对饼干生产的作用：赋予饼干咸味，增强产品风味；增强面筋弹性，使面团抗胀力提高；作为淀粉酶的活化剂，提高淀粉的转化率，为酵母提供更多的糖分；抑制杂菌繁殖，防止野生菌发酵带来的异臭。除此以外，将盐撒在饼干表面，如苏打饼干和椒盐饼干等品种，盐可在其表面形成薄片状大小的结晶，为消费者所喜爱，所以撒盐成了制造工艺的重要部分。

(六)淀粉

制作饼干，一般不希望产生过多的面筋，因此常选用筋力弱的小麦粉。当小麦粉的筋力高时，可以通过加淀粉来减少面筋蛋白质的比例，从而降低面团的筋性。常用的有小麦淀粉、玉米淀粉、马铃薯淀粉。

(七)其他

常用乳制品、蛋品、可可、可可粉、巧克力制品、咖啡、果脯、果酱、坚果类、果类等来丰富饼干的品种、改善品质和增加风味，也可以使用食品添加剂如香兰素等。添加剂用量根据食品安全国家标准 GB 2760—2014 正确选择使用。

1. 焦磷酸二氢钠

它的主要功能是水分保持剂、pH 调节剂、金属螯合剂。本品为酸性盐，一般不单独使用，常与焦磷酸钠(碱性盐，与肉中蛋白质有特异作用，可显著增强肉的持水性)混合使用。本品与碳酸氢钠反应生成二氧化碳，可以用作快速发酵粉的原料(饼干最大使用量 3.0 g/kg)

2. 焦亚硫酸钠

在饼干工业中用焦亚硫酸钠作为饼干面团的改良剂，从而改善面团特性，生产高质量硬质半甜、甜饼干和一些咸味零食饼干。

3. 香兰素

又名香草醛，化学名称为 3-甲氧基-4-羟基苯甲醛，是从芸香科植物香荚兰豆中提取的一种有机化合物，为白色至微黄色结晶或结晶状粉末，微甜，溶于热水、甘油和酒精，在冷水及植物油中不易溶解。香气稳定，在较高温度下不易挥发。在空气中易氧化，遇碱性物质易变色。在糕点、饼干中的添加量为 0.01%～0.04%。

任务 2 调制面团

活动 1 和面机准备

(1)机器要放在平整台面上，检查和面机零件、部件是否齐全；

(2)不可用水直接淋洗电机，以防产生短路、触电、漏电、生锈等故障；

(3)电机外壳用干净湿布擦拭；

(4)搅拌配件、搅拌容器等配件，在清洗之前先拔除电源线插头或将调速旋钮转动至“关”，用柔软洁净的海绵清洁缸体、晾干后重新组装。

(5)最后接通电源，检查安全后，待用。

知识储备

一、和面机的工作原理

和面机也叫搅拌机。其工作过程是将水、面粉及其他原辅料倒入搅拌容器缸体内，开动电动机使搅拌桨转动，物料在桨叶的搅动下均匀地与水结合，首先形成胶体状态的不规则小团粒，进而小团粒相互黏合，逐渐形成零散的大团块。随着桨叶的不断推动，团块扩展揉捏成整体面团。由于搅拌桨对面团连续进行的剪切、折叠、压延、拉伸及揉合等一系列作用，调制出表面光滑，具有一定弹性、韧性及延伸性的理想面团。

二、搅拌机的结构

和面机按主轴安装形式，可分为卧式和面机和立式和面机2大类。主要由搅拌容器、搅拌器、传动装置、容器翻转机构和机架等组成。

活动2 投料顺序及调制

面团调制是饼干加工关键工艺，酥性饼干的面团调粉温度低，俗称冷粉调制。首先应按配比将油脂、糖、水（或糖浆）、乳、蛋、疏松剂等辅料投入和面机中充分混合、乳化成均匀的乳浊液。其次加入香料，以防止香味大量挥发。最后加过筛后的低筋面粉，调制成粗糙面团（图17-1）。这时需要特别注意面团的调制火候，在适宜胀润度时停止调粉，避免面团起筋。机械地捏合和搅拌会促进面筋的形成，因此控制调粉时间是控制面筋形成的程度（图17-2）。酥性面团糖、油用量大，面团疏松，可以直接辊轧。静置是酥性面团调制过程中的常用一种补救方法，如果筋力不足时，表现为拉伸强度低、面团发黏。此时可以面团上盖保鲜膜，静置松弛5 min，使面筋蛋白质继续水化形成面筋。

图17-1 原料称量

图17-2 调制面团

知识储备

一、面团调制方法及要点

面团调制是指将饼干生产中所用的各种原辅材料经过预处理后，按照配方的要求配合好，在和面机（混合机）中进行调制，使之成为均匀面团的过程。饼干生产过程中面团调制是最关键的一道工序，关系到饼干成品的花纹、形态、酥松度、表面的光滑程度及内部结构等质量指标。不仅对产品有重要的影响，还对后续工序的操作起决定性作用。

（一）酥性饼干面团调制

酥性饼干的面团调粉温度低，俗称冷粉。酥性面团糖、油用量大，面筋形成量少，吸水量少，面团疏松，不具延伸性；靠糖、油调节润胀度，胀发率较少，密度较大，宜做中、高档产品。这种面团要求具有较大程度的可塑性和有限的弹性，在操作中还要求面团有结合力，不粘辊和模具，成型后的饼干坯应具有保持花纹的能力，形态不收缩变形，烘烤后具有一定的膨胀率，使饼干内部孔洞性好，从而口感酥松。要达到上述目的，最重要的是要控制面筋的吸水率、面团温度等。

1. 影响酥性面团调制的因素

(1)加水量。面筋的形成是水化作用的结果，所以控制加水量是控制面筋形成的重要措施之一。在通常情况下，加水量的多少与湿面筋的形成量有密切关系。根据实践经验，较软的面团易起筋，所以，调粉的时间宜短些。较硬的面团则要稍增加搅拌时间，否则，会形成散沙状。一般来说，油脂和糖添加量较少的面团加水量宜少些，使面团略硬些。在糖、油较多的面团调制时，即使加水，也不易过度，加水量一般控制在 3%～5%，否则容易起筋及影响面团的软硬度。需要注意调粉中既不能随便加水，更不能一边搅拌一边加水。

(2)面团温度。注意面团的温度，过低会造成黏性增大，结合力较差而无法操作，致使表面不光、花纹不清、韧缩变形。面团温度过高，酥性面团弹性增大，甜酥性面团则容易“走油”。一般酥性面团的温度应控制在 26～30 ℃为宜。甜酥性面团则保持在 19～25 ℃为好。

(3)淀粉的添加。有时酥性饼干根据加工工艺需要，要加淀粉来抑制面筋形成，降低面团的强度和弹性，增加可塑性。但淀粉的添加量不宜过多，一般只能使用面粉量的 5%～8%。

(4)头子加入量。在冲印和辊切成型操作时，切下饼坯必然要余下一部分，另外生产线上也会出现一些无法加工成成品的面团也称作头子。为了将这些头子充分利用，常常需要把它再掺到下次制作的面团中去。头子由于已经过辊轧和长时间的胀润，所以面筋形成程度比新调制的面团要高得多。为了不使面团面筋形成过度，头子掺入面团中的量要严格控制，一般加入量为新鲜面团的 1/10～1/8。

(5)调粉时间和温度。通常面团调制的温度 30 ℃，调粉时间为 5～18 min。调粉时间过短，则面筋形成不足，面团发黏，拉伸强度低，甚至无法压成面皮，不仅操作困难而且严重影响产品质量。相反，调粉过度，会使面团在加工成型时，发生韧缩、花纹模糊、表面粗糙、起泡、凹底、胀发不良、产品不酥松等问题。但实际生产中，由于原料的性质，尤其是面粉的性质变动较大，还有一些变动因素如室内温度等，使得调粉时间要看捏合时具体情况，由操作人员判断。

2. 加工设备对面团的要求

饼干加工机械有冲印成型和辊印成型，因此，对面团的物性要求不同。冲印成型加工中，由于面团要多次经过辊轧，为了防止断裂和粘辊，要求面团有一定的强度和黏弹性，一般要求面团软一些，并有一定面筋形成。辊印成型的面团，由于不形成面皮，无头子分离阶段，它是将面团直接压入印模成型，过软的面团反而会造成充填不足、脱模困难等问题，一般要求面团稍硬些。可以通过控制加水量来控制面团的软硬度。

(二)韧性饼干面团调制

韧性面团俗称“热粉”，这是因为调制后的韧性面团的温度要比酥性面团高，所以称作热粉。韧性面团主要用来生产韧性饼干，与酥性饼干相比，具有如下特点，第一，糖、油用量少，调粉时面筋容易形成；第二，产品容重较轻，口味松脆，组织细致的层状结构；第三，加工多采用多次韧性面团的调制。与一般酥性饼干面团有很大的不同，它是在蛋白质充分水化的条件下调制成的，这种面团要求具有较强的延伸性，适度的弹性，柔软而光润，并且要求有一定程度的可塑性，这种面团制成的饼干胀发率比酥性饼干大得多。

为了达到工艺要求，韧性面团调制可以分两个阶段来调制：第一阶段是使面粉在适宜的条件下充分胀润，使面筋蛋白质水化物彼此连接起来，形成面筋的网状结构。第二阶段是继续搅拌，将已形成的湿面筋在机桨不断撕裂翻动下，逐渐超越其弹性限度而使弹性降低，面筋吸收的水分部分析出，面团变得较为柔软，具有一定的可塑性。

韧性面团所发生的质量问题，绝大部分是由于面团未充分调透，没有很好地完成第二阶段就投入辊轧和成型。其实，在面团调制接近终了时，湿面筋含量会逐步下降，面筋吸收的水分会离析出来，使面团变得较为柔软，并且弹性显著减弱，这便是调粉完毕的重要标志。

1. 投料顺序

韧性面团一般是将油、糖、乳等辅料加热水或热糖浆在搅拌机中搅拌均匀，再加面粉进行面团调制。如使用改良剂应在面团初步形成时加入，然后在调制过程最后加入疏松剂和香料，40 min 左右即可调制成光滑柔韧的面团。

2. 影响韧性面团调制的因素

(1)加水量。韧性面团通常要求面团比较柔软，加水量要根据辅料及面粉的量和性质来适当确定，一般加水量为面粉的 18%～24%。

(2)面团温度。韧性面团温度较高，一般控制在 38～40 ℃。冬天使用 85～95 ℃糖水直接冲入面粉，这样在调粉过程中就会形成部分面筋变性凝固，降低湿面筋的形成量，有助于降低弹性，同时可使面团温度保持在适当范围内。适宜的面团温度是降低黏度使生产顺利进行的重要条件，亦是使面团符合上述各种物理性状的关键，同时，冬天面粉加热亦是重要的措施。

韧性面团要求比较柔软，软可使面团调粉时间缩短，延伸性增大，弹性减弱，成品酥松度提高，面皮光洁度提高，不易断裂。要达到适宜的面团温度，在夏天需用温水调面。

(3)添加头子。头子的加入量必须控制在面团量的 1/10～1/8。

(4)添加面团改良剂。在韧性面团中常用的改良剂为还原剂和酶制剂，如亚硫酸氢钠、焦亚硫酸钠、亚硫酸钙等，添加面团改良剂的作用是减小面团筋力，降低弹性，增强可塑性，使产品的形态完整、表面光滑，缩短面团调制时间。

3. 静置

和好的面团需要静置 10～30 min。其作用主要是消除面团调制过程中，搅拌机桨叶对面团的拉伸、揉捏而产生的张力，还可降低面团的黏性。这种张力如果不消除，易使成品变形或破裂。因此，只要将面团放置一段时间，其张力就自然降低。

(三)发酵饼干面团调制

发酵饼干的面团调制包括调制和发酵工艺，为了得到发酵均匀的面团，一般采用二次发酵法。

(1)第一次调制及发酵。第一次面团调制所使用的面粉量通常是总面粉量的 40%～50%，加入预先用温水溶化的鲜酵母液或用温水活化好的干酵母液，干酵母用量为面粉量的 1.0%～1.5%，鲜酵母用量为面粉量的 0.5%～0.7%。再加入用以调节面团温度的温水(加水量一般根据面粉品种而定，标准粉为 40%～42%，精白粉为 42%～45%)，在卧式和面机中调 4～6 min。冬天面团温度控制在 28～32 ℃，夏天则为 25～28 ℃。面团调制完毕即可进行第一次发酵。第一次发酵过程需 4～6 h，相对湿度 70%，发酵完毕时面团的 pH 为 4.5～5。

(2)第二次调制与发酵。将第一次发酵好的面团中加入其余的 50%～60%的面粉(或选用弱质粉)，以及配方中的油脂、食盐、饴糖、奶粉、鸡蛋、碳酸氢钠、碳酸氢铵，同时根据第一次发酵的程度适当加入一些温水调整等，在和面机中慢速搅拌 5 min 左右，放入醒发箱进行第二次发酵。第二次发酵温度、湿度同第一次发酵，发酵 3～4 h 即达到发酵终点。

(3)调制油酥。为了使发酵饼干酥脆和美味，在饼干原料中往往加入大量油脂，但过多的油脂也会抑制发酵过程。为了解决这个问题，除和面时加入少量的油外，剩余的油脂、面粉、食盐搅拌均匀，调制成油酥，在辊轧、成型时包入饼皮中，数次折叠、反复辊轧，用带有花纹或针孔印花辊轧成型。

(4)注意事项。发酵饼干用盐量是面粉的1.8%～2%。用盐能增强面筋的弹性和坚韧性，使面团抗张力提高，从而提高面团的保气性；同时又是面粉中淀粉酶的活化剂，会增加淀粉的转化率，供给酵母充分的糖分。面团调制时要分次加盐。盐有抑制杂菌的作用，但同样会抑制酵母的发酵；因此食盐总量的30%在第二次发酵时加入，其余70%在油酥中拌入，以防止加盐量过多而对酵母产生不良作用。

二、浆料面团的调制

生产曲奇饼干的浆料面团使用固态油脂，面团温度保持在19～24 ℃，以保证面团中的油脂呈凝固状态，调粉时的配料次序与一般酥性饼干基本相同，调粉时间也大体相仿，以糖粉为主，这是调粉时加水量甚少的缘故。

调粉时，因油脂用量较大，为防止面团中油脂因流散度过大而造成“走油”，所以不能使用液态油脂。

夏季生产曲奇饼干时，要对所用的原辅材料采用降温措施，例如，面粉要进冷藏库，投料的温度不得超过18 ℃，油脂、糖粉应放置于冷风库中，调粉时所加的水可以采用部分冰水或轧碎的冰屑，用以调节和控制面团的温度。

任务3　辊轧成型

活动1　辊轧

辊轧是将面团制成薄面片的工序。采用手工辊轧法时，首先将面板上(操作台)铺平保鲜膜，放上面团，上盖保鲜膜，用擀面杖或走槌均匀用力擀制成厚度均匀一致、形态平整、表面光滑、质地细腻的面片，面片厚度一般在4 mm左右。

知识储备

一、酥性面团辊轧

由于酥性面团中油脂、糖含量多，轧成的面片质地较软，易于断裂，所以不应多次辊轧，更不能进行90°转向，一般以3～7次单向辊轧即可，也有采用单向一次辊轧，通过辊轧工序以后，面团被压制成一定厚薄的面片。

二、韧性面团辊轧

面团辊轧次数与角度和质量的关系。韧性面团的操作方法极不统一，有经辊轧，亦有不经辊轧直接压片者，但按照质量要求来看，应以前者为佳。韧性面团辊轧次数，一般需要9～13次，辊轧时多次折叠并旋转90°角，通过辊轧工序以后，面团被压制成一定厚薄的面片。在辊轧过程中假定不进行折叠与90°角的旋转，则面片的纵向张力超过横向张力，成型后的饼干坯会发生纵向收缩变形。因此，当面片经数次辊轧，可将面片转 90°角，进行横向辊轧，使纵横两向的张力尽可能趋于一致，以便使成型后的饼干坯能维持不收缩、不变形的状态。

在辊轧时为了防止粘辊，往往撒上少许面粉，要注意不能使面粉撒得过多或不均匀，否则，由于面粉夹在辊轧后的层次中降低了面带上下层之间的结合力，在炉内烘烤时会形成起泡现象。

三、发酵饼干面团辊轧

发酵饼干通常采用立式层轧机进行辊轧，面团分别通过两对辊筒轧成面带后在中间夹入油酥，再重叠起来压延折叠、转向，轧薄后进入成型机，使其保持连续性。

发酵面团一般需要辊轧 11～13 次，折叠 4 次，并转向 90°。一般包油酥 2 次，每次包入油酥两层。发酵面团在未加油酥前，压延比不宜超过 1∶3，防止压延比过大，影响饼干膨松；夹入油酥后压延比，一般要求在 1∶(2～2.5)，否则表面易轧破，油酥外露，影响饼干组织的层次，使胀发率差，饼干颜色又深又焦，变成残次品。

活动 2　成型

饼干成型有手工成型、机械成型。

成型即将擀制好的面片直接切分，也可以通过固定的模具人工直接在面片上冲切成型。将擀好的面片，摘取表层保鲜膜，用刮刀切分成长宽分别为 4 cm×4 cm 的方形，也可以用模具在面片上直接冲模，形成花纹图案十分清晰的造型，放置在烤盘中，留间距、刷蛋液、撒芝麻，见图 17-3 至图 17-5。

图 17-3　刻模成型

图 17-4　刷蛋液

图 17-5　撒芝麻

知识储备

饼干的成型方式随着配料和品种的不同，可分为冲印成型、辊印成型、辊切成型、挤浆成型(注射成型)、裱花成型等。饼干机械化成型是一种将面团辊轧成连续的面带后，用印模将面带冲切成饼干坯的成型方法。

1. 冲印成型

目前是我国各饼干厂使用最为广泛的一种成型方法。这种成型方法能够适应多种大众产品的生产，如韧性饼干、酥性饼干、苏打饼干等。

冲印成型的基本过程是，将已经配料调制好的面团，先经过辊轧机初步轧辊，使其成为 60～100 mm 厚的扁面块(也有些食品厂不经辊轧，而直接将大面团撕成小面块)，然后，由冲印饼干机第一对轧辊前的帆布输送带把面块送入机器的压片部分，经过一对、两对或三对旋向相同轧辊的连续辊轧，形成厚薄均匀一致的面带，随后再经帆布输送带送入机器的冲压成型部分，通过冲模冲印，产生带有花纹的饼干生坯和余料(俗称头子)。冲印成型后的面带继续前进，经过拣分部分(也称提头)，将饼干生坯与余料分离。饼坯由输送带排列整齐地送到钢带、网带或烤盘上，而烤盘由链条输送到烤炉内，进行烘烤。余料则经专门的输送带(也称回头机)送回辊轧机，再进行辊轧(图 17-6)。

冲印成型操作要求十分高，必须使皮子不粘辊筒，不粘帆布，冲印清晰，头子分离顺利，落饼时无卷曲现象等。

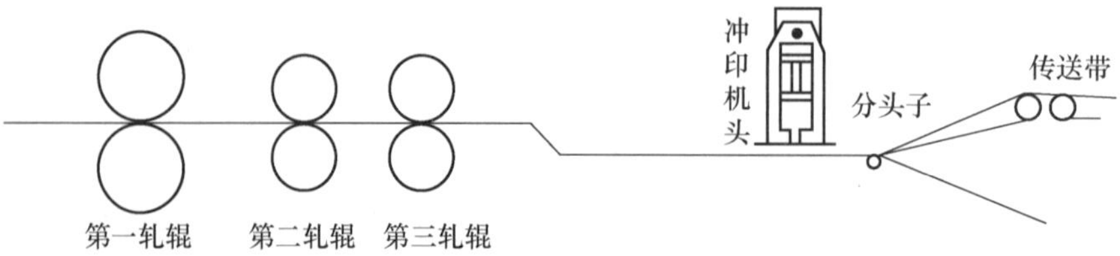

图 17-6 冲印成型机工作示意图

2. 辊印成型

桃酥等高油脂饼干一般都采用辊印机成型。辊印成型的饼干花纹图案十分清晰、口感好、香甜酥脆。尤其生产在配方中加入椰丝、小颗粒果仁(如芝麻、花生、杏仁等)的品种更为适宜。

辊印成型就是把调制好的面团置于成型机的加料斗中，在喂料槽辊及花纹辊相向运转中，槽辊将面团压入花纹辊的凹模中，花纹辊中的饼坯受到包着帆布的橡胶辊的吸力而脱模(图 17-7)，饼坯便由帆布输送带送入烤炉网带或钢带上。

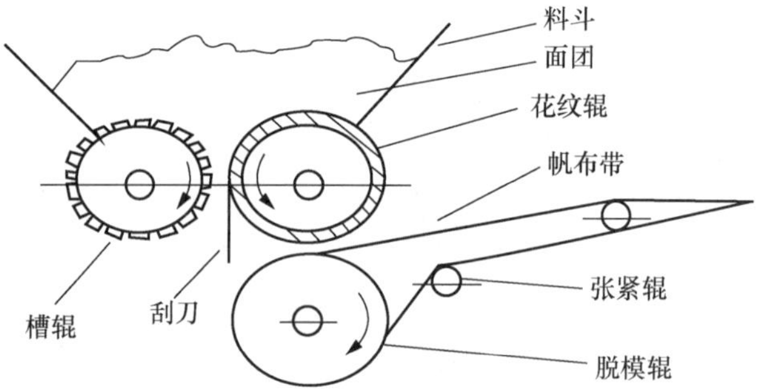

图 17-7 辊印成型机工作示意图

3. 辊切成型

辊切式饼干成型机具有冲印成型与辊印成型的优点，辊切成型的印花和切断是分两个部分完成的，面带首先经过印花辊轧印出饼坯的花纹，然后面带前进，再经同步转动的刀口辊将印好花纹的面带切成饼坯，然后由斜帆布分去头子。辊切成型是一种较有前途的高效能饼干生产机型，广泛应用于韧性、酥性、甜酥性、苏打饼干及桃酥的生产。

任务 4 烘烤

方酥属于酥性饼干，配料中油脂加入量较甜酥性饼干少些，需要依靠烘烤来使体积膨胀，使制品酥松，一般成品比生坯增长 160%～250%。焙烤工艺中面火要有一个温度梯度，其目的是在保证体积膨胀的同时，大致在表面迅速形成硬壳和产生气泡，一般炉温为 240～300 ℃，时间 3.5～4.5 min。

而甜酥性饼干，焙烤工艺的入炉初期采用高温，此阶段属膨胀和定型阶段，由于油、糖量高，面筋形成量低，高温（高面火，低底火）可迫使饼坯凝固定型，防止发生“走油”现象。入炉后期采用低温，此阶段属脱水上色阶段，甜酥性面团加水量少，脱水不多，且饼干易上色，故宜采用低温工艺，见图 17-8、图 17-9。

图 17-8　入炉烘烤

图 17-9　产品

知识储备

一、烘烤设备

按结构类型，烤炉分为隧道式烤炉和箱式烤炉。根据食品在炉内输送装置不同，隧道式炉有钢带式、链条式、网带式及手推烤盘隧道炉；根据食品在炉内的运动形式不同，箱式炉分为烤盘固定箱式炉、水平放置旋转炉和风车炉。

（一）电烤炉

电烤炉是以电热为热源的烤炉的总称，按形式和传动方式不同又可分为链条式炉和橱式炉。橱式炉又分为底盘固定式和底盘旋转式 2 种。电烤炉结构简单，不会产生有毒气体和物质，产品干净卫生，温度容易调节，操作方便，劳动强度低，适应性强，生产能力大。缺点是耗电量大，生产成本高。

（二）链条炉

链条炉是指载体（一般以烘盘为载体）被链条带动的烤炉，其使用热源以电、煤或天然气为主。链条炉结构简单，造价低，占用空间小，炉体保温性能好，生产能力大，产品质量好，同时能适应多种产品的生产，是食品厂中生产烘烤制品的常用设备。可与成型机械配套使用而组成连续化的生产线。

二、烘烤工艺

烘烤设备在焙烤制品时，应注意温度（包括炉温、底火、面火及高低温的先后顺序）的调节。只有适宜的温度，才能保证产品外形丰满，形状整齐，色泽黄亮，内部松脆。温度调节视产品特性而定。

饼干的焙烤工艺取决于配料中的油糖量、饼干的厚薄、块形的大小、面团韧性 4 个方面。一般来说，油糖量多，块形小，饼坯薄，面团韧性小的饼坯，宜采用高温短时间工艺，反之，宜采用低温长时间工艺。

（一）酥性饼干的烘烤

一般来说，酥性饼干的配料使用范围甚广，块形各异，厚薄相差悬殊，所以烘烤条件亦有较大的差异。对于一般配料的酥性饼干，主要依靠烘烤来胀发体积，因此一入炉就需要较高的底火，面火温度则需要逐渐上升的梯度，使其能在保证体积膨大的同时，不致在表面迅速形成坚实的硬壳。对于辅料较好的甜酥性饼干，饼坯一进入炉口，就应有较高的温度。这是因为这种饼干由于含油大，面筋形成极差，若不尽快地使其定型凝固，有可能由于油脂的流动性加大，加之发粉所形成气体的压力，使饼坯发生"油滩"现象，造成饼干形态不好和易于破碎。所以一入炉就要加大底火和面火，使表面和其他部分凝固。这种饼干并不要求膨发过大，由于多量的油脂保证了饼干的酥脆，膨发过大反而会引起破碎的增加。这种面团在调制时加水量极少，烘烤失水不多，当饼坯进入脱水上色阶段后，应用较弱的温度，也有利于色泽的稳定。

(二)韧性饼干的烘烤

韧性饼干的特点：在面团调制时使用了比其他饼干较多的水，且搅拌时间长，淀粉和蛋白质吸水比较充分，面筋的形成量较多，面团弹性较大。

在选择烘烤温度和时间时，原则上应采取较低的温度和较长的时间。在烘烤的最初阶段下火升高快一些，待下火上升至 250 ℃以后，上火才开始渐渐升到 250 ℃。进入定型和上色阶段，下火应比上火低些，韧性饼干一般烘烤 4～6 min。

由于烘烤工艺所需要遵循的因素十分复杂，特别是某种较高档的产品，油糖含量十分高，比较接近于酥性饼干，可采用高一些的温度进行烘烤。

(三)发酵饼干的烘烤

入炉初期需要下火旺盛，上火可以低一些，使饼干处于柔软状态，有利于饼干坯体积的膨胀和 CO_2 气体的逸散。如果炉温过低，烘烤时间过长，饼干易成为僵片。进入烤炉中区，要求上火渐增而下火渐减，这样可以使饼干坯膨胀到最大限度把体积固定下来，以获得良好的产品。如果这个阶段上火不够，饼坯不能凝固定型，可能出现塌顶，成品不疏松。最后阶段上色时的炉温通常低于前面各区域，以防色泽过深。

固定式烤炉一般选用 250～270 ℃，烘焙时间为 4～5 min。

任务 5　冷却与包装

活动 1　冷却

饼干可自然冷却也可以使用吹风加速冷却，但空气流速不宜超过 2.5 m/s，因为如果降温迅速，热量交换过快，水分急剧蒸发，饼干内部就会产生较大内应力，在内应力的作用下，饼干出现变形，甚至出现裂缝。冷却适宜的条件是温度为 30～40 ℃，室内相对湿度为 70%～80%。

知识储备

饼干冷却也是饼干生产的重要工艺操作过程。饼干的冷却方式、冷却时间及冷却带长度对饼干质量的影响很大。

刚出炉的饼干可采用哪些方法冷却？冷却条件有何要求？

因为饼干刚出炉时的表面温度可达 180 ℃，中心层温度 110 ℃左右，因此必须冷却到 38～40 ℃才能包装。

饼干刚出炉时，表面层的温度差较大，为了防止饼干破裂收缩和便于储存，必须待其冷却到 30～40 ℃后，才能进行包装。如果趁热包装，不仅饼干易变形，而且会加速饼干中油脂的氧化，使饼干迅速酸败变味，缩短饼干的保藏期。

活动 2　包装

包装材料选用符合食品卫生标准的金属罐、防潮玻璃纸、涂塑的定向聚丙烯、铝箔复合薄膜、聚苯乙烯和涂蜡玻璃纸等。有定量包装和散装称量销售 2 种形式。

当饼干冷却到一定程度以后，就要及时按规格用封口机进行内包装、外包装，一般温度控制在 40 ℃以下。

一般的饼干货架寿命约为 3 个月，如果采用铝箔复合材料包装，则能在潮湿的大气条件下延长其货架寿命。

知识储备

一、包装的意义

饼干从工厂出厂后，转入流通领域，历经各种流通环节的考验，主要包括运输、搬运、贮藏和销售等环节。在流通过程中，饼干受到人为因素和大气环境因素的影响，促使其质量的恶化，因此，对饼干进行妥善的包装，将会给生产者、贮运者、销售经营者和消费者带来很大的方便和利益。

(一)包装材料的要求

(1)包装材料和包装容器应清洁、无毒、无异味；

(2)完整，无破损；

(3)饼干的共性是相对湿度很低，必须防止它们从大气中吸收水分，需要选用高度防潮性能的包装材料；

(4)多数饼干含有脂肪，因此包装材料的耐油脂性能要好，而且应该遮光，以防光线照射，引起饼干褪色和促进油脂的氧化；

(5)应能适应自动包装机操作性能的要求，并能保护酥脆的饼干不致压碎；包含果浆的饼干容易长霉，包含果仁的饼干容易产生酸败，都应分别加以防护。

(二)包装的作用

(1)保护饼干免受物理和化学的损伤；

(2)保持饼干中的香味、颜色、组织和必要的水分含量；

(3)控制空气和氧气对饼干的影响；

(4)控制饼干中生物化学变化和微生物的变化。此外，分装计量包装，可以简化购买手续，美化商品，扩大销售。

二、成品质量

饼干质量标准必须符合中华人民共和国国家标准 GB 7100—2015《食品安全国家标准 饼干》，评判饼干的质量主要指标有感官指标、理化指标、微生物指标。

1. 感官要求

饼干的感官指标见表 17-2。

表 17-2　饼干的感官指标

项目	要求	检验方法
色泽	具有产品应有的正常色泽	将样品置于白瓷盘中，在自然光下观察色泽和状态，检查有无异物，闻其气味用温开水漱口后品其滋味
滋味、气味	具有产品应有的气味和滋味，无异味	
状态	无霉变、无生虫及其他正常视力可见的外来异物	

2. 理化指标

饼干的理化指标见表 17-3。

表 17-3　饼干的理化指标

项目		指标	检验方法
酸价(以脂肪计)(KOH)/(mg/g)	≤	5	GB 5009.229
过氧化值(以脂肪计)/(g/100 g)	≤	0.25	GB 5009.227

注：酸价和过氧化值指标仅适用于配料中添加油脂的产品。

3. 微生物指标

饼干的微生物指标见表 17-4。

表 17-4　饼干的微生物理化指标

项目	采样方案[a]及限量				检验方法
	n	c	m	M	
菌落总数/(CFU/g)	5	2	10^4	10^5	GB 4789.2
大肠菌群/(CFU/g)	5	2	10	10^2	GB 4789.3 平板计数法
霉菌/(CFU/g)　≤	50				GB 4789.15

注：[a]样品的采集及处理按 GB 4789.1 执行。

4. 其他指标

(1)食品添加剂的使用应符合 GB 2760 的规定。

(2)食品营养强化剂的使用应符合 GB 14880 的规定。

(3)污染物限量应符合 GB 2762 的规定。

(4)致病菌限量应符合 GB 29921 中熟制粮食制品(含焙烤类)的规定。

三、饼干贮藏

产品应贮藏于食品专用仓库内，库内应清洁、通风、干燥、并有防尘、防蝇、防鼠等设施。产品不应与易变质、易腐败、易生虫的物品存放在一起。产品应堆放在垫板上，每个堆位应保持一定距离，堆放高度以不倒塌、不压坏外包装及产品为限。

企业衔接

一、韧性饼干加工

(一)工艺流程

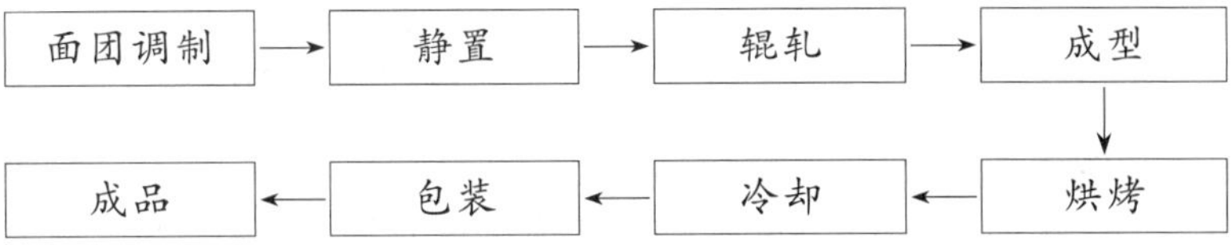

(二)技术要点

1. 面团调制

将水和糖一起煮沸,使糖充分溶化,稍冷却,再将油、鸡蛋、食盐等混入,搅拌均匀,然后加入疏松剂、抗氧化剂,最后加入混匀过筛的面粉、奶粉,调制成具有一定韧性的面团。

参考配方:面粉 100%,糖粉 32%,猪油 7%,豆油 8%,磷脂油 1.5%,鸡蛋 6%~8%,奶粉 4%~6%,水 28%~34%,碳酸氢钠 0.5%,碳酸氢铵 0.7%,柠檬酸 0.04%,食盐 0.05%,亚硫酸氢钠 0.04%,BHT0.02%。

2. 静置

调制好的面团需要静置 10~20 min,减小内部张力,防止发生饼干收缩现象。

3. 辊轧

韧性面团辊轧一般需要 9~13 次,辊轧时多次折叠并旋转 90°角,通过辊轧工序以后,面团被压制成厚薄均匀、形态平整、表面光滑、质地细腻的面带。

4. 成型

辊轧后得到的面带,经成型机制成各种形状的饼坯。

5. 烘烤

将生坯排盘后入炉烘烤,采用先低温后高温,较低温度较长时间的烘烤方法,炉温为 180~220 ℃,烘烤时间 8~10 min。

6. 冷却、包装

烘烤完毕的饼干,其表面层与中心部位的温度差很大,需要冷却到 40 ℃以下才能包装。

二、酥性饼干加工

(一)工艺流程

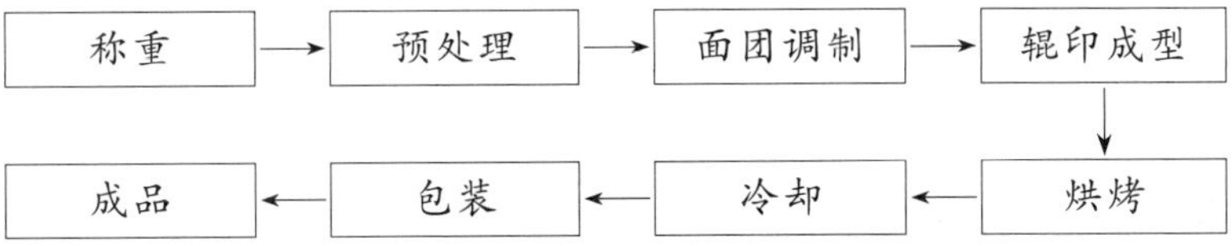

(二)技术要点

1. 过筛

将制作的面粉过筛,结块的要压碎。

2. 配料

按照配方将各种物料称量好，将白糖与水充分搅拌使糖溶化，再加入食用油、热起酥油、盐、食用碳酸氢氨、饼干膨松剂、小苏打等，于搅拌机中搅拌乳化均匀，最后加入混合均匀的面粉、奶粉、鸡蛋、柠檬酸、淀粉等，搅拌 3～5 min，搅匀为止，不宜多搅。

参考配方：普通面粉 1 kg，白糖 0.3 kg，食用油（植物油或棕榈油）0.2 kg，淀粉 30 g，起酥油 50 g，全脂奶粉 30 g，小苏打 6 g，食用碳酸氢铵 6 g，鸡蛋 1 个，柠檬酸 0.4 g，食盐 1.2 g，饼干膨松剂 0.6 g，水 120 mL。

3. 辊压成型（手工成型）

将搅好的面团放置 3～5 min 后，用擀筒将面团擀成较厚的面片，然后用模具扣压成型。也可以用机械、划刀或模具制成饼坯，同时要穿好针眼，针孔要插透。

4. 装盘

直接将饼坯放入大烤盘，生坯摆放不要太密，间距应均匀。

5. 烘烤

将烤盘直接放入预热达 220～240 ℃的烤箱，烘烤 3～5 min，至饼干表面呈微红色为止。

6. 出炉

戴上棉手套，用火钩拉出烤盘，振动后倒出饼干，摊匀，防止饼干弯曲变形。

7. 冷却与包装

冷却至 40 ℃以下，若室温为 25 ℃，自然冷却 5 min 即可。

三、发酵(苏打)饼干加工

发酵饼干是采用酵母发酵与化学膨松剂相结合的发酵性饼干，具有酵母发酵食品固有的香味，内部结构层次分明，表面有较均匀的起泡点，由于含糖量极少，所以呈乳白色略带微黄色，口感松脆。

(一)工艺流程

原料与配方 → 调粉与发酵 → 辊压、夹油酥 → 成型 → 烘烤 → 冷却

(二)技术要点

1. 原料与配方

发酵饼干要求有较大的膨胀率，应使用强力粉，但是，为了提高饼干的酥松程度，一般都配入 1/3 的弱力粉。标准配比是油∶糖＝10∶(0～1.5)，(油＋糖)∶小麦粉＝1∶(4～6)，配方中增加蘑菇便可制成蘑菇苏打饼干，加洋葱汁便可制成葱油苏打饼干，加芝麻仁便可制成芝麻苏打饼干。

芝麻苏打饼干参考配方(kg)：

第一次调粉：小麦粉(强)35，白砂糖 1.5，鲜酵母 1.2，食盐 0.5；

第二次调粉：小麦粉(弱)55，饴糖 2，精炼油 8，猪板油 5，人造奶油 5，奶粉 2，鸡蛋 2.5，白芝麻 4，碳酸氢钠 0.3，面团改良剂 0.002 5，抗氧化剂 0.003 5；

擦油酥：小麦粉(弱)10，猪板油 5，食盐 0.3。

2. 调粉与发酵

(1)第一次调粉与发酵。先将干酵母加入适量水和糖进行活化，然后加入 40%～50%的

小麦粉与酵母混合，再加水，慢速搅拌 2 min，中速搅拌 2 min，控制面团的温度，夏季为 25～28 ℃，冬季为 28～32 ℃。最后将调好的面团在温度 28～30 ℃、湿度 70%～80%的条件下进行发酵，时间为 5～6 h。

(2)第二次调粉和发酵。将剩余的小麦粉过筛放入已发酵好的面团里，再把部分起酥油、盐(30%)、面团改良剂、小苏打、香精、水都放入和面机中，进行第二次调粉，调制时间需 5～7 min，面团温度在 28～33 ℃，然后进入第二次发酵，在温度 27 ℃、相对湿度 75%下发酵 3～4 h。

3. 辊轧、夹油酥

把剩余的盐、起酥油均匀拌和到油酥中。发酵成熟面团在辊轧机中辊轧多次，辊轧好后夹油酥，进行折叠并旋转 90°再辊轧，达到面团光滑细腻。

4. 成型

采用冲印成型，多针孔印模，面带厚度为 1.5～2.0 mm 饼坯。

5. 烘烤

烤炉温度为 260～280 ℃，烘烤 6～8 min 即可，成品含水量 2.5%～5.5%。

6. 冷却

出炉冷却 30 min，整理、包装成为成品。

(三)注意事项

(1)各种原辅料须经预处理后才可用于生产。小麦粉需过筛，以增加膨松性，剔除杂质；糖需溶化；油脂熔化成液态；各种添加剂需溶于水过滤后加入。

(2)在面团辊轧过程中，需要控制压延比：未夹油酥前不宜超过 3∶1；夹油酥后一般要求(2∶1)～(2.5∶1)。

(3)辊轧后与成型机前的面带要保持一定的下垂度，以消除面带压延后的内应力。

习题与思考

一、选择题

1. 下列食品添加剂中属于化学疏松剂的是(　　)。

A. 碳酸氢铵　　B. 碳酸氢钠　　C. 碳酸钠　　D. 碳酸钙

2. 韧性饼干面团调制需要(　　)；酥性饼干面团调制需要(　　)。

A. 冷粉　　B. 热粉　　C 温粉　　D 冰粉

3. 饼干的成型方法主要有(　　)。(多选题)

A. 冲印成型　　B. 辊印成型　　C. 辊切成型

D. 挤出成型　　E. 裱花成型

4. 饼干的焙烤工艺取决于(　　)四大方面。(多选题)

A. 配料中的油糖量　　B. 饼干的厚薄　　C. 块形的大小　　D. 面团韧性

二、简答题

1. 简述饼干生产对原料有何要求。

2. 简述酥性面团调制的关键技术点。

3. 为什么对饼干进行冷却？

4. 简述面团和好进行静置的原因。

习题及答案

实训项目单

编制单位： 编制人： 编制日期：

任务代号		任务名称		实训课时	
课程名称		实训对象		实训时间	
实训目的					
实训步骤及要求	一、任务分析 二、任务计划决策 三、实施准备 四、工艺流程及要点 五、质量评价				

【过程性考核要点】

方酥的加工			
序号	考核内容	考核标准	参考分值
1	学习与工作态度	态度端正，学习方法多样，课前预习，积极主动，责任心强，按时出勤。	5
2	团队协作	服从安排，积极与小组成员合作，共同制订工作计划，共同完成工作任务，团队意识强。	10
3	计划制订	按要求着装，有完整的工作方案，时间安排合理，工作步骤正确。	10
4	关键技术点	1. 面团调制：面粉要求，酥性、韧性面团调制的状态、终点的判断。 2. 成型：辊压、成型。 3. 烘烤：预热、烘烤温度及时间的要求。 4. 冷却：冷却方式，冷却的终点温度。	50
5	主要机械设备及用具的使用与维护	和面机、辊压成型、烤箱等设备的安全规范操作。	10
6	卫生保持与清理	保持现场卫生，实训结束后能及时清理卫生。	10
7	问题思考	对工作任务完成过程中的问题进行分析，并提出改进措施。	5
8	合计		100

项目十八

广式五仁月饼的加工

【月饼的由来】

月饼是使用小麦粉等谷类粉或植物粉、油、糖(或不加糖)等为主要原料制成饼皮,包裹各种馅料经加工而成的,是中秋节的传统节日食品。中秋节起源于中国上古时代,普及于汉代,定型于唐朝初年,盛行于宋朝以后。月饼是中秋节的时节食品,也是古代中秋拜祭月神的供品。在现存文献中,月饼一词最早收录于南宋吴自牧的《梦粱录》。月饼,又称月团、丰收饼、团圆饼等,是中国汉族的传统美食之一。月饼与各地饮食习俗相融合,发展出了广式、晋式、京式、苏式、潮式、滇式等月饼,被中国南北各地的人们所喜爱。其中广式五仁月饼最为常见。

【学习目标】

1. 掌握月饼生产的工艺流程与技术要点;
2. 能够正确使用、维护和面机、烤炉等设备;
3. 了解月饼制品质量标准及检验规则。

【项目实施】

广式五仁月饼加工的工艺流程如下:

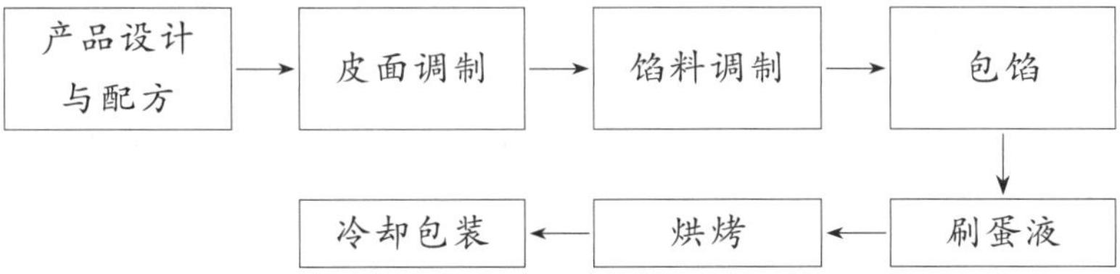

广式五仁月饼的加工

任务1 产品设计与配方

活动1 原料与工具的准备

原料:面粉、纯净水、花生油、色拉油、白砂糖、瓜子仁、南瓜仁、青红丝、黑芝麻(白芝麻)、玫瑰酱、橘饼、大杏仁、腰果、葡萄干、冰糖、冬瓜丁、红糖、鸡蛋。

工具：和面机、烤箱、电子秤、模具、不锈钢盆等。

活动 2　配比

饼皮参考配比：面粉 4000 g，转化糖浆 1250 g，花生油 1250 g，碱水 80 g。

五仁馅参考配比：瓜子仁 200 g，南瓜仁 200 g，青红丝各 100 g，黑芝麻 100（白芝麻 100 g），玫瑰酱 200 g，橘饼 200 g，大杏仁 200 g，腰果 200 g，葡萄干 200 g，冰糖 200 g，冬瓜丁 200 g，红糖 500 g，熟面粉 1250 g，色拉油 900 g，转化糖浆 400 g，白砂糖 250 g。

活动 3

精选原料，按配比用电子秤准确称量制作饼皮的原料和五仁馅料，核实无误，备用，如图 18-1 所示。

图 18-1　精选原料，剔除不合标准的五仁

知识储备

一、月饼的分类

在国家标准 GB/T 19855—2015《月饼》中，对月饼按照加工工艺、地方风味特色进行分类。

（一）按加工工艺分类

1. 热加工类

以烘烤或油炸等为最终熟制工序的月饼。

2. 冷加工类

将米粉或面粉等预先熟制，然后制皮、包馅、成型的月饼，如水晶皮类月饼、冰皮类月饼。

（二）按地方风派式特色分类

1. 广式月饼

以广东地区制作工艺和风味特色为代表的月饼，以小麦粉、转化糖浆、植物油、碱水等制成浆皮面团，经包馅、成型、刷蛋、烘烤（或不烘烤）等工艺加工制成的口感柔软、皮薄馅厚的月饼。按馅料和饼皮不同分为 10 类，即蓉沙类（莲蓉：莲籽含量不低于 60%、豆蓉、栗蓉：板栗含量不低于 60%、杂蓉类）、果仁类（果仁含量不低于 20%）、果蔬类、肉与肉制品类、水产品类、蛋黄类、水晶皮类、冰皮类、奶酥皮类。

2. 京式月饼

以北京地区制作工艺和风味特色为代表的，配料重油、轻糖，使用提浆工艺制作糖浆皮面团，或糖、水、油、面粉、泡打粉制成酥皮面团，经包馅、成型、烘烤等工艺加工而成的口味纯甜、纯咸、口感松酥或绵软，香味浓郁的月饼。按产品特点和加工工艺的不同分为提浆月饼、自来白月饼、自来红月饼、大酥皮月饼。

3. 苏式月饼

以苏州地区制作工艺和风味特色为代表的，它是由筋性面团和油酥面团两种面团经过多次擀折后形成一种多层结构层次分明的皮面，再经过包馅、成型、烘烤等工艺加工而成的口感松酥的月饼。按馅料不同分为蓉沙类、果仁类（果仁含量不低于 20%）、果蔬类、肉与肉制品类。

4. 潮式月饼

以潮州地区制作工艺和风味特色为代表的，以小麦粉、食用植物油、白砂糖、饴糖、麦芽糖、奶油、淀粉等制成饼皮、包裹各种馅料、经加工制成的月饼。按产品特点和加工工艺不同分为潮式酥皮类月饼、潮式水晶皮类月饼、湖式奶油皮类月饼等。

5. 滇式月饼

以云南地区制作工艺和风味特色为代表的，以使用小麦粉、荞麦粉、食用油（猪油、植物油）为主要原料制成饼皮，以云腿肉丁、各种果仁、食用花卉、蔬菜、白砂糖、蜂蜜、玫瑰糖、枣泥、禽蛋、食用菌等其中几种为主要原料并配以辅料包馅成型，经烘烤等工艺加工制成的口感具有食用花卉、果仁等不同口味的月饼，如云腿月饼、云腿果蔬花卉类月饼等。

6. 晋式月饼

以山西地区制作工艺和风味特色为代表的，以小麦粉、食用植物油、糖、鸡蛋、淀粉糖浆等制成饼皮，包裹各种馅料，经加工制成的月饼。按产品特点及加工工艺不同分为晋式蛋月烧类月饼、晋式郭杜林类月饼、晋式夯月饼、晋式提浆类月饼等。

7. 琼式月饼

以海南地区制作工艺和风味特色为代表的，使用小麦粉、花生油、糖浆等原料制成糖浆皮，另用小麦粉、猪油等制成酥，经包酥、按酥、折叠工艺后形成糖浆油酥皮，再经包馅、成型、烘烤等工艺制成具有口感松酥酥软的月饼。根据馅料的不同可分为果蔬类、蓉沙类、果仁类、肉与肉制品类、蛋黄类、水产制品类等。

8. 台式月饼

以台湾地区制作工艺和风味特色为代表的，以白豆、芸豆、绿豆、红豆等豆类、糖（或不加糖）、奶油果料（或不加）、鸡蛋或蛋制品（或不加）等为原料，经蒸豆、制皮、包馅、成型、烘烤等工艺加工制成的口感松酥或绵软的月饼。代表品种有台式桃山皮月饼。

9. 哈式月饼

以哈尔淀地区制作工艺和风味特色为代表的，使用提浆工艺制作糖浆皮面团，或以小麦粉、植物油、糖浆制成松酥皮面团（或以小麦粉、白砂糖、奶油制成松酥奶皮面团），经包馅、成型、刷蛋（奶酥类除外）、烘烤等工艺加工制成的饼皮绵软、口感松酥的月饼。按产品特点和加工工艺不同分为川酥类、提浆类、奶酥类等。

10. 其他类月饼

在各派式月饼及其他地区中，或以其他月饼加工工艺制成的和风味独特的月饼。

二、原料

（一）面粉

面粉是加工焙烤类食品必要的原料，制作月饼的面粉宜选用低筋粉。可选用月饼专用粉，月饼专用粉的蛋白质含量一般为9.5%～10.0%，湿面筋含量一般为22.0%～25.0%。如果面筋含量过高则生产出的月饼发硬、变形、起泡；如果面筋含量过低，则月饼会出现裂纹，易破碎。

加工不同种类的月饼时应选用不同粗细的面粉。对于甜月饼一般要求面粉全通过150 μm筛。如果面粉颗粒过大，则面团在制作时吸水慢，影响和面时间，同时糊化温度升高，做出的月饼可能会有粘牙现象；如果面粉颗粒度过小，月饼在烘烤时会向上膨胀，影响月饼成型。面粉颗粒最好能全通过125 μm筛，只有这样，生产出的月饼表面光滑细腻，没有粗糙感。

（二）糖类

月饼生产中常用的糖主要为蔗糖，蔗糖是一种使用最广泛、较理想的甜味剂。在制作广式五仁月饼过程中主要使用白砂糖、赤砂糖、绵白糖较多。在广式五仁月饼加工过程中，糖的作用如下：

1. 改善月饼的色、香、味、形

糖在月饼加工烤制中遇热缩合产生焦糖。焦糖为黄褐色，使月饼表面呈金黄色或棕黄色，并具有特殊的风味。同时还原糖类与氨基酸在有水存在的条件下可发生美拉德反应，生成黑褐色，增强了制品的色感。另外，加糖制品经冷却后可以保持外形并有脆感。糖的使用改善了月饼的色、香、味、形。

2. 面团改良剂

面粉中的蛋白质吸水胀润形成面筋，赋予面团特有的性质。当面团中加入糖后，由于糖具有吸湿性，蛋白质分子间的游离水分减少，使蛋白质分子内外的水分形成浓度差，分子内的水分产生反渗透作用，从而降低蛋白质的吸水性。虽然糖的这种特性对于面团中面筋的形成是不利的，但是糖的这种反水化作用对于要求面筋形成比较少的面团的调制来说是很有利的。例如，在酥皮月饼面团的调配中，一般要求较高的糖含量，使面团中面筋的胀润限制在一定程度，以便于后续操作，并可避免由于面筋胀润过度而引起产品的收缩变形。

3. 影响面团的吸水率及搅拌时间

面筋形成时主要依靠蛋白质胶体内部的浓度所产生的渗透压吸水膨胀。糖的存在会增加胶体外水的渗透压，使蛋白质胶粒内部的水分析出，因而使用过多的糖会使蛋白质胶体吸水性下降，阻碍面筋的形成。

糖的使用还会影响调粉时面团搅拌所需要的时间。当糖的用量比较少时，这种影响并不明显，由于糖的反水化作用，搅拌时间只需稍加延长；但在糖含量多（20%～25%）时，面团完全形成时间大约会增加50%。

4. 延长保质期

糖的存在可以抑制细菌的生长繁殖。这是因为糖的渗透压作用和细菌菌体竞争与水分子结合，导致菌体脱水，无法正常生长繁殖，因而糖的存在可以延长制品的保质期。另外，糖是一种天然的抗氧化剂，这是由于还原糖的还原性，而且氧气在糖溶液中的溶解度比在水溶液中的溶解度要低得多，糖的这种抗氧化作用对于制品中易氧化物质的稳定性具有重要的保护作用。

5. 提高食品的营养价值

糖类作为三大产能营养素之一，可为人体提供每日生命活动必需的能量。

（三）油脂

油脂是月饼生产的主要原料。

1. 植物油

月饼生产中常用的植物油包括棕榈油、橄榄油、椰子油、菜籽油、花生油、大豆油和混合植物油等。

棕榈油和橄榄油稳定性好，不易氧化，可用于月饼表面的喷油。但棕榈油价格普遍低于一般精炼植物油，仍有不少月饼生产厂家将其与精炼植物油搭配使用，以降低生产成本。棕榈油还可用于制作起酥油或人造奶油。椰子油的熔点范围为24～27 ℃，当温度升高时，椰子油不是逐渐软化，而是在较窄的温度范围内骤然由脆性固体转变为液体，故利用其特性，椰子油可用于夹心料中，入口时由于温度的骤然改变，夹心料能够较快熔化。

2. 动物油

猪油是月饼加工和其他烘烤制品加工常用的动物油脂之一。可将猪油分为猪板油、猪膘油和猪网油3种。其中对猪腹部的板油进行提炼而获得的油脂质量最好。

3. 起酥油

起酥油是由精炼动植物油脂、氢化油或这些油脂的混合物，经混合、冷却、塑化而成，具有良好的可塑性、乳化性。

调节起酥油中固相与液相的比例，可使整个油脂呈现既不流动也不坚实的结构，使其具有良好的可塑性和黏度；也可通过增加起酥油中液态食用性植物油的比例，制成具有流动性的起酥油，以满足月饼加工自动化及连续化的需求。

起酥油在加工过程中往往加入乳化剂。乳化剂能够在月饼面团调制时与部分空气结合，这些面团中包裹的气体在月饼烘烤时受热膨胀，能够提高月饼的酥松度。起酥油的熔点范围可根据不同配方而改变，月饼生产时使用的起酥油熔点为36～38 ℃。起酥油可用于油脂含量高、保存期适中的月饼产品中。

4. 月饼皮料专用油

在制作广式五仁月饼皮时需使用一定量的油脂，一般情况下，将花生油作为月饼皮用油的主要原料。但花生油制成的饼皮容易发硬，在面团和好后稍加静置就显现出其脆性；且月饼皮延展性差，容易在月饼成型过程中发生露馅和不易脱模现象。

月饼皮料专用油可以避免花生油的这些缺陷，并且因其具有芳香味，使饼皮在细软易化的同时尚能感觉到奶油香味。选用新鲜的植物性油脂，通过特定的加工工序制成月饼皮料专用油，具有无水、无盐、色泽金黄、稳定性好、保质期长、延展性好、饼坯易脱模等特点。

5. 月饼馅料专用油

传统使用猪油作为月饼馅料中的油脂。虽然口感好，但保存稳定性差，容易腐败变质。目前有些厂商使用人造奶油或起酥油来代替猪油，大大提高了月饼馅料的保存性能。

禽蛋用途最多，在广式五仁月饼加工中使用鸡蛋，可以改善月饼的色、香、味、形，同时可提高其营养价值。

(四)疏松剂

月饼要获得多孔状的疏松结构与食用时的酥松口感，小苏打与发酵粉是月饼加工时常用的化学疏松剂。两种使用总量占月饼配方中面粉用量的0.5%～2.0%。

(五)花料

花料指用鲜花制成的糖渍类果料。糕点中常用的花料有甜玫瑰、糖桂花等，它们多用作各种馅料或装饰外表，桂花配入蛋浆时可起到除腥作用。

1. 甜玫瑰

先经过盐渍制成咸桂花，然后将咸桂花水分榨除后，将鲜玫瑰花进行挑选，除去花心后，用糖揉搓，放入缸中，放一层花，撒一层糖，装满缸后密封发酵，在发酵过程中需要倒缸和加糖，一般发酵 2～3 个月即可使用。

2. 糖桂花

选用颜色金黄、香味浓郁的鲜桂花，放入盛有浓糖汁的坛中浸渍，可得其成品。

(六)果料

月饼中也会用到果料，以增加产品的滋味，同时果料本身独特的香味也有助于提高产品的风味，增加月饼的营养价值。常用的果料有子仁、果仁、干果、果脯、蜜饯、果酱、干果泥、新鲜水果、水果罐头等。广式五仁月饼加工时使用了多种果料，具有提高产品营养价值与调节口味的作用。

(七)干果与水果、蜜饯

干果有时也称果干，是水果经自然干燥或人工干燥脱水后所得。水果在干燥过程中，水分大量减少，蔗糖转化为还原糖，可溶性固形物与碳水化合物含量有较大程度的提高。月饼加工中常用的干果有葡萄干、杏干、枣干、梅干、桃干等，多用于馅料加工，有时也作装饰料用。

(八)食用色素

月饼中常用的黄色素为姜黄素，是一种油溶性色素。其他黄色素，如栀子黄素、胡萝卜素、红花黄素等也常被使用。在红色素中，除红曲色素外，尚有虫胶类的紫草茸，但它在微酸性中为橙红色，而在偏碱性情况下则变成黄色，故在焙烤面团中不宜使用。红曲色素对 pH 变化较稳定。此外，月饼生产中还可以利用焦糖作为天然色素。

(九)香精与香料

在月饼中使用香精或香料的最主要目的是赋予月饼独特的香味，可以根据不同的月饼品种，选择不同的香精或香料，使月饼具有不同的香味。例如，可将水果香精添加到馅料中，以制得草莓、凤梨、哈密瓜等风味月饼馅料。

任务 2　皮面调制

活动 1　和面

按配方将枧水、转化糖浆加入和面机，开机搅拌至均匀；再加入油、糖、水、疏松剂等放入搅拌机乳化均匀，分两次加入过筛后的面粉，继续搅拌成均匀面团，放在干净盆内，用保鲜膜覆盖，做好记录(图 18-2)。

活动 2　醒面

月饼皮面需放于常温下，静置 2 h 以上。醒好的面团应柔软适宜、细腻、起发好、不浸油。

活动 3　分剂

将醒后的饼皮面按标准进行分块、称量(图 18-3)。以制作 100 g 广式月饼为例，一般需称量饼皮面 40 g。

图 18-2　和面

图 18-3　称量

知识储备

一、转化糖浆的制备

(一)什么是转化糖浆?

转化糖浆就是砂糖经加水加酸在一定条件下煮制一定时间,冷却后即成。此糖浆可长时间保存而不结晶,多用于中式月饼皮内、萨其马和各种代替砂糖的产品中。转化糖浆中含有丰富的糖,是焙烤制品加工必不可少的原料。酶法生产的蔗糖转化糖浆过程更温和,可根据实际需求升温进行褐变反应调制糖浆颜色(比如金黄色等)。

(二)实验室制备转化糖浆的配方与设备

1. 配方

以制作约 500 g 转化糖浆为例,需细砂糖 400 g,纯净水 180 mL,新鲜柠檬汁 50 mL。

2. 实验设备

不锈钢锅或陶瓷锅 1 个,搅拌棒 1 支,毛刷 1 把,密封罐若干。

(三)操作步骤

(1)将细砂糖放入不锈钢锅或者陶瓷锅(不要用铁锅和铝锅)中,加入水,用搅拌棒轻轻搅拌使糖和水混合均匀,开中火加热。之后无须再搅拌。

(2)待糖水煮开沸腾后,倒入新鲜柠檬汁。再度煮开以后,转小火,慢慢熬煮。从此刻到煮糖浆结束,切记都不要再搅拌糖水。

(3)将毛刷蘸水,在锅壁上方内侧刷一圈,使水沿着锅壁流下去时将附着于锅壁内的糖结晶冲刷到锅内。

(4)小火慢慢熬煮。伴随熬煮时间不断延长,糖浆的颜色不断加深。熬煮 40 min~1 h,当糖浆的颜色非常接近蜂蜜的颜色,但黏稠度比蜂蜜稀时,结束熬煮。

(5)待转化糖浆冷却后,放入密封罐中静置,1 天后可使用。

(四)注意事项

(1)熬煮糖浆应使用小火。如果火开得太大,水分挥发太快,导致短时间糖浆变稠。

(2)冷却后的转化糖浆较冷却前变得更浓稠,所以熬煮终点的判断尤为重要。

(3)糖浆熬煮好后,放置的时间越长,使用效果越好。转化糖浆的防腐能力很强,可长期放置。

(4)配方中的柠檬汁是指用新鲜柠檬汁的原汁。

(5)冷却后的糖浆应该是浓稠且具有流动性的，如果糖浆冷却后变硬，可适当添加一定量的水并重新煮开，再搅拌均匀即可。

二、枧水

(一)什么是枧水

枧水，也称碱水，或称食用枧水，是一种复配食品添加剂，是食品工艺中的材料，广式月饼加工常见的传统辅料。

枧水是祖先们用草木灰加水煮沸浸泡一日，取上清液而得到的碱性溶液，pH 为 12.6，草木灰的主要成分是碳酸钾和碳酸钠。在历史上没有现代化学碱的情况下，只好使用这种土法制备的植物碱。

现在使用的枧水已不是草木灰了，而是人们根据草木灰的成分和加工原理，用碳酸钾和碳酸钠作为主要成分，再辅以碳酸盐或聚合磷酸盐，配制而成的碱性混合物，在功能上与草木灰枧水相同，故仍称为枧水。如果仅用碳酸钾和碳酸钠配成枧水，则性质很不稳定，长期贮藏时易失效变质。一般都加入 10%的磷酸盐或聚合磷酸盐，以改良保水性、黏弹性、酸碱缓冲性及金属封锁力。

(二)枧水的作用

一是中和转化糖浆中的酸，防止月饼产生酸味而影响口味、口感；

二是控制回油的速度，调节饼皮软硬度；

三是使月饼皮碱性增强，有利于月饼着色，碱性越高，月饼皮越易着色；

四是枧水与酸进行中和反应产生一定的二氧化碳气体，促进了月饼的适度膨胀，使月饼饼皮口感更加疏松又不变形。

任务 3　馅料调制

活动 1　制馅

首先要进行原料处理，果仁类的原料要进行精选、烘烤熟化；然后按配方将除核桃之外的馅料投入到搅拌机中，搅拌混匀，最后添加核桃仁，以防止核桃在搅拌过程中被打碎，待所有原料搅拌均匀后即得到软硬适中的五仁馅料。

活动 2　称重

按照广式五仁月饼生产的标准，以制作 100 g 广式月饼为例，需称量馅料 60 g。

活动 3　成型

将搅拌均匀、准确称量的五仁馅团放在食品袋中，用手攥成紧实的圆球状，摆放在托盘中备用，见图 18-4、图 18-5。

图 18-4　五仁馅搡圆团

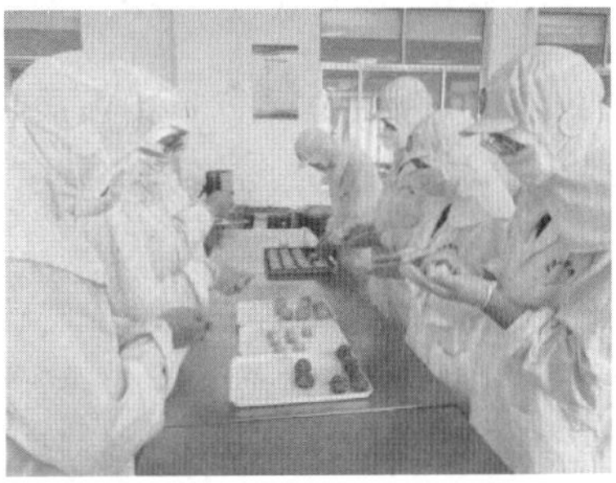

图 18-5　包馅

任务 4　包馅

活动 1　压皮包馅

两手配合完成包馅。首先将称量好的饼皮面团放于左手掌心，用右手压成直径约为 10 cm、薄厚均匀的饼皮；将馅料团放于饼皮中心位置；右手四指搂皮轻柔向上沿馅芯移动四指，大拇指推馅，逐渐将馅料包裹，最后利用右手虎口收口将馅包住，厚薄要均匀，揉圆(图 18-6)。在包馅过程中防止将空气裹挟进月饼，要求外形圆整，无露馅现象，保持间距，以能套上月饼模具为宜(图 18-7)。

图 18-6　压皮包

图 18-7　套上模具，保持间距

活动 2　刻模成型

刻模成型决定后期成品花纹清晰度和美观度，十分关键。将皮馅融合在一起，紧实不露馅，月饼圆团放在烤盘中，用月饼模具套住，两只手均匀垂直用力按压模具横梁，面团因受到模具的挤压刻出清晰花纹，轻轻旋起模具。要求刻模后的月饼棱角分明，完整无缺、间距一致图(18-8)，以保证在焙烤过程中月饼受热均匀，火色一致。

图 18-8　刻模成型

知识储备

月饼的成型是将饼皮和馅料按标准分割后，包制而成。饼皮和馅料的大小是根据产品的质量要求来进行规定的，皮与馅的比例一般为 2∶8、3∶7、4∶6 等。通常所生产出来的月饼档次越高，馅料也就越多，饼皮也就越少。如二八皮，生产 50 g 的月饼，皮为 10 g，馅一般为 40 g。在皮馅分割过程中一定要保持皮馅的规格一致。采用机械来加工当然很容易控制，而采用传统的手工制作时，分割不准，在包馅后放入模具成型过程中很容易造成体积过大或过小而影响产品的质量。传统的手工包制是首先将饼皮压扁，将馅料放入饼皮中间，收口，把馅料包住，然后放入模具中成型。一般使用木制模具，用前要在油脂中浸泡 15 天以上，以利于脱膜。放入模具的月饼面团要用双手使劲压，以利于脱膜后的月饼花纹清晰。脱膜时，用力要均匀，从而使饼形平整不歪斜。

任务 5　烘烤

活动 1　烘烤

先将烤箱提前预热，设置烤箱底、面火温度为 210 ℃/180 ℃。戴上隔热手套将月饼送入烤箱中，进行烘烤，见图 18-9。

活动 2　刷蛋液

烘烤 5 min 后，戴棉手套取出烤盘，用毛刷均匀地在月饼表面刷上一层薄薄的蛋液，继续进行烘烤，同时观察，当月饼转变为金黄色，取出冷却，一般全程烘烤需要 30 min，如图 18-10 所示。

图 18-9　入炉烘烤

图 18-10　刷蛋液

知识储备

月饼的烘烤对产品质量也是一个重要的影响因素。入炉前首先用清水对饼面喷雾，这样既可以防止饼面出白点，又可使饼皮受热时水分挥发得到缓和，同时使饼坯的热度内外平衡，利于饼皮色泽润滑。接着要采用高温定型，一般面火 230 ℃左右，底火 180～200 ℃，烘烤 5～6 min，然后出炉冷却，刷蛋液。刷蛋时要刷阳面，外缘轻于内心，要均匀，刷蛋后入炉烤熟，一般面火 200 ℃，底火 180 ℃。温度太高，容易烤焦，月饼不熟；温度太低，月饼开裂。月饼是否烤熟可以用感官来进行判断，一种方法是看月饼的底面中心部位是否仍成湿面状，无湿面状说明已烤熟。

任务6　冷却包装

活动1　冷却检验

月饼中含有大量的油、糖类，刚刚烤制出炉的月饼很软，不能挤压，要放在洁净的环境中充分冷透，在洁净室内18 ℃冷却10～12 h。进行产品检验，剔除不合格的，见图18-11。

活动2　包装打码

合格的月饼要及时用封口机进行密封、打码，见图18-12所示。

图18-11　感官鉴定

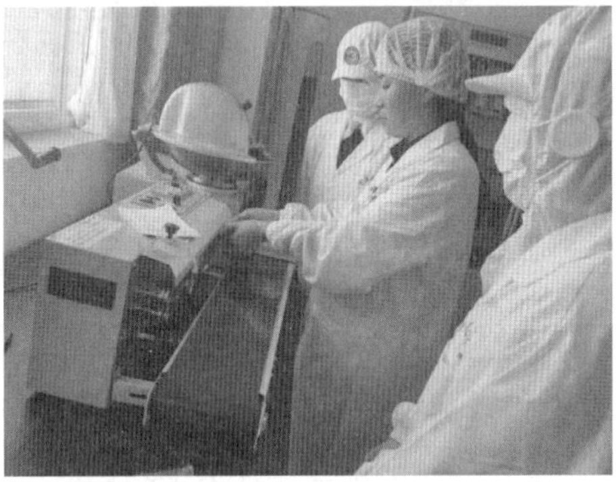

图18-12　封口、打码

知识储备

一、冷却目的

未冷透的月饼进行包装会破坏月饼的美观造型，也容易给微生物的生存繁殖创造条件，造成月饼的保存期缩短，因此必须待月饼冷透后再进行包装。

二、回油

(一)什么是月饼回油？

刚出炉的月饼皮很干硬，室温放置2～3天后饼皮会变软变油润，这个过程叫作回油。

(二)月饼回油过程

刚出炉的月饼，饼皮中的水分含量要低于馅料中的水分含量，在放置过程中，馅料中的水分向饼皮迁移，干硬的饼皮吸收水分后，破坏了原有的乳化体系，使饼皮中油向外渗透，使饼皮变软变油，有光泽。回油后的月饼口感会更好。

任务7　成品质量标准

活动1　感官要求

广式月饼的感官要求见表18-1。

表 18-1　广式月饼的感官指标

<table>
<tr><th colspan="2">项目</th><th>要求</th></tr>
<tr><td colspan="2">形态</td><td>外形饱满，表面微凸，轮廓分明，品名花纹清晰，无明显凹缩、爆裂、塌斜、坍塌和露馅现象</td></tr>
<tr><td colspan="2">色泽</td><td>饼面棕黄或棕红，色泽均匀，腰部呈乳黄或黄色，底部棕黄不焦，无污染</td></tr>
<tr><td rowspan="10">组织</td><td>蓉沙类</td><td>饼皮厚薄均匀，馅料细腻无僵粒，无夹生</td></tr>
<tr><td>果仁类</td><td>饼皮厚薄均匀，果仁大小适中，拌和均匀，无夹生</td></tr>
<tr><td>水果类</td><td>饼皮厚薄均匀，馅芯有该品种应有的色泽，拌和均匀，无夹生</td></tr>
<tr><td>蔬菜类</td><td>饼皮厚薄均匀，馅芯有该品种应有的色泽，无色素斑点，拌和均匀，无夹生</td></tr>
<tr><td>肉与肉制品类</td><td>饼皮厚薄均匀，肉与肉制品大小适中，拌和均匀，无夹生</td></tr>
<tr><td>水产制品类</td><td>饼皮厚薄均匀，水产制品大小适中，拌和均匀，无夹生</td></tr>
<tr><td>蛋黄类</td><td>饼皮厚薄均匀，蛋黄居中，无夹生</td></tr>
<tr><td>冰皮类</td><td>饼皮厚薄均匀，皮馅无脱壳现象，馅芯细腻无僵粒，无夹生</td></tr>
<tr><td>水晶皮类</td><td>饼皮厚薄均匀，皮馅无脱壳现象，无夹生</td></tr>
<tr><td>奶酥皮类</td><td>饼皮厚薄均匀，皮馅无脱壳现象，无夹生</td></tr>
<tr><td colspan="2">滋味与口感</td><td>饼皮松软，具有该品种应有的风味，无异味</td></tr>
<tr><td colspan="2">杂质</td><td>正常视力无可见杂质</td></tr>
</table>

活动 2　理化指标

广式月饼的理化指标见表 18-2。

表 18-2　广式月饼的理化指标

<table>
<tr><th colspan="2">项目</th><th>蓉沙类</th><th>果仁类</th><th>果蔬类</th><th>肉与肉制品类</th><th>水产制品类</th><th>蛋黄类</th><th>水晶皮类</th><th>冰皮类</th><th>奶酥皮类</th></tr>
<tr><td>干燥失重/(g/100 g)</td><td>≤</td><td>25</td><td>28</td><td>25</td><td>22</td><td>22</td><td>23</td><td>40</td><td>45</td><td>26</td></tr>
<tr><td>蛋白质/(g/100 g)</td><td>≥</td><td>—</td><td>5</td><td>—</td><td>5</td><td>5</td><td>—</td><td>—</td><td>—</td><td>—</td></tr>
<tr><td>脂肪/(g/100 g)</td><td>≤</td><td>24</td><td>35</td><td>23</td><td>35</td><td>35</td><td>30</td><td>18</td><td>22</td><td>30</td></tr>
<tr><td>总糖/(g/100 g)</td><td>≤</td><td colspan="6">50</td><td>40</td><td>45</td><td>40</td></tr>
<tr><td>馅料含量/(g/100 g)</td><td>≥</td><td colspan="6">65</td><td>30</td><td>50</td><td>50</td></tr>
</table>

知识储备

一、月饼常见质量问题及措施

广式月饼的制作技术非常关键，生产过程中常出一些质量问题，如产品在回油、回软、光泽性等方面达不到质量标准。月饼饼皮不回软、不回油、无光泽的原因分析及改进措施。

1. 糖浆

糖浆质量问题主要是糖浆煮制工艺和配料比例不合理。这样很容易造成广式月饼回油慢、回软差，甚至不回油、不回软，越放越干硬。在生产中应注意以下几方面：

(1)糖、水、酸的比例。糖：水：酸的配比为 100：(35～40)：(0.08～0.12)比较适宜。加水量过少，煮制时间短，蔗糖没有充分转化。这样的转化糖浆制作的月饼皮一般很难回油、回软。

(2)转化剂种类及用量。煮制转化糖浆时,要加入适量的酸性物质做蔗糖的转化剂。目前普遍使用柠檬酸,用量一般为0.08%～0.12%,也可以采用天然富酸的水果汁(如菠萝汁、柠檬汁等)来煮制转化糖浆,效果也不错。或者两种同时使用效果更好。如加柠檬酸0.1%再加新鲜果汁(菠萝汁或柠檬汁)0.5%,熬制糖浆时,柠檬酸一定要在糖液煮沸以后再加入。

(3)糖浆成熟温度。一般在110～115 ℃。

(4)煮制时间和糖浆浓度。应以转化糖浆的浓度达到要求为准。浓度是决定转化糖浆质量的重要标准。糖浆的浓度一般应在78%～81%。

(5)加热容器。使用铜锅和不锈钢锅为宜。大规模工业化生产,应使用能控制温度的蒸汽夹层锅,确保加热温度恒温。

(6)转化糖浆的转化率。转化率是决定转化糖浆质量的最重要指标。转化糖浆的正常转化率为60%～75%,转化越充分,葡萄糖和果糖的生成量越好,月饼越易回油、易回软,因此,一般广式月饼转化糖浆的使用量高达80%。

2. 原料

(1)最好是专用粉。如果使用的面粉面筋含量太高,搅拌时会有过多面筋形成,从而使饼皮起皱,没有光泽,且回油慢。

(2)碱水浓度的选择。碱水浓度太低,造成碱水加入量大,会减少糖浆使用量,影响饼皮回油,故最好使用浓度较高的碱水。

3. 饼皮的调制方法

饼皮的调制方法不正确,也容易造成广式月饼回油慢、回软差,没有光泽。在生产中应注意以下几个方面:

(1)碱水和糖浆要充分拌匀后,再加入油充分搅拌乳化。

(2)和面时间不宜太长,防止面团起筋和渗油。

(3)碱水过量或浓度太大。

4. 月饼的生产操作过程问题

操作不当也会影响月饼的光泽。在生产中应注意以下几个方面:

(1)印模成型时,饼不能粘太多的干粉。

(2)刷月饼表面用的蛋液最好用7个蛋黄加3个全蛋。

(3)馅料质量。莲蓉、椰蓉、豆沙、枣泥、豆蓉等馅料中掺杂,以次充好,加油量少,掺入淀粉多。这样馅料从饼皮中吸引油脂,造成饼皮失油干燥、变硬。正确制作工艺应是馅料与饼皮相辅相成,馅料应使用纯正莲蓉、豆沙、枣泥、豆蓉、枣蓉等,按标准配方加入足量的油脂,既保持馅料柔软、细腻,又能使部分油脂转移到饼皮部分,俗称“回油”,使饼皮光亮、柔钦。红白莲中加入了大量淀粉和白云豆粉冒充莲蓉。

掺假检验方法:制成月饼后,用刀将月饼切开,如果馅料不沾刀,切口断面处光滑细腻,即表示这是纯正莲蓉馅。如果切口断面处非常粗糙,即表示掺假莲蓉。

(4)饼皮黏性差、不易成型。主要原因及改进措施:饼皮配方不合理、油脂过多或糖浆不足,都会引起饼皮脆、没有黏性。因此要增加糖浆用量,相对减少油脂用量。

(5)饼皮的加料顺序和搅拌时间也影响饼皮的脆性。广式月饼的搅拌通常分两次拌入面粉。通常是糖浆与水搅拌均匀,然后加入油脂,再搅拌均匀,接着加入2/3的面粉,充分搅拌均匀,停放20 min左右后再加入剩余的面粉,少许搅拌即可。一次性加入面粉,若没有充分搅拌，饼皮黏性就不好，不易成型；若搅拌过度，面筋形成太多，饼皮易收缩。

5. 烘烤颜色过深

(1)表皮刷蛋液过多、不匀或蛋液过稠。

(2)月饼面团中加入小苏打或碱水过量。月饼饼皮中加入小苏打、碱水的重要目的是中和转化糖浆中过多的酸，防止月饼产生酸味而影响口感。同时，小苏打和碱水也能起到使饼皮适度膨松，改善口感的作用，但如果加入量过多则会造成着色过深、过重，还会破坏饼皮外观质构，使饼皮产生裂缝露馅、花纹不清、字迹模糊而严重影响月饼质量。

(3)糖浆转化熬制的温度过高。糖浆熬制温度超过 115 ℃，颜色容易褐变、用这种糖浆制作月饼时，烘烤后饼皮颜色容易变深。因此，熬制转化糖浆时一定要控制蔗糖的转化率和熬制的温度。

(4)烘烤温度过高。正常烤制广式月饼时，一般入炉后上火大于下火。但如果上火过大，烤制时间过长，则也极易造成月饼饼皮颜色过深、过重。因此，烤制广式月饼时，一定要按照烘烤规程正确操作。

6. 月饼出现塌陷、凹缩变形、拔腰、青墙、花纹不清

月饼烘烤出炉后，常出现边墙收腰、表面凸起、底部凹陷等月饼形态收缩变形现象，造成上述现象的原因有：

(1)面粉筋力过大，面团韧性太强。大多数月饼面团属于可塑性面团，即无筋性、无韧性、无弹性面团，以保证月饼不变形、花纹清晰，所以应使用低筋粉或中筋粉。而高筋粉会造成面团内部形成面筋，造成弹性过强，使月饼在烘烤过程中面筋受热膨胀，出炉后冷却收缩，造成月饼变形，花纹模糊。

(2)转化糖浆浓度过低。糖浆较稀、水分含量较高，调制面团时易形成面筋，增强了面团弹韧性，使月饼产品坚硬，收缩变形。

(3)转化糖浆的浓度要适当。糖浆浓度是决定面团软硬度和加工工艺性能的重要因素。糖浆面团中含有一定量的油脂。油脂既限制面筋蛋白质吸水、胀润，又与糖浆作用。糖浆具有很大的黏性，可以使油脂在面团中保持稳定，避免发生“走油”等质量问题。因此，调制糖浆面团时如果配方中用油量增加，糖浆的浓度也应增大，即糖浆浓度与油脂用量成正比。

(4)青墙的原因是月饼没烤透而生产的腰部呈青色的现象；而拔腰是烘烤过度导致月饼腰部凸出的现象。

7. 月饼底部产生焦煳

底火烘烤温度过高；皮馅比例不适当，馅料包入过多，造成饼坯底皮过薄、破皮、露馅、漏糖、渗油，产生焦化现象；烤盘不干净，前次加工使用的烤盘内污物未清理，每次在饼坯装盘前应严格清除掉盘内的污物。

8. 月饼露馅、表面开裂

月饼会露馅、表面开裂主要原因有包馅时剂口封闭不严；馅料质量差，配比不合理，烘焙时造成“胀馅”、破皮，应严格控制馅质量；饼皮中加入了过量膨松剂、碱水、小苏打；馅料中使用了较多的膨胀原料，如椰蓉、大豆蛋白等。

知识拓展

中秋节的由来

中秋节是中国的四大传统节日之一。中秋节，又称祭月节、月光诞、月夕、秋节、中秋节、拜月节、月娘节、月亮节、团圆节等，是中国民间传统节日。中秋节源自对天象的崇拜，由上古时

代秋夕祭月演变而来。中秋节自古便有祭月、赏月、吃月饼、看花灯、赏桂花、饮桂花酒等民俗，流传至今，经久不息。

中秋节起源于上古时代，普及于汉代，定型于唐代。中秋节是秋季时令习俗的综合，其所包含的节俗因素，大都有古老的渊源。祭月作为民间过节的重要习俗之一，逐渐演化为赏月、颂月等活动。中秋节以月之圆兆人之团圆，为寄托思念故乡，思念亲人之情，祈盼丰收、幸福，成为丰富多彩、弥足珍贵的文化遗产。

2006 年 5 月 20 日，国务院将其列入首批国家级非物质文化遗产名录。

企业衔接

好利来企业

好利来企业创建于 1992 年 9 月，现为拥有上亿元固定资产，7000 多名员工，是北京好利来企业投资管理有限公司、北京好利来工贸有限公司、北京好利来商贸有限公司等三家控股公司的大型食品专营连锁企业集团，创始人及现任 CEO 为著名摄影人罗红。

好利来企业现已发展成为生产经营蛋糕、面包、西点、中点、咖啡、饮料、月饼、汤圆、粽子等产品为主，拥有分布于全国 80 多个大中型城市的近千家直营连锁店，北京、天津、沈阳三座国内一流的大型现代化食品工业园，上万名高素质员工的国内焙烤行业领军企业。

好利来的核心业务由 2 大部分组成：

1. 饼店连锁系统

以连锁店的形式，主营生日蛋糕、西点、中点、面包等产品。截至目前，已在全国 80 多个大中城市开设了近千家连锁店，建立了庞大的连锁经营体系。

2. 包装食品制造系统

主营产品为好利来牌月饼及其他包装食品。目前在北京和沈阳建有大型现代化食品工厂。这两个食品工厂的生产厂房均按照国际制药行业的 GMP 标准设计，采用全封闭空调净化系统，使空气净化指数达 10 万级，同时拥有国内最先进的进口生产线，科学的生产流程与严格的品质控制系统，是国内食品企业的标志性工厂。近期，沈阳又在兴建 3 万多 m^2 的大型食品工业园，设计的年生产能力达 50 亿元。

一、苏式月饼加工

苏式月饼是由筋性面团、油酥面团 2 种皮面及馅料制作组成。

(一)工艺流程

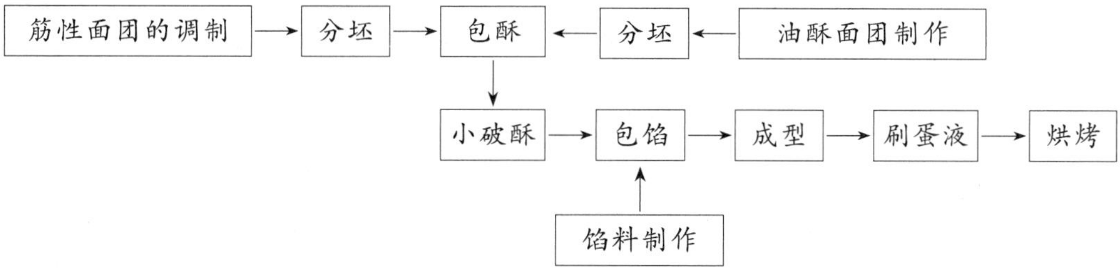

(二)技术要点

1. 皮面的调制

(1)筋性面团(水油面团)的调制。首先将白砂糖、水搅拌溶解，加入过筛的面粉，开动搅拌机进行和面，当搅拌至面筋充分形成时再加入猪油拌匀。用保鲜膜盖上 20 min 左右即可使用。

参考配方：细砂糖 100 g，黄奶油 100 g，高筋面粉 700 g，低筋面粉 300 g，水 550 g。

(2)油酥面团调制。先将糖粉和猪油拌匀，然后加入面粉搅拌均匀后放入冰箱冷藏约 20 min 即可。

参考配方：细砂糖 300 g，黄奶油 800 g，低筋面粉 1000 g。

2. 红豆沙馅的调制

(1)煮制。将赤豆洗净放入锅内，一次性加足凉水。一般 500 g 豆加水 1250～1500 g，旺火烧开，然后小火焖煮，至豆酥烂。

(2)炒制。在炒锅中倒植物油 100 g，烧至九成热加入 200 g 白糖炒制到糖转为棕红色为止。将豆沙倒入锅内，炒到有大气泡出现，转为中火炒制，待水分将干、馅质变稠时，再加入植物油 100 g、白糖 300 g 炒制。待锅内豆沙馅再次转为稠厚时，加入剩下的植物油、糖，炒拌，直至颜色褐黑、光亮、不粘锅、稠厚即可。

参考配方：赤豆 500 g，白糖 750 g，植物油 300 g。

一般每 500 g 赤豆出沙 1.0～1.5 kg，出沙率高低与豆皮的厚薄有关，薄的出沙率高。色泽黑红油亮，质地软硬适度，口感细而不腻，口味甜爽，无焦苦味。

3. 苏式月饼的制作技术要点

(1)月饼皮制作

包酥：将水油皮和油酥按比例分坯(6∶4)，即水油皮占 60%、油酥占 40%分坯。将水油皮包上油酥呈圆球形。

破酥：破酥有大破酥和小破酥。小破酥用酥棍开成约 15 cm 长牛舌形，再卷成筒形，在 2/3 处稍按扁，然后叠成 3 层，静置 10 min 后开成圆件。大破酥一般用开酥机开，先开二次，每次折三折，约 1 cm 厚，松弛 30 min 后，再开一次，同样折三折，放入冰柜冷藏至软硬合适。拿出开至 0.5～0.8 cm 厚，切成圆形件。

(2)包馅。按馅 60%、皮 40%的比例进行包饼成型。

(3)烘烤。刷蛋液后入炉烤至棕黄色，烘烤时间大约 25 min。

(4)冷却包装。出炉冷却到 60～70 ℃进行热包装。

(三)苏式月饼主要质量问题分析及改进措施

1. 饼皮层次不分明

(1)筋性面团(水油面团)的面粉选择不当或达不到标准，必须选用高筋面粉，和面时搅拌至面筋充分形成，而且要松弛 20 min 左右方可使用。

(2)筋性面团和油酥面团的比例不合适，筋性面团太少。

(3)筋性面团和油酥面团的软硬度不合适，在破酥时容易跑酥或者破裂。

(4)破酥的操作方法不当。

2. 饼皮色泽不均匀

(1)成型时表面干粉太多，或者表皮刷蛋液过多，蛋液刷不匀。

(2)烘烤温度过高。如果面火温度过高过大，烤制时间过长，造成饼皮颜色过深，甚至焦煳。

3. 月饼露馅、表面开裂

(1)包馅时剂口封闭不紧，应封严剂口。而且封口朝下码在烤盘里。

(2)馅料质量差，或者水分太多，配比不合理，烘焙时造成“胀馅”、破皮，应严格控制馅质量。

(3)皮面和馅料的软硬度不合适,应控制好皮面和馅料的软硬度。

二、京式月饼加工

京式月饼属于油酥类糕点,也是混糖皮包馅类糕点。

(一)工艺流程

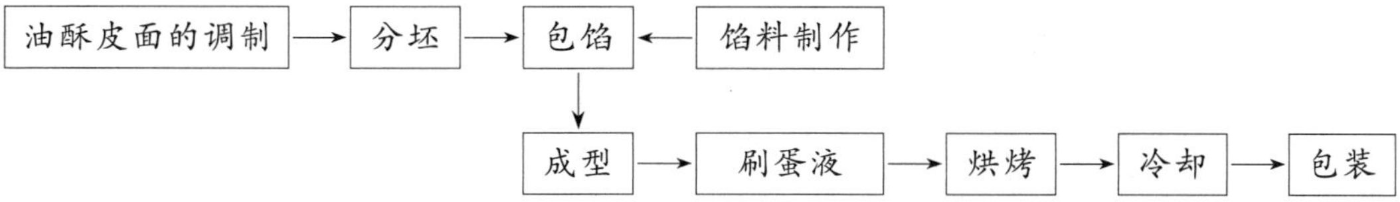

(二)技术要点

1. 油酥皮面的调制

首先将糖粉放入和面机内,然后加入吉士粉、猪油、泡打粉(起子)搅拌成乳白色悬浮状液体,再加入过筛的面粉搅拌均匀,搅拌好的面团应柔软适宜、细腻、起发好、不浸油,搅拌好的面团应在 1 h 内生产,否则存放时间过长,面团筋力增加,影响产品的质量;皮面团要适当揉搓,防止饼皮生筋。

参考配方:糖粉 200～250 g,猪油 300～350 g,精制糕点粉 500 g,泡打粉 10 g。

2. 包馅

将已包好的饼坯封口向外,放入印模,用印模压制成型。饼皮与馅芯要分摘均匀,防止成品大小不一;皮和馅的软硬度要尽量保持一致,便于成型。

3. 烘烤

先在烤盘内涂一层薄薄的花生油,再按合适距离放入饼坯。用面火 200～220 ℃、底火 160～180 ℃的炉温烘烤。出炉后迅速冷却,不能翻动,否则成品易破碎。

习题与思考

一、选择题

1. 下列最适月饼加工的面粉为(　　)。

A. 高筋粉　　B. 低筋粉　　C. 中筋粉　　D. 月饼专用粉

2. 月饼专用粉的蛋白质含量一般(　　)。

A. 7%～11%　　B. 9.5%～10%　　C. 18%～22%　　D. 22%～35%

3. 如果面粉筋力过强,则生产出的月饼容易出现(　　)等质量问题。

A. 发硬　　B. 变形　　C. 起泡　　D. 开裂

4. 月饼按加工工艺进行分类,包括(　　)。(多选题)

A. 热加工类　　B. 冷加工类　　C. 酥皮类　　D. 其他类

二、简答题

1. 分析月饼制作过程中"皮馅分离"现象。
2. 简述月饼糖浆的加工技术。
3. 简述月饼回油的目的。
4. 简述枧水在月饼加工中的作用。

习题及答案

实训项目单

编制单位：　　　　　　　　　　　　编制人：　　　　　　　　　　　　编制日期：

任务代号		任务名称		实训课时	
课程名称		实训对象		实训时间	
实训目的					
实训步骤及要求	一、任务分析 二、任务计划决策 三、实施准备 四、工艺流程及要点 五、质量评价				

【过程性考核要点】

广式五仁月饼的加工

序号	考核内容	考核标准	参考分值
1	学习与工作态度	态度端正，学习方法多样，课前预习，积极主动，责任心强，按时出勤。	5
2	团队协作	服从安排，积极与小组成员合作，共同制订工作计划，共同完成工作任务，团队意识强。	10
3	计划制订	按要求着装，有完整的工作方案，时间安排合理，工作步骤正确。	10
4	关键技术点	1. 原料准备：面粉、转化糖浆。 2. 面团调制：面团调制顺序、醒面火候。 3. 分剂称量：按要求将皮面、馅料准确称量。 4. 包馅：动作轻柔，馅芯居中不外露。 5. 刻模：用力均匀，要求花纹清晰、饱满无缺、间距均匀。 6. 烘烤：底/面火温度设置合理，刷蛋液动作轻柔，薄而均匀，注意观察火色。	50
5	主要机械设备及用具的使用与维护	和面机、搅拌机、成型机、烤箱等设备的安全规范操作。	10
6	卫生保持与清理	保持现场卫生，实训结束后能及时清理卫生。	10
7	问题思考	对操作过程中存在的问题进行分析，并提出改进措施。	5
8	合计		100

项目十九

吐司面包的加工

【面包制品发展】

人类自公元前约10000年起就开始磨制谷物制作面食，大约在公元前6000年，古埃及人最先掌握了制作发酵面包的技术。公元前8世纪，埃及人将发酵技术传到了地中海沿岸的巴勒斯坦。此后的200年间发酵面包的制作技术传到了希腊，后来，罗马人征服了埃及和希腊，将面包的制作技术传到了罗马，随着战争的进行，罗马人又将面包制作技术传到了匈牙利、英国、德国、意大利和欧洲各地。此后，随着英国产业革命的发展，面包的生产也得到迅速发展，并成为城市居民的主食。

那么，面包是如何发酵的呢？直到1683年由荷兰人发明了显微镜，人们才了解到微生物酵母菌的存在。1846年维也纳人Mautner总结了用大麦制作酵母的技术，并实现了酵母的生产。使面包制作技术发生了深刻变化，由原始的不规律、不稳定的面团发酵法，转变为较成熟的生产工艺，并生产出较大体积的面包。

【学习目标】

1. 理解面包发酵的原理；
2. 掌握吐司面包加工的工艺要点；
3. 了解吐司面包制品质量标准及检验规则。

【项目实施】

吐司面包加工的工艺流程如下：

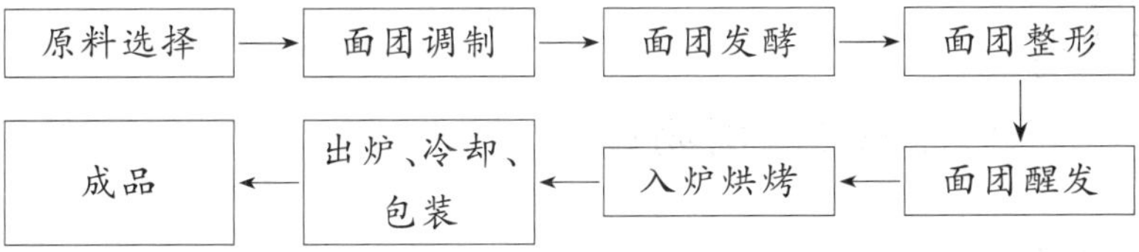

吐司面包的加工

任务1　原料选择

活动1　产品配方设计

吐司面包的基本配方见表19-1。

表 19-1 一次发酵法吐司面包的基本配方

原料	小麦粉	白砂糖	奶粉	活性干酵母	面包改良剂	鸡蛋	盐	水	黄油
烘焙百分比/%	100	16	4	1.25	0.3	10	1	55	10

活动 2 原料与工具的准备

原料：小麦粉、白砂糖、奶粉、活性干酵母、面包改良剂、鸡蛋、盐、水、黄油。

工具：搅拌机、醒发箱、电烤炉、温度计、吐司模具、烤盘、电子秤、切面刀、擀面杖。

活动 3 原辅料选择及预处理

选择高筋小麦粉，小麦粉应过筛，除去杂质并混入一定量的空气；鸡蛋使用前将鸡蛋外壳用清水清洗干净；黄油一般冷藏贮藏，使用前提前软化；根据环境计算最适水温并在加水前调好水温。称量后的原料要分别放置，酵母不能和糖或盐直接接触，以免酵母活性受到影响。

知识储备

一、确定烘焙百分比

烘焙百分比是烘焙行业专用的百分比，是国际上所认同的一种配方计量方式。烘焙百分比是以配方中面粉的重量为100%，配方中其他各原料的百分比是相对于面粉的多少而定的。

烘焙百分比对面包生产具有重要意义：①从配方中可以一目了然地看出各原料的相对比例，简单明了，容易记忆；②可以快速计算出配方中各原料的实际用量，计算快捷、精确；③方便调整、修改配方，以适应生产需要；④这种表示形式容易从配方看出产品的性质和品质。

二、水温的调节

在面包生产中，面团调制完成后的温度对面团性能和发酵均有重要影响，很多产品对面团搅拌终温都有严格的要求，尤其是在大规模生产时。一般面包面团搅拌终温要求在25～28 ℃。因此，在配料时需要对水温进行调节，调节的方法是先根据产品面团要求的最适温度、室温、粉温及搅拌摩擦升温计算用水温度，然后通过加冷水或冰或热水用温度计测量来调节。如直接发酵法面团和中种发酵法中种面团适用水温的计算方式为：适用水温＝面团理想温度×3－(室温＋粉温＋摩擦升温)。

任务 2 面团调制

活动 1 搅拌机准备

使用前用湿软布将设备内外擦拭干净并确认搅拌机是否正确运行。

活动 2 面团调制

先将干性原辅料倒入搅拌机，慢速搅拌均匀，再加入鸡蛋和水，慢速搅拌至无干粉后改快速搅拌。注意水最好分次加入，以便酌情增减从而调节面团软硬度。面团调制至面筋八九成扩展时加入切成小块并软化好的黄油，慢速搅匀后再快速搅拌至面筋完全扩展，面团调制完成的终温一般不要超过 26 ℃。

知识储备

一、面团调制的过程

面团在调制过程中的变化分成 6 个阶段：抬起阶段、卷起阶段、面筋扩展阶段、面筋完成阶段、搅拌过渡阶段、面筋打断阶段。

1. 抬起阶段

也称混合原料阶段。在这个阶段，配方中的干性原料与湿性原料混合，成为一个粗糙且湿润的面块，这时面筋还未开始形成，用手触摸时面团较硬，无弹性，也无延伸性，整个面团显得粗糙，易散落，表面不整齐。

2. 卷起阶段

也称面筋形成阶段。在这个阶段，面团中的面筋已开始形成，配方中的水分已经全部被小麦粉等干性原料均匀地吸收。由于面筋的形成，面团产生了强大的筋力，使面团结合在一起，开始不再粘缸，并附着在搅拌钩上，随着搅拌轴的转动而转动。此时，用手触摸面团时仍会粘手，表面很湿，用手拉取面团时无良好的延伸性，缺少弹性，容易断裂。

3. 面筋扩展阶段

随着面筋不断形成，面团性质由坚硬变为少许松弛。面团表面渐趋于干燥且较为光滑，并且有光泽，用手触摸时有弹性，柔软，具有延伸性，但仍易断裂。

4. 面筋完成阶段

在此阶段，面筋已完全形成，面团变得非常柔软，干燥且不粘手，面团内的面筋已达到充分扩展，且具有良好的延伸性，此时随着搅拌钩转动的面团又会黏附在缸壁。这时面团的表面干燥而有光泽，细腻整洁无粗糙感，用手拉取面团时有良好的弹性和延伸性，并且能拉出一块很均匀的半透明的面筋膜。整个薄膜分布很平均、光滑，用手指戳破，无不整齐的裂痕，此时为搅拌的最佳阶段。

5. 搅拌过渡阶段

当面团搅拌到完成阶段后仍继续搅拌，则面筋超过了搅拌耐力，就会逐渐打断。在这个阶段，当停止搅拌时，可看到面团向缸的四周流泻，用手拉取面团时已失去良好的弹性和延伸性，且很粘手。搅拌到这个程度的面团，会严重影响面包成品的质量。

6. 面筋打断阶段

再继续搅拌下去，面团开始水化，越搅越稀且流动性很大，表面很湿，非常粘手，当停机后面团很快流向缸的四周，搅拌钩已无法再将面团卷起，用手拉取面团时，手掌将会粘有线状透明胶质。这时面筋已彻底被破坏，不能再用于制作面包。

任务 3　面团发酵

活动 1　发酵目的

面包面团的发酵是以酵母为主，也有其他微生物（醋酸菌和乳酸菌）参与的复杂发酵过程，即在酵母的转化酶、麦芽糖酶和酒化酶等多种酶的共同作用下，将面团中的糖分解为酒精和二氧化碳，并产生各种糖、氨基酸、有机酸、酯类等，使面团具有芳香气味。

面团发酵的目的：①使酵母大量繁殖，产生 CO_2 气体，促进面团体积的膨胀；②改善面团的加工性能，使其具有良好的延伸性，降低弹性和韧性，为面包的最后醒发和烘烤时获得最大的体积奠定基础；③使面团和面包得到疏松多孔、柔软的组织和结构；④使面包具有诱人的芳香风味；⑤促进面团的氧化，强化面团的持气能力。

活动 2　面团发酵

将调制好的面团从搅拌缸中取出，在操作台上用双手将其整成圆形，放入烤盘以便发酵。需提前设置好醒发箱的温湿度，温度为 28 ℃左右、相对湿度为 75%左右，基本发酵时间为 80 min 左右，具体时间因面团初温而异。发酵不足需继续发酵，注意防止发酵过度。基本发酵完成后进行翻面，翻面的时间一般选择在总面团发酵时间的 2/3～3/4 为宜，因此，翻面后再延续发酵 30 min 左右即可，具体需根据经验而定。

知识储备

一、直接发酵法面团发酵终点的判断

①依据体积判断，面团体积为原来的 2～3 倍；②指插法判断，用手指蘸一下水或面粉，垂直从面团顶部插入，拔出手指后若指洞收缩较快则没有发酵成熟（面团较嫩），缓慢收缩即为发酵成熟，若指洞周围明显塌陷则表示发酵过度；③测温度法判断，此方法不常用，发酵成熟后温度一般上升 2～4 ℃；④测 pH 法判断，此方法不常用，发酵完成后面团 pH 为 5.0 左右。

二、面团发酵程度对面包品质影响

①发酵不足：面包体积小，内部组织粗糙，风味平淡，香气不足，口感不佳，面包表皮色深。②发酵成熟：面包体积大，内部组织均匀，气孔壁薄，呈半透明，具有酒香和酯香，口感松软，富有弹性。③发酵过度：烘烤弹性好，即在烤炉中起发大，但出炉后易塌陷或收缩变形，面包表皮色泽浅，有皱纹，无光泽，内部组织有大气孔，不均匀，酸味大，有异味。

任务 4　面团整形

面团整形是把发酵好的面团整成一定形状的面包坯的过程，广义的整形包括面团分割、面团滚圆、中间醒发、面团成型、入模与摆盘等工序。面团整形最好在车间安装空调设备，一般车间的理想条件是温度为 25～28 ℃、相对湿度为 65%～75%。

活动 1　面团分割、滚圆

将发酵好的面团从醒发箱中取出，因 450 g 规格的模具一般装入 3 块面团，每块面团是 150 g，故面团手动分割为 150 g 一个。分割好的面团因面团较大，手工滚圆一般需使用双手操作。

知识储备

一、面团分割

分割是通过称量把大面团分切成所需重量的小面团的过程，考虑到烘焙损失，面团分割重量应是成品重量的110%～115%。分割期间，由于面团的发酵作用仍在继续进行，面团中的气体含量、相对密度和面筋结合状态都在发生变化，分割初期和分割后期的面团物理性质是有差异的。为了把这种差异控制在最小范围，分割应在尽量短的时间内完成，一般要求在20 min内完成。面团分割的大小主要取决于面包品种的造型，与成本价格核算、消费者对面包大小的喜好程度等也有一定关系。对于用模具烘烤的面包，面团分割的重量由模具的大小决定。

二、滚圆

滚圆又称搓圆，是把分割得到的一定重量的面团通过手工或专用机械搓成圆球形的过程。

1. 搓圆的作用

①使分割的不整齐的小块面团变成完整的球形，为下一工序打好基础；②新分割的小块面团的切口处有黏结性，搓圆时施以压力，使皮部延伸，将刃口处覆盖；③分割时面筋的网状结构被破坏而紊乱，搓圆可以恢复其网状结构；④排出部分二氧化碳，使各种配料分布均匀，便于酵母的繁殖和发酵。

2. 搓圆的方法

搓圆分为手工和机械2种。手工搓圆的要领是手心向下，用五指握住面团，向下轻压，在操作台上顺一个方向迅速旋转，将面块搓成圆球状。机械搓圆是由搓圆机完成的。

活动2　中间醒发

将滚圆后的面团放在不锈钢操作台上，表面盖上保鲜膜防止面包风干，中间醒发的时间为10～20 min，主要是让面团松弛以便整形操作。

知识储备

中间醒发又称为静置。经搓圆后的面团内部处于紧张状态，面团缺乏柔韧性。如立即进行成型操作，由于面团不能承受压力，外皮容易被撕裂不能保持住气体，因此需要有一段时间的中间醒发。理想的中间醒发温度为26～28 ℃，相对湿度以70%～75%，时间10～20 min为宜。

中间醒发的作用：①使搓圆后的紧张面团经中间醒发后得到松弛、缓和，以利于后道工序操作；②使酵母产气，调整面筋的延伸方向，让其定向延伸，压片时不破坏面团的组织状态，又增强持气性；③使面团的表面光滑，持气性增强，降低黏度，便于成型操作。

活动3　面团成型

将中间醒发好的圆形面团收口向下放在操作台上，用擀面杖从面团中部依次向前、后擀开成椭圆形。若太黏，需用适量手粉，反复2～4次，直至厚薄、大小合适，再用双手提起面片前端，反过来放置在台面上，然后用双手从前到后卷起，注意卷紧后拍一下面团使收口粘紧，再将收口向下放到烤盘上。中间醒发 15 min 左右，再进行第二次擀开、卷起操作，操作方法与第一次相同，宽度与模具宽度接近，不能大于模具宽度，卷起后圆柱形面团侧面要整齐。

知识储备

面团的成型：成形是把压片后的面团做成产品所需要的形状，使面包外观一致、式样整齐。成型分为手工或机械 2 种方式。我国大多数面包厂采用手工或半手工、半机械化成型方法。花色和特殊形状面包的制作多用手工成型，而主食面包和产量大的品种生产都使用整形机来成型。

活动 4　装模入盘

吐司模具需事先涂抹黄油，也可使用复配脱模剂喷油，薄薄一层即可，内壁都要涂到以免脱模困难。将成型好的面团放入吐司模具中，入模时注意同一个模具中的面团卷向要一致、间距均匀，入模后用手压一下，使各面团高度一致。

知识储备

装盘装模：装盘装模方法分为手工和机械 2 种。手工生产是用人工将成型后的面团摆放到模具或烤盘中；机械化生产可以自动摆放到模具或烤盘中，再由传送带送至发酵室。

装盘装模时应注意以下几点①在装入面包面团前，模具的内壁和烤盘内面必须先薄薄地涂层油，可用混合植物油或其他食用油；②涂油可用人工或自动涂油机，利于面团的成型发酵；③在实际生产中，特别要注意刚出炉的模具和烤盘不能立即使用，必须冷却到 32 ℃以下才能使用；④面包面团在烤盘模具中的摆放要注意面团之间的间距，而且面团的接缝处必须向下，以防止面团在成型发酵或烘烤时表皮裂开，致使面包表皮粗糙、不光滑或出现裂痕。

任务 5　面团醒发

活动 1　醒发箱准备

使用前确认醒发箱是否正确运行，提前设置好醒发箱的温湿度，醒发温度为 38 ℃，相对湿度为 85%。

活动 2　面团醒发

最后醒发温度为 35～38 ℃，相对湿度为 85%左右，时间为 80 min 左右，带盖吐司醒发至模具八九成满，不带盖吐司醒发至模具七八成满。需要注意的是，醒发的程度因酵母和面团性能会有所差异，需根据烘烤后的效果调节。

知识储备

一、醒发的目的

①面团经过压片成型等操作后，处于紧张状态，醒发是为了使面团得到恢复，使面筋进一

步结合，增加其延伸性，以利于体积充分膨胀；②酵母经最后一次发酵，使面包坯膨胀到所要的体积；③改善面包内部结构，使其得到疏松多孔的组织。

二、最后醒发程度对面包品质的影响

1. 醒发不足及其影响

最后醒发不足，烤出的面包体积偏小，顶部扁平、不饱满；表皮较硬，甚至出现硬壳和龟裂，表皮颜色深，有时表面还会产生气泡，面包边缘或底部裂开；面包内部组织结构紧密，颗粒粗糙，弹性差，面包瓤色泽灰暗；酵母繁殖代谢产生的风味物质少，面包缺乏应有的发酵风味。

2. 醒发过度及其影响

最后醒发过度，烤出的面包形状不良，体积偏小，出炉冷却过程中会收缩，面包边缘向内凹陷；面包表面色泽较浅；无光泽，缺少胀痕，有时也会出现龟裂；内部组织粗糙，气孔大、不均匀；内部色泽灰白，无光泽。醒发过度会消耗面团内大量的糖，减少面团内剩余糖含量，使烘烤出的皮色浅，酸味过重，口感不佳。

任务 6　入炉烘烤

活动 1　电烤炉准备

使用前确认电烤炉是否正确运行，提前设置好电烤炉的温度，上火 200 ℃、下火 210 ℃。

活动 2　入炉烘烤

带盖吐司面包在烤前盖上盖子，烘烤温度为上火 200 ℃、下火 210 ℃，大概需要 40 min。烘烤温度和时间因烤箱性能、面包大小、面包间距、入炉数量等因素而异，需酌情调整。

知识储备

面包的烘烤过程一般可分为 5 个阶段。

1. 烘烤急胀阶段

烘烤初期，面包坯入炉初期应当在较低温度和较高相对湿度的条件下焙烤。下火应高于上火，以利于水分充分蒸发，面团的体积由于烘烤急速膨胀作用而急速增大。这一阶段时间范围为从面包面团入炉起，至烘烤开始 5～6 min 内。

2. 酵母继续作用阶段

在这一阶段，面团的温度在 60 ℃以下，酵母的发酵作用仍在进行，面包体积最大限度膨胀，超过此温度后酵母活动即停止。

3. 体积定型阶段

此阶段的温度在 60～82 ℃之间，酵母活动停止，淀粉吸水胀润糊化，面筋已经膨胀至弹性极限，面筋蛋白质也因加热发生变性，填充在蛋白质网状组织结构中的淀粉糊化后凝固在其中，面包体积已基本上达到成品体积的要求。因此，该阶段需要提高温度，上下火可以同时提高，使面包定型。

4. 表皮颜色形成阶段

这一阶段的主要作用是使面包表皮着色和增加香气，因为此时面包已经定型，并且基本成

熟。由于褐变作用和焦糖反应，面包表皮的颜色逐渐加深，最后变成棕黄色。

5. 烘烤完成阶段

此时面团内的水分已经蒸发到一定程度，面包中心部位也已经完全成熟。面包坯经过这5个阶段的烘烤，由生变熟，成为可食用的食品。

任务7 出模、冷却、包装

吐司面包出炉后要迅速脱模，将模具倒扣在冷却架上，取下模具，然后观察和记录面包外观状态，并趁热掰开吐司面包观察其内部组织的拉丝状态。一般面包出炉后冷却至中心温度32 ℃左右时包装最为理想。面包最常用的包装形式是袋装和盒装，包装能延长保质期，保证食品卫生与安全，对产品特性进行各种保护。

知识储备

一、面包冷却的方法

1. 自然冷却法

在密闭的冷却室内，产品放在台面或烤盘架上冷却，此方法无须添置冷却设备，节省资金，但不能有效地控制损耗，冷却时间太长，受季节影响较大。

2. 通风冷却法

冷却室是一个圆形旋转密闭室，空气从底部吸入，由顶部排出。面包出炉后倒在传送带上，随着输送带慢慢运转，由上而下直到出口。由于空气的对流，辐射热被带走，水分蒸发，面包得以冷却。此方法比自然冷却时间少，但仍不能有效控制水分损失。

3. 空调冷却法

此方法是通过调节冷空气的温度和湿度，减少冷却时间，同时可控制面包水分的损耗。目前国外已经有许多工厂采用此方法。其形式有架车式、箱式、旋转式等。传送带式因专用空间较少，在大型工厂应用较多。

4. 真空冷却法

这是一种较为新式的冷却方法，其优点是在适当的温度、湿度条件下通过一段时间的真空装置，面包在极短的时间内达到冷却目的，而且不受季节的影响。

二、面包冷却过程中常见问题

刚出炉的面包如果不经冷却直接包装，将会出现以下问题：

面包温度很高，而且皮硬瓤软没有弹性，经不起压力，如马上进行包装容易变形；蒸汽会在袋壁处因冷凝变为水滴，形成霉菌生长的良好条件；由于表面先冷却，内部蒸汽也会在表皮凝聚，使表皮软化和变形起皱；因刚烤好的面包表皮高温低湿，硬而脆，内部组织过于柔软易变形，不经冷却，切片操作会十分困难。

知识拓展

一、面包生产方法

1. 快速发酵法

快速发酵法在全自动面包生产过程中应用较多，有时也在特殊情况下使用。快速发酵法是在直接发酵法或中种发酵法的基础上，增加酵母的使用量，缩短面团发酵时间的一种发酵方法。为了弥补发酵不足带来的不利影响，一般会使用多种食品添加剂来改良产品品质。

2. 一次发酵法

一次发酵法也称直接发酵法，即面包制作过程中，采取一次性搅拌、一次性发酵的方法。这种方法使用最普遍，无论是大规模生产的工厂或家庭式的面包作坊都可采用一次发酵法制作各种面包。一次发酵法比多次发酵法具有生产周期短，节省人力、动力和设备厂房，发酵损失少等优点，但酵母用量大，操作要求十分谨慎和严格，如果出现失误，很难进行补救，易影响产品质量。

3. 中种发酵法

中种发酵法也称二次发酵法，分两次进行面团调制和面团发酵，其他工序与直接发酵法相同。第一次面团调制将一部分面粉、全部或者大部分的酵母和一部分水（也可加入部分食盐或者糖）搅拌成中种面团进行发酵，然后加入其余原辅材料进行第二次面团调制和主面团发酵。中种发酵法的优点是酵母使用量较少，面团发酵充分，面筋伸展性好，很多工序操作时间弹性稍大，机械耐性好，有利于大量、自动化机械操作，产品体积大、组织细腻、表皮柔软、有独特发酵风味、老化慢。中种发酵法的缺点是工序较多，时间较长，使用设备、人工、空间较多。

4. 冷冻面团法

冷冻面团法是 20 世纪 50 年代以来发展起来的制作面包的新方法，它是将面的制作过程中的面团制作和烘烤 2 个环节分离开来。即在面包生产工厂中完成面团的调制、发酵、整形，经快速冷冻后贮藏在冷冻库中，根据需求再将此冷冻面团制品送往各个连锁店，贮藏在冰箱中，各连锁店随时可以将冷冻面团从冰箱中取出，放入发酵箱内进行解冻、醒发、烘烤，制成新鲜面包。采用这一方法满足了顾客可以在任何时间都能买到刚出炉的新鲜面包。

二、面包生产过程常见质量问题及解决方法

1. 面包体积过小

原因：①酵母用量不足；②酵母失去活力；③面粉筋力不足；④糖用量太多；⑤盐的用量不足或过量；⑥油脂用量太多；⑦缺少改良剂；⑧搅拌过度或不足；⑨中间醒发时间不足或时间过长；⑩面团发酵时间不足或过长；⑪整形不当；⑫烤盘涂油过多；⑬装盘的面团重量不够；⑭最后醒发时间不足，温度低；⑮烤炉温度太高等。

解决方法：①增加酵母的用量；②对于新购进的或储存时间较长的酵母要在检验其发酵力后再进行使用，不用失效的酵母；③选择面筋含量高的面粉；④减少配方中糖的用量；⑤盐的用量应控制在面粉用量的 1%～2.2%；⑥减少油脂的用量；⑦加入改良剂；⑧正确掌握搅拌的时间，时间短面筋打不起来，时间长易把形成的面筋打断；⑨注意醒发时间；⑩正确掌握面团的发酵时间；⑪整形要熟练，不要反复整形；⑫减少烤盘涂油的用量；⑬装入烤盘的面团分量要足；⑭最后醒发时间要够，温度控制在 38 ℃；⑮烤制炉温不要过高。

2. 面包表面颜色太浅

原因:①糖及奶粉用量太少;②搅拌不当;③面团发酵过度;④中间醒发时间太长;⑤最后醒发湿度过大;⑥所用干粉过多;⑦烤炉温度太低,面火不足,烘烤时间过短等。

解决方法:①增加糖及奶粉的用量;②注意搅拌适当;③控制面团发酵程度;④减少中间醒发时间;⑤降低最后醒发湿度;⑥减少干粉用量;⑦烘烤后期提高面火温度,增加烘烤时间。

3. 面包表皮颜色过深

原因:①糖及奶粉的用量太多;②搅拌过度;③发酵时间不足;④最后醒发湿度太高;⑤烤箱的温度过高,尤其是面火高,且烘焙时间过长;⑥烤箱内的水汽不足等。

解决方法:①减少糖的用量,减少奶粉的用量;②搅拌适当;③延长发酵时间;④降低最后醒发湿度;⑤按不同品种正确掌握烤箱的使用温度,降低面火温度,注意烘烤时间;⑥烤箱内加喷水蒸气设备或用烤盘盛热水放入烤箱内以增加烘烤湿度。

4. 面包表皮过厚

原因:①糖、奶粉及油脂的用量不足;②搅拌不当;③基本发酵时间过长;④最后醒发温度、湿度不当;⑤烤盘涂油过多;⑥烤箱温度过低,烘烤过度等。

解决方法:①加大糖及奶粉的用量,增加油脂4%~6%;②注意搅拌的程序;③减少基本发酵的时间;④严格控制醒发室的温度和湿度,醒发的时间过久或无湿度醒发,表皮失水过多;⑤减少烤盘涂油用量;⑥提高烤箱的温度,防止烘烤过度。

5. 表皮有气泡

原因:①面团软;②面团发酵不足;③搅拌过度;④最后醒发室湿度太高;⑤整形不当;⑥烤炉操作不当;⑦烤炉内面火太大。

解决方法:①面团软硬适当;②面团重复发酵;③搅拌适当;④最后醒发室控制好湿度;⑤整形恰当;⑥正确使用烤炉;⑦降低炉内面火。

6. 面包外皮有黑斑点

原因:①奶粉没有完全溶解或材料没有完全拌匀;②发酵室内水蒸气凝结成水滴;③未烘烤的面包沾上糖粒;④使用生粉过多。

解决方法:①奶粉要充分溶解,材料混合均匀;②控制好发酵室内温度,防止蒸汽凝结成水滴;③注意未烘烤的面包不要沾上糖粒;④减少生粉用量。

7. 表皮裂开

原因:①配方成分低;②老面团使用过多;③发酵不足,或发酵湿度、温度太高;④炉温过高。

解决方法:①注意调配好配方中的成分;②减少老面团的使用;③发酵充分,降低发酵湿度、温度;④降低烤制炉温。

8. 表面无光泽

原因:①盐用量少;②配方成分低,改良剂太多;③老面团,或撒粉太多;④发酵室温度太高;⑤烤炉蒸汽不足,炉温低。

解决方法:①增加盐用量;②注意调配好配方中的成分;③减少老面团及干粉用量;④降低发酵室温度;⑤增加烤炉蒸汽,提高炉温。

9. 面包内部组织粗糙

原因:①面粉筋力不足;②搅拌不当;③造型时使用干面粉过多;④面团太硬;⑤面团发酵不足或发酵的时间过长;⑥油脂不足;⑦最后醒发温度过高,湿度过大或时间过长;⑧中间醒发时间过长；⑨最后醒发不足；⑩整形不当；⑪炉温太低；⑫水的硬度过大；⑬酵母用量不当；⑭奶粉品质差；⑮面团小，烤盘大；⑯使用了刚刚磨出来的新面粉。

解决方法：①使用高筋面粉；②将面筋充分扩展，掌握搅拌时间；③造形、整形时所使用的干面粉越少越好；④加入足够的水分；⑤注意调整发酵所需的时间；⑥加入 4%～6%的油脂润滑面团；⑦控制最后醒发温度、湿度；⑧缩短中间醒发时间；⑨控制好最后醒发程度；⑩整形要熟练；⑪提高炉温；⑫降低水的硬度；⑬注意酵母用量；⑭选择优质奶粉；⑮面团、烤盘比例适当；⑯不要用刚刚磨出来的新面粉。

10. 面包风味及口感不良

原因：①所用材料不好或用量不当；②配方比例不平衡；③面团发酵时间太长或面团发酵不足；④中间醒发时间太长；⑤最后醒发时间太长；⑥面包表皮烤焦或烘烤不足；⑦包装前未冷却。

解决方法：①选择优质材料；②注意配料比例；③控制好面团发酵时间；④缩短中间醒发时间；⑤缩短最后醒发时间；⑥烘烤恰当；⑦冷却后再包装。

11. 面包易发霉

原因：①面团发酵不足；②糖用量少；③面粉品质低劣；④油脂用量少；⑤搅拌不当；⑥面包没烤熟；⑦包装及切片设备不卫生；⑧包装前冷却不充分；⑨所用包装纸不佳或包装时没有密封好；⑩储藏库温度及湿度不适当。

解决方法：①面团发酵要充分；②增加糖用量；③使用优质面粉；④增加油脂用量；⑤和面要充分；⑥控制烤制温度和时间，面包要烤熟；⑦注意设备及包装的卫生；⑧包装前要充分冷却；⑨选择优质包装纸，包装时要密封好；⑩注意储藏库温度及湿度。

12. 面包发黏

原因：①面团太稀；②搅拌时间不够或过久；③面粉筋度过低；④面团发酵不足或过度；⑤淀粉酶含量过多。

解决方法：①和面时注意加水量及温度；②搅拌适当；③选择高筋粉；④控制面团发酵适当；⑤使用淀粉酶含量少的面粉。

13. 面包表面有凹陷

原因：①最后醒发时间过长；②烤盘没有涂油或涂油不当；③搅拌时间不够；④烤炉底火温度太低。

解决方法：①控制好最后醒发时间；②烤盘涂油适当；③搅拌要充分；④提高烤炉底火温度。

三、面包贮藏过程中常见问题及控制方法

（一）面包贮藏过程中常见问题

新鲜面包的贮藏期很短，在贮藏过程中很容易出现面包老化、腐败变质、褐变等质量问题。

1. 面包老化

老化是面包经冷却后，在贮藏过程中本来松软及湿润的组织特性发生变化，表皮由脆或柔软而变得坚韧，味道变得平淡而失去原有香味。老化一般分为面包皮的老化和面包瓤的老化。老化造成的损失是很大的，所以解决面包老化的问题是面包制造工艺的一个重大课题，新技术和新配料的应用可有效延缓面包的老化。对于面包的老化也可以从外观、性状的变化来分析，如面包瓤变硬、韧性减少而脆性增大，以及由于蒸发而变得干燥和内质的变化等，造成的原因

有可溶性淀粉减少、淀粉膨润性减少、无序的α-淀粉变为结晶化的β-淀粉等。

2. 腐败变质

面包在贮藏过程中发生的腐败现象主要是由细菌引起的面包瓤心发黏和由霉菌作用所致的面包皮霉变。面包瓤心发黏是由普通马铃薯杆菌和黑色马铃薯杆菌引起的，夏季高温季节，面包最易发生这种变质现象。面包皮霉变是由霉菌引起的，污染面包的霉菌种类很多，有青霉菌、青曲霉、根霉菌、白霉菌等。

3. 褐变

面包在贮藏过程中发生的褐变现象主要由美拉德反应所致。面包瓤的颜色会随贮藏时间的延长而不断加深，发生褐变现象。贮藏温度越高，贮藏的面包越容易褐变，降低贮藏温度或减少面包配方中还原糖的含量有助于延缓面包的褐变。

(二)控制方法

1. 低温冷冻保鲜

面包的老化与贮藏温度有很大关系，面包在室温下放置 0～5 天，硬度呈线性增加。−7～20 ℃面包老化速度最快。贮藏温度在 20 ℃以上，老化进行得较缓慢，温度降低到−7 ℃以下，水分开始冻结，老化速度减慢。若要长时间贮藏面包，将面包速冻后冻藏可有效地防止面包老化和霉变，较好地保持面包的新鲜程度。

2. 优化配方和工艺

糖类、乳制品、鸡蛋、油脂等的添加都对延迟面包老化有积极作用。面包老化的主要影响因素之一是水分的减少，因此应尽可能提高面团的加水量。采用合适的生产工艺，如中种发酵法、酵头发酵法、冷冻面团法生产的面包比直接发酵法生产的面包老化得慢一些。

3. 包装保鲜

包装可以防止面包水分、风味、香气的散失，从一定程度上保持了面包的柔软性，延长了面包的寿命，可有效抑制面包老化。目前，保质期长的面包普遍采用充氮气包装，效果很好。

4. 食品添加剂保鲜

使用食品添加剂是一种简单有效的面包保鲜方法。常用的食品添加剂有乳化剂、防腐剂、酶制剂、香精等。在面包中添加甘油单硬脂酸酯、低分子糊精等可以有效地防止面包老化。添加防腐剂是延长面包保质期常用的方法，面包中常用的防腐剂有丙酸钙、山梨酸钾、双乙酸钠、脱氢乙酸钠等。

四、面包质量标准

面包质量标准必须符合中华人民共和国国家标准 GB 7099—2015《食品安全国家标准 糕点、面包》，评判面包的质量主要指标有感官指标、理化指标、微生物指标。

1. 感官要求

面包的感官指标见表 19-2。

表 19-2 面包的感官指标

项目	要求	检验方法
色泽	具有产品应有的正常色泽	将样品置于白瓷盘中，在自然光下观察色泽和状态，检查有无异物。闻其气味，用温开水漱口后品其滋味
滋味、气味	具有产品应有的气味和滋味，无异味	
状态	无霉变、无生虫及其他正常视力可见的外来异物	

2. 理化指标

面包的理化指标见表 19-3。

表 19-3　面包的理化指标

项目		指标	检验方法
酸价(以脂肪计)(KOH)/(mg/g)	≤	5	GB 5009.229
过氧化值(以脂肪计)/(g/100 g)	≤	0.25	GB 5009.227

注:酸价和过氧化值指标仅适用于配料中添加油脂的产品。

3. 微生物指标

面包的微生物指标见表 19-4。

表 19-4　面包的微生物指标

项目	采样方案[a]及限量				检验方法
	n	c	m	M	
菌落总数[b]/(CFU/g)	5	2	10^4	10^5	GB 4789.2
大肠菌群[b]/(CFU/g)	5	2	10	10^2	GB 4789.3 平板计数法
霉菌[c]/(CFU/g)　≤	150				GB 4789.15

注:[a]样品的采集及处理按 GB 4789.1 执行。

[b]菌落总数和大肠菌群的要求不适用于现制现售的产品,以及含有未熟制的发酵配料或新鲜水果蔬菜的产品。

[c]不适用于添加了霉菌成熟干酪的产品。

4. 其他指标

(1)食品添加剂的使用应符合 GB 2760 的规定。

(2)食品营养强化剂的使用应符合 GB 14880 的规定。

(3)污染物限量应符合 GB 2762 的规定。

(4)致病菌限量应符合 GB 29921 中熟制粮食制品(含焙烤类)的规定。

企业衔接

一、牛角丹麦面包加工

牛角丹麦面包也称羊角丹麦面包、可颂面包,牛角丹麦面包除了具备丹麦面包层次分明、奶香浓郁的特点外,它的独特之处在于组织呈明显的蜂窝状结构,制作手法非常讲究,是国内外面包大赛的必做产品之一。

(一)工艺流程

原料选择及预处理 → 面团调制 → 面团初整形、冷冻 → 面团包油 → 开酥 → 面团整形 → 最后醒发 → 入炉烘烤 → 冷却、成品

(二)技术要点

1. 面团调制

先将干性原辅料加入搅拌机,慢速搅拌均匀后加入老面团、鸡蛋和水,面团面筋七八成扩

展时加入黄油，慢速将黄油搅匀后再快速搅拌至面筋八九成扩展即可，面团调制的终温不要超过 20 ℃。

2. 面团初整形、冷冻

调制好的面团需立即进行分割成 700 g/块，双手揉圆，盖上保鲜膜冷藏静置 10 min 左右，然后用开酥机将面团擀压成厚度为 1.0～1.5 cm 的椭圆形面片，放于烤盘中，盖上保鲜膜，置于冷冻室，冻至面团中心软硬适度后即可取出进行包油操作。

3. 面团包油

将片状奶油分成 170 g/块(长方形或正方形)，包塑料膜或油纸后用擀面棍敲打、擀开，使其大小接近面片的一半。然后，用手将椭圆形面团片整成长方形，将片状奶油放到面团中部，将两端的面团收起、压紧完成包油。

4. 开酥

将包好油的面团放到开酥机上，上下表面撒上适量面粉防粘，用开酥机进行逐步擀压，最后使其厚度达到 0.5 cm。面团擀压好后进行二次四折擀压面带至厚度为 0.3～0.4 cm、宽度为 25 cm 左右。

5. 面团整形

将面带转移到操作台上，用刀切掉不整齐的侧边，用刀和直尺将面带切成若干个底边 8 cm 和高 25 cm 左右等腰三角形。将三角形面片底边朝上放在操作台上，一只手按住底边，另一只手拉住顶部将其适当拉长，然后将顶部按压在操作台上，用两只手拉住底边两角将底边适当拉长，再从底边由上向下卷起做成牛角状，放入烤盘中，注意间距适当。

6. 最后醒发

醒发条件为温度 32 ℃左右、相对湿度 75%左右，60 min 左右，面团需醒发至体积为原来的 1.5 倍左右。醒发好后需要在面坯表面轻轻刷上一层蛋液。

7. 入炉烘烤

牛角丹麦面包一般使用热风炉烤，温度为 160 ℃左右，烘烤 20 min 左右，烤至表面呈金黄色或红褐色。

8. 冷却、成品

出炉后可立即在表面刷糖浆以增加光泽，然后将面包置于不锈钢冷却架上自然冷却至室温即为牛角包成品。

二、法棍面包加工

法棍面包是最典型的硬式面包，其制作难度很高，其产品质量是鉴定面包师技术功底的决定性指标，因此，法棍面包是国内外面包烘焙大赛指定的必做产品。

(一)工艺流程

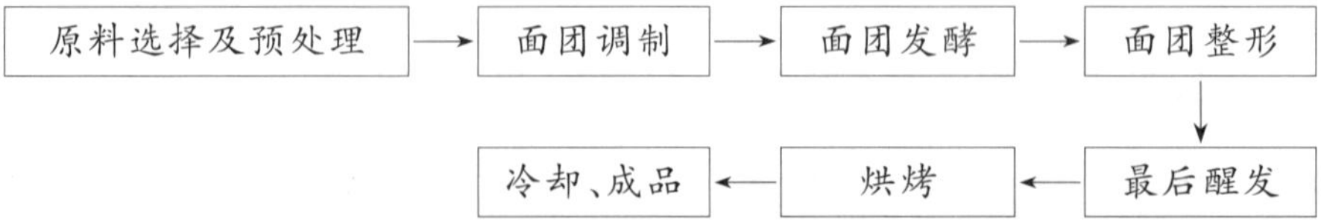

(二)技术要点

1. 面团调制

将面粉和水加入搅拌机，慢速搅拌至水全部被面粉吸收成团后冷藏静置 20～40 min，静置后再加入老面团并撒入活性干酵母，慢速搅拌至面团稍光滑，再撒入食盐，慢速搅匀，再快速搅打至面筋八九成扩展，面团温度不能高于 25 ℃。

2. 面团发酵

将面团折叠滚揉成近椭圆形，放入塑料发酵箱中，再置于冰箱低温冷藏(6～8 ℃)长时间发酵，这样面包的风味和内部组织都较好。

3. 面团整形

将发酵好的面团从整理箱中倒扣出来，放置在帆布板上，分割成每块 350 g 的小面团，最好呈长方形以便整形。轻拍并适当拉长面团呈长方形，将上下两边折到中间，将面团翻过来接口朝下，用双手搓成梭形，然后醒发 20 min 左右。用手掌适当拍打排气，然后先将面团上边卷折到中间，用手掌压紧面团，再将面团稍微拉长，然后将面团上边卷折到下边并压紧接缝处，接缝朝下用双手搓成长棍状，长度为 50～55 cm，要求粗细均匀，最后接缝处朝上放在折叠成凹槽的发酵厚帆布上。

4. 最后醒发

最后醒发在 20 ℃左右的环境中需发酵 60 min 左右，醒发好的面团为原来体积的 1.5～2 倍，表面饱满，用手指轻压面团表面能感觉到内部组织轻盈且充满空气。发酵完成后在面包坯表面斜划刀口(割包)，割包时应注意下一刀在上一刀的 1/3 处开口，割口间距 1 cm 左右，刀口深浅和长度要合适，刀口个数为 5 刀。

5. 入炉烘烤

最好使用带喷蒸汽装置和大理石板的烤炉进行烘烤，上火 240 ℃左右、下火 220 ℃左右，入炉后立即关门喷蒸汽 5 s 左右，烘烤 20 min 后将面包掉头，再继续烘烤 5 min 左右至表面呈红棕色。

6. 冷却、成品

面包出炉后置于不锈钢冷却架上进行自然冷却，包装后即为法棍成品。

习题与思考

一、选择题

1. 小麦粉中缺少下列哪种维生素(　　)。

A. 维生素 A　　B. 维生素 B　　C. 维生素 C　　D. 维生素 D

2. 即发活性干酵母的使用量一般占面粉的(　　)。

A. 1%　　B. 4%　　C. 3%　　D. 5%

3. 面包生产的基本原料有(　　)。

A. 食盐　　B. 糖　　C. 奶粉　　D. 鸡蛋

4. 以下属于柔性原料的是(　　)。

A. 食盐　　B. 糖　　C. 奶粉　　D. 面粉

5. 吐司生产中面团醒发的湿度为(　　)。

A. 65%　　B. 75%　　C. 85%　　D. 95%

二、填空题

1. 面包按产品的物理性质和食用口感分为(　　)、(　　)、(　　)和调理面包。

2. 面粉中的蛋白质有麦胶蛋白、麦谷蛋白、白蛋白和(　　)。

3. 高筋小麦粉的蛋白质含量为(　　)。

4. 判断面团发酵终点的方法有(　　)、(　　)、(　　)和测 pH 法。
5. 面团分割有(　　)和机械分割 2 种方式。

三、简答题

1. 简述饼干生产对原料有何要求。
2. 简述面团发酵的目的。
3. 简述面团发酵终点的判断方法。
4. 简述面团滚圆的目的。
5. 简述预防面包老化的措施。

习题及答案

实训项目单

编制单位：　　　　编制人：　　　　编制日期：

<table>
<tr><td>任务代号</td><td></td><td>任务名称</td><td></td><td>实训课时</td><td></td></tr>
<tr><td>课程名称</td><td></td><td>实训对象</td><td></td><td>实训时间</td><td></td></tr>
<tr><td>实训目的</td><td colspan="5"></td></tr>
<tr><td>实训步骤
及要求</td><td colspan="5">一、任务分析

二、任务计划决策

三、实施准备

四、工艺流程及要点

五、质量评价</td></tr>
</table>

【过程性考核要点】

吐司面包的加工			
序号	考核内容	考核标准	参考分值
1	学习与工作态度	态度端正，学习方法多样，课前预习，积极主动，责任心强，按时出勤。	5
2	团队协作	服从安排，积极与小组成员合作，共同制订工作计划，共同完成工作任务，团队意识强。	10
3	计划制订	按要求着装，有完整的工作方案，时间安排合理，工作步骤正确。	10
4	关键技术点	1. 面团调制：面团调制的状态及调制后面团的温度。 2. 面团发酵：发酵温、湿度及发酵终点判断。 3. 面团整形：面团分割、搓圆、中间醒发、成型等操作。 4. 面团醒发：醒发温湿度及醒发终点的判断。 5. 面团烘烤：烘烤温度、时间及最后产品状态。	50
5	主要机械设备及用具的使用与维护	搅拌机、醒发箱、电烤炉等设备的安全规范操作。	10
6	卫生保持与清理	保持现场卫生，实训结束后能及时清理卫生。	10
7	问题思考	对工作任务完成过程中的问题进行分析，并提出改进措施。	5
8	合计		100

项目二十

泡芙的加工

【西点制品】

西式面点简称西点，主要是指来源于欧美国家的糕饼点心。它以面粉、糖、油脂、蛋和乳品为主要原料，辅以干鲜果品和调味品，经过调制、成型、成熟、装饰等工艺过程而制成的具有一定色、香、味、形的食品。

泡芙(puff,eclair)又名气鼓，也称哈斗，是西式面点中常见的甜点之一，是以水或牛奶加油脂煮沸后烫制面粉，搅入蛋，通过挤糊、烘烤或炸制、填馅、表面装饰等工艺制成的一类点心制品，具有外表松脆、色泽金黄、形状美观、皮薄馅丰、香甜可口的特点，根据所用馅心的不同，它的口味和特点也各不相同。

【学习目标】

1. 理解泡芙膨发的原理；
2. 掌握泡芙加工的工艺要点；
3. 了解泡芙制品质量标准及检验规则。

【项目实施】

泡芙加工的工艺流程如下：

原料选择 → 面糊调制 → 挤注成型 → 入炉烘烤 → 冷却、装饰 → 检验、成品

泡芙的加工

任务1 原料选择

活动1 原料与工具的准备

原料：黄油、白砂糖、水、糕点粉、鸡蛋、鲜奶油、糖粉。

工具：电磁炉、平底锅、搅拌器、不锈钢盆、带柄塑料刮刀、烤盘、硅油烤盘纸、电热烤箱、裱花袋、冷冻冰箱等。

活动 2　原料预处理

将面粉过筛，鸡蛋外壳洗净，奶油打发备用。

活动 3　配方设计

泡芙的基本配方见表 20-1。

表 20-1　泡芙的基本配方

原料	糕点粉	黄油	玉米油	水	盐	鸡蛋
烘焙百分比/%	100	80	20	200	1	160

知识储备

泡芙的膨胀原理及用料选用原则：泡芙能形成中间空心类似球状的形态与其面糊的调制工艺有着密不可分的关系。泡芙面糊是由煮沸的液体原料和油脂加面粉烫制的熟面团加入鸡蛋液调制而成。它的起发主要由面糊中各种原料的特性及面坯特殊的工艺方法——烫制面团决定。

1. 面粉

面粉是泡芙膨胀定型不可缺少的原料。面粉中的淀粉在水及温度的作用下发生膨胀和糊化，蛋白质变性凝固，形成胶黏性很强的面团，当面糊烘焙膨胀时，能够包裹住气体并随之膨胀，仿佛像气球被吹胀了一般。

制作泡芙，可根据需要选择高、中、低筋面粉。面粉筋性不同，所制作的泡芙品质及外观均存在一些差异，产品配方中其他原料如水、蛋等用量也有不同变化。

高筋面粉有很强的筋力和韧性，可以增大面糊吸收水或蛋的量。若蛋量充足，可使泡芙有更强的膨胀能力；若蛋量不足则会使泡芙膨胀能力受阻，因面糊过硬而使面筋无法拓展造成泡芙体积更小。在正常情况下，使用高筋面粉制作的泡芙外表爆裂，颗粒较小，容易膨高发展，形态直立，但缺乏向四周膨大的丰满外观。使用高筋面粉制作的泡芙有特有的皮薄空心类似球体的特点。

中筋面粉因筋力适中而最适合制作泡芙，其制成品无论在外观还是中间空心部分都具有高筋面粉和低筋面粉所不及的优点。

低筋面粉因筋力较弱，在烘烤时容易爆裂，因此泡芙的表面所爆裂颗粒较大，向四周膨胀范围较宽，体型显得较大，空心较狭窄、壳壁较厚。

2. 油脂

油脂是泡芙面糊中所必需的原料，除了能满足泡芙的口感需求外，也是促进泡芙膨胀的必需原料之一。油脂的润滑作用可促进面糊性质柔软，易于延伸；油脂的起酥性可使烘烤后的泡芙外表具有松脆的特点；油脂分散在含有大量水分的面糊中，当烘烤受热达到水的沸腾阶段，面糊内的油脂和水不断互相冲击，发生油汽分离，并快速产生大量气泡和气体，大量聚集的水蒸气形成强蒸汽压是促进泡芙膨胀的重要因素之一。

油脂种类很多，其油性不同，对泡芙品质亦有一些影响。制作泡芙宜选用油性大、熔点低的油脂，如猪油、无水奶油（酥油），其制作的泡芙品质及风味俱佳。但由于猪油、无水奶油不易与水融合，操作中容易造成失误，而使其运用的广泛程度受到影响。一般制作泡芙最常用的是色拉油，因其油性小、熔点低，容易与其他材料混合均匀，操作简单，不易失败，缺点是没有味道，产品老化较快。

3. 水

水是烫煮面粉的必需原料，充足的水分是淀粉糊化所必须的条件之一，烘烤过程中，水分的蒸发是泡芙体积膨大的重要原因。

4. 鸡蛋

鸡蛋中的蛋白是胶体蛋白，具有起泡性，与烫制的面坯一起搅打，使面坯具有延伸性，能增强面糊在气体膨胀时的承受能力。蛋白质的热凝固性能使增大的体积固定。此外，蛋黄的乳化性能使制品变得柔软、光滑。

5. 盐

食盐在泡芙中不仅具有调节突出风味的作用，亦有增强面糊韧性的作用，是泡芙的辅助原料，添加少许可使泡芙品质更佳。

任务 2 面糊调制

活动 1 烫面

把水、黄油、色拉油放入锅中煮沸，待黄油完全溶化后加入过筛的面粉，用刮刀搅拌至形成球状面糊，面糊不会黏附于容器壁上，关火。

活动 2 搅糊

面糊冷却至 50～60 ℃，把鸡蛋分次加入，每次加入鸡蛋后，搅拌至蛋液完全被面糊吸收后，再加入下一个。用刮刀挑起面糊，面糊呈倒三角形状，至此泡芙面糊调制完成。

知识储备

泡芙面糊的调制工艺，直接影响成品的质量。泡芙面糊的调制一般经过 2 个过程完成。

(1)烫面。具体方法是将水、油、盐等原料放入容器中，中火煮开，待黄油完全熔化后倒入过筛的面粉，用木勺快速搅拌，直至面团烫熟、烫透撤离火源。油加水煮的时候必须充分煮至沸腾才宜加入面粉。因为在翻滚沸腾状态下，可促使油脂分散于水中，而不仅仅漂浮在液面上，有利于油脂均匀分散在面糊中。面粉加入后应快速搅拌均匀，然后继续煮至面糊形成胶凝状态，此时的面糊不会黏附于容器壁上。

(2)搅糊。面糊离火后，烫煮好的面糊可放入搅拌缸内用搅拌机搅拌，如果量少可在锅内用手工搅拌。待面糊温度降至 60 ℃左右时分次加入鸡蛋。第一次加蛋量可稍多，先加入 2 个蛋量搅拌，因为此时的面糊温度较高，蛋液太少易被面糊烫熟而影响蛋的膨胀作用。之后加蛋应以少量多次为好，每次以一个蛋量为宜。边加边搅拌，每次加蛋后必须充分搅拌至蛋液与面糊完全融合，再加下一个。如果蛋液加得过快，则很难形成均匀的糊状物。

使用搅拌机搅拌面糊时注意掌握面糊搅拌程度。因为搅拌机虽然搅拌起来很方便，但也容易造成搅拌过度，使面糊缺乏韧性和可塑性，影响面糊的膨胀力。搅拌完成的面糊最佳温度为 45 ℃，面糊温度与加蛋时机、加蛋次数、加蛋量、搅拌速度和时间等因素有关。

搅拌完成后，检查一下面糊稠度是否符合质量要求。其方法是用木勺将面糊挑起，当面糊能均匀缓慢地往下流时，即达到质量要求。若面糊流得过快，说明糊稀，相反，说明蛋的用量不够。蛋的用量一般在配方中有明示，但因各环节操作程度的差异而使蛋的用量有所不同，这需要依靠经验加以判断，通过检查面糊稠度状态来做适量调整。影响蛋量添加的因素主要有以下几个方面：

①水油煮沸时间：若水油煮得不够沸腾，水分蒸发较少而使面糊中水分较多，则需略减少蛋的用量，反之则适量加蛋。

②烫煮面团的时间：加入面粉后烫煮时间不足而使面糊水分过重同样影响加蛋量。

③加蛋过程：蛋液添加过快，面糊吸收太慢而容易造成面糊过稀。

④配方中水分量：加水偏多，超出面粉需要的适当水量而造成面糊过湿，影响蛋的正常添加量。

搅拌完成若发现面糊过硬可添加少量奶水或蛋液继续搅拌均匀即可，但如果搅拌完成的面糊过稀则很难弥补，因此搅拌过程中需特别加以注意。

任务3　挤注成型

活动1　裱花袋准备

将裱花袋提前准备好，并在裱花袋前剪出大小合适的小口子。

活动2　挤注成型

把面糊装入裱花袋中，装六分满，在烤盘挤出需要形状，注意泡芙大小一致，泡芙之间留有适当的间距。

知识储备

泡芙面糊调制完成后即可进入成型阶段。泡芙面糊成型的好坏直接影响到成品的形态、大小及质量。泡芙成型最常用方法是挤注成型，将搅拌完成的面糊装入套有花嘴的裱花袋中，直接挤入烤盘内。

烤盘处理是泡芙成型的一个重要环节。烘烤泡芙用的烤盘一般不直接刷油挤注面糊，因为烤盘涂油后，易造成面糊移动，烤好的泡芙底部无法良好定型，容易出现凹型现象，严重时内部及外观都会受到严重影响。适宜的做法是将烤盘擦拭干净，表面撒少许高筋面粉，或者铺上一层白纸，不粘烤布。

泡芙因有很强的膨胀性，因此在挤注装盘时留出足够的间隔距离，一般适宜保持在 3 cm 左右。若成型的面糊体积越大，间隔亦相对加大，反则越小。挤注成型时应以一个烤盘一种相同造型为原则。如同一烤盘内造型有大有小，烘烤时会造成产品生熟不匀，小的产品可能已出现焦煳，大的产品还未成熟，而未熟的产品取出后很快出现萎缩塌陷。除了以挤注方式成型外，也可以用小餐勺将泡芙面糊舀入烤盘中。

任务4 入炉烘烤

活动1 电烤炉准备

使用前确认电烤炉是否正确运行，提前设置好电烤炉的温度，上火 210 ℃、下火 200 ℃。

活动2 入炉烘烤

入炉面火 210 ℃，底火 200 ℃，烘烤 20 min，烤至泡芙金黄色，成熟即可。

知识储备

烘烤是泡芙形态形成的关键环节，稍有不慎就可能前功尽弃。泡芙烘烤可以分为 3 个阶段：

第一阶段体积膨大阶段：宜使用上火小、下火大的炉温进行烘烤，以促进泡芙向上膨胀，一般炉温为上火 180 ℃，下火 220 ℃。泡芙进入烤炉后，面糊逐渐受热，产生气体推动膨胀，当面糊烤至 8～15 min 时，可通过烤炉观察窗看到泡芙体积膨胀 3 倍，这时因泡芙尚未定型，切记不可开启炉门，否则，将会使未定型的泡芙塌陷。此时可将炉温调节为上火强、下火弱，即上火 220 ℃，下火 180 ℃，继续烘烤至泡芙定型而不致使泡芙底部焦煳。

第二阶段泡芙定型阶段：因受上火大的影响，泡芙体积增大，表面也开始爆裂，并慢慢呈现金黄色，逐渐定型。这时可将烤炉门轻微打开，必要时可将烤盘掉头以促进烘焙颜色均匀，打开炉门的时间及次数应尽量少，否则也会因为温度降低导致泡芙内部未熟的面糊萎缩，严重影响外观。这时的泡芙表面虽已定型，但内部还较湿润，应视表面色泽情况，将上火降至 180 ℃继续烘烤至完成阶段。

第三阶段烘烤完成阶段：泡芙很容易因烘烤不足而烤后出现萎缩塌陷现象，烤好后的泡芙颜色标准是表面金黄，爆裂缝里的颜色接近顶部颜色。烤到这样程度总的烘焙时间 25～35 min。如果发现颜色差异较大，哪怕烘烤时间已到，仍需继续做适当烘烤，使泡芙色泽、质感完全达到要求。

任务5 冷却、装饰

活动1 冷却

将烘烤后的泡芙从电烤炉中取出，置于烤盘架上自然冷却。

活动2 装饰

将打发好的鲜奶油装入放入裱花嘴的裱花袋中，将奶油从泡芙底部挤入泡芙内，最后可在泡芙表面撒上糖粉进行装饰。

任务6　成品质量标准

泡芙经检验合格，即为成品。

知识储备

泡芙标准必须符合中华人民共和国国家标准GB/T 20977—2007《糕点通则》，评判泡芙质量的主要指标有感官指标、理化指标、微生物指标。

1. 感官要求

泡芙的感官要求见表20-2。

表20-2　泡芙的感官指标

项目	要求
形态	外形整齐，底部平整，无霉变，无变形，具有该品种应有的形态特征
色泽	表面色泽均匀，具有该品种应有的色泽特征
组织	无不规则大空洞，无糖粒，无粉块。带馅类饼皮厚薄均匀，皮馅比例适当，馅料分布均匀，馅料细腻，具有该品种应有的组织特征
滋味与口感	味纯正，无异味，具有该品种应有的风味和口感特征
杂质	无可见杂质

2. 理化指标

泡芙的理化指标见表20-3。

表20-3　泡芙的理化指标

项目		烘烤糕点	
		蛋糕类	其他
干燥失重/%	≤	42.0	
蛋白质/%	≥	4.0	—
粗脂肪/%	≤	—	34.0
总糖/%	≤	42.0	40.0

3. 卫生指标

GB 7099规定执行。铝的残留量按GB 2762的规定执行。

4. 其他指标

(1)食品添加剂和加工助剂的使用应符合GB 2760的规定；食品营养强化剂的使用应符合GB 14880的规定。

(2)原料和辅料应符合相应的产品标准规定。

(3)糕点馅料具有该品种应有的色泽、气味、滋味及组织状态，无异味，无杂质。不得使用过保质期和回收的馅料。

知识拓展

一、西式糕点的分类及产品特点

(一)西式糕点的分类

(1)按照生产地域分类。根据世界各国糕点的特点,可分为法式,德式、美式、瑞士式等,这些糕点都是各国传统的糕点。

(2)按照面团(面糊)分类

①泡沫面团(面糊)制品:主要包括乳沫蛋糕、戚风蛋糕和面糊类蛋糕等。

②哈斗(泡芙糕点、烫面面糊点心):哈斗面糊是在沸腾的油和水中加入面粉,使面粉中的淀粉糊化,产生胶凝性,再加入较多的鸡蛋搅打成的面糊,用于制作巧克力点心,国内称为搅面类点心,又称气鼓、爱克力、奶油空心饼等。

③混酥类点心(奶油混酥糕点):混酥面团是以面粉、油脂和砂糖为主要原料,以水(或牛奶)、鸡蛋、香料等为辅料,制成的一类不分层次的酥松点心。产品品种富于变化,口感松酥。用混酥面团加工出的西点主要有部分饼干、小西饼、塔等。

④清酥类点心(奶油起酥糕点):清酥面团是用水油面团(或水调面团)包入油脂(或油面团),再经反复擀制折叠,形成一层面与一层油脂交替排列的多层结构,最多可达1000多层(层极薄),如帕夫酥皮点心、派等。

⑤发酵面团(酵母面团)制品:如点心面包、比萨饼、小西饼等。

⑥其他面团(面糊)制品:上述各类制品以外的糕点。

(3)按照生产工艺特点和商业经营习惯分类。传统的西式糕点可分为面包、蛋糕、饼干和点心。

(4)从制品加工工艺及面团性质分类。可分为蛋糕类、混酥类、清酥类、面包类、饼干类、布丁类、冷冻甜食类、哈斗类等。

(5)从点心温度来分类。可分为常温点心、冷点心和热点心。

(6)从西点的用途上分类。可分为零售点心、宴会点心、酒会点心、自助餐点心和茶点等。

(二)西式糕点产品特点

西点是西餐烹饪的重要组成部分,它以用料讲究、造型艺术、品种丰富等为特点,在餐饮食品中起着举足轻重的作用,是西方饮食文化的代表作品。无论是每日三餐还是各种类型的宴会,西点制品都是不能缺少的。西点在西餐烹饪中的地位十分突出,客人用餐时总是离不开面包、点心等制品,因此,在饭店里具有相对的独立性,专门设立西点厨房,而且西点师的地位也有了很大的提高。在社会上,西式点心因其独有的风味,而具有广泛的市场。

1. 用料讲究,营养丰富

西式面点用料讲究,无论是什么点心品种,其面坯、馅芯、装饰、点缀等用料都有各自选料标准,各种原料之间都有着相互间的比例,而且大多数原料要求称量准确。西式面点多以乳品、蛋品、糖类、油脂、面粉、干鲜水果等为常用原料,其中蛋、糖、油脂的比例较大,而且配料中干鲜水果、果仁、巧克力等用量大,这些原料含有丰富的蛋白质、脂肪、糖、维生素等营养成分,它们是人体健康必不可少的营养素,因此说西点具有较高的营养价值。

2. 工艺性强,成品美观、精巧

西点制品不仅富有营养价值,而且在制作工艺上还具有工序繁,技法多,注重火候、卫生等特点，其成品擅长点缀、装饰，能给人以美的享受。每一件西点产品都是一件艺术品，每步操作都凝聚着厨师的创造性劳动，所以制作一道点心，每一步都要依照工艺要求去做，这是对西点师的基本要求。如果西点脱离了工艺性和审美性，西点就失去了自身的价值。西点从造型到装饰，每一个图案或线条，都清晰可辨，简洁明快，给人以赏心悦目的感觉，让食用者一目了然，领会到你的创作意图。

3. 口味清香，甜咸酥松

西点不仅营养丰富，造型美观，而且还具有品种变化多、应用范围广、口味清香、口感甜咸酥松等特点。在西点制品中，无论是冷点心还是热点心，甜点心还是咸点心，都具有味道清香的特点，这是由西点的原材料决定的。通常所用的主料有面粉、奶制品、水果等，这些原料自身具有芳香的味道。其次是加工制作时合成的味道，如焦糖的味道等。甜制品主要以蛋糕为主，有 90%以上的点心制品要加糖，客人饱餐之后吃些甜食制品，会感觉更舒服。咸制品主要以面包为主，客人吃主餐的同时会有选择地食用一些面包。总之，一道完美的西点，都应具有丰富的营养价值、完美的造型和合适的口味。

二、泡芙常见质量问题及解决方法

1. 产品起发不好

原因：配方不正确，操作不正确；面糊没烫熟和烫透；油温太低或烤箱温度太低；加蛋液时，面糊温度太低或太高；蛋液温度太低；制品烘烤时跑气；烤制时间不足；面糊成型后没有及时成熟。

解决方法：调整配方，按要求操作；面糊要烫熟烫透；提高油炸的油温或烤箱的烘烤温度；面糊温度适中，鸡蛋要分次加入，每次须搅拌均匀上劲；不使用温度过低的蛋液；烘烤过程中不要随意打开烤箱门，以防制品膨胀时跑气；掌握好烘烤时间，制品烤熟后方可出炉；面糊成型后及时成熟。

2. 产品塌陷

原因：面糊太稀，面粉含量过少；烘烤过程中烤盘受到震动或过早过多地打开炉门；没有烤透，内部水分太多。

解决方法：调整配方；烘烤过程中避免烤盘受到震动，不要过早打开炉门，尽量少打开炉门；调整烘烤条件。

3. 产品表面颜色太深或太浅

原因：烤箱温度或油炸的油温过高、过低；烘烤或油炸时间太长或太短。

解决方法：调整好烘烤温度，温度一般在 220 ℃左右；或调整油炸的油温；调整烘烤或油炸时间。

企业衔接

一、天鹅泡芙

（一）配方

中筋面粉 100%，水 180%，色拉油 80%，盐 1%，蛋 200%，鲜奶油、糖粉、红色果酱和黑巧克力等适量。

(二)工艺要点

1. 原料初处理

将面粉混合后过筛,奶油打发备用,巧克力熔化备用。

2. 烫制面团

将色拉油、水煮至沸腾后,加入过筛的粉料烫熟。

3. 面糊搅拌

将烫熟的面糊放入搅拌机中快速搅拌至冷却,分次加入蛋搅拌至面糊黏稠、光滑。

4. 裱挤定型

在烤盘上撒上一层薄薄的面粉,将面糊装入裱花袋在烤盘上挤成半圆球形状,另取一烤盘,将面糊在其上挤成较细的"2"形状。

5. 烘烤

半圆球形的泡芙生坯入炉,以面火 270 ℃,底火 270 ℃烘烤 5 min 后关火,利用烤炉余温继续烘烤 20～25 min;将"2"形的泡芙生坯放入烤炉以面火 200 ℃,底火 180 ℃烘烤大约 5 min,烤至金黄色。注意掌握好烘烤时间,不可烤煳。

6. 填馅、造型

取烤好的泡芙用西点锯齿刀切成上下两半,下半部分摆上水果,挤入奶油作为天鹅身体;上半部分对半剖开,分开插在奶油上即成天鹅翅膀,最后插上"2"形泡芙作为天鹅脖子,脑袋上用红色果酱点上鹅冠,用黑巧克力画上眼睛。

7. 表面装饰

表面撒上糖粉即可。

二、脆皮泡芙

(一)原料

脆皮料:低筋面粉 100%,黄油 80%,糖粉 60%,蛋 10%;

泡芙坯:中筋面粉 100%,水 100%,色拉油 75%,盐 1%,蛋 200%;

馅料:鲜奶油适量。

(二)工艺过程要点

1. 制作脆皮

将与糖粉一起擦揉均匀后加入蛋液乳化均匀,加入过筛低筋面粉拌匀成团,将面团搓成与泡芙大小相当的圆条,放入冰箱冷冻至硬,备用。

2. 烫制面团

将色拉油、水煮至沸腾后,加入过筛的面粉烫熟。

3. 泡芙面糊搅拌

将烫熟后的面糊放入搅拌机中快速搅拌至冷却,分次加入蛋液搅拌至面糊黏稠、光滑。

4. 裱挤成型

烤盘刷油,撒上一层薄薄的面粉,将面糊装入平口裱花袋挤,按照要求将面糊挤注在烤盘上,表面喷水,然后将冻硬的脆皮面团取出切成薄片,盖在成型的泡芙面糊上。

5. 烘烤

入炉以面火 220 ℃,底火 200 ℃烘烤 10 min,待制品膨胀上色后,将炉温调至面火 180 ℃

底火 160 ℃继续烘烤至金黄色，出炉冷却。

6. 填馅

将冷却的泡芙由底部填入鲜奶油。

三、巧克力泡芙

(一)配方

中筋面粉 100%，水 100%，色拉油 75%，盐 1%，蛋 200%，奶油、鲜水果丁、巧克力适量。

(二)工艺要点

1. 原料初处理

将巧克力切碎装入不锈钢碗中隔热水熔化，中筋面粉过筛，奶油打发备用。

2. 面糊烫制

将色拉油、水煮沸，加入过筛的中筋面粉烫熟，边烫边搅拌。

3. 面糊搅拌

将烫熟的面糊放入搅拌机中快速搅拌至冷却，分次加入蛋液搅拌至面糊黏稠、光滑。

4. 裱挤成型

烤盘刷上一层薄薄的油脂，撒上一层薄薄的面粉，将面糊装入裱花袋，按照形状要求挤在撒了面粉的烤盘内。

5. 烘烤

入炉以面火 220 ℃，底火 200 ℃烘烤至金黄色即可出炉冷却。

6. 表面装饰与填馅

将冷却的泡芙表面蘸上熔化的巧克力，待巧克力凝固后将泡芙水平剖成两半，将奶油打发挤入泡芙下半部分，放上鲜水果丁，再盖上顶盖。

四、泡芙圈

(一)配方

低筋面粉 100%，牛奶 160%，黄油 80%，细砂糖 10%，蛋 180%，杏仁片、水果、栗子酱、糖粉适量。

(二)工艺要点

1. 原料初处理

面粉过筛。

2. 面团烫制

将黄油、牛奶、细砂糖煮至黄油熔化、水沸腾后，加入过筛的面粉烫熟，边烫边搅拌。

3. 面糊搅拌

将烫熟的面糊放入搅拌机中快速搅拌至冷却，分次加入蛋液搅拌至面糊黏稠、光滑。

4. 裱挤成型

在烤盘上刷上一层薄薄的油脂，撒上一层薄薄的面粉，将面糊装入裱花袋，在烤盘上挤成圆环状，表面撒上泡过水的杏仁片。

5. 烘烤

入炉以面火 200 ℃，底火 180 ℃烘烤至金黄色。

6. 填馅、装饰

取烤好的泡芙圈拦腰对剖开，中间挤上栗子酱，面上摆上水果，撒上糖粉即可。

习题与思考

一、选择题

1. 以下不是泡芙生产主要的原料有（　　）。

A. 糕点粉　　B. 酵母　　C. 鸡蛋　　D. 黄油

2. 泡芙成型后应（　　）。

A. 马上进炉烘烤　　B. 松弛 10 min 后进炉

C. 松弛 15 min 后进炉　　D. 松弛 30 min 后进炉

3. 以下面粉中最适合制作泡芙的是（　　）。

A. 高筋面粉　　B. 中筋面粉　　C. 低筋面粉　　D. 全麦面粉

4. 制作泡芙，（　　）为正确的操作。

A. 面粉、油脂、水同时置于锅中煮沸

B. 油脂煮沸即加水面粉拌匀

C. 油脂与水煮沸并不断地搅拌加入面粉，继续搅拌加热至面粉完全胶化

D. 水、油脂煮沸即离火，加入面粉拌匀

二、填空题

1. 泡芙烘烤的三个阶段分别为体积膨大阶段、（　　）和（　　）。

2. 泡芙面糊的调制经过两个过程，分别为烫面和（　　）。

3. 泡芙是以水或牛奶、黄油、鸡蛋等主要材料调制成面糊，通过（　　）、（　　）、（　　）等工艺制作而成的一种点心。

4. 根据形状分，哈斗类点心有两大基本类型，一类是圆形的，名为（　　）；另一类是长条形的，名为（　　）。

三、简答题

1. 简述泡芙加工中产品塌陷的原因及解决方法。

2. 简述泡芙加工工艺流程。

3. 泡芙在成型操作时有哪些注意事项？

4. 简述鸡蛋在泡芙生产中的作用。

习题及答案

实训项目单

编制单位：　　　　　　　　　　编制人：　　　　　　　　　　编制日期：

任务代号		任务名称		实训课时	
课程名称		实训对象		实训时间	
实训目的					
实训步骤及要求	一、任务分析 二、任务计划决策 三、实施准备 四、工艺流程及要点 五、质量评价				

【过程性考核要点】

泡芙的加工			
序号	考核内容	考核标准	参考分值
1	学习与工作态度	态度端正，学习方法多样，课前预习，积极主动，责任心强，按时出勤。	5
2	团队协作	服从安排，积极与小组成员合作，共同制订工作计划，共同完成工作任务，团队意识强。	10
3	计划制订	按要求着装，有完整的工作方案，时间安排合理，工作步骤正确。	10
4	关键技术点	1. 面糊调制：面糊调制的状态。 2. 挤注成型：大小、间距、产品形态。 3. 入炉烘烤：烘烤的温度和时间。 4. 冷却、装饰：产品装饰。	50
5	主要机械设备及用具的使用与维护	打蛋机、电烤炉等设备的安全规范操作。	10
6	卫生保持与清理	保持现场卫生，实训结束后能及时清理卫生。	10
7	问题思考	对工作任务完成过程中的问题进行分析，并提出改进措施。	5
8	合计		100

参考文献

[1]蔡晓雯，庞彩霞，谢建华．焙烤食品加工技术[M]．北京：科学出版社，2011.

[2]浮吟梅，赵象忠．肉制品加工技术．2版[M]．北京：化学工业出版社，2021.

[3]高曙红，庞爱国．SYZH-400型水滤式连续油炸机的特点及性能分析[J]．2009(9)：6-7.

[4]葛长荣，马美湖．肉与肉制品工艺学[M]．北京：中国轻工业出版社，2010.

[5]郭成宇，吴红艳，许英一．乳与乳制品工程技术[M]．北京：中国轻工业出版社，2016.

[6]郭新海，刘庆华，李英．肉丸的制作工艺及其注意的问题[J]．肉类工艺，2005(3)：12-13.

[7]胡会萍．乳制品加工技术[M]．北京：中国轻工业出版社，2013.

[8]胡会萍．乳制品加工技术[M]．北京：中国轻工业出版社，2019.

[9]李凤林，兰文峰．乳与乳制品加工技术[M]．北京：中国轻工业出版社，2018.

[10]罗红霞．乳制品加工技术[M]．北京：中国轻工业出版社，2018.

[11]马荣朝，杨晓清．食品机械与设备．2版[M]．北京：科学出版社，2019.

[12]宋万杰，王建英，陈阳楼．速冻野猪肉丸的加工工艺[J]．肉类工业，2010(11)：5.

[13]宋喜云，赵薇，梁文珍．食品加工技术概论[M]．北京：中国农业大学出版社，2016.

[14]宋喜云，赵欣，梁文珍．食品加工技术概论[M]．北京：中国农业大学出版社，2021.

[15]隋继学，李淑荣．速冻食品加工技术．2版[M]．北京：中国农业大学出版社，2014.

[16]孙京新．调理肉制品加工技术[M]．北京：中国农业出版社，2014.

[17]孙克俭．浅谈上浆和裹涂食品的配料[J]．食品研究与开发，2001(12)：34-36.

[18]覃红文．肉丸的制作工艺[J]．肉类工业，1999(3)：27-28.

[19]王娜．食品加工及保藏技术[M]．北京：中国轻工业出版社，2012.

[20]魏庆葆．食品机械与设备[M]．北京：化学工业出版社，2022.

[21]吴艳秋．果蔬产品加工[M]．北京：中国农业大学出版社，2021.

[22]席会平，田晓玲．食品加工机械与设备[M]．北京：中国农业大学出版社，2014

[23]徐衍胜，赵象忠．畜产品加工[M]．北京：中国农业出版社，2016

[24]曹海元．果蔬加工技术[M]．北京：中国劳动社会保障出版社，2014.

[25]于永翠．蜂蜜菠萝味冬蓉夹心趣味鸡块的研制[J]．肉类工业，2017(11)：10.

[26]詹现璞．乳制品加工技术[M]．北京：中国科学技术出版社，2012.

[27]张海涛，李云龙．农产品加工技术[M]．北京：中国农业大学出版社，2017.

[28]张志强，杨清香．果蔬加工技术[M]．北京：化学工业出版社，2018.

[29]周杰，陈韬．肉丸加工工艺及配方对其品质的影响[J]．肉类研究，2009(9)：28-32

[30]祝战斌．果蔬加工技术[M]．北京：化学工业出版社，2018.